NFSC

2021

국가화재안전기준

건축관련법령 수록

KB140808

세영직업전문학교

- 국가화재안전기준(NFSC)
- 부록 1. 건축관련법령
       2. 자동방화셔터 및 방화문의 기준

최신 법규 적용 개정판 ➤➤

 NAVER   세영직업전문학교 ▼ 검색

예문사

소방시리즈 출간을 시작하며…

안녕하십니까?

소방기술교육의 Leader! 세영직업전문학교입니다.

수년간 쌓아온 세영직업전문학교로서의 명성과 그 Know-How를 토대로 개정된
국가화재안전기준을 출간하게 되어 인사를 드립니다.

현재 온라인/오프라인으로 소방기술교육의 선두를 달리고 있는 저희 세영직업전
문학교에서 실제 강의와 똑같은 교육내용과 방법을 최대한 반영하여 기획한 이
교재들은 소방시설관리사·소방기술사 자격증 취득을 향한 독자들의 수험공부
여정에 나침반이 될 것입니다.

[본서의 특징]

① NFSC의 내용 중 Check Point 및 굵은 글씨체로 암기사항을 기록하였
   습니다.
② 최근 개정된 내용을 〈개정 2021.1.29〉, 〈신설 2021.1.29〉 등으로 표기하여 소
   방기술사 및 소방시설관리사 시험을 대비하는 수험생들에게 도움이 되도
   록 편집하였습니다.
③ 현재 세영직업전문학교에서 강의하고 있는 내용을 그대로 담아 책으로 혼
   자 공부할 때 부딪히게 되는 질의내용에 대해 홈페이지를 통해 쉽게 해결
   받을 수 있다는 장점이 있습니다.
   (세영직업전문학교 홈페이지 : www.seyoung24.com)

수험생 여러분!

도전하지 않는 삶은 미래를 만들 수 없고

노력하지 않는 삶은 꿈을 이룰 수 없습니다.

여러분의 도전과 노력에 본 교재가 큰 힘이 되기를 다시 한 번 기원합니다.

세영직업전문학교장

CONTENTS ●

[부록 1] 건축관련법령

[부록 2] 자동방화셔터 및 방화문의 기준

관리사 · 기술사 대비

국가화재안전기준(NFSC)

관리사 · 기술사 대비

국가화재안전기준(NFSC)

제1장 소화기구 및 자동소화장치의 화재안전기준(NFSC 101)

[시행 2018.11.19.] [소방청고시 제2018-14호, 2018.11.19, 일부개정]

제1조(목적)

이 기준은 「화재예방, 소방시설 설치·유지 및 안전관리에 관한 법률」 제9조제1항에 따라 소방청장에게 위임한 사항 중 소화설비인 소화기구 및 자동소화장치의 설치·유지 및 안전관리에 필요한 사항을 규정함을 목적으로 한다. 〈개정 2017.4.11, 2017.7.26〉

제2조(적용범위)

「화재예방, 소방시설 설치·유지 및 안전관리에 관한 법률 시행령」(이하 "영"이라 한다) 별표 5 제1호가목 및 나목에 따른 소화기구 및 자동소화장치는 이 기준에서 정하는 규정에 따라 설치하고 유지·관리하여야 한다. 〈개정 2012.6.11, 2015.1.23, 2017.4.11〉

제3조(정의)

이 기준에서 사용하는 용어의 정의는 다음과 같다.

Check Point

1. "소화약제"란 소화기구 및 자동소화장치에 사용되는 소화성능이 있는 고체·액체 및 기체의 물질을 말한다. 〈개정 2017.4.11〉
2. "소화기"란 소화약제를 압력에 따라 방사하는 기구로서 사람이 수동으로 조작하여 소화하는 다음 각 목의 것을 말한다.
   가. "소형소화기"란 능력단위가 1단위 이상이고 대형소화기의 능력단위 미만인 소화기를 말한다.
   나. "대형소화기"란 화재 시 사람이 운반할 수 있도록 운반대와 바퀴가 설치되어 있고 능력단위가 A급 10단위 이상, B급 20단위 이상인 소화기를 말한다.
3. "자동확산소화기"란 화재를 감지하여 자동으로 소화약제를 방출 확산시켜 국소적으로 소화하는 소화기를 말한다. 〈신설 2017.4.11〉
4. "자동소화장치"란 소화약제를 자동으로 방사하는 고정된 소화장치로서 법 제36조 또는 제39조에 따라 형식승인이나 성능인증을 받은 유효설치 범위(설계방호체적, 최대설치높이, 방호면적 등을 말한다) 이내에 설치하여 소화하는 다음 각 목의 것을 말한다. 〈전문개정 2012.6.11〉〈개정 2017.4.11〉
   가. "주거용 주방자동소화장치"란 주거용 주방에 설치된 열발생 조리기구의 사용으로

인한 화재 발생 시 열원(전기 또는 가스)을 자동으로 차단하며 소화약제를 방출하는 소화장치를 말한다. 〈개정 2017.4.11〉

나. "상업용 주방자동소화장치"란 상업용 주방에 설치된 열발생 조리기구의 사용으로 인한 화재 발생 시 열원(전기 또는 가스)을 자동으로 차단하며 소화약제를 방출하는 소화장치를 말한다. 〈신설 2017.4.11〉

다. "캐비닛형 자동소화장치"란 열, 연기 또는 불꽃 등을 감지하여 소화약제를 방사하여 소화하는 캐비닛형태의 소화장치를 말한다. 〈개정 2017.4.11〉

라. "가스자동소화장치"란 열, 연기 또는 불꽃 등을 감지하여 가스계 소화약제를 방사하여 소화하는 소화장치를 말한다. 〈개정 2017.4.11〉

마. "분말자동소화장치"란 열, 연기 또는 불꽃 등을 감지하여 분말의 소화약제를 방사하여 소화하는 소화장치를 말한다. 〈개정 2017.4.11〉

바. "고체에어로졸자동소화장치"란 열, 연기 또는 불꽃 등을 감지하여 에어로졸의 소화약제를 방사하여 소화하는 소화장치를 말한다. 〈개정 2017.4.11〉

5. "거실"이란 거주·집무·작업·집회·오락 그 밖에 이와 유사한 목적을 위하여 사용하는 방을 말한다.

6. "능력단위"란 소화기 및 소화약제에 따른 간이소화용구에 있어서는 법 제36조제1항에 따라 형식승인된 수치를 말하며, 소화약제 외의 것을 이용한 간이소화용구에 있어서는 별표 2에 따른 수치를 말한다.

7. "일반화재(A급 화재)"란 나무, 섬유, 종이, 고무, 플라스틱류와 같은 일반 가연물이 타고 나서 재가 남는 화재를 말한다. 일반화재에 대한 소화기의 적응 화재별 표시는 'A'로 표시한다. 〈신설 2015.1.23〉

8. "유류화재(B급 화재)"란 인화성 액체, 가연성 액체, 석유 그리스, 타르, 오일, 유성도료, 솔벤트, 래커, 알코올 및 인화성 가스와 같은 유류가 타고 나서 재가 남지 않는 화재를 말한다. 유류화재에 대한 소화기의 적응 화재별 표시는 'B'로 표시한다. 〈신설 2015.1.23〉

9. "전기화재(C급 화재)"란 전류가 흐르고 있는 전기기기, 배선과 관련된 화재를 말한다. 전기화재에 대한 소화기의 적응 화재별 표시는 'C'로 표시한다. 〈신설 2015.1.23〉

10. "주방화재(K급 화재)"란 주방에서 동식물유를 취급하는 조리기구에서 일어나는 화재를 말한다. 주방화재에 대한 소화기의 적응 화재별 표시는 'K'로 표시한다. 〈신설 2017.4.11〉

제4조(설치기준)

① 소화기구는 다음 각호의 기준에 따라 설치하여야 한다.

1. 특정소방대상물의 설치장소에 따라 별표 1에 적합한 종류의 것으로 할 것

2. 특정소방대상물에 따라 소화기구의 능력단위는 별표 3의 기준에 따를 것 〈개정 2012.6.11〉

3. 제2호에 따른 능력단위 외에 별표 4에 따라 부속용도별로 사용되는 부분에 대하여는 소화기구 및 자동소화장치를 추가하여 설치할 것 〈개정 2012.6.11, 2017.4.11〉

4. **소화기**는 다음 각목의 기준에 따라 설치할 것 〈개정 2012.6.11〉

> **Check Point**
>
> 가. **각층마다** 설치하되, 특정소방대상물의 각 부분으로부터 1개의 소화기까지의 **보행거리가 소형소화기의 경우에는 20m 이내, 대형소화기의 경우에는 30m 이내가** 되도록 배치할 것. 다만, 가연성물질이 없는 작업장의 경우에는 작업장의 실정에 맞게 보행거리를 완화하여 배치할 수 있다. 〈개정 2012.6.11, 2021.1.15〉
> 나. 특정소방대상물의 각층이 2 이상의 거실로 구획된 경우에는 가목의 규정에 따라 각 층마다 설치하는 것 외에 **바닥면적이 33m² 이상으로 구획된 각 거실**(아파트의 경우에는 각 세대를 말한다)에도 배치할 것

5. 능력단위가 2단위 이상이 되도록 소화기를 설치하여야 할 특정소방대상물 또는 그 부분에 있어서는 **간이소화용구의 능력단위가 전체 능력단위의 2분의 1을 초과하지 아니하게 할 것.** 다만, 노유자시설의 경우에는 그렇지 않다.
6. 소화기구(자동확산소화기를 제외한다)는 거주자 등이 손쉽게 사용할 수 있는 장소에 바닥으로부터 높이 1.5m 이하의 곳에 비치하고, 소화기에 있어서는 "소화기", 투척용 소화용구에 있어서는 "투척용소화용구", 마른모래에 있어서는 "소화용모래", 팽창질석 및 팽창진주암에 있어서는 "소화질석"이라고 표시한 표지를 보기 쉬운 곳에 부착할 것 〈개정 2012.6.11, 2017.4.11〉
7. 자동확산소화기는 다음 각 목의 기준에 따라 설치할 것 〈신설 2017.4.11〉
  가. 방호대상물에 소화약제가 유효하게 방사될 수 있도록 설치할 것
  나. 작동에 지장이 없도록 견고하게 고정할 것
8. 삭제 〈2017.4.11〉
9. 삭제 〈2017.4.11〉
② 자동소화장치는 다음 각 호의 기준에 따라 설치하여야 한다. 〈개정 2017.4.11〉
1. 주거용 주방자동소화장치는 다음 각 목의 기준에 따라 설치할 것
  가. 소화약제 방출구는 환기구(주방에서 발생하는 열기류 등을 밖으로 배출하는 장치를 말한다. 이하 같다)의 청소부분과 분리되어 있어야 하며, 형식승인 받은 유효설치 높이 및 방호면적에 따라 설치할 것
  나. 감지부는 형식승인 받은 유효한 높이 및 위치에 설치할 것
  다. 차단장치(전기 또는 가스)는 상시 확인 및 점검이 가능하도록 설치할 것
  라. 가스용 주방자동소화장치를 사용하는 경우 탐지부는 수신부와 분리하여 설치하되, 공기보다 가벼운 가스를 사용하는 경우에는 천장 면으로 부터 30cm 이하의 위치에 설치하고, 공기보다 무거운 가스를 사용하는 장소에는 바닥 면으로부터 30cm 이하의 위치에 설치할 것

    마. 수신부는 주위의 열기류 또는 습기 등과 주위온도에 영향을 받지 아니하고 사용자기 상시 볼 수 있는 장소에 설치힐 것

2. 상업용 주방자동소화장치는 다음 각 목의 기준에 따라 설치할 것

    가. 소화장치는 조리기구의 종류 별로 성능인증 받은 설계 매뉴얼에 적합하게 설치할 것

    나. 감지부는 성능인증 받는 유효높이 및 위치에 설치할 것

    다. 차단장치(전기 또는 가스)는 상시 확인 및 점검이 가능하도록 설치할 것

    라. 후드에 방출되는 분사헤드는 후드의 가장 긴 변의 길이까지 방출될 수 있도록 약제 방출 방향 및 거리를 고려하여 설치할 것

    마. 덕트에 방출되는 분사헤드는 성능인증 받는 길이 이내로 설치할 것

3. 캐비닛형자동소화장치는 다음 각 목의 기준에 따라 설치하여야 한다.

    가. 분사헤드의 설치 높이는 방호구역의 바닥으로부터 최소 0.2m 이상 최대 3.7m 이하로 하여야 한다. 다만, 별도의 높이로 형식승인 받은 경우에는 그 범위 내에서 설치할 수 있다.

    나. 화재감지기는 방호구역내의 천장 또는 옥내에 면하는 부분에 설치하되 「자동화재탐지설비 및 시각경보장치의 화재안전기준(NFSC 203)」 제7조에 적합하도록 설치할 것

    다. 방호구역내의 화재감지기의 감지에 따라 작동되도록 할 것

    라. 화재감지기의 회로는 교차회로방식으로 설치할 것. 다만, 화재감지기를 「자동화재탐지설비 및 시각경보장치의 화재안전기준(NFSC 203)」 제7조제1항 단서의 각 호의 감지기로 설치하는 경우에는 그러하지 아니하다.

    마. 교차회로내의 각 화재감지기회로별로 설치된 화재감지기 1개가 담당하는 바닥면적은 「자동화재탐지설비 및 시각경보장치의 화재안전기준(NFSC 203)」 제7조제3항제5호·제8호 및 제10호에 따른 바닥면적으로 할 것

    바. 개구부 및 통기구(환기장치를 포함한다. 이하 같다)를 설치한 것에 있어서는 약제가 방사되기 전에 해당 개구부 및 통기구를 자동으로 폐쇄할 수 있도록 할 것. 다만, 가스압에 의하여 폐쇄되는 것은 소화약제방출과 동시에 폐쇄할 수 있다.

    사. 작동에 지장이 없도록 견고하게 고정시킬 것

    아. 구획된 장소의 방호체적 이상을 방호할 수 있는 소화성능이 있을 것

4. 가스, 분말, 고체에어로졸 자동소화장치는 다음 각 목의 기준에 따라 설치하여야 한다.

    가. 소화약제 방출구는 형식승인 받은 유효설치범위 내에 설치할 것

    나. 자동소화장치는 방호구역내에 형식승인 된 1개의 제품을 설치할 것. 이 경우 연동방식으로서 하나의 형식을 받은 경우에는 1개의 제품으로 본다.

    다. 감지부는 형식승인된 유효설치범위 내에 설치하여야 하며 설치장소의 평상시 최고주위온도에 따라 다음 표에 따른 표시온도의 것으로 설치할 것. 다만, 열감지선

6

의 감지부는 형식승인 받은 최고주위온도범위 내에 설치하여야 한다.

설치장소의 최고주위온도	표시온도
39℃ 미만	79℃ 미만
39℃ 이상 64℃ 미만	79℃ 이상 121℃ 미만
64℃ 이상 106℃ 미만	121℃ 이상 162℃ 미만
106℃ 이상	162℃ 이상

　라. 다목에도 불구하고 화재감지기를 감지부를 사용하는 경우에는 제3호 나목부터 마목까지의 설치방법에 따를 것

③ 이산화탄소 또는 할로겐화합물을 방사하는 소화기구(자동확산소화기를 제외한다)는 지하층이나 무창층 또는 밀폐된 거실로서 그 바닥면적이 $20m^2$ 미만의 장소에는 설치할 수 없다. 다만, 배기를 위한 유효한 개구부가 있는 장소인 경우에는 그러하지 아니하다. 〈개정 2012.6.11, 2017.4.11〉

제5조(소화기의 감소)

① 소형소화기를 설치하여야 할 소방대상물 또는 그 부분에 옥내소화전설비·스프링클러설비·물분무등소화설비·옥외소화전설비 또는 대형수동식소화기를 설치한 경우에는 당해 설비의 유효범위의 부분에 대하여는 제4조제1항제2호 및 제3호의 규정에 따른 소화기의 3분의 2(대형소화기를 둔 경우에는 2분의 1)를 감소할 수 있다. 다만, 층수가 11층 이상인 부분, 근린생활시설, 위락시설, 문화 및 집회시설, 운동시설, 판매시설, 운수시설, 숙박시설, 노유자시설, 의료시설, 아파트, 업무시설(무인변전소를 제외한다), 방송통신시설, 교육연구시설, 항공기 및 자동차관련시설, 관광휴게시설은 그러하지 아니하다.

② 대형소화기를 설치하여야 할 특정소방대상물 또는 그 부분에 옥내소화전설비·스프링클러설비·물분무등소화설비 또는 옥외소화전설비를 설치한 경우에는 당해설비의 유효범위안의 부분에 대하여는 대형소화기를 설치하지 아니할 수 있다.

제6조(설치·유지기준의 특례)

소방본부장 또는 소방서장은 소방대상물의 위치·구조·설비의 상황에 따라 유사한 소방시설로도 이 기준에 따라 당해 소방대상물에 설치하여야 할 소화기구의 기능을 수행할 수 있다고 인정되는 경우에는 그 효력 범위 안에서 그 유사한 소방시설을 이 기준에 따른 소방시설로 보고 소화기구의 설치·유지기준의 일부를 적용하지 아니할 수 있다.

제7조(재검토 기한)

소방청장은 「훈령·예규 등의 발령 및 관리에 관한 규정」에 따라 이 고시에 대하여 2017년 7월 1일 기준으로 매3년이 되는 시점(매 3년째의 6월 30일까지를 말한다)마다 그 타당성을 검토하여 개선 등의 조치를 하여야 한다. 〈개정 2017.7.26〉

부칙 〈제2018-14호, 2018.11.19〉

• **제1조(시행일)**
  이 고시는 발령한 날부터 시행한다.

[별표 1] 〈개정 2012.6.11, 2015.1.23, 2017.4.11, 2018.11.9〉

소화기구의 소화약제별 적응성(제4조제1항제1호 관련)

소화약제 구분 / 적응대상	가스			분말		액체				기타		
	이산화탄소소화약제	할론소화약제	할로겐화합물및불활성기체소화약제	인산염류소화약제	중탄산염류소화약제	산알칼리소화약제	강화액소화약제	포소화약제	물·침윤소화약제	고체에어로졸화합물	마른모래	팽창질석·팽창진주암	그밖의것
일반화재 (A급 화재)	–	○	○	○	–	○	○	○	○	○	○	○	
유류화재 (B급 화재)	○	○	○	○	○	○	○	○	○	○	○	○	–
전기화재 (C급 화재)	○	○	○	○	○	*	*	*	*	○	–	–	–
주방화재 (K급 화재)	–	–	–	–	*	–	*	*	*	–	–	–	*

주) "*"의 소화약제별 적응성은 「화재예방, 소방시설 설치유지 및 안전관리에 관한 법률」 제36조에 의한 형식승인 및 제품검사의 기술기준에 따라 화재 종류별 적응성에 적합한 것으로 인정되는 경우에 한한다.

[별표 2]

간이소화용구의 능력단위(제4조제1항제2호 관련)

간 이 소 화 용 구		능력단위
1. 마른모래	삽을 상비한 50L 이상의 것 1포	0.5단위
2. 팽창질석 또는 팽창진주암	삽을 상비한 80L 이상의 것 1포	0.5단위

[별표 3]

소방대상물별 소화기구의 능력단위기준(제4조제1항제2호 관련)

소 방 대 상 물	소화기구의 능력단위
1. 위락시설	해당 용도의 바닥면적 30m²마다 능력단위 1단위 이상
2. 공연장·집회장·관람장·문화재·장례식장 및 의료시설	해당 용도의 바닥면적 50m²마다 능력단위 1단위 이상
3. 근린생활시설·판매시설·운수시설·숙박시설·노유자시설·전시장·공동주택·업무시설·방송통신시설·공장·창고시설·항공기 및 자동차관련시설 및 관광휴게시설	해당 용도의 바닥면적 100m²마다 능력단위 1단위 이상
4. 그 밖의 것	해당 용도의 바닥면적 200m²마다 능력단위 1단위 이상

(주) 소화기구의 능력단위를 산출함에 있어서 건축물의 주요구조부가 내화구조이고, 벽 및 반자의 실내에 면하는 부분이 불연재료·준불연재료 또는 난연재료로 된 소방대상물에 있어서는 위 표의 기준면적의 2배를 당해 소방대상물의 기준면적으로 한다.

[별표 4]

부속용도별로 추가하여야 할 소화기구(제4조제1항제3호 관련)

용 도 별	소화기구의 능력단위
1. 다음 각목의 시설. 다만, 스프링클러설비·간이스프링클러설비·물분무등소화설비 또는 상업용 주방 자동소화장치가 설치된 경우에는 자동확산소화기를 설치하지 아니 할 수 있다. 가. 보일러실(아파트의 경우 방화구획된 것을 제외한다)·건조실·세탁소·대량화기취급소 나. 음식점(지하가의 음식점을 포함한다)·다중이용업소·호텔·기숙사·노유자 시설·의료시설·업무시설·공장·장례식장·교육연구시설·교정 및 군사시설의 주방 다만, 의료시설·업무시설 및 공장의 주방은 공동취사를 위한 것에 한한다. 다. 관리자의 출입이 곤란한 변전실·송전실·변압기실 및 배전반실(불연재료로된 상자안에 장치된 것을 제외한다) 라. 삭제	1. 해당 용도의 바닥면적 25m²마다 능력단위 1단위 이상의 소화기로 하고, 그 외에 자동확산소화기를 바닥면적 10m² 이하는 1개, 10m² 초과는 2개를 설치할 것 2. 나목의 주방의 경우, 1호에 의하여 설치하는 소화기중 1개 이상은 주방화재용 소화기(K급)를 설치하여야 한다.

2. 발전실·변전실·송전실·변압기실·배전반실·통신기기실·전산기기실·기타 이와 유사한 시설이 있는 장소. 다만, 제1호다목의 장소를 제외한다.			해당 용도의 바닥면적 50m²마다 적응성이 있는 소화기 1개 이상 또는 유효설치방호체적 이내의 가스·분말·고체에어로졸자동소화장치·캐비닛형자동소화장치(다만, 통신기기실·전자기기실을 제외한 장소에 있어서는 교류 600V 또는 직류750V 이상의 것에 한한다)
3. 「위험물안진관리법 시행령」 별표1에 따른 지정수량의 1/5 이상 지정수량 미만의 위험물을 저장 또는 취급하는 장소			능력단위 2단위 이상 또는 유효설치방호체적 이내의 가스·분말·고체에어로졸자동소화장치·캐비닛형자동소화장치
4. 「소방기본법 시행령」 별표2에 따른 특수가연물을 저장 또는 취급하는 장소	소방기본법시행령 별표2에서 정하는 수량 이상		소방기본법시행령 별표2에서 정하는 수량의 50배 이상마다 능력단위 1단위 이상
	소방기본법시행령 별표2에서 정하는 수량의 500배 이상		대형소화기 1개 이상
5. 「고압가스안전관리법」·「액화석유가스의 안전관리 및 사업법」 및 「도시가스사업법」에서 규정하는 가연성가스를 연료로 사용하는 장소	액화석유가스 기타 가연성가스를 연료로 사용하는 연소기기가 있는 장소		각 연소기로부터 보행거리 10m 이내에 능력단위 3단위 이상의 소화기 1개 이상. 다만, 상업용 주방 자동소화장치가 설치된 장소는 제외한다.
	액화석유가스 기타 가연성가스를 연료로 사용하기 위하여 저장하는 저장실(저장량 300kg 미만은 제외한다)		능력단위 5단위 이상의 소화기 2개 이상 및 대형소화기 1개 이상
6. 「고압가스안전관리법」·「액화석유가스의 안전관리 및 사업법」 또는 「도시가스사업법」에서 규정하는 가연성가스를 제조하거나 연료외의 용도로 저장·사용하는 장소	저장하고 있는 양 또는 1개월 동안 제조·사용하는 양	200kg 미만	저장하는 장소	능력단위 3단위 이상의 소화기 2개 이상
			제조·사용하는 장소	능력단위 3단위 이상의 소화기 2개 이상
		200kg 이상 300kg 미만	저장하는 장소	능력단위 5단위 이상의 소화기 2개 이상
			제조·사용하는 장소	바닥면적 50m²마다 능력단위 5단위 이상의 소화기 1개 이상
		300kg 이상	저장하는 장소	대형소화기 2개 이상
			제조·사용하는 장소	바닥면적 50m² 마다 능력단위 5단위 이상의 소화기 1개 이상

비고 : 액화석유가스·기타 가연성가스를 제조하거나 연료외의 용도로 사용하는 장소에 수동식소화기를 설치하는 때에는 당해 장소 바닥면적 50m² 이하인 경우에도 해당수동식 소화기를 2개 이상 비치하여야 한다.

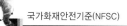

국가화재안전기준(NFSC)

제2장 옥내소화전설비의 화재안전기준(NFSC 102)

[시행 2017.7.26] [소방청고시 제2017-1호, 2017.7.26, 타법개정]

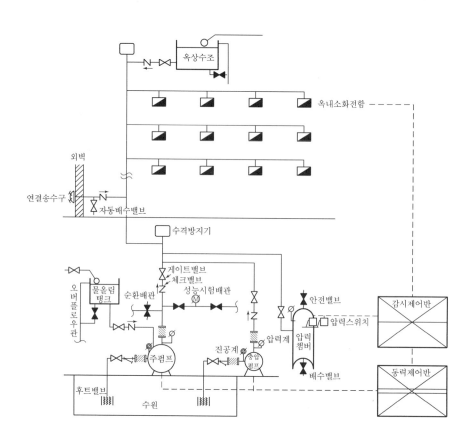

제1조(목적)

이 기준은 「화재예방, 소방시설 설치·유지 및 안전관리에 관한 법률」 제9조제1항에 따라 소방청장에게 위임한 사항 중 소화설비인 옥내소화전설비의 설치·유지 및 안전관리에 필요한 사항을 규정함을 목적으로 한다. 〈개정 2016.5.16, 2017.7.26〉

제2조(적용범위)

「화재예방, 소방시설 설치·유지 및 안전관리에 관한 법률 시행령」(이하 "영"이라 한다) 별표 5 제1호다목에 따른 옥내소화전설비는 이 기준에서 정하는 규정에 따라 설비를 설치하고 유지·관리하여야 한다. 〈개정 2013.6.10, 2015.1.23, 2016.5.16〉

제3조(정의)

이 기준에서 사용하는 용어의 정의는 다음과 같다.

1. **"고가수조"**라 함은 구조물 또는 지형지물 등에 설치하여 자연낙차의 압력으로 급수하는 수조를 말한다.
2. **"압력수조"**라 함은 소화용수와 공기를 채우고 일정압력 이상으로 가압하여 그 압력으로 급수하는 수조를 말한다.
3. **"충압펌프"**라 함은 배관내 압력손실에 따른 주펌프의 빈번한 기동을 방지하기 위하여 충압역할을 하는 펌프를 말한다.
4. **"정격토출량"**이라 함은 정격토출압력에서의 펌프의 토출량을 말한다.
5. **"정격토출압력"**이라 함은 정격토출량에서의 펌프의 토출측 압력을 말한다.
6. **"진공계"**라 함은 대기압 이하의 압력을 측정하는 계측기를 말한다.
7. **"연성계"**라 함은 대기압 이상의 압력과 대기압 이하의 압력을 측정할 수 있는 계측기를 말한다.
8. **"체절운전"**이라 함은 펌프의 성능시험을 목적으로 펌프토출측의 개폐밸브를 닫은 상태에서 펌프를 운전하는 것을 말한다.
9. **"기동용수압개폐장치"**라 함은 소화설비의 배관내 압력변동을 검지하여 자동적으로 펌프를 기동 및 정지시키는 것으로서 압력챔버 또는 기동용압력스위치 등을 말한다.
10. **"급수배관"**이라 함은 수원 및 옥외송수구로부터 옥내소화전방수구에 급수하는 배관을 말한다.
11. **"개폐표시형밸브"**라 함은 밸브의 개폐여부를 외부에서 식별이 가능한 밸브를 말한다.
12. **"가압수조"**라 함은 가압원인 압축공기 또는 불연성 고압기체에 따라 소방용수를 가압시키는 수조를 말한다.

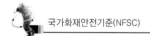

제4조(수원)

① 옥내소화전설비의 수원은 그 저수량이 옥내소화전의 설치개수가 가장 많은 층의 설치개수(5개 이상 설치된 경우에는 5개)에 2.6m³(호스릴옥내소화전설비를 포함한다)를 곱한 양 이상이 되도록 하여야 한다. 〈개정 2008.12.15, 2012.2.15, 2013.6.11〉

> - **30층 미만 : 수원(m³) = N×2.6m³ 이상**
> - **30층 이상 49층 이하 : 수원(m³) = N×5.2m³ 이상**
> - **50층 이상 : 수원(m³) = N×7.8m³ 이상**

N : 옥내소화전 〈호스릴옥내소화전 포함〉이 가장 많은 층의 설치개수(5개 이상인 경우 5개)

② 옥내소화전설비의 수원은 제1항에 따라 산출된 유효수량 외에 **유효수량의 3분의 1 이상을 옥상**(옥내소화전설비가 설치된 건축물의 주된 옥상을 말한다)에 설치하여야 한다. 다만, 다음 각 호의 어느 하나에 해당하는 경우에는 그러하지 아니하다. 〈개정 2013.6.10〉
  1. 삭제 〈2013.6.10〉
  2. **지하층**만 있는 건축물
  3. 제5조제2항의 규정에 따른 **고가수조**를 가압송수장치로 설치한 옥내소화전설비
  4. 수원이 건축물의 **최상층에 설치된 방수구**보다 높은 위치에 설치된 경우 〈개정 2015.1.23〉
  5. 건축물의 높이가 지표면으로부터 **10m 이하**인 경우
  6. 주펌프와 동등 이상의 성능이 있는 별도의 펌프로서 **내연기관**의 기동과 연동하여 작동되거나 **비상전원**을 연결하여 설치한 경우
  7. 제5조제1항제9호 단서에 해당하는 경우
  8. 제5조제4항의 규정에 따라 **가압수조**를 가압송수장치로 설치한 옥내소화전설비

③ 삭제 〈2013.6.11〉

④ 옥상수조(제1항의 규정에 따라 산출된 유효수량의 3분의 1 이상을 옥상에 설치한 설비를 말한다. 이하 같다)는 이와 연결된 배관을 통하여 상시 소화수를 공급할 수 있는 구조인 소방대상물인 경우에는 둘 이상의 소방대상물이 있더라도 하나의 소방대상물에만 이를 설치할 수 있다.

⑤ 옥내소화전설비의 수원을 수조로 설치하는 경우에는 소방설비의 전용수조로 하여야 한다. 다만, 다음 각호의 어느 하나에 해당하는 경우에는 그러하지 아니하다. 〈개정 2013.6.10〉
  1. **옥내소화전펌프의 후드밸브 또는 흡수배관의 흡수구**(수직회전축펌프의 흡수구를 포함한다. 이하 같다)를 다른 설비(소방용설비 외의 것을 말한다. 이하 같다)의 후드밸브 또는 흡수구보다 **낮은 위치에 설치한 때**
  2. 제5조제2항의 규정에 따른 고가수조로부터 옥내소화전설비의 수직배관에 물을 공급하는 **급수구**를 다른 설비의 급수구보다 **낮은 위치에 설치한 때**

③⑥ 제1항 및 제2항의 규정에 따른 저수량을 산정함에 있어서 다른 설비와 겸용하여 옥내소
화전설비용 수조를 설치하는 경우에는 옥내소화전설비의 후드밸브·흡수구 또는 수직배
관의 급수구와 다른 설비의 후드밸브·흡수구 또는 수직배관의 급수구와의 사이의 수량
을 그 유효수량으로 한다.

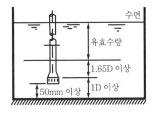
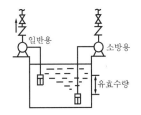
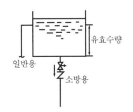

⑦ 옥내소화전설비용 수조는 다음 각호의 기준에 따라 설치하여야 한다.

> **Check Point**
>
> 1. **점검에 편리한 곳**에 설치할 것
> 2. 동결방지조치를 하거나 **동결의 우려가 없는 장소**에 설치할 것
> 3. 수조의 외측에 **수위계**를 설치할 것. 다만, 구조상 불가피한 경우에는 수조의 맨홀 등을 통하여 수조 안의 물의 양을 쉽게 확인할 수 있도록 하여야 한다.
> 4. 수조의 상단이 바닥보다 높은 때에는 수조의 외측에 **고정식 사다리**를 설치할 것
> 5. 수조가 실내에 설치된 때에는 그 실내에 **조명설비**를 설치할 것
> 6. 수조의 밑 부분에는 **청소용 배수밸브 또는 배수관**을 설치할 것
> 7. 수조의 외측의 보기 쉬운 곳에 "옥내소화전설비용 수조"라고 표시한 **표지**를 할 것. 이 경우 그 수조를 다른 설비와 겸용하는 때에는 그 겸용되는 설비의 이름을 표시한 표지를 함께 하여야 한다.
> 8. 옥내소화전펌프의 흡수배관 또는 옥내소화전설비의 수직배관과 수조의 접속부분에 는 "옥내소화전설비용 배관"이라고 표시한 **표지**를 할 것. 다만, 수조와 가까운 장소에 옥내소화전펌프가 설치되고 옥내소화전펌프에 제5조제1항제14호의 규정에 따른 표지를 설치한 때에는 그러하지 아니하다.

제5조(가압송수장치)

① **전동기 또는 내연기관에 따른 펌프를 이용하는 가압송수장치**는 다음 각호의 기준에 따라 설치하여야 한다. 다만, 가압송수장치의 주펌프는 전동기에 따른 펌프로 설치하여야 한다. 〈개정 2015.1.23〉

1. 쉽게 접근할 수 있고 점검하기에 충분한 공간이 있는 장소로서 화재 및 침수 등의 재해로 인한 피해를 받을 우려가 없는 곳에 설치할 것
2. 동결방지조치를 하거나 동결의 우려가 없는 장소에 설치할 것
3. 소방대상물의 어느 층에 있어서도 당해 층의 옥내소화전(5개 이상 설치된 경우에는 5개의 옥내소화전)을 동시에 사용할 경우 각 소화전의 노즐선단에서의 방수압력이 0.17MPa(호스릴옥내소화전설비를 포함한다) 이상이고, 방수량이 130L/min(호스릴옥내소화전설비를 포함한다) 이상이 되는 성능의 것으로 할 것. 다만, 하나의 옥내소화전을 사용하는 노즐선단에서의 방수압력이 **0.7MPa을 초과할 경우**에는 호스접결구의 인입 측에 **감압장치**를 설치하여야 한다.
4. 펌프의 토출량은 옥내소화전이 가장 많이 설치된 층의 설치개수(옥내소화전이 5개 이상 설치된 경우에는 5개)에 130L/min를 곱한 양 이상이 되도록 할 것
5. 펌프는 전용으로 할 것. 다만, 다른 소화설비와 겸용하는 경우 각각의 소화설비의 성능에 지장이 없을 때에는 그러하지 아니하다.

5의 2. 삭제 〈2013.6.11〉

6. 펌프의 **토출 측에는 압력계**를 체크밸브 이전에 펌프토출 측 플랜지에서 가까운 곳에 설치하고, **흡입 측에는 연성계 또는 진공계를 설치**할 것. 다만, 수원의 수위가 펌프의 위치보다 높거나 수직회전축 펌프의 경우에는 연성계 또는 진공계를 설치하지 아니할 수 있다.
7. 가압송수장치에는 **정격부하운전 시 펌프의 성능을 시험하기 위한 배관을 설치할 것**. 다만, 충압펌프의 경우에는 그러하지 아니하다.
8. 가압송수장치에는 **체절운전 시 수온의 상승을 방지**하기 위한 **순환배관**을 설치할 것. 다만, 충압펌프의 경우에는 그러하지 아니하다.
9. 기동장치로는 기동용수압개폐장치 또는 이와 동등 이상의 성능이 있는 것을 설치할 것. 다만, 학교·공장·창고시설(제4조제2항에 따라 옥상수조를 설치한 대상은 제외한다)으로서 동결의 우려가 있는 장소에 있어서는 기동스위치에 보호판을 부착하여 옥내소화전함 내에 설치할 수 있다. 〈개정 2013.6.10, 2016.5.16〉
9의2. 제9호 단서의 경우에는 주펌프와 동등 이상의 성능이 있는 별도의 펌프로서 내연기관의 기동과 연동하여 작동되거나 비상전원을 연결한 펌프를 추가 설치할 것. 다만, 다음 각 목의 경우는 제외한다. 〈신설 2016.5.16〉
   가. 지하층만 있는 건축물
   나. 고가수조를 가압송수장치로 설치한 경우
   다. 수원이 건축물의 최상층에 설치된 방수구보다 높은 위치에 설치된 경우
   라. 건축물의 높이가 지표면으로부터 10m 이하인 경우
   마. 가압수조를 가압송수장치로 설치한 경우
10. **기동용수압개폐장치(압력챔버)**를 사용할 경우 그 용적은 **100L 이상**의 것으로 할 것

11. 수원의 수위가 펌프보다 낮은 위치에 있는 가압송수장치에는 다음 각 목의 기준에 따른 **물올림장치**를 설치할 것 〈개정 2013.6.10〉
    가. 물올림장치에는 전용의 탱크를 설치할 것
    나. 탱크의 유효수량은 100L 이상으로 하되, 구경 15mm 이상의 급수배관에 따라 당해 탱크에 물이 계속 보급되도록 할 것

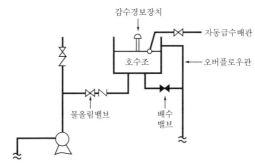

12. 기동용수압개폐장치를 기동장치로 사용할 경우에는 다음 각 목의 기준에 따른 **충압 펌프**를 설치할 것. 다만, 옥내소화전이 각층에 1개씩 설치된 경우로서 소화용 급수펌 프로도 상시 충압이 가능하고 다음 가목의 성능을 갖춘 경우에는 충압펌프를 별도로 설치하지 아니할 수 있다. 〈개정 2013.6.10〉
    가. 펌프의 토출압력은 그 설비의 최고위 호스접결구의 자연압보다 적어도 0.2MPa이 더 크도록 하거나 가압송수장치의 정격토출압력과 같게 할 것
    나. 펌프의 정격토출량은 정상적인 누설량보다 적어서는 아니 되며, 옥내소화전설비가 자동적으로 작동할 수 있도록 충분한 토출량을 유지할 것
13. 내연기관을 사용하는 경우에는 다음 각 목의 기준에 적합한 것으로 할 것 〈개정 2013.6.10〉
    가. 내연기관의 기동은 제9호의 기동장치를 설치하거나 또는 소화전함의 위치에서 원 격조작이 가능하고 기동을 명시하는 적색등을 설치할 것
    나. 제어반에 따라 내연기관의 자동기동 및 수동기동이 가능하고, 상시 충전되어 있는 축전지설비를 갖출 것
    다. 내연기관의 연료량은 펌프를 20분(층수가 30층 이상 49층 이하는 40분, 50층 이상 은 60분) 이상 운전할 수 있는 용량일 것 〈신설 2013.6.10〉
14. 가압송수장치에는 "옥내소화전펌프"라고 표시한 표지를 할 것. 이 경우 그 가압송수 장치를 다른 설비와 겸용하는 때에는 그 겸용되는 설비의 이름을 표시한 표지를 함께 하여야 한다.
15. 가압송수장치가 기동이 된 경우에는 자동으로 정지되지 아니하도록 하여야 한다. 다 만, 충압펌프의 경우에는 그러하지 아니하다.

전양정산출식

$H = h_1 + h_2 + h_3 + 17m$(옥내소화전 및 호스릴옥내소화전설비)

H : 전양정(m), h_1 : 배관 및 관부속물의 마찰손실수두(m), h_2 : 호스의 마찰손실수두(m), h_3 : 낙차(m)

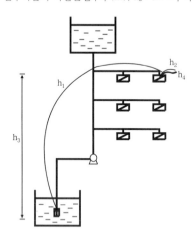

② 고가수조의 자연낙차를 이용한 가압송수장치는 다음 각호의 기준에 따라 설치하여야 한다.
   1. 고가수조의 자연낙차수두(수조의 하단으로부터 최고층에 설치된 소화전 호스 접결구까지의 수직거리를 말한다)는 다음의 식에 따라 산출한 수치 이상이 되도록 할 것
   $H = h_1 + h_2 + 17$(호스릴옥내소화전설비를 포함한다)
   H : 필요한 낙차(m), h_1 : 소방용호스 마찰손실 수두(m)
   h_2 : 배관의 마찰손실 수두(m)
   2. 고가수조에는 ㉟위계 · ㉟수관 · ㉭수관 · ㉦버플로우관 및 ㉺홀을 설치할 것

고가수조의 자연낙차수두 산출식

$H = h_1 + h_2 + 17$(옥내소화전 및 호스릴옥내소화전설비)

H : 필요한 낙차(m)(수조의 하단으로부터 최고층의 호스 접결구까지 수직거리)
h_1 : 소방용 호스 마찰손실두수(m), h_2 : 배관의 마찰손실두수(m)

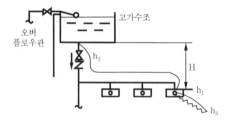

③ 압력수조를 이용한 가압송수장치는 다음 각호의 기준에 따라 설치하여야 한다.

　　1. 압력수조의 압력은 다음의 식에 따라 산출한 수치 이상으로 할 것

　　　　$P = p_1 + p_2 + p_3 + 0.17$(호스릴옥내소화전설비를 포함한다)

　　　　P : 필요한 압력(MPa)

　　　　p_1 : 소방용호스의 마찰손실 수두압(MPa)

　　　　p_2 : 배관의 마찰손실 수두압(MPa)

　　　　p_3 : 낙차의 환산 수두압(MPa)

　　2. 압력수조에는 ㉑위계 ·㉑수관 ·㉑수관 ·㉑기관 ·㉑홀 ·㉑력계 ·㉑전장치 및 압력저하 방지를 위한 **자동식 ㉏기압축기**를 설치할 것 수압력수조의 필요압력 산출식은 다음과 같다.

> $$P = P_1 + P_2 + P_3 + 0.17$$(옥내소화전 및 호스릴옥내소화전설비)

　　　　　　P : 필요한 압력(MPa), P_1 : 소방용 호스의 마찰손실 수두압(MPa)
　　　　　　P_2 : 배관의 마찰손실 수두압(MPa), P_3 : 낙차의 환산 수두압(MPa)

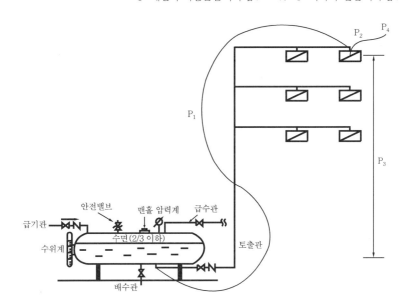

④ 가압수조를 이용한 가압송수장치는 다음 각호의 기준에 따라 설치하여야 한다.

　　1. 가압수조의 압력은 제1항제3호에 따른 방수량 및 방수압이 20분 이상 유지되도록 할 것 〈개정 2012.2.15, 2013.6.11〉

　　2. 삭제 〈2015.1.23〉

3. 가압수조 및 가압원은 「건축법 시행령」 제46조에 따른 방화구획 된 장소에 설치 할 것
4. 삭제 〈2015.1.23〉
5. 가압수조를 이용한 가압송수장치는 소방청장이 정하여 고시한 「가압수조식가압송수장치의 성능인증 및 제품검사의 기술기준」에 적합한 것으로 설치할 것 〈개정 2013.6.10, 2015.1.23, 2017.7.26〉

제6조(배관 등)

① 배관과 배관이음쇠는 다음 각 호의 어느 하나에 해당하는 것 또는 동등 이상의 강도·내식성 및 내열성을 국내·외 공인기관으로부터 인정받은 것을 사용하여야 하고, 배관용 스테인리스강관(KS D 3576)의 이음을 용접으로 할 경우에는 알곤용접방식에 따른다. 다만, 본 조에서 정하지 않은 사항은 건설기술 진흥법 제44조제1항의 규정에 따른 건축기계설비공사 표준설명서에 따른다.〈개정 2008.12.15, 2013.6.10, 2016.7.25〉

1. 배관 내 사용압력이 1.2MPa 미만일 경우에는 다음 각 목의 어느 하나에 해당하는 것 〈신설 2013.6.10, 개정 2016.7.25〉
   가. 배관용 탄소강관(KS D 3507)
   나. 이음매 없는 구리 및 구리합금관(KS D 5301). 다만, 습식의 배관에 한한다.
   다. 배관용 스테인리스강관(KS D 3576) 또는 일반배관용 스테인리스강관(KS D 3595)
   라. 덕타일 주철관(KS D 4311) 〈신설 2016.7.25〉
2. 배관 내 사용압력이 1.2MPa 이상일 경우에는 다음 각 목의 어느 하나에 해당하는 것 〈신설 2013.6.10, 개정 2016.7.25〉
   가. 압력배관용탄소강관(KS D 3562) 〈신설 2016.7.25〉
   나. 배관용 아크용접 탄소강강관(KS D 3583) 〈신설 2016.7.25〉

② 제1항에도 불구하고 다음 각 호의 어느 하나에 해당하는 장소에는 소방청장이 정하여 고시한 「소방용 합성수지배관의 성능인증 및 제품검사의 기술기준」에 적합한 소방용 합성수지배관으로 설치할 수 있다. 〈개정 2013.6.10, 2015.1.23, 2017.7.26〉

Check Point
1. 배관을 지하에 매설하는 경우
2. 다른 부분과 내화구조로 구획된 덕트 또는 피트의 내부에 설치하는 경우
3. 천장(상층이 있는 경우에는 상층바닥의 하단을 포함한다. 이하 같다)과 반자를 불연재료 또는 준불연 재료로 설치하고 그 내부에 습식으로 배관을 설치하는 경우

③ 급수배관은 전용으로 하여야 한다. 다만, 옥내소화전의 기동장치의 조작과 동시에 다른 설비의 용도에 사용하는 배관의 송수를 차단할 수 있거나, 옥내소화전설비의 성능에 지장이 없는 경우에는 다른 설비와 겸용할 수 있다.

④ 삭제 〈2013.6.11〉
⑤ **펌프의 흡입 측 배관**은 다음 각호의 기준에 따라 설치하여야 한다.

> **Check Point**
>
> 1. 공기고임이 생기지 아니하는 구조로 하고 여과장치를 설치할 것
> 2. 수조가 펌프보다 낮게 설치된 경우에는 각 펌프(충압펌프를 포함 한다)마다 수조로부터 별도로 설치할 것

⑥ 펌프의 토출 측 주배관의 구경은 유속이 4m/s **이하**가 될 수 있는 크기 이상으로 하여야 하고, 옥내소화전방수구와 연결되는 **가지배관의 구경은** 40mm(**호스릴옥내소화전설비의 경우에는** 25mm) 이상으로 하여야 하며, 주배관중 **수직배관의 구경은** 50mm(**호스릴옥내소화전설비의 경우에는** 32mm) 이상으로 하여야 한다.
⑦ 연결송수관설비의 배관과 겸용할 경우의 주배관은 구경 100mm 이상, 방수구로 연결되는 배관의 구경은 65mm 이상의 것으로 하여야 한다.
⑧ 펌프의 성능은 **체절운전 시** 정격토출압력의 140%를 **초과하지 아니하고**, 정격토출량의 150%로 **운전 시** 정격토출압력의 65% **이상이 되어야 하며**, 펌프의 성능시험배관은 다음 각호의 기준에 적합하여야 한다.

> **Check Point**
>
> 1. 성능시험배관은 펌프의 토출측에 설치된 개폐밸브 이전에서 분기하여 설치하고, 유량측정장치를 기준으로 전단 직관부에 개폐밸브를 후단 직관부에는 유량조절밸브를 설치할 것
> 2. 유량측정장치는 성능시험배관의 직관부에 설치하되, 펌프의 **정격토출량의** 175% 이상 측정할 수 있는 성능이 있을 것

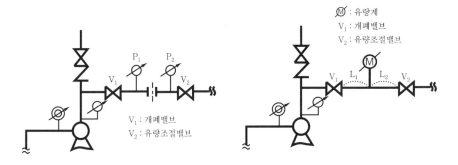

⑨ 가압송수장치의 체절운전 시 수온의 상승을 방지하기 위하여 체크밸브와 펌프사이에서

분기한 구경 20mm **이상의 배관에 체절압력 미만에서 개방되는 릴리프밸브를 설치**하여야 한다.

⑩ 동결방지조치를 하거나 동결의 우려가 없는 장소에 설치하여야 한다. 다만, 보온재를 사용할 경우에는 난연재료 성능이상의 것으로 하여야 한다. 〈개정 2012.2.15, 2015.1.23〉

⑪ 급수배관에 설치되어 급수를 차단할 수 있는 개폐밸브(옥내소화전방수구를 제외한다)는 개폐표시형으로 하여야 한다. 이 경우 **펌프의 흡입측 배관**에는 **버터플라이밸브 외의 개폐표시형밸브를** 설치하여야 한다.

⑫ 배관은 다른 설비의 배관과 쉽게 구분이 될 수 있는 위치에 설치하거나, 그 배관표면 또는 배관 보온재표면의 색상은 「한국산업표준(배관계의 식별 표시, KS A 0503)」 또는 적색으로 식별이 가능하도록 소방용설비의 배관임을 표시하여야 한다. 〈개정 2008.12.15, 2013. 6.10〉

⑬ 옥내소화전설비에는 소방차로부터 그 설비에 송수할 수 있는 송수구를 다음 각 호의 기준에 의하여 설치하여야 한다. 〈개정 2013.6.10〉

> **Check Point**
>
> 1. 송수구는 소방차가 쉽게 접근할 수 있는 잘 보이는 장소에 설치하되 화재층으로부터 지면으로 떨어지는 유리창 등이 송수 및 그 밖의 소화작업에 지장을 주지 아니하는 장소에 설치할 것 〈개정 2013.6.10〉
> 2. 송수구로부터 주 배관에 이르는 연결배관에는 개폐밸브를 설치하지 아니할 것. 다만, 스프링클러설비·물분무소화설비·포소화설비 또는 연결송수관 설비의 배관과 겸용하는 경우에는 그러하지 아니하다.
> 3. 지면으로부터 높이가 0.5m 이상 1m 이하의 위치에 설치할 것
> 4. 구경 65mm의 쌍구형 또는 단구형으로 할 것
> 5. 송수구의 가까운 부분에 자동배수밸브(또는 직경 5mm의 배수공) 및 체크밸브를 설치할 것. 이 경우 자동배수밸브는 배관안의 물이 잘 빠질 수 있는 위치에 설치하되, 배수로 인하여 다른 물건 또는 장소에 피해를 주지 아니하여야 한다.
> 6. 송수구에는 이물질을 막기 위한 마개를 씌울 것

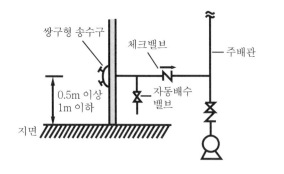

⑭ 분기배관을 사용할 경우에는 국민안전처장이 정하여 고시한 「분기배관의 성능인증 및 제품검사의 기술기준」에 적합한 것으로 설치하여야 한다. 〈개정 2013.6.10, 2015.1.23〉

제7조(함 및 방수구 등)

① 옥내소화전설비의 **함**은 다음 각호의 기준에 따라 설치하여야 한다.
 1. 함은 소방청장이 정하여 고시한 「소화전함 성능인증 및 제품검사의 기술기준」에 적합한 것으로 설치하되 밸브의 조작, 호스의 수납 등에 충분한 여유를 가질 수 있도록 할 것. 연결송수관의 방수구를 같이 설치하는 경우에도 또한 같다. 〈개정 2015.1.23, 2017.7.26〉
 2. 삭제 〈2015.1.23〉
 3. 제1호와 제2호에도 불구하고 제2항제1호의 기준을 초과하는 경우로서 기둥 또는 벽이 설치되지 아니한 대형공간의 경우는 다음 각목의 기준에 따라 설치할 수 있다. 〈개정 2013.6.10〉
  가. 호스 및 관창은 방수구의 가장 가까운 장소의 벽 또는 기둥 등에 함을 설치하여 비치 할 것
  나. 방수구의 위치표지는 표시등 또는 축광도료 등으로 상시 확인이 가능토록 할 것
② 옥내소화전**방수구**는 다음 각호의 기준에 따라 설치하여야 한다.
 1. 소방대상물의 **층마다 설치**하되, 당해 소방대상물의 각 부분으로부터 하나의 옥내소화전 방수구까지의 **수평거리**가 25m(호스릴옥내소화전설비를 포함한다) 이하가 되도록 할 것. 다만, 복층형 구조의 공동주택의 경우에는 세대의 출입구가 설치된 층에만 설치할 수 있다.
 2. 바닥으로부터의 높이가 1.5m **이하**가 되도록 할 것
 3. 호스는 구경 40mm(호스릴옥내소화전설비의 경우에는 25mm) 이상의 것으로서 소방대상물의 각 부분에 물이 유효하게 뿌려질 수 있는 길이로 설치할 것
 4. 호스릴옥내소화전설비의 경우 그 노즐에는 노즐을 쉽게 개폐할 수 있는 장치를 부착할 것
③ **표시등**은 다음 각호의 기준에 따라 설치하여야 한다.
 1. 옥내소화전설비의 위치를 표시하는 표시등은 함의 상부에 설치하되, 소방청장이 고시하는 「표시등의 성능인증 및 제품검사의 기술기준」에 적합한 것으로 할 것 〈개정 2015.1.23, 2017.7.26〉
 2. 가압송수장치의 기동을 표시하는 표시등은 옥내소화전함의 상부 또는 그 직근에 설치하되 **적색**등으로 할 것. 다만, 자체소방대를 구성하여 운영하는 경우(「위험물안전관리법 시행령」 별표8에서 정한 소방자동차와 자체소방대원의 규모를 말한다) 가압송수장치의 기동표시등을 설치하지 않을 수 있다. 〈개정 2013.6.10〉
 3. 삭제 〈2015.1.23〉
④ 옥내소화전설비의 함에는 그 표면에 "소화전"이라는 표시와 그 사용요령을 기재한 표지판(외국어 병기)을 붙여야 한다.

제8조(전원)

① 옥내소화전설비에는 그 특정소방대상물의 수전방식에 따라 다음 각 호의 기준에 따른 상용
전원회로의 배선을 설치하여야 한다. 다만, 가압수조방식으로서 모든 기능이 20분 이상 유효
하게 지속될 수 있는 경우에는 그러하지 아니하다. 〈개정 2008.12.15, 2012.2.15, 2013.6.11〉

> **Check Point**
>
> 1. 저압수전인 경우에는 인입개폐기의 직후에서 분기하여 전용배선으로 하여야 하며,
>   전용의 전선관에 보호 되도록 할 것
> 2. 특별고압수전 또는 고압수전일 경우에는 전력용 변압기 2차측의 주차단기 1차측에서
>   분기하여 전용배선으로 하되, 상용전원의 상시공급에 지장이 없을 경우에는 주차단
>   기 2차측에서 분기하여 전용배선으로 할 것. 다만, 가압송수장치의 정격입력전압이
>   수전전압과 같은 경우에는 제1호의 기준에 따른다.

② 다음 각 호의 어느 하나에 해당하는 특정소방대상물의 옥내소화전설비에는 비상전원을
설치하여야 한다. 다만, 2 이상의 변전소(「전기사업법」 제67조에 따른 변전소를 말한다.
이하 같다)에서 전력을 동시에 공급받을 수 있거나 하나의 변전소로부터 전력의 공급이
중단되는 때에는 자동으로 다른 변전소로부터 전원을 공급받을 수 있도록 상용전원을 설
치한 경우와 가압수조방식에는 그러하지 아니하다. 〈개정 2008.12.15, 2013.6.10〉

> **Check Point**
>
> **비상전원 설치대상**
> 1. 층수가 7층 이상으로서 연면적이 2,000m² 이상인 것 〈개정 2013.6.10〉
> 2. 제1호에 해당하지 아니하는 특정소방대상물로서 지하층의 바닥면적의 합계가
>   3,000m² 이상인 것 〈개정 2013.6.10〉

③ 제2항에 따른 비상전원은 자가발전설비, 축전지설비(내연기관에 따른 펌프를 사용하는 경
우에는 내연기관의 기동 및 제어용 축전지를 말한다) 또는 전기저장장치(외부 전기에너
지를 저장해 두었다가 필요한 때 전기를 공급하는 장치)로서 다음 각 호의 기준에 따라
설치하여야 한다. 〈개정 2016.7.25〉

1. 점검에 편리하고 화재 및 침수 등의 재해로 인한 **피해를 받을 우려가 없는 곳에** 설치할 것
2. 옥내소화전설비를 유효하게 **20분 이상** 작동할 수 있어야 할 것 〈개정 2012.2.15, 2013. 6.11〉
3. 상용전원으로부터 전력의 공급이 중단된 때에는 **자동**으로 비상전원으로부터 전력을 공급받을 수 있도록 할 것
4. 비상전원(내연기관의 기동 및 제어용 축전기를 제외한다)의 설치장소는 다른 장소와 **방화구획** 할 것. 이 경우 그 장소에는 비상전원의 공급에 필요한 기구나 설비외의 것(열병합발전설비에 필요한 기구나 설비는 제외한다)을 두어서는 아니 된다.
5. 비상전원을 실내에 설치하는 때에는 그 실내에 **비상조명등**을 설치할 것

제9조(제어반)

① 옥내소화전설비에는 제어반을 설치하되, **감시제어반**과 **동력제어반**으로 구분하여 설치하여야 한다. 다만, 다음 각 호의 어느 하나에 해당하는 옥내소화전설비의 경우에는 감시제어반과 동력제어반으로 구분하여 설치하지 아니할 수 있다. 〈개정 2013.6.10〉

1. 제8조제2항의 규정에 해당하지 아니하는 소방대상물에 설치되는 옥내소화전설비
2. 내연기관에 따른 가압송수장치를 사용하는 옥내소화전설비
3. 고가수조에 따른 가압송수장치를 사용하는 옥내소화전설비
4. 가압수조에 따른 가압송수장치를 사용하는 옥내소화전설비

② 감시제어반의 기능은 다음 각 호의 기준에 적합하여야 한다. 〈개정 2013.6.10〉

감시제어반의 기능
1. 각 펌프의 작동여부를 확인할 수 있는 표시등 및 음향경보기능이 있어야 할 것
2. 각 펌프를 자동 및 수동으로 작동시키거나 중단시킬 수 있어야 할 것 〈개정 2013.6.10〉
3. 비상전원을 설치한 경우에는 상용전원 및 비상전원의 공급여부를 확인할 수 있어야 할 것
4. 수조 또는 물올림탱크가 저수위로 될 때 표시등 및 음향으로 경보할 것
5. 각 확인회로(기동용수압개폐장치의 압력스위치회로·수조 또는 물올림탱크의 감시회로를 말한다)마다 도통시험 및 작동시험을 할 수 있어야 할 것
6. 예비전원이 확보되고 예비전원의 적합여부를 시험할 수 있어야 할 것

25

③ 감시제어반은 다음 각 호의 기준에 따라 설치하여야 한다.
 1. 화새 및 침수 등의 재해로 인한 **피해를 받을 우려가 없는 곳**에 설치할 것
 2. 감시제어반은 옥내소화전설비의 **전용**으로 할 것. 다만, 옥내소화전설비의 제어에 지장
  이 없는 경우에는 다른 설비와 겸용할 수 있다.
 3. 감시제어반은 다음 각 목의 기준에 따른 전용실안에 설치할 것. 다만 제1항 각 호의
  어느 하나에 해당하는 경우와 공장, 발전소 등에서 설비를 집중 제어·운전할 목적으
  로 설치하는 중앙제어실내에 감시제어반을 설치하는 경우에는 그러하지 아니하다.〈개
  정 2013.6.10〉
   가. 다른 부분과 방화구획을 할 것. 이 경우 전용실의 벽에는 기계실 또는 전기실 등의
    감시를 위하여 **두께 7mm 이상의 망입유리**(두께 16.3mm 이상의 접합유리 또는
    두께 28mm 이상의 복층유리를 포함한다)로 된 4m² **미만의 붙박이창**을 설치할 수
    있다.
   나. **피난층 또는 지하 1층**에 설치할 것. 다만, 다음 각 목의 어느 하나에 해당하는 경우에
    는 지상 2층에 설치하거나 지하 1층 외의 지하층에 설치할 수 있다.〈개정 2013.6.10〉
     (1)「건축법 시행령」제35조의 규정에 따라 특별피난계단이 설치되고 그 계단
      (부속실을 포함한다)출입구로부터 보행거리 5m이내에 전용실의 출입구가
      있는 경우
     (2) 아파트의 관리동(관리동이 없는 경우에는 경비실)에 설치하는 경우
   다. 비상조명등 및 급·배기설비를 설치할 것
   라.「무선통신보조설비의 화재안전기준(NFSC 505)」제6조에 따른 무선기기 접속단자
    (영 별표 5의 제5호마목에 따른 무선통신보조설비가 설치된 특정소방대상물에 한
    한다)를 설치할 것〈개정 2013.6.10〉
   마. 바닥면적은 감시제어반의 설치에 필요한 면적 외에 화재 시 소방대원이 그 감시제
    어반의 조작에 필요한 최소면적 이상으로 할 것
 4. 제3호의 규정에 따른 전용실에는 소방대상물의 기계·기구 또는 시설 등의 제어 및
  감시설비외의 것을 두지 아니할 것
④ 동력제어반은 다음 각 호의 기준에 따라 설치하여야 한다.

> Check Point
>
> 1. 앞면은 **적색**으로 하고 "옥내소화전설비용 동력제어반"이라고 표시한 **표지**를 설치할 것
> 2. 외함은 **두께 1.5mm 이상의 강판** 또는 이와 동등 이상의 강도 및 내열성능이 있는 것으로
> 할 것
> 3. 그 밖의 동력제어반의 설치에 관하여는 제3항제1호 및 제2호의 기준을 준용할 것

제10조(배선 등)

① 옥내소화전설비의 배선은 「전기사업법」 제67조의 규정에 따른 기술기준에서 정한 것 외에 다음 각호의 기준에 따라 설치하여야 한다.

1. **비상전원으로부터 동력제어반 및 가압송수장치에 이르는 전원회로의 배선은 내화배선**으로 할 것. 다만, 자가발전설비와 동력제어반이 동일한 실에 설치된 경우에는 자가발전기로부터 그 제어반에 이르는 전원회로의 배선은 그러하지 아니하다.

2. **상용전원으로부터 동력제어반에 이르는 배선,** 그 밖의 옥내소화전설비의 **감시 · 조작 또는 표시등회로의 배선은 내화배선 또는 내열배선**으로 할 것. 다만, 감시제어반 또는 동력제어반 안의 감시 · 조작 또는 표시등회로의 배선은 그러하지 아니하다.

② 제1항의 규정에 따른 내화배선 및 내열배선에 사용되는 전선 및 설치방법은 별표 1의 기준에 따른다.

③ 옥내소화전설비의 **과전류차단기 및 개폐기**에는 "옥내소화전설비용"이라고 표시한 **표지**를 하여야 한다.

④ 옥내소화전설비용 전기배선의 양단 및 접속단자에는 다음 각호의 기준에 따라 표지하여야 한다.

1. 단자에는 "옥내소화전단자"라고 표시한 표지를 부착할 것
2. 옥내소화전설비용 전기배선의 양단에는 다른 배선과 식별이 용이하도록 표시할 것

제11조(방수구의 설치제외)

불연재료로 된 특정소방대상물 또는 그 부분으로서 다음 각 호의 어느 하나에 해당하는 곳에는 옥내소화전 방수구를 설치하지 아니할 수 있다. 〈개정 2013.6.10〉

> **Check Point**
>
> 1. (냉)장창고 중 온도가 영하인 냉장실 또는 냉동창고의 냉동실 〈개정 2013.6.10〉
> 2. (고)온의 노가 설치된 장소 또는 물과 격렬하게 반응하는 물품의 저장 또는 취급 장소
> 3. (발)전소 · 변전소 등으로서 전기시설이 설치된 장소
> 4. (야)외음악당 · 야외극장 또는 그 밖의 이와 비슷한 장소
> 5. (식)물원 · 수족관 · 목욕실 · 수영장(관람석 부분을 제외한다) 또는 그 밖의 이와 비슷한 장소

제12조(수원 및 가압송수장치의 펌프 등의 겸용)

① 옥내소화전설비의 **수원**을 스프링클러설비 · 간이스프링클러설비 · 화재조기진압용 스프링클러설비 · 물분무소화설비 · 포소화설비 및 옥외소화전설비의 수원과 겸용하여 설치하는 경우의 저수량은 각 소화설비에 필요한 **저수량을 합한 양 이상**이 되도록 하여야 한

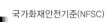

다. 다만, 이들 소화설비 중 **고정식 소화설비**(펌프·배관과 소화수 또는 소화약제를 최종 방출하는 방출구가 고정된 설비를 말한다. 이하 같다)가 **2 이상 설치**되어 있고, 그 소화설비가 설치된 부분이 **방화벽과 방화문으로 구획되어 있는 경우**에는 각 고정식 소화설비에 필요한 **저수량 중 최대의 것 이상**으로 할 수 있다.

② 옥내소화전설비의 가압송수장치로 사용하는 **펌프**를 스프링클러설비·간이스프링클러설비·화재조기진압용 스프링클러설비·물분무소화설비·포소화설비 및 옥외소화전설비의 가압송수장치와 겸용하여 설치하는 경우의 펌프의 토출량은 각 소화설비에 해당하는 **토출량을 합한 양 이상**이 되도록 하여야 한다. 다만, 이들 소화설비 중 **고정식 소화설비가 2 이상 설치**되어 있고, 그 소화설비가 설치된 부분이 **방화벽과 방화문으로 구획**되어 있으며 각 소화설비에 지장이 없는 경우에는 펌프의 **토출량 중 최대의 것 이상**으로 할 수 있다.

③ 옥내소화전설비·스프링클러설비·간이스프링클러설비·화재조기진압용 스프링클러설비·물분무소화설비·포소화설비 및 옥외소화전설비의 가압송수장치에 있어서 각 토출측배관과 일반급수용의 가압송수장치의 토출측배관을 상호 연결하여 화재시 사용할 수 있다. 이 경우 연결배관에는 개폐표시형밸브를 설치하여야 하며, 각 소화설비의 성능에 지장이 없도록 하여야 한다.

④ 옥내소화전설비의 송수구를 스프링클러설비·간이스프링클러설비·화재조기진압용 스프링클러설비·물분무소화설비·포소화설비 또는 연결송수관설비의 송수구와 겸용으로 설치하는 경우에는 스프링클러설비의 송수구의 설치기준에 따르고, 연결살수설비의 송수구와 겸용으로 설치하는 경우에는 옥내소화전설비의 송수구의 설치기준에 따르되 각각의 소화설비의 기능에 지장이 없도록 하여야 한다.

제13조(설치·유지기준의 특례)

소방본부장 또는 소방서장은 기존건축물이 증축·개축·대수선되거나 용도변경 되는 경우에 있어서 이 기준이 정하는 기준에 따라 당해 건축물에 설치하여야 할 옥내소화전설비의 배관·배선 등의 공사가 현저하게 곤란하다고 인정되는 경우에는 당해 설비의 기능 및 사용에 지장이 없는 범위 안에서 옥내소화전설비의 설치·유지기준의 일부를 적용하지 아니할 수 있다.

제14조(재검토 기한)

국민안전처 장관은 「훈령·예규 등의 발령 및 관리에 관한 규정」에 따라 이 고시에 대하여 2016년 7월 1일을 기준으로 매 3년이 되는 시점(매 3년째의 6월 30일까지를 말한다)마다 그 타당성을 검토하여 개선 등의 조치를 하여야 한다.〈전문개정 2016.5.16〉

부칙 〈제2017-1호, 2017.7.26〉

- **제1조(시행일)**
이 고시는 발령한 날부터 시행한다.
- **제2조(경과조치)**
이 고시 시행당시 건축허가 등의 동의 또는 착공신고가 완료된 특정소방대상물에 대하여는 종전의 기준에 따른다.

[별표 1]

배선에 사용되는 전선의 종류 및 공사방법(제10조제2항관련)

1. 내화배선 〈개정2009.10.22, 2010.12.27, 2013.6.10, 2015.1.23, 2017.7.26〉

사용전선의 종류	공사방법
1. 450/750V 저독성 난연 가교 폴리올레핀 절연 전선 2. 0.6/1KV 가교 폴리에틸렌 절연 저독성 난연 폴리올레핀 시스 전력 케이블 3. 6/10kV 가교 폴리에틸렌 절연 저독성 난연 폴리올레핀 시스 전력용 케이블 4. 가교 폴리에틸렌 절연 비닐시스 트레이용 난연 전력 케이블 5. 0.6/1kV EP 고무절연 클로로프렌 시스 케이블 6. 300/500V 내열성 실리콘 고무 절연전선(180℃) 7. 내열성 에틸렌-비닐 아세테이트 고무 절연 케이블 8. 버스덕트(Bus Duct) 9. 기타 「전기용품안전관리법」 및 「전기설비기술기준」에 따라 동등 이상의 내화성능이 있다고 주무부장관이 인정하는 것	금속관·2종 금속제 가요전선관 또는 합성 수지관에 수납하여 내화구조로 된 벽 또는 바닥 등에 벽 또는 바닥의 표면으로부터 25mm 이상의 깊이로 매설하여야 한다. 다만 다음 각목의 기준에 적합하게 설치하는 경우에는 그러하지 아니하다. 가. 배선을 내화성능을 갖는 배선전용실 또는 배선용 샤프트·피트·덕트 등에 설치하는 경우 나. 배선전용실 또는 배선용 샤프트·피트·덕트 등에 다른 설비의 배선이 있는 경우에는 이로 부터 15cm 이상 떨어지게 하거나 소화설비의 배선과 이웃하는 다른 설비의 배선사이에 배선지름(배선의 지름이 다른 경우에는 가장 큰 것을 기준으로 한다)의 1.5배 이상의 높이의 불연성 격벽을 설치하는 경우
내화전선	케이블공사의 방법에 따라 설치하여야 한다.

비고 : 내화전선의 내화성능은 버어너의 노즐에서 75mm의 거리에서 온도가 750±5℃인 불꽃으로 3시간동안 가열한 다음 12시간 경과 후 전선 간에 허용전류용량 3A의 퓨우즈를 연결하여 내화시험 전압을 가한 경우 퓨우즈가 단선되지 아니하는 것. 또는 소방청장이 정하여 고시한 「내화전선의 성능인증 및 제품검사의 기술기준」에 적합할 것

2. 내열배선 〈개정 2009.10.22, 2010.12.27, 2013.6.10, 2015.1.23, 2017.7.26〉

사용전선의 종류	공사방법
1. 450/750V 저독성 난연 가교 폴리올레핀 절연 전선 2. 0.6/1KV 가교 폴리에틸렌 절연 저독성 난연 폴리올레핀 시스 전력 케이블 3. 6/10kV 가교 폴리에틸렌 절연 저독성 난연 폴리올레핀 시스 전력용 케이블 4. 가교 폴리에틸렌 절연 비닐시스 트레이용 난연 전력 케이블 5. 0.6/1kV EP 고무절연 클로로프렌 시스 케이블 6. 300/500V 내열성 실리콘 고무 절연전선(180℃) 7. 내열성 에틸렌 – 비닐 아세테이트 고무 절연 케이블 8. 버스덕트(Bus Duct) 9. 기타 「전기용품안전관리법」 및 「전기설비기술」기준에 따라 동등 이상의 내열성능이 있다고 주무부장관이 인정하는 것	금속관·금속제 가요전선관·금속덕트 또는 케이블(불연성덕트에 설치하는 경우에 한한다.) 공사방법에 따라야 한다. 다만, 다음 각목의 기준에 적합하게 설치하는 경우에는 그러하지 아니하다. 가. 배선을 내화성능을 갖는 배선전용실 또는 배선용 샤프트·피트·덕트 등에 설치하는 경우 나. 배선전용실 또는 배선용 샤프트·피트·덕트 등에 다른 설비의 배선이 있는 경우에는 이로부터 15cm 이상 떨어지게 하거나 소화설비의 배선과 이웃하는 다른 설비의 배선 사이에 배선지름(배선의 지름이 다른 경우에는 지름이 가장 큰 것을 기준으로 한다)의 1.5배 이상의 높이의 불연성 격벽을 설치하는 경우
내화전선·내열전선	케이블공사의 방법에 따라 설치하여야 한다.

비고 : 내열전선의 내열성능은 온도가 816±10℃인 불꽃을 20분간 가한 후 불꽃을 제거하였을 때 10초 이내에 자연소화가 되고, 전선의 연소된 길이가 180mm 이하이거나 가열온도의 값을 한국산업표준(KS F 2257 – 1)에서 정한 건축구조 부분의 내화시험방법으로 15분 동안 380℃까지 가열한 후 전선의 연소된 길이가 가열로의 벽으로부터 150mm 이하일 것. 또는 소방청장이 정하여 고시한 「내열전선의 성능인증 및 제품검사의 기술기준」에 적합할 것

제3장 스프링클러설비의 화재안전기준(NFSC 103)

[시행 2017.7.26] [소방청고시 제2017-1호, 2017.7.26, 타법개정]

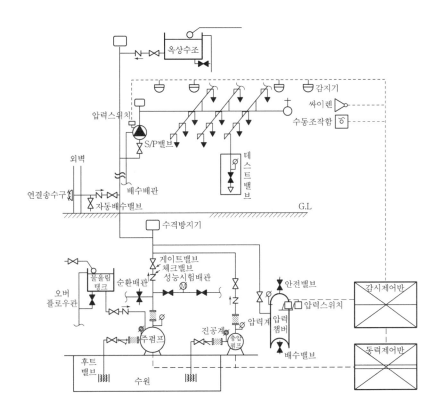

제1조(목적)

이 기준은 「화재예방, 소방시설 설치·유지 및 안전관리에 관한 법률」 제9조제1항에 따라 소방청장에게 위임한 사항 중 소화설비인 스프링클러설비의 설치·유지 및 안전관리에 필요한 사항을 규정함을 목적으로 한다. 〈개정 2015.1.23, 2016.7.13, 2017.7.26〉

제2조(적용범위)

「화재예방, 소방시설 설치·유지 및 안전관리에 관한 법률 시행령」(이하 "영"이라 한다) 별표 5 제1호라목에 따른 스프링클러설비는 이 기준에서 정하는 규정에 따라 설비를 설치하고 유지·관리하여야 한다. 〈개정 2013.6.10, 2015.1.23, 2016.7.13〉

제3조(정의)

이 기준에서 사용하는 용어의 정의는 다음과 같다.
1. "고가수조"라 함은 구조물 또는 지형지물 등에 설치하여 자연낙차 압력으로 급수하는 수조를 말한다.
2. "압력수조"라 함은 소화용수와 공기를 채우고 일정압력 이상으로 가압하여 그 압력으로 급수하는 수조를 말한다.
3. "충압펌프"라 함은 배관 내 압력손실에 따른 주펌프의 빈번한 기동을 방지하기 위하여 충압역할을 하는 펌프를 말한다.
4. "정격토출량"이라 함은 정격토출압력에서의 펌프의 토출량을 말한다.
5. "정격토출압력"이라 함은 정격토출량에서의 펌프의 토출측 압력을 말한다.
6. "진공계"라 함은 대기압 이하의 압력을 측정하는 계측기를 말한다.
7. "연성계"라 함은 대기압 이상의 압력과 대기압 이하의 압력을 측정할 수 있는 계측기를 말한다.
8. **"체절운전"**이라 함은 펌프의 성능시험을 목적으로 펌프토출측의 개폐밸브를 닫은 상태에서 펌프를 운전하는 것을 말한다.
9. **"기동용수압개폐장치"**라 함은 소화설비의 배관내 압력변동을 검지하여 자동적으로 펌프를 기동 및 정지시키는 것으로서 압력챔버 또는 기동용압력스위치 등을 말한다.
10. "개방형스프링클러헤드"라 함은 감열체 없이 방수구가 항상 열려져 있는 스프링클러헤드를 말한다.
11. "폐쇄형스프링클러헤드"라 함은 정상상태에서 방수구를 막고 있는 감열체가 일정온도에서 자동적으로 파괴·용해 또는 이탈됨으로써 방수구가 개방되는 스프링클러헤드를 말한다.
12. "조기반응형헤드"라 함은 표준형스프링클러헤드 보다 기류온도 및 기류속도에 조기에 반응하는 것을 말한다.

13. "측벽형스프링클러헤드"라 함은 가압된 물이 분사될 때 헤드의 축심을 중심으로 한 반원상에 균일하게 분산시키는 헤드를 말한다.

14. "건식스프링클러헤드"라 함은 물과 오리피스가 분리되어 동파를 방지할 수 있는 스프링클러헤드를 말한다.

15. **"유수검지장치"**라 함은 습식유수검지장치(패들형을 포함한다), 건식유수검지장치, 준비작동식유수검지장치를 말하며 본체내의 유수현상을 자동적으로 검지하여 신호 또는 경보를 발하는 장치를 말한다.

16. **"일제개방밸브"**라 함은 개방형스프링클러헤드를 사용하는 일제살수식 스프링클러설비에 설치하는 밸브로서 화재발생시 자동 또는 수동식 기동장치에 따라 밸브가 열려지는 것을 말한다.

17. "가지배관"이라 함은 스프링클러헤드가 설치되어 있는 배관을 말한다.

18. "교차배관"이라 함은 직접 또는 수직배관을 통하여 가지배관에 급수하는 배관을 말한다.

19. "주배관"이라 함은 각 층을 수직으로 관통하는 수직배관을 말한다.

20. "신축배관"이라 함은 가지배관과 스프링클러헤드를 연결하는 구부림이 용이하고 유연성을 가진 배관을 말한다.

21. "급수배관"이라 함은 수원 및 옥외송수구로부터 스프링클러헤드에 급수하는 배관을 말한다.

22. **"습식스프링클러설비"**라 함은 가압송수장치에서 폐쇄형스프링클러헤드까지 배관 내에 항상 물이 가압되어 있다가 화재로 인한 열로 폐쇄형스프링클러헤드가 개방되면 배관 내에 유수가 발생하여 습식유수검지장치가 작동하게 되는 스프링클러설비를 말한다.

22의2. "부압식스프링클러설비"란 가압송수장치에서 준비작동식유수검지장치의 1차측까지는 항상 정압의 물이 가압되고, 2차측 폐쇄형 스프링클러헤드까지는 소화수가 부압으로 되어 있다가 화재 시 감지기의 작동에 의해 정압으로 변하여 유수가 발생하면 작동하는 스프링클러설비를 말한다. 〈신설 2011.11.24〉

23. **"준비작동식스프링클러설비"**라 함은 가압송수장치에서 준비작동식유수검지장치 1차측까지 배관 내에 항상 물이 가압되어 있고 2차 측에서 폐쇄형스프링클러헤드까지 대기압 또는 저압으로 있다가 화재발생시 감지기의 작동으로 준비작동식유수검지장치가 작동하여 폐쇄형스프링클러헤드까지 소화용수가 송수되어 폐쇄형스프링클러헤드가 열에 따라 개방되는 방식의 스프링클러설비를 말한다.

24. **"건식스프링클러설비"**라 함은 건식유수검지장치 2차 측에 압축공기 또는 질소 등의 기체로 충전된 배관에 폐쇄형스프링클러헤드가 부착된 스프링클러설비로서, 폐쇄형 스프링클러헤드가 개방되어 배관내의 압축공기 등이 방출되면 건식유수검지장치 1차 측의 수압에 의하여 건식유수검지장치가 작동하게 되는 스프링클러설비를 말한다.

25. "**일제살수식스프링클러설비**"라 함은 가압송수장치에서 일제개방밸브 1차 측까지 배관 내에 항상 물이 가압되어 있고 2차 측에서 개방형스프링클러헤드까지 대기압으로 있다가 화재발생시 자동감지장치 또는 수동식 기동장치의 작동으로 일제개방밸브가 개방되면 스프링클러헤드까지 소화용수가 송수되는 방식의 스프링클러설비를 말한다.

26. "**반사판(디프렉타)**"이라 함은 스프링클러헤드의 방수구에서 유출되는 물을 세분시키는 작용을 하는 것을 말한다.

27. "**개폐표시형밸브**"라 함은 밸브의 개폐여부를 외부에서 식별이 가능한 밸브를 말한다.

28. "**연소할 우려가 있는 개구부**"라 함은 각 방화구획을 관통하는 컨베이어 · 에스컬레이터 또는 이와 유사한 시설의 주위로서 방화구획을 할 수 없는 부분을 말한다.

29. "**가압수조**"라 함은 가압원인 압축공기 또는 불연성 고압기체에 따라 소방용수를 가압시키는 수조를 말한다.

30. "**소방부하**"란 법 제2조제1항제1호에 따른 소방시설 및 방화 · 피난 · 소화활동을 위한 시설의 전력부하를 말한다. 〈신설 2011.11.24〉

31. "**소방전원 보존형 발전기**"란 소방부하 및 소방부하 이외의 부하(이하 비상부하라 한다)겸용의 비상발전기로서, 상용전원 중단 시에는 소방부하 및 비상부하에 비상전원이 동시에 공급되고, 화재 시 과부하에 접근될 경우 비상부하의 일부 또는 전부를 자동적으로 차단하는 제어장치를 구비하여, 소방부하에 비상전원을 연속 공급하는 자가발전설비를 말한다. 〈신설 2011.11.24, 개정 2013.6.10〉

[스프링클러 설비의 종류 및 특징]

설비의 종류	사용헤드	유수검지장치	배관상태(1차측/2차측)	감지기와의 연동성
습식	폐쇄형	습식유수검지장치	가압수/가압수	없음
건식	폐쇄형	건식유수검지장치	가압수/압축공기	없음
준비작동식	폐쇄형	준비작동식유수검지장치	가압수/저압공기	있음
부압식	폐쇄형	부압식유수검지장치	가압수/부압수	있음
일제살수식	개방형	일제개방밸브	가압수/대기압	있음

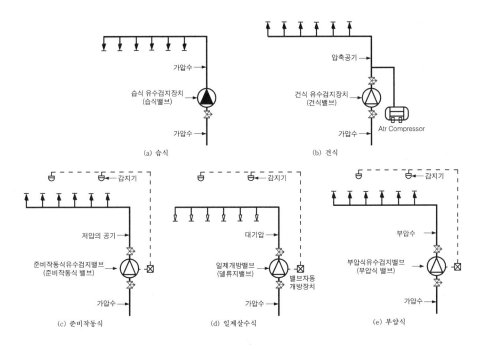

제4조(수원)

① 스프링클러설비의 수원은 그 저수량이 다음 각 호의 기준에 적합하도록 하여야 한다.

　　1. 폐쇄형스프링클러헤드를 사용하는 경우에는 다음 표의 스프링클러설비 설치장소별 스
프링클러헤드의 기준개수[스프링클러헤드의 설치개수가 가장 많은 층(아파트의 경우
에는 설치개수가 가장 많은 세대)에 설치된 스프링클러헤드의 개수가 기준개수보다
작은 경우에는 그 설치개수를 말한다. 이하 같다]에 1.6m³를 곱한 양 이상이 되도록
할 것 〈개정 2013.6.10〉

> **폐쇄형 헤드를 사용하는 경우 수원의 양**
> - 30층 미만 : 수원(m³) = $N \times 1.6 m^3$ 이상
> - 30층 이상 49층 이하 : 수원(m³) = $N \times 3.2 m^3$ 이상
> - 50층 이상 : 수원(m³) = $N \times 4.8 m^3$ 이상

　　　　　　N : 헤드가 가장 많은 층의 설치개수(기준개수보다 많으면 기준개수로 한다)

Check Point

스프링클러설비 설치장소			기준개수
지하층을 제외한 층수가 10층 이하인 소방대상물	공장 또는 창고(랙크식 창고를 포함한다)	특수가연물을 저장·취급하는 것	30
		그 밖의 것	20
	근린생활시설·판매시설·운수시설 또는 복합건축물	판매시설 또는 복합건축물(판매시설이 설치되는 복합건축물을 말한다)	30
		그 밖의 것	20
	그 밖의 것	헤드의 부착높이가 8m 이상인 것	20
		헤드의 부착높이가 8m 미만인 것	10
아파트			10
지하층을 제외한 층수가 11층 이상인 소방대상물(아파트를 제외한다)·지하가 또는 지하역사			30

비고 : 하나의 소방대상물이 2 이상의 "스프링클러헤드의 기준개수"란에 해당하는 때에는 기준개수가 많은 난을 기준으로 한다. 다만, 각 기준개수에 해당하는 수원을 별도로 설치하는 경우에는 그러하지 아니하다.

2. 개방형스프링클러헤드를 사용하는 스프링클러설비의 수원은 최대 방수구역에 설치된 스프링클러헤드의 개수가 30개 이하일 경우에는 설치헤드수에 1.6m³를 곱한 양 이상으로 하고, 30개를 초과하는 경우에는 제5조제1항제9호 및 제10호의 규정에 따라 산출된 가압송수장치의 1분당 송수량에 20을 곱한 양 이상이 되도록 할 것
3. 삭제 〈2013.6.11〉

개방형 헤드를 사용하는 경우 수원의 양
㉮ 최대 방수구역의 헤드 수가 30개 이하일 때

수원(m³)＝N×1.6m³ 이상

N : 최대 방수구역의 헤드수

㉯ 최대 방수구역의 헤드 수가 30개 초과할 때

수원(m³)＝Q×20min 이상

Q : 가압송수장치의 분당 송수량(m³/min)

② 스프링클러설비의 수원은 제1항에 따라 산출된 유효수량 외에 **유효수량의 3분의 1 이상**을 **옥상**(스프링클러설비가 설치된 건축물의 주된 옥상을 말한다. 이하 같다)에 설치하여야 한다. 다만, 다음 각 호의 하나에 해당하는 경우에는 그러하지 아니하다. 〈개정 2013.6.10〉

1. 삭제 〈2013.6.10〉
2. 지하층만 있는 건축물
3. 제5조제2항의 규정에 따라 고가수조를 가압송수장치로 설치한 스프링클러설비
4. 수원이 건축물의 최상층에 설치된 헤드보다 높은 위치에 설치된 경우 〈개정 2015. 1.23〉
5. 건축물의 높이가 지표면으로부터 10m 이하인 경우
6. 주펌프와 동등 이상의 성능이 있는 별도의 펌프로서 내연기관의 기동과 연동하여 작동되거나 비상전원을 연결하여 설치한 경우
7. 제5조제4항의 규정에 따라 가압수조를 가압송수장치로 설치한 스프링클러설비

③ 삭제 〈2013.6.11〉
④ 옥상수조(제1항의 규정에 따라 산출된 유효수량의 3분의 1 이상을 옥상에 설치한 설비를 말한다)는 이와 연결된 배관을 통하여 상시 소화수를 공급할 수 있는 구조인 소방대상물인 경우에는 둘 이상의 소방대상물이 있더라도 하나의 소방대상물에만 이를 설치할 수 있다.
⑤ 스프링클러설비의 수원을 수조로 설치하는 경우에는 소방설비의 전용수조로 하여야 한다. 다만, 다음 각호의 1에 해당하는 경우에는 그러하지 아니하다.
  1. 스프링클러펌프의 후드밸브 또는 흡수배관의 흡수구(수직회전축펌프의 흡수구를 포함한다. 이하 같다)를 다른 설비(소방용 설비 외의 것을 말한다. 이하 같다)의 후드밸브 또는 흡수구보다 낮은 위치에 설치한 때
  2. 제5조제2항의 규정에 따른 고가수조로부터 스프링클러설비의 수직배관에 물을 공급하는 급수구를 다른 설비의 급수구보다 낮은 위치에 설치한 때
⑥ 제1항 및 제2항의 규정에 따른 저수량을 산정함에 있어서 다른 설비와 겸용하여 스프링클러설비용 수조를 설치하는 경우에는 스프링클러설비의 후드밸브·흡수구 또는 수직배관의 급수구와 다른 설비의 후드밸브·흡수구 또는 수직배관의 급수구와의 사이의 수량을 그 유효수량으로 한다.
⑦ 스프링클러설비용 수조는 다음 각호의 기준에 따라 설치하여야 한다.

1. **점검에 편리한 곳**에 설치할 것
2. 동결방지조치를 하거나 **동결의 우려가 없는 장소**에 설치할 것
3. 수조의 외측에 **수위계**를 설치할 것. 다만, 구조상 불가피한 경우에는 수조의 맨홀 등을 통하여 수조 안의 물의 양을 쉽게 확인할 수 있도록 하여야 한다.
4. 수조의 상단이 바닥보다 높은 때에는 수조의 외측에 **고정식 사다리**를 설치할 것
5. 수조가 실내에 설치된 때에는 그 실내에 **조명설비**를 설치할 것
6. 수조의 밑부분에는 **청소용 배수밸브** 또는 **배수관**을 설치할 것
7. 수조의 외측의 보기 쉬운 곳에 "스프링클러설비용 수조"라고 표시한 **표지**를 할 것. 이 경우 그 수조를 다른 설비와 겸용하는 때에는 그 겸용되는 설비의 이름을 표시한 표지를 함께 하여야 한다.
8. 스프링클러펌프의 흡수배관 또는 스프링클러설비의 수직배관과 수조의 접속부분에 는 "스프링클러설비용 배관"이라고 표시한 **표지**를 할 것. 다만, 수조와 가까운 장소에 스프링클러펌프가 설치되고 스프링클러펌프에 제5조제1항제15호의 규정에 따른 표 지를 설치한 때에는 그러하지 아니하다.

제5조(가압송수장치)

① 전동기 또는 내연기관에 따른 펌프를 이용하는 가압송수장치는 다음 각호의 기준에 따라 설치하여야 한다. 다만, 가압송수장치의 주펌프는 전동기에 따른 펌프로 설치하여야 한다. 〈개정 2015.1.23〉

1. 쉽게 접근할 수 있고 점검하기에 충분한 공간이 있는 장소로서 화재 및 침수 등의 재해 로 인한 **피해를 받을 우려가 없는 곳**에 설치할 것
2. 동결방지조치를 하거나 **동결의 우려가 없는 장소**에 설치할 것
3. 펌프는 전용으로 할 것. 다만, 다른 소화설비와 겸용하는 경우 각각의 소화설비의 성능 에 지장이 없을 때에는 그러하지 아니하다.

3의2. 삭제 〈2013.6.11〉

4. 펌프의 **토출측에는 압력계**를 체크밸브 이전에 펌프토출측 플랜지에서 가까운 곳에 설치 하고, **흡입측에는 연성계 또는 진공계**를 설치할 것. 다만, 수원의 수위가 펌프의 위치보 다 높거나 수직회전축 펌프의 경우에는 연성계 또는 진공계를 설치하지 아니할 수 있다.
5. 가압송수장치에는 **정격부하 운전 시 펌프의 성능을 시험하기 위한 배관**을 설치할 것. 다만, 충압펌프의 경우에는 그러하지 아니하다.
6. 가압송수장치에는 **체절운전 시 수온의 상승을 방지하기 위한 순환배관**을 설치할 것. 다만, 충압펌프의 경우에는 그러하지 아니하다.

7. 기동장치로는 기동용수압개폐장치 또는 이와 동등 이상의 성능이 있는 것으로 설치할 것. 다만, 기동용수압개폐장치 중 압력챔버를 사용할 경우 그 용적은 100L 이상의 것으로 할 것〈개정 2013.6.10〉

　가. 물올림장치에는 전용의 수조를 설치할 것

　나. 수조의 유효수량은 100L 이상으로 하되, 구경 15mm 이상의 급수배관에 따라 당해 수조에 물이 계속 보급되도록 할 것

9. 가압송수장치의 정격토출압력은 하나의 헤드선단에 0.1MPa **이상** 1.2MPa **이하**의 방수압력이 될 수 있게 하는 크기일 것

10. 가압송수장치의 송수량은 0.1MPa의 방수압력 기준으로 80L/min 이상의 방수성능을 가진 기준개수의 모든 헤드로부터의 방수량을 충족시킬 수 있는 양 이상의 것으로 할 것. 이 경우 속도수두는 계산에 포함하지 아니할 수 있다.

11. 제10호의 기준에 불구하고 가압송수장치의 1분당 송수량은 폐쇄형스프링클러헤드를 사용하는 설비의 경우 제4조제1항제1호의 규정에 따른 기준개수에 80L를 곱한 양 이상으로도 할 수 있다.

12. 제10호의 기준에 불구하고 가압송수장치의 1분당 송수량은 제4조제1항제2호의 개방형스프링클러 헤드수가 30개 이하의 경우에는 그 개수에 80L를 곱한 양 이상으로 할 수 있으나 30개를 초과하는 경우에는 제9호 및 제10호의 규정에 따른 기준에 적합하게 할 것

13. 기동용수압개폐장치를 기동장치로 사용하는 경우에는 다음의 각목의 기준에 따른 충압펌프를 설치할 것

　가. 펌프의 토출압력은 그 설비의 최고위 살수장치(일제 개방밸브의 경우는 그 밸브)의 자연압보다 적어도 0.2MPa이 더 크도록 하거나 가압송수장치의 정격토출압력과 같게 할 것

　나. 펌프의 정격토출량은 정상적인 누설량보다 적어서는 아니되며 스프링클러설비가 자동적으로 작동할 수 있도록 충분한 토출량을 유지할 것

14. 내연기관을 사용하는 경우에는 다음 각 목의 기준에 적합하게 설치할 것〈개정 2013.6.10〉

　가. 제어반에 따라 내연기관의 자동기동 및 수동기동이 가능하고, 상시 충전되어 있는 축전지설비를 갖출 것

　나. 내연기관의 연료량은 펌프를 20분(층수가 30층 이상 49층 이하는 40분, 50층이 이상은 60분) 이상 운전할 수 있는 용량일 것

15. 가압송수장치에는 "스프링클러펌프"라고 표시한 표지를 할 것. 이 경우 그 가압송수장치를 다른 설비와 겸용하는 때에는 그 겸용되는 설비의 이름을 표시한 표지를 함께 하여야 한다.

16. 가압송수장치가 기동되는 경우에는 자동으로 정지되지 아니하도록 하여야 한다. 다만, 충압펌프의 경우에는 그러하지 아니하다.

> **펌프의 전양정 산출식**
> $H = h_1 + h_2 + 10m$

H : 전양정(m), h_1 : 배관 및 부속물의 마찰손실두수(m), h_2 : 낙차(m)

17. 가압송수장치는 부식 등으로 인한 펌프의 고착을 방지할 수 있도록 다음 각 목의 기준에 적합한 것으로 할 것. 다만, 충압펌프는 제외한다. 〈신설 2021.1.29〉
　가. 임펠러는 청동 또는 스테인리스 등 부식에 강한 재질을 사용할 것
　나. 펌프축은 스테인리스 등 부식에 강한 재질을 사용할 것

② 고가수조의 자연낙차를 이용한 가압송수장치는 다음 각호의 기준에 따라 설치하여야 한다.
　1. 고가수조의 자연낙차수두(수조의 하단으로부터 최고층에 설치된 헤드까지의 수직거리를 말한다)는 다음의 식에 따라 산출한 수치 이상이 되도록 할 것
　$H = h_1 + 10$
　H : 필요한 낙차(m)
　h_1 : 배관의 마찰손실 수두(m)
　2. 고가수조에는 ㊦위계 ·㊽수관 ·㉩수관 ·㉥버플로우관 및 ㉫홀을 설치할 것

③ 압력수조를 이용한 가압송수장치는 다음 각호의 기준에 따라 설치하여야 한다.
　1. 압력수조의 압력은 다음의 식에 따라 산출한 수치 이상으로 할 것
　$P = p_1 + p_2 + 0.1$
　P : 필요한 압력(MPa)
　p_1 : 낙차의 환산 수두압(MPa)
　p_2 : 배관의 마찰손실 수두압(MPa)
　2. 압력수조에는 ㊦위계 ·㊽수관 ·㉩수관 ·㉩기관 ·㉫홀 ·㉛력계 ·㉝전장치 및 압력저하방지를 위한 자동식 ㉧기압축기를 설치할 것

④ 가압수조를 이용한 가압송수장치는 다음 각호의 기준에 따라 설치하여야 한다.
　1. 가압수조의 압력은 제1항제10호에 따른 방수량 및 방수압이 20분 이상 유지되도록 할 것 〈개정 2012.2.15, 2013.6.11〉
　2. 삭제 〈2015.1.23〉
　3. 가압수조 및 가압원은 「건축법 시행령」 제46조에 따른 방화구획 된 장소에 설치할 것
　4. 삭제 〈2015.1.23〉
　5. 가압수조를 이용한 가압송수장치는 국민안전처장이 정하여 고시한 「가압수조식가압송수장치의 성능인증 및 제품검사의 기술기준」에 적합한 것으로 설치할 것 〈개정 2013.6.10, 2015.1.23〉

제6조(폐쇄형스프링클러설비의 방호구역 · 유수검지장치)

폐쇄형스프링클러헤드를 사용하는 설비의 **방호구역**(스프링클러설비의 소화범위에 포함된 영역을 말한다. 이하 같다) · **유수검지장치**는 다음 각호의 기준에 적합하여야 한다.〈개정 2008.12.15〉

1. 하나의 방호구역의 바닥면적은 3,000m²를 초과하지 아니할 것. 다만, 폐쇄형스프링클러설비에 격자형배관방식(2이상의 수평주행배관 사이를 가지배관으로 연결하는 방식을 말한다)을 채택하는 때에는 3,700m² 범위 내에서 펌프용량, 배관의 구경 등을 수리학적으로 계산한 결과 헤드의 방수압 및 방수량이 방호구역 범위 내에서 소화목적을 달성하는 데 충분할 것〈개정 2011.11.24〉

2. 하나의 방호구역에는 1개 이상의 유수검지장치를 설치하되, 화재발생시 접근이 쉽고 점검하기 편리한 장소에 설치할 것〈개정 2008.12.15〉

3. 하나의 방호구역은 2개 층에 미치지 아니하도록 할 것. 다만, 1개 층에 설치되는 스프링클러헤드의 수가 **10개 이하인 경우와 복층형 구조의 공동주택에는 3개층 이내로 할 수 있다.**〈개정 2009.10.22〉

4. 유수검지장치를 실내에 설치하거나 보호용 철망 등으로 구획하여 바닥으로부터 0.8m 이상 1.5m 이하의 위치에 설치하되, 그 실 등에는 개구부가 가로 0.5m 이상 세로 1m 이상의 출입문을 설치하고 그 출입문 상단에 "유수검지장치실"이라고 표시한 표지를 설치할 것. 다만, 유수검지장치를 기계실(공조용기계실을 포함한다) 안에 설치하는 경우에는 별도의 실 또는 보호용 철망을 설치하지 아니하고 기계실 출입문 상단에 "유수검지장치실"이라고 표시한 표지를 설치할 수 있다.〈개정 2008.12.15, 2021.1.29〉

5. 스프링클러헤드에 공급되는 물은 유수검지장치를 지나도록 할 것. 다만, 송수구를 통하여 공급되는 물은 그러하지 아니하다.

6. 자연낙차에 따른 압력수가 흐르는 배관 상에 설치된 유수검지장치는 화재시 물의 흐름을 검지할 수 있는 최소한의 압력이 얻어질 수 있도록 수조의 하단으로부터 낙차를 두어 설치할 것〈개정 2008.12.15〉

7. **조기반응형 스프링클러헤드**를 설치하는 경우에는 **습식유수검지장치 또는 부압식스프링클러설비**를 설치할 것〈개정 2011.11.24〉

제7조(개방형스프링클러설비의 방수구역 및 일제개방밸브)

개방형스프링클러설비의 **방수구역** 및 **일제개방밸브**는 다음 각호의 기준에 적합하여야 한다.

1. 하나의 방수구역은 2개 층에 미치지 아니 할 것
2. 방수구역마다 일제개방밸브를 설치할 것
3. 하나의 방수구역을 담당하는 헤드의 개수는 **50개 이하**로 할 것. 다만, 2개 이상의 방수구역으로 나눌 경우에는 하나의 방수구역을 담당하는 헤드의 개수는 25개 이상으로 할 것
4. 일제개방밸브의 설치위치는 제6조제4호의 기준에 따르고, 표지는 "일제개방밸브실"이

라고 표시할 것

제8조(배관)

① 배관과 배관이음쇠는 다음 각 호의 어느 하나에 해당하는 것 또는 동등 이상의 강도·내
식성 및 내열성을 국내·외 공인기관으로부터 인정받은 것을 사용하여야 하고, 배관용 스
테인리스강관(KS D 3576)의 이음을 용접으로 할 경우에는 알곤용접방식에 따른다. 다만,
본 조에서 정하지 않은 사항은 건설기술 진흥법 제44조제1항의 규정에 따른 건축기계설
비공사 표준설명서에 따른다. 〈개정 2013.6.10, 2016.7.13〉
  1. 배관 내 사용압력이 1.2MPa 미만일 경우에는 다음 각 목의 어느 하나에 해당하는 것
    〈신설 2013.6.10, 개정 2016.7.13〉
    가. 배관용 탄소강관(KS D 3507)
    나. 이음매 없는 구리 및 구리합금관(KS D 5301). 다만, 습식의 배관에 한한다.
    다. 배관용 스테인리스강관(KS D 3576) 또는 일반배관용 스테인리스강관(KS D 3595)
    라. 덕타일 주철관(KS D 4311) 〈신설 2016.7.13〉
  2. 배관 내 사용압력이 1.2MPa 이상일 경우에는 다음 각 목의 어느 하나에 해당하는 것
    〈신설 2013.6.10, 개정 2016.7.13〉
    가. 압력배관용탄소강관 〈신설 2016.7.13〉
    나. 배관용 아크용접 탄소강강관(KS D 3583) 〈신설 2016.7.13〉

② 제1항에도 불구하고 다음 각 호의 어느 하나에 해당하는 장소에는 국민안전처장이 정하여
고시한 「소방용 합성수지배관의 성능인증 및 제품검사의 기술기준」에 적합한 소방용 합
성수지배관으로 설치할 수 있다. 〈개정 2013.6.10, 2015.1.23〉

> **Check Point**
> 1. 배관을 지하에 매설하는 경우
> 2. 다른 부분과 내화구조로 구획된 덕트 또는 피트의 내부에 설치하는 경우
> 3. 천장(상층이 있는 경우에는 상층바닥의 하단을 포함한다. 이하 같다)과 반자를 불연
>   재료 또는 준불연재료로 설치하고 소화배관 내부에 항상 소화수가 채워진 상태로
>   설치하는 경우 〈개정 2011.11.24〉

③ 급수배관은 다음 각 호의 기준에 따라 설치하여야 한다.
  1. **전용**으로 할 것. 다만, 스프링클러설비의 기동장치의 조작과 동시에 다른 설비의 용도
    에 사용하는 배관의 송수를 차단할 수 있거나, 스프링클러설비의 성능에 지장이 없는
    경우에는 다른 설비와 겸용할 수 있다.
  1의2. 삭제 〈2013.6.11〉
  2. 급수를 차단할 수 있는 개폐밸브는 개폐표시형으로 할 것. 이 경우 펌프의 **흡입측배관**

에는 **버터플라이밸브외의 개폐표시형밸브**를 설치하여야 한다.

3. 배관의 구경은 제5조제1항제10호의 규정에 적합하도록 수리계산에 의하거나 별표 1의 기준에 따라 설치할 것. 다만, 수리계산에 따르는 경우 **가지배관의 유속은** 6m/s, 그 **밖의 배관의 유속은** 10m/s를 **초과할 수 없다.**

④ 펌프의 흡입측 배관은 다음 각호의 기준에 따라 설치하여야 한다.

> **Check Point**
>
> 1. 공기고임이 생기지 아니하는 구조로 하고 여과장치를 설치할 것
> 2. 수조가 펌프보다 낮게 설치된 경우에는 각 펌프(충압펌프를 포함한다)마다 수조로부터 별도로 설치할 것

⑤ 연결송수관설비의 배관과 겸용할 경우의 주배관은 구경 100mm 이상, 방수구로 연결되는 배관의 구경은 65mm 이상의 것으로 하여야 한다.

⑥ 펌프의 성능은 **체절운전 시** 정격토출압력의 140%를 **초과하지 아니하고,** 정격토출량의 **150%로 운전 시** 정격토출압력의 65% **이상이 되어야 하며,** 펌프의 성능시험배관은 다음 각호의 기준에 적합하여야 한다.

> **Check Point**
>
> 1. 성능시험배관은 펌프의 토출측에 설치된 개폐밸브 이전에서 분기하여 설치하고, 유량 측정장치를 기준으로 전단 직관부에 개폐밸브를 후단 직관부에는 유량조절밸브를 설치할 것
> 2. 유량측정장치는 성능시험배관의 직관부에 설치하되, 펌프의 정격토출량의 175% 이상 측정할 수 있는 성능이 있을 것

⑦ 가압송수장치의 체절운전 시 수온의 상승을 방지하기 위하여 체크밸브와 펌프사이에서 분기한 구경 20mm **이상의 배관에 체절압력 미만에서 개방되는 릴리프밸브를 설치**하여야 한다.

⑧ 동결방지조치를 하거나 동결의 우려가 없는 장소에 설치하여야 한다. 다만, 보온재를 사용할 경우에는 난연재료 성능 이상의 것으로 하여야 한다. 〈개정 2015.1.23〉

⑨ 가지배관의 배열은 다음 각호의 기준에 따른다.

1. **토너먼트(Tournament)방식이 아닐 것**
2. 교차배관에서 분기되는 지점을 기점으로 한쪽 가지배관에 설치되는 헤드의 개수(반자 아래와 반자속의 헤드를 하나의 가지배관 상에 병설하는 경우에는 반자 아래에 설치하는 헤드의 개수)는 8개 **이하로** 할 것. 다만, 다음 각목의 1에 해당하는 경우에는 그러하지 아니하다.

가. 기존의 방호구역안에서 칸막이 등으로 구획하여 1개의 헤드를 증설하는 경우

나. 습식스프링클러 또는 부압식스프링클러설비에 격자형 배관방식(2 이상의 수평주행배관 사이를 가지배관으로 연결하는 방식을 말한다)을 채택하는 때에는 펌프의 용량, 배관의 구경 등을 수리학적으로 계산한 결과 헤드의 방수압 및 방수량이 소화목적을 달성하는 데 충분하다고 인정되는 경우 〈개정 2011.11.24〉

3. 가지배관과 스프링클러헤드 사이의 배관을 신축배관으로 하는 경우에는 소방청장이 정하여 고시한 「스프링클러설비신축배관 성능인증 및 제품검사의 기술기준」에 적합한 것으로 설치할 것. 이 경우 신축배관의 설치길이는 제10조제3항의 거리를 초과하지 아니할 것 〈전문개정 2015.1.23, 2017.7.26〉

⑩ **교차배관**의 위치·청소구 및 가지배관의 헤드설치는 다음 각호의 기준에 따른다.

1. 교차배관은 가지배관과 수평으로 설치하거나 또는 가지배관 밑에 설치하고, 그 구경은 제3항제3호의 규정에 따르되 최소구경이 **40mm 이상**이 되도록 할 것. 다만, 패들형유수검지장치를 사용하는 경우에는 교차배관의 구경과 동일하게 설치할 수 있다.

2. 청소구는 교차배관 끝에 개폐밸브를 설치하고, 호스접결이 가능한 나사식 또는 고정배수 배관식으로 할 것. 이 경우 나사식의 개폐밸브는 옥내소화전 호스접결용의 것으로 하고, 나사보호용의 캡으로 마감하여야 한다.

3. **하향식헤드**를 설치하는 경우에 가지배관으로부터 헤드에 이르는 헤드접속배관은 **가지관상부에서 분기**할 것. 다만, 소화설비용 수원의 수질이 먹는물관리법 제5조의 규정에 따라 먹는물의 수질기준에 적합하고 덮개가 있는 저수조로부터 물을 공급받는 경우에는 가지배관의 측면 또는 하부에서 분기할 수 있다.

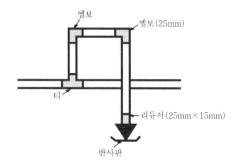

⑪ 준비작동식유수검지장치 또는 일제개방밸브를 사용하는 스프링클러설비에 있어서 동밸브 2차측 배관의 부대설비는 다음 각호의 기준에 따른다.

1. 개폐표시형밸브를 설치할 것

2. 제1호의 규정에 따른 밸브와 준비작동식유수검지장치 또는 일제개방밸브 사이의 배관은 다음 각목과 같은 구조로 할 것

가. 수직배수배관과 연결하고 동 연결배관상에는 개폐밸브를 설치할 것

나. 자동배수장치 및 압력스위치를 설치할 것

다. 나목의 규정에 따른 압력스위치는 수신부에서 준비작동식유수검지장치 또는 일제개방밸브의 개방여부를 확인할 수 있게 설치할 것

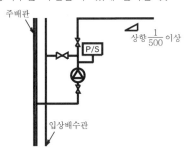

⑫ 습식유수검지장치 또는 건식유수검지장치를 사용하는 스프링클러설비와 부압식스프링클러설비에는 동장치를 시험할 수 있는 시험 장치를 다음 각호의 기준에 따라 설치하여야 한다. 〈개정 2008.12.15, 2011.11.24〉

Check Point

1. 습식스프링클러설비 및 부압식스프링클러설비에 있어서는 유수검지장치 2차측 배관에 연결하여 설치하고 건식스프링클러설비인 경우 유수검지장치에서 가장 먼 거리에 위치한 가지배관의 끝으로부터 연결하여 설치할 것. 유수검지장치 2차측 설비의 내용적이 2,840L를 초과하는 건식스프링클러설비의 경우 시험장치 개폐밸브를 완전 개방 후 1분 이내에 물이 방사되어야 한다. 〈개정 2021.1.29〉

2. 시험장치 배관의 구경은 25mm 이상으로 하고, 그 끝에 개폐밸브 및 개방형헤드 또는 스프링클러헤드와 동등한 방수성능을 가진 오리피스를 설치할 것. 이 경우 개방형헤드는 반사판 및 프레임을 제거한 오리피스만으로 설치할 수 있다. 〈개정 2008.12.15, 2021.1.29〉

3. 시험배관의 끝에는 물받이 통 및 배수관을 설치하여 시험 중 방사된 물이 바닥에 흘러내리지 아니하도록 할 것. 다만, 목욕실·화장실 또는 그 밖의 곳으로서 배수처리가 쉬운 장소에 시험배관을 설치한 경우에는 그러하지 아니하다.

---

⑬ 배관에 설치되는 **행가**는 다음 각호의 기준에 따라 설치하여야 한다.

1. **가지배관**에는 헤드의 설치지점 사이마다 1개 이상의 행가를 설치하되, 헤드간의 거리가 3.5m를 초과하는 경우에는 3.5m 이내마다 1개 이상 설치할 것. 이 경우 상향식헤드와 행가 사이에는 8cm 이상의 간격을 두어야 한다.

2. **교차배관**에는 가지배관과 가지배관 사이마다 1개 이상의 행가를 설치하되, 가지배관

사이의 거리가 4.5m를 초과하는 경우에는 4.5m이내마다 1개 이상 설치할 것
3. 제1호 내지 제2호의 **수평수행배관**에는 4.5m 이내마다 1개 이상 설치할 것

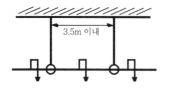

ⓐ 가지배관   ⓑ 교차배관, 수평주행배관

⑭ **수직배수배관**의 구경은 50mm 이상으로 하여야 한다. 다만, 수직배관의 구경이 50mm 미만인 경우에는 수직배관과 동일한 구경으로 할 수 있다.

⑮ **주차장의 스프링클러설비는 습식외의 방식**으로 하여야 한다. 다만, 다음 각호의 1에 해당하는 경우에는 그러하지 아니하다.
1. 동절기에 상시 난방이 되는 곳이거나 그 밖에 동결의 염려가 없는 곳
2. 스프링클러설비의 동결을 방지할 수 있는 구조 또는 장치가 된 것

⑯ 급수배관에 설치되어 급수를 차단할 수 있는 개폐밸브에는 그 밸브의 개폐상태를 감시제어반에서 확인할 수 있도록 **급수개폐밸브 작동표시 스위치**를 다음 각호의 기준에 따라 설치하여야 한다.

> **Check Point**
> 1. 급수개폐밸브가 잠길 경우 탬퍼 스위치의 동작으로 인하여 감시제어반 또는 수신기에 표시되어야 하며 경보음을 발할 것
> 2. 탬퍼 스위치는 감시제어반 또는 수신기에서 동작의 유무확인과 동작시험, 도통시험을 할 수 있을 것
> 3. 급수개폐밸브의 작동표시 스위치에 사용되는 전기배선은 내화전선 또는 내열전선으로 설치할 것

⑰ 스프링클러설비 배관의 배수를 위한 기울기는 다음 각호의 기준에 따른다. 〈개정 2011.11.24〉
1. 습식스프링클러설비 또는 부압식스프링클러설비의 배관을 수평으로 할 것. 다만, 배관의 구조상 소화수가 남아 있는 곳에는 배수밸브를 설치하여야 한다.
2. 습식스프링클러설비 또는 부압식스프링클러설비 외의 설비에는 헤드를 향하여 상향으로 **수평주행배관의 기울기를 500분의 1 이상, 가지배관의 기울기를 250분의 1 이상**으로 할 것. 다만, 배관의 구조상 기울기를 줄 수 없는 경우에는 배수를 원활하게 할 수 있도록 배수밸브를 설치하여야 한다.

⑱ 배관은 다른 설비의 배관과 쉽게 구분이 될 수 있는 위치에 설치하거나, 그 배관표면 또는 배관 보온재표면의 색상은 「한국산업표준(배관계의 식별 표시, KS A 0503)」 또는 적색으로 식별이 가능하도록 소방용설비의 배관임을 표시하여야 한다. 〈개정 2008.12.15, 2013.6.10〉

⑲ 분기배관을 사용할 경우에는 국민안전처장이 정하여 고시한 「분기배관의 성능인증 및 제품검사의 기술기준」에 적합한 것으로 설치하여야 한다. 〈개정 2013.6.10, 2015.1.23〉

제9조(음향장치 및 기동장치)

① 스프링클러설비의 음향장치 및 기동장치는 다음 각호의 기준에 따라 설치하여야 한다.

1. 습식유수검지장치 또는 건식유수검지장치를 사용하는 설비에 있어서는 헤드가 개방되면 유수검지장치가 화재신호를 발신하고 그에 따라 음향장치가 경보되도록 할 것

2. 준비작동식유수검지장치 또는 일제개방밸브를 사용하는 설비에는 화재감지기의 감지에 따라 음향장치가 경보되도록 할 것. 이 경우 화재감지기회로를 교차회로방식(하나의 준비작동식유수검지장치 또는 일제개방밸브의 담당구역 내에 2 이상의 화재감지기회로를 설치하고 인접한 2 이상의 화재감지기가 동시에 감지되는 때에 준비작동식유수검지장치 또는 일제개방밸브가 개방·작동되는 방식을 말한다)으로 하는 때에는 하나의 화재감지기회로가 화재를 감지하는 때에도 음향장치가 경보되도록 하여야 한다.

3. 음향장치는 유수검지장치 및 일제개방밸브 등의 담당구역마다 설치하되 그 구역의 각 부분으로부터 하나의 음향장치까지의 수평거리는 **25m 이하**가 되도록 할 것

4. 음향장치는 경종 또는 사이렌(전자식 사이렌을 포함한다)으로 하되, 주위의 소음 및 다른 용도의 경보와 구별이 가능한 음색으로 할 것. 이 경우 경종 또는 사이렌은 자동화재탐지설비·비상벨설비 또는 자동식사이렌설비의 음향장치와 겸용할 수 있다.

5. 주 음향장치는 수신기의 내부 또는 그 직근에 설치할 것

> ░Check
> Point
>
> 6. 층수가 5층 이상으로서 연면적이 3,000㎡를 초과하는 특정소방대상물은 다음 각목에 따라 경보를 발할 수 있도록 하여야 한다. 〈개정 2012.2.15〉
> 가. 2층 이상의 층에서 발화한 때에는 발화층 및 그 직상층에 경보를 발할 것
> 나. 1층에서 발화한 때에는 발화층·그 직상층 및 지하층에 경보를 발할 것
> 다. 지하층에서 발화한 때에는 발화층·그 직상층 및 기타의 지하층에 경보를 발할 것
> 6의2. 삭제 〈2013.6.11〉

7. 음향장치는 다음 각목의 기준에 따른 구조 및 성능의 것으로 할 것
가. 정격전압의 **80%** 전압에서 음향을 발할 수 있는 것으로 할 것
나. 음량은 부착된 음향장치의 중심으로부터 1m 떨어진 위치에서 90dB 이상이 되는 것으로 할 것

② 스프링클러설비의 가압송수장치로서 펌프가 설치되는 경우에는 그 **펌프의 작동**은 다음 각호의 1의 기준에 적합하여야 한다.

> **Check Point**
>
> 1. 습식유수검지장치 또는 건식유수검지장치를 사용하는 설비에 있어서는 유수검지장치의 발신이나 기동용수압개폐장치에 의하여 작동되거나 또는 이 두 가지의 혼용에 따라 작동 될 수 있도록 할 것 〈개정 2008.12.15, 2013.6.10〉
> 2. 준비작동식유수검지장치 또는 일제개방밸브를 사용하는 설비에 있어서는 화재감지기의 화재감지나 기동용수압개폐장치에 따라 작동되거나 또는 이 두 가지의 혼용에 따라 작동할 수 있도록 할 것 〈개정 2009.10.22〉

③ 준비작동식유수검지장치 또는 **일제개방밸브의 작동**은 다음 각호의 기준에 적합하여야 한다.
  1. 담당구역내의 **화재감지기**의 동작에 따라 개방 및 작동될 것
  2. 화재감지회로는 **교차회로방식**으로 할 것. 다만, 다음 각 목의 어느 하나에 해당하는 경우에는 그러하지 아니하다. 〈개정 2013.6.10〉

> **Check Point**
>
> 가. 스프링클러설비의 배관 또는 헤드에 누설경보용 물 또는 압축공기가 채워지거나 부압식스프링클러설비의 경우 〈개정 2011.11.24〉
> 나. 화재감지기를 「자동화재탐지설비의 화재안전기준(NFSC 203)」 제7조제1항 단서의 각 호의 감지기로 설치한 때 〈개정 2013.6.10〉

  3. 준비작동식유수검지장치 또는 일제개방밸브의 인근에서 **수동기동(전기식 및 배수식)**에 따라서도 개방 및 작동될 수 있게 할 것
  4. 제1호 및 제2호에 따른 화재감지기의 설치기준에 관하여는 「자동화재탐지설비의 화재안전기준(NFSC 203)」 제7조 및 제11조의 규정을 준용할 것. 이 경우 교차회로방식에 있어서의 화재감지기의 설치는 각 화재감지기 회로별로 설치하되, 각 화재감지기회로별 화재감지기 1개가 담당하는 바닥면적은 「자동화재탐지설비의 화재안전기준(NFSC 203)」 제7조제3항제5호・제8호부터 제10호까지에 따른 바닥면적으로 한다. 〈개정 2013.6.10〉
  5. 화재감지기 회로에는 다음 각 목의 기준에 따른 **발신기**를 설치할 것. 다만, 자동화재탐지설비의 발신기가 설치된 경우에는 그러하지 아니하다.

> **Check Point**
>
> 가. 조작이 쉬운 장소에 설치하고, 스위치는 바닥으로부터 0.8m 이상 1.5m 이하의 높이에 설치할 것

> 나. 소방대상물의 층마다 설치하되, 당해 소방대상물의 각 부분으로부터 하나의 발신
> 기까지의 수평거리가 25m 이하가 되도록 할 것. 다만, 복도 또는 별도로 구획된
> 실로서 보행거리가 40m 이상일 경우에는 추가로 설치하여야 한다.
> 다. 발신기의 위치를 표시하는 표시등은 함의 상부에 설치하되, 그 불빛은 부착 면으로
> 부터 15° 이상의 범위 안에서 부착지점으로부터 10m 이내의 어느 곳에서도 쉽게
> 식별할 수 있는 적색등으로 할 것

제10조(헤드)

① 스프링클러헤드는 소방대상물의 천장·반자·천장과 반자사이·덕트·선반 기타 이와
유사한 부분(폭이 1.2m를 초과하는 것에 한한다)에 설치하여야 한다. 다만, 폭이 9m **이
하**인 실내에 있어서는 **측벽**에 설치할 수 있다.

② 랙크식창고의 경우로서 「소방기본법시행령」 별표 2의 **특수가연물을 저장 또는 취급**하는
것에 있어서는 랙크높이 **4m 이하**마다, 그 밖의 것을 취급하는 것에 있어서는 랙크높이
6m 이하마다 스프링클러헤드를 설치하여야 한다. 다만, 랙크식창고의 천장높이가 13.7m
이하로서 「화재조기진압용 스프링클러설비의 화재안전기준(NFSC 103B)」에 따라 설치
하는 경우에는 천장에만 스프링클러헤드를 설치할 수 있다. 〈개정 2013.6.10〉

③ 스프링클러헤드를 설치하는 천장·반자·천장과 반자사이·덕트·선반등의 각 부분으로부
터 하나의 스프링클러헤드까지의 수평거리는 다음 각호와 같이 하여야 한다. 다만, 성능이
별도로 인정된 스프링클러헤드를 수리계산에 따라 설치하는 경우에는 그러하지 아니하다.

　1. **무대부**·「소방기본법시행령」 별표 2의 **특수가연물**을 저장 또는 취급하는 장소에 있어
서는 **1.7m 이하**

　2. **랙크식 창고**에 있어서는 2.5m **이하** 다만, 특수가연물을 저장 또는 취급하는 랙크식 창
고의 경우에는 1.7m 이하

　3. **공동주택(아파트) 세대 내의 거실**에 있어서는 3.2m **이하**(「스프링클러헤드의 형식승
인 및 제품검사의 기술기준」 유효반경의 것으로 한다) 〈개정 2008.12.15, 2013.6.10〉

　4. 제1호부터 제3호까지 규정 외의 특정소방대상물에 있어서는 2.1m 이하(**내화구조**로 된
경우에는 **2.3m 이하**)

④ 영 별표 4 소화설비의 소방시설 적용기준란 제3호가목의 규정에 따른 **무대부 또는 연소할
우려가 있는 개구부**에 있어서는 **개방형스프링클러헤드**를 설치하여야 한다.

⑤ 다음 각 호의 어느 하나에 해당하는 장소에는 **조기반응형 스프링클러헤드**를 설치하여야 한다.

> Check
> Point
>
> 1. 공동주택·노유자시설의 거실
> 2. 오피스텔·숙박시설의 침실, 병원의 입원실

⑥ 폐쇄형스프링클러헤드는 그 설치장소의 평상시 최고 주위온도에 따라 다음 표에 따른 표시온도의 것으로 설치하여야 한다. 다만, 높이가 4m 이상인 공장 및 창고(랙크식창고를 포함한다)에 설치하는 스프링클러헤드는 그 설치장소의 평상시 최고 주위온도에 관계없이 표시온도 121℃ 이상의 것으로 할 수 있다.

Check Point

설치장소의 최고 주위온도	표 시 온 도
39℃ 미만	79℃ 미만
39℃ 이상 64℃ 미만	79℃ 이상 121℃ 미만
64℃ 이상 106℃ 미만	121℃ 이상 162℃ 미만
106℃ 이상	162℃ 이상

⑦ 스프링클러헤드는 다음 각 호의 방법에 따라 설치하여야 한다.
1. 살수가 방해되지 아니하도록 스프링클러헤드로부터 반경 60cm **이상의 공간**을 보유할 것. 다만, 벽과 스프링클러헤드간의 공간은 10cm 이상으로 한다.
2. 스프링클러헤드와 그 부착면(상향식헤드의 경우에는 그 헤드의 직상부의 천장·반자 또는 이와 비슷한 것을 말한다. 이하 같다)과의 거리는 30cm **이하**로 할 것.
3. 배관·행가 및 조명기구 등 살수를 방해하는 것이 있는 경우에는 제1호 및 제2호의 규정에 불구하고 그로부터 아래에 설치하여 살수에 장애가 없도록 할 것. 다만, 스프링클러헤드와 장애물과의 이격거리를 장애물 폭의 3배 이상 확보한 경우에는 그러하지 아니하다.
4. 스프링클러헤드의 **반사판**은 그 **부착 면과 평행하게 설치할 것**. 다만, 측벽형헤드 또는 제6호의 규정에 따른 연소할 우려가 있는 개구부에 설치하는 스프링클러헤드의 경우에는 그러하지 아니하다.
5. 천장의 기울기가 10분의 1을 초과하는 경우에는 가지관을 천장의 마루와 평행하게 설치하고, 스프링클러헤드는 다음 각 목의 어느 하나의 기준에 적합하게 설치할 것
   가. 천장의 최상부에 스프링클러헤드를 설치하는 경우에는 최상부에 설치하는 스프링클러헤드의 반사판을 수평으로 설치할 것
   나. 천장의 최상부를 중심으로 가지관을 서로 마주보게 설치하는 경우에는 최상부의 가지관 상호간의 거리가 가지관상의 스프링클러헤드 상호간의 거리의 2분의 1이하(최소 1m 이상이 되어야 한다)가 되게 스프링클러헤드를 설치하고, 가지관의 최상부에 설치하는 스프링클러헤드는 천장의 최상부로부터의 수직거리가 90cm 이하가 되도록 할 것. 톱날지붕, 둥근지붕 기타 이와 유사한 지붕의 경우에도 이에 준한다.

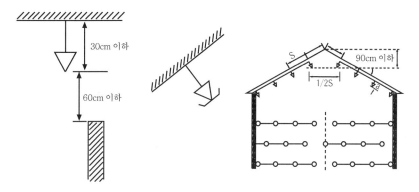

6. 연소할 우려가 있는 개구부에는 그 상하좌우에 **2.5m 간격으로**(개구부의 폭이 2.5m 이하인 경우에는 그 중앙에) 스프링클러헤드를 설치하되, 스프링클러헤드와 개구부의 내측 면으로부터 직선거리는 15cm 이하가 되도록 할 것. 이 경우 사람이 상시 출입하는 개구부로서 통행에 지장이 있는 때에는 개구부의 상부 또는 측면(개구부의 폭이 9m 이하인 경우에 한한다)에 설치하되, 헤드 상호간의 간격은 1.2m 이하로 설치하여야 한다.

7. **습식스프링클러설비 및 부압식스프링클러설비외의 설비에는 상향식스프링클러헤드를 설치할 것.** 다만, 다음 각 목의 어느 하나에 해당하는 경우에는 그러하지 아니하다. 〈개정 2011.11.24〉

   가. 드라이펜던트스프링클러헤드를 사용하는 경우
   나. 스프링클러헤드의 설치장소가 동파의 우려가 없는 곳인 경우
   다. 개방형스프링클러헤드를 사용하는 경우

상향식 헤드를 설치하지 않아도 되는 경우
• 드라이펜던트스프링클러헤드를 사용하는 경우
• 스프링클러헤드의 설치장소가 동파의 우려가 없는 곳인 경우
• 개방형 스프링클러헤드를 사용하는 경우

드라이펜던트형 헤드(Dry Pendent Head)
배관 내의 물이 스프링클러헤드 내부로 유입되지 못하도록 상단에 유로를 차단하는 플런저(Plunger)가 설치되어 있어 헤드가 개방되지 않으면 물이 헤드 몸체로 유입되지 못하도록 되어 있는 구조의 헤드이다.

8. 측벽형스프링클러헤드를 설치하는 경우 긴 변의 한쪽 벽에 일렬로 설치(폭이 4.5m 이상 9m 이하인 실에 있어서는 긴변의 양쪽에 각각 일렬로 설치하되 마주보는 스프링클러헤드가 나란히꼴이 되도록 설치)하고 3.6m 이내마다 설치할 것

9. **상부에 설치된 헤드의 방출수에 따라 감열부에 영향을 받을 우려가 있는 헤드에는 방출수를 차단할 수 있는 유효한 차폐판을 설치할 것**

⑧ 제7항제2호에도 불구하고 소방대상물의 보와 가장 가까운 스프링클러 헤드는 다음표의 기준에 따라 설치하여야 한다. 다만, 천장 면에서 보의 하단까지의 길이가 55cm를 초과하고 보의 하단 측면 끝부분으로부터 스프링클러헤드까지의 거리가 스프링클러헤드 상호간 거리의 2분의 1 이하가 되는 경우에는 스프링클러헤드와 그 부착 면과의 거리를 55cm 이하로 할 수 있다. 〈개정 2013.6.10〉

스프링클러헤드의 반사판 중심과 보의 수평거리	스프링클러헤드의 반사판 높이와 보의 하단 높이의 수직거리
0.75m 미만	보의 하단보다 낮을 것
0.75m 이상 1m 미만	0.1m 미만일 것
1m 이상 1.5m 미만	0.15m 미만일 것
1.5m 이상	0.3m 미만일 것

제11조(송수구)

스프링클러설비에는 소방차로부터 그 설비에 송수할 수 있는 송수구를 다음 각호의 기준에 따라 설치하여야 한다.

1. 송수구는 소방차가 쉽게 접근할 수 있는 잘 보이는 장소에 설치하되 화재 층으로부터 지면으로 떨어지는 유리창 등이 송수 및 그 밖의 소화작업에 지장을 주지 아니하는 장소에 설치할 것 〈개정 2013.6.10〉
2. 송수구로부터 스프링클러설비의 주배관에 이르는 연결배관에 개폐밸브를 설치한 때에는 그 개폐상태를 쉽게 확인 및 조작할 수 있는 옥외 또는 기계실 등의 장소에 설치할 것
3. 구경 65mm의 쌍구형으로 할 것
4. 송수구에는 그 가까운 곳의 보기 쉬운 곳에 송수압력범위를 표시한 표지를 할 것
5. 폐쇄형스프링클러헤드를 사용하는 스프링클러설비의 송수구는 하나의 층의 바닥 면적이 3,000m²를 넘을 때마다 1개 이상(5개를 넘을 경우에는 5개로 한다)을 설치할 것

6. 지면으로부터 높이가 0.5m 이상 1m 이하의 위치에 설치할 것
7. 송수구의 가까운 부분에 자동배수밸브(또는 직경 5mm의 배수공) 및 체크밸브를 설치할 것. 이 경우 자동배수밸브는 배관안의 물이 잘 빠질 수 있는 위치에 설치하되, 배수로 인하여 다른 물건 또는 장소에 피해를 주지 아니하여야 한다.
8. 송수구에는 이물질을 막기 위한 마개를 씌워야 한다.

제12조(전원)

① 스프링클러설비에는 다음 각 호의 기준에 따른 상용전원회로의 배선을 설치하여야 한다. 다만, 가압수조방식으로서 모든 기능이 20분 이상 유효하게 지속될 수 있는 경우에는 그러하지 아니하다. 〈개정 2008.12.15, 2012.2.15, 2013.6.11〉

> **Check Point**
>
> 1. 저압수전인 경우에는 인입개폐기의 직후에서 분기하여 전용배선으로 하여야 하며, 전용의 전선관에 보호 되도록 할 것
> 2. 특별고압수전 또는 고압수전일 경우에는 전력용 변압기 2차측의 주차단기 1차측에서 분기하여 전용배선으로 하되, 상용전원의 상시공급에 지장이 없을 경우에는 주차단기 2차측에서 분기하여 전용배선으로 할 것. 다만, 가압송수장치의 정격입력전압이 수전전압과 같은 경우에는 제1호의 기준에 따른다.

② 스프링클러설비에는 자가발전설비, 축전지설비 또는 전기저장장치에 따른 비상전원을 설치하여야 한다. 다만, 차고·주차장으로서 스프링클러설비가 설치된 부분의 바닥면적(「포소화설비의 화재안전기준(NFSC 105)」 제13조제2항제2호의 규정에 따라 차고·주차장의 바닥면적을 포함한다)의 합계가 1,000m² 미만인 경우에는 비상전원수전설비로 설치할 수 있으며, 2이상의 변전소(「전기사업법」 제67조에 따른 변전소를 말한다. 이하 같다)에서 전력을 동시에 공급받을 수 있거나 하나의 변전소로부터 전력의 공급이 중단되는 때에는 자동으로 다른 변전소로부터 전력을 공급받을 수 있도록 상용전원을 설치한 경우와 가압수조방식에는 비상전원을 설치하지 아니할 수 있다. 〈개정 2008.12.15, 2013.6.10, 2016.7.13〉
③ 제2항에 따른 규정에 따라 비상전원 중 자가발전설비, 축전기설비(내연기관에 따른 펌프를 설치한 경우에는 내연기관의 기동 및 제어용축전지를 말한다)또는 전기저장장치(외부 전기에너지를 저장해 두었다가 필요한 때 전기를 공급하는 장치) 다음 각호의 기준을, 비상전원수전설비는 「소방시설용비상전원수전설비의 화재안전기준(NFSC 602)」에 따라 설치하여야 한다. 〈개정 2013.6.10, 2016.7.13〉

Check Point

1. 점검에 편리하고 화재 및 침수 등의 재해로 인한 피해를 받을 우려가 없는 곳에 설치할 것
2. 스프링클러설비를 유효하게 20분 이상 작동할 수 있어야 할 것 〈개정 2013.6.11〉
3. 상용전원으로부터 전력의 공급이 중단된 때에는 자동으로 비상전원으로부터 전력을 공급받을 수 있도록 할 것
4. 비상전원(내연기관의 기동 및 제어용 축전기를 제외한다)의 설치장소는 다른 장소와 방화구획 할 것. 이 경우 그 장소에는 비상전원의 공급에 필요한 기구나 설비외의 것(열병합발전설비에 필요한 기구나 설비는 제외한다)을 두어서는 아니 된다.
5. 비상전원을 실내에 설치하는 때에는 그 실내에 비상조명등을 설치할 것
6. 옥내에 설치하는 비상전원실에는 옥외로 직접 통하는 충분한 용량의 급배기설비를 설치할 것 〈개정 2011.11.24〉
7. 비상전원의 출력용량은 다음 각 목의 기준을 충족할 것 〈신설 2011.11.24〉
   가. 비상전원 설비에 설치되어 동시에 운전될 수 있는 모든 부하의 합계 입력용량을 기준으로 정격출력을 선정할 것. 다만, 소방전원 보존형발전기를 사용할 경우에는 그러하지 아니하다.
   나. 기동전류가 가장 큰 부하가 기동될 때에도 부하의 허용 최저입력전압이상의 출력 전압을 유지할 것
   다. 단시간 과전류에 견디는 내력은 입력용량이 가장 큰 부하가 최종 기동할 경우에도 견딜 수 있을 것
8. 자가발전설비는 부하의 용도와 조건에 따라 다음 각 목 중의 하나를 설치하고 그 부하용도별 표지를 부착하여야 한다. 다만, 자가발전설비의 정격출력용량은 하나의 건축물에 있어서 소방부하의 설비용량을 기준으로 하고, 나목의 경우 비상부하는 국토교통부장관이 정한 건축전기설비설계기준의 수용률 범위 중 최대값 이상을 적용한다. 〈신설 2011.11.24, 개정 2013.6.10〉
   가. 소방전용 발전기 : 소방부하용량을 기준으로 정격출력용량을 산정하여 사용하는 발전기 〈개정 2013.6.10〉
   나. 소방부하 겸용 발전기 : 소방 및 비상부하 겸용으로서 소방부하와 비상부하의 전 원용량을 합산하여 정격출력용량을 산정하여 사용하는 발전기 〈개정 2013.6.10〉
   다. 소방전원 보존형 발전기 : 소방 및 비상부하 겸용으로서 소방부하의 전원용량을 기준으로 정격출력용량을 산정하여 사용하는 발전기 〈신설 2013.6.10〉
9. 비상전원실의 출입구 외부에는 실의 위치와 비상전원의 종류를 식별할 수 있도록 표지판을 부착할 것 〈신설 2011.11.24〉

제13조(제어반)

① 스프링클러설비에는 제어반을 설치하되, 감시제어반과 동력제어반으로 구분하여 설치하여야 한다. 다만, 다음 각 호의 어느 하나에 해당하는 경우에는 감시제어반과 동력제어반으로 구분하여 설치하지 아니할 수 있다.

> **Check Point**
>
> 1. 다음 각 목의 어느 하나에 해당하지 아니하는 특정소방대상물에 설치되는 스프링클러설비
>   가. 지하층을 제외한 층수가 7층 이상으로서 연면적이 2,000m² 이상인 것
>   나. 가목에 해당하지 아니하는 특정소방대상물로서 지하층의 바닥면적의 합계가 3,000m² 이상인 것 〈개정 2013.6.10, 2015.1.23〉
> 2. 내연기관에 따른 가압송수장치를 사용하는 스프링클러설비
> 3. 고가수조에 따른 가압송수장치를 사용하는 스프링클러설비
> 4. 가압수조에 따른 가압송수장치를 사용하는 스프링클러설비

② **감시제어반**의 기능은 다음 각 호의 기준에 적합하여야 한다. 〈개정 2013.6.10〉

> **Check Point**
>
> 1. 각 펌프의 작동여부를 확인할 수 있는 표시등 및 음향경보기능이 있어야 할 것
> 2. 각 펌프를 자동 및 수동으로 작동시키거나 중단시킬 수 있어야 한다. 〈개정 2008.12.15, 2013.6.10〉
> 3. 비상전원을 설치한 경우에는 상용전원 및 비상전원의 공급여부를 확인할 수 있어야 할 것
> 4. 수조 또는 물올림탱크가 저수위로 될 때 표시등 및 음향으로 경보할 것
> 5. 예비전원이 확보되고 예비전원의 적합여부를 시험할 수 있어야 할 것

③ 감시제어반은 다음 각호의 기준에 따라 설치하여야 한다.
   1. 화재 및 침수 등의 재해로 인한 **피해를 받을 우려가 없는 곳**에 설치할 것
   2. 감시제어반은 스프링클러설비의 **전용**으로 할 것. 다만, 스프링클러설비의 제어에 지장이 없는 경우에는 다른 설비와 겸용할 수 있다.
   3. 감시제어반은 다음 각목의 기준에 따른 전용실안에 설치할 것. 다만, 제1항 각 호의 어느 하나에 해당하는 경우와 공장, 발전소 등에서 설비를 집중 제어 · 운전할 목적으로 설치하는 중앙제어실내에 감시제어반을 설치하는 경우에는 그러하지 아니하다.
      가. 다른 부분과 방화구획을 할 것. 이 경우 전용실의 벽에는 기계실 또는 전기실 등의 감시를 위하여 **두께 7mm 이상의 망입유리**(두께 16.3mm 이상의 접합유리 또는 두께 28mm 이상의 복층유리를 포함한다)로 된 **4m² 미만의 붙박이창**을 설치할 수 있다.

나. **피난층 또는 지하 1층**에 설치할 것. 다만, 다음 각 세목의 어느 하나에 해당하는 경우에는 지상 2층에 설치하거나 지하 1층 외의 지하층에 설치할 수 있다. 〈개정 2013.6.10〉

    (1) 「건축법시행령」 제35조의 규정에 따라 특별피난계단이 설치되고 그 계단(부속실을 포함한다)출입구로부터 보행거리 5m이내에 전용실의 출입구가 있는 경우

    (2) 아파트의 관리동(관리동이 없는 경우에는 경비실)에 설치하는 경우

다. 비상조명등 및 급·배기설비를 설치할 것

라. 「무선통신보조설비의 화재안전기준(NFSC 505)」 제6조의 규정에 따른 무선기기 접속단자(영 별표 5 제5호마목에 따른 무선통신보조설비가 설치된 특정소방대상물에 한한다)를 설치할 것 〈개정 2013.6.10〉

마. 바닥면적은 감시제어반의 설치에 필요한 면적 외에 화재 시 소방대원이 그 감시제어반의 조작에 필요한 최소면적 이상으로 할 것

4. 제3호에 따른 규정에 따른 전용실에는 소방대상물의 기계·기구 또는 시설 등의 제어 및 감시설비외의 것을 두지 아니할 것

5. 각 유수검지장치 또는 일제개방밸브의 작동여부를 확인할 수 있는 표시 및 경보기능이 있도록 할 것

6. 일제개방밸브를 개방시킬 수 있는 수동조작스위치를 설치할 것

7. 일제개방밸브를 사용하는 설비의 화재감지는 각 경계회로별로 화재표시가 되도록 할 것

8. 다음의 각 확인회로마다 도통시험 및 작동시험을 할 수 있도록 할 것

> **Check Point**
>
> 가. 기동용수압개폐장치의 압력스위치회로
> 나. 수조 또는 물올림탱크의 저수위감시회로
> 다. 유수검지장치 또는 일제개방밸브의 압력스위치회로
> 라. 일제개방밸브를 사용하는 설비의 화재감지기회로
> 마. 제8조제16항의 규정에 따른 개폐밸브의 폐쇄상태 확인회로
> 바. 그 밖의 이와 비슷한 회로

9. 감시제어반과 자동화재탐지설비의 수신기를 별도의 장소에 설치하는 경우에는 이들 상호간 연동하여 화재발생 및 제2항제1호·제3호와 제4호의 기능을 확인할 수 있도록 할 것 〈개정 2013.6.10〉

④ 동력제어반은 다음 각 호의 기준에 따라 설치하여야 한다.

> **Check Point**
> 1. 앞면은 적색으로 하고 "스프링클러설비용 동력제어반"이라고 표시한 표지를 설치할 것
> 2. 외함은 두께 1.5mm 이상의 강판 또는 이와 동등 이상의 강도 및 내열성능이 있는 것으로 할 것
> 3. 그 밖의 동력제어반의 설치에 관하여는 제3항제1호 및 제2호의 기준을 준용할 것

⑤ 자가발전설비 제어반의 제어장치는 비영리 공인기관의 시험을 필한 것으로 설치하여야 한다. 다만, 소방전원 보존형 발전기의 제어장치는 다음 각 호의 기준이 포함되어야 한다. 〈신설 2011.11.24, 개정 2013.6.10〉
   1. 소방전원 보존형임을 식별할 수 있도록 표기할 것 〈개정 2013.6.10〉
   2. 발전기 운전 시 소방부하 및 비상부하에 전원이 동시 공급되고, 그 상태를 확인할 수 있는 표시가 되도록 할 것 〈개정 2013.6.10〉
   3. 발전기가 정격용량을 초과할 경우 비상부하는 자동적으로 차단되고, 소방부하만 공급되는 상태를 확인할 수 있는 표시가 되도록 할 것 〈개정 2013.6.10〉

제14조(배선 등)

① 스프링클러설비의 배선은 「전기사업법」 제67조의 규정에 따른 기술기준에서 정한 것 외에 다음 각 호의 기준에 따라 설치하여야 한다.
   1. **비상전원으로부터 동력제어반 및 가압송수장치에 이르는 전원회로배선은 내화배선**으로 할 것. 다만, 자가발전설비와 동력제어반이 동일한 실에 설치된 경우에는 자가발전기로부터 그 제어반에 이르는 전원회로배선은 그러하지 아니하다.
   2. **상용전원으로부터 동력제어반에 이르는 배선**, 그 밖의 스프링클러설비의 **감시·조작 또는 표시등회로의 배선은 내화배선 또는 내열배선**으로 할 것. 다만, 감시제어반 또는 동력제어반 안의 감시·조작 또는 표시등회로의 배선은 그러하지 아니하다.
② 제1항에 따른 내화배선 및 내열배선에 사용되는 전선 및 설치방법은 「옥내소화전설비의 화재안전기준(NFSC 102)」의 별표 1의 기준에 따른다. 〈개정 2013.6.10〉
③ 스프링클러설비의 **과전류차단기 및 개폐기**에는 "스프링클러설비용"이라고 표시한 **표지**를 하여야 한다.
④ 스프링클러설비용 전기배선의 양단 및 접속단자에는 다음 각호의 기준에 따라 표지하여야 한다.
   1. 단자에는 "스프링클러설비단자"라고 표시한 표지를 부착할 것
   2. 스프링클러설비용 전기배선의 양단에는 다른 배선과 식별이 용이하도록 표시할 것

제15조 (헤드의 설치제외)

① 스프링클러설비를 설치하여야 할 소방대상물에 있어서 다음 각 호의 어느 하나에 해당하는 장소에는 스프링클러헤드를 설치하지 아니할 수 있다.

1. 계단실(특별피난계단의 부속실을 포함한다)·경사로·승강기의 승강로·비상용승강기의 승강장·파이프덕트 및 덕트피트(파이프·덕트를 통과시키기 위한 구획된 구멍에 한한다)·목욕실·수영장(관람석부분을 제외한다)·화장실·직접 외기에 개방되어 있는 복도·기타 이와 유사한 장소 〈2011.11.24〉

2. 통신기기실·전자기기실·기타 이와 유사한 장소

3. 발전실·변전실·변압기·기타 이와 유사한 전기설비가 설치되어 있는 장소

4. 병원의 수술실·응급처치실·기타 이와 유사한 장소

5. 천장과 반자 양쪽이 불연재료로 되어 있는 경우로서 그 사이의 거리 및 구조가 다음 각목의 1에 해당하는 부분

   가. 천장과 반자사이의 거리가 2m 미만인 부분

   나. 천장과 반자사이의 벽이 불연재료이고 천장과 반자사이의 거리가 2m 이상으로서 그 사이에 가연물이 존재하지 아니하는 부분

6. 천장·반자중 한쪽이 불연재료로 되어있고 천장과 반자사이의 거리가 1m 미만인 부분

7. 천장 및 반자가 불연재료 외의 것으로 되어 있고 천장과 반자사이의 거리가 0.5m 미만인 부분

8. 펌프실·물탱크실 엘리베이터 권상기실 그 밖의 이와 비슷한 장소

9. 삭제 〈2013.6.10〉

10. 현관 또는 로비 등으로서 바닥으로부터 높이가 20m 이상인 장소

11. 영하의 냉장창고의 냉장실 또는 냉동창고의 냉동실

12. 고온의 노가 설치된 장소 또는 물과 격렬하게 반응하는 물품의 저장 또는 취급장소

13. 불연재료로 된 소방대상물 또는 그 부분으로서 다음 각목의 1에 해당하는 장소

   가. 정수장·오물처리장 그 밖의 이와 비슷한 장소

   나. 펄프공장의 작업장·음료수공장의 세정 또는 충전하는 작업장 그 밖의 이와 비슷한 장소

   다. 불연성의 금속·석재 등의 가공공장으로서 가연성물질을 저장 또는 취급하지 아니하는 장소

   라. 가연성 물질이 존재하지 않는 「건축물의 에너지절약설계기준」에 따른 방풍실 〈신설 2021.1.29〉

14. 실내에 설치된 테니스장·게이트볼장·정구장 또는 이와 비슷한 장소로서 실내 바닥·벽·천장이 불연재료 또는 준불연재료로 구성되어 있고 가연물이 존재하지 않는 장소로서 관람석이 없는 운동시설(지하층은 제외한다)

15. 「건축법 시행령」 제46조제4항에 따른 공동주택 중 아파트의 대피공간 〈신설 2013.6.10〉

② 제10조제7항제6호의 연소할 우려가 있는 개구부에 다음 각호의 기준에 따른 드렌처설비를 설치한 경우에는 당해 개구부에 한하여 스프링클러헤드를 설치하지 아니할 수 있다.
  1. 드렌처헤드는 개구부 위 측에 2.5m 이내마다 1개를 설치할 것
  2. 제어밸브(일제개방밸브·개폐표시형밸브 및 수동조작부를 합한 것을 말한다. 이하 같다)는 소방대상물 층마다에 바닥 면으로부터 0.8m 이상 1.5m 이하의 위치에 설치할 것
  3. 수원의 수량은 드렌처헤드가 가장 많이 설치된 제어밸브의 드렌처헤드의 설치개수에 1.6m³를 곱하여 얻은 수치 이상이 되도록 할 것
  4. 드렌처설비는 드렌처헤드가 가장 많이 설치된 제어밸브에 설치된 드렌처헤드를 동시에 사용하는 경우에 각각의 헤드선단에 방수압력이 0.1MPa 이상, 방수량이 80L/min 이상이 되도록 할 것
  5. 수원에 연결하는 가압송수장치는 점검이 쉽고 화재 등의 재해로 인한 피해우려가 없는 장소에 설치할 것

제16조(수원 및 가압송수장치의 펌프 등의 겸용)

① 스프링클러설비의 수원을 옥내소화전설비·간이스프링클러설비·화재조기진압용 스프링클러설비·물분무소화설비·포소화전설비 및 옥외소화전설비의 수원과 겸용하여 설치하는 경우의 저수량은 각 소화설비에 필요한 저수량을 합한 양 이상이 되도록 하여야 한다. 다만, 이들 소화설비중 고정식 소화설비(펌프·배관과 소화수 또는 소화약제를 최종 방출하는 방출구가 고정된 설비를 말한다. 이하 같다)가 2 이상 설치되어 있고, 그 소화설비가 설치된 부분이 방화벽과 방화문으로 구획되어 있는 경우에는 각 고정식 소화설비에 필요한 저수량 중 최대의 것 이상으로 할 수 있다.
② 스프링클러설비의 가압송수장치로 사용하는 펌프를 옥내소화전설비·간이스프링클러설비·화재조기진압용 스프링클러설비·물분무소화설비·포소화전설비 및 옥외소화전설비의 가압송수장치와 겸용하여 설치하는 경우의 펌프의 토출량은 각 소화설비에 해당하는 토출량을 합한 양 이상이 되도록 하여야 한다. 다만, 이들 소화설비 중 고정식 소화설비가 2 이상 설치되어 있고, 그 소화설비가 설치된 부분이 방화벽과 방화문으로 구획되어 있으며 각 소화설비에 지장이 없는 경우에는 펌프의 토출량 중 최대의 것 이상으로 할 수 있다.
③ 옥내소화전설비·스프링클러설비·간이스프링클러설비·화재조기진압용 스프링클러설비·물분무소화설비·포소화설비 및 옥외소화전설비의 가압송수장치에 있어서 각 토출 측배관과 일반급수용의 가압송수장치의 토출 측 배관을 상호 연결하여 화재 시 사용할 수 있다. 이 경우 연결배관에는 개폐표시형밸브를 설치하여야 하며, 각 소화설비의 성능에 지장이 없도록 하여야 한다.
④ 스프링클러설비의 송수구를 옥내소화전설비·간이스프링클러설비·화재조기진압용 스프링클러설비·물분무소화설비·포소화설비·연결송수관설비 또는 연결살수설비의 송

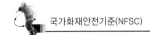

수구와 겸용으로 설치하는 경우에는 스프링클러설비의 송수구의 설치기준에 따르되 각각의 소화설비의 기능에 지상이 없노록 하여야 한다.

제17조(설치·유지기준의 특례)

소방본부장 또는 소방서장은 기존건축물이 증축·개축·대수선되거나 용도변경 되는 경우에 있어서 이 기준이 정하는 기준에 따라 당해 건축물에 설치하여야 할 스프링클러설비의 배관·배선 등의 공사가 현저하게 곤란하다고 인정되는 경우에는 당해 설비의 기능 및 사용에 지장이 없는 범위 안에서 스프링클러설비의 설치·유지기준의 일부를 적용하지 아니할 수 있다.

제18조(재검토 기한)

소방청장은 「훈령·예규 등의 발령 및 관리에 관한 규정」에 따라 이 고시에 대하여 2017년 1월 1일 기준으로 매3년이 되는 시점(매 3년째의 12월 31일까지를 말한다)마다 그 타당성을 검토하여 개선 등의 조치를 하여야 한다. 〈전문개정 2016.7.13〉

부칙 〈제2017-1호, 2017.7.26〉

• **제1조(시행일)**
이 고시는 발령한 날부터 시행한다.

• **제2조(경과조치)**
이 고시 시행당시 건축허가 등의 동의 또는 착공신고가 완료된 특정소방대상물에 대하여는 종전의 기준에 따른다.

[별표 1]

스프링클러헤드수별 급수관의 구경(제8조제3항제3호관련)

(단위 : mm)

구분 \ 급수관의 구경	25	32	40	50	65	80	90	100	125	150
가	2	3	5	10	30	60	80	100	160	161 이상
나	2	4	7	15	30	60	65	100	160	161 이상
다	1	2	5	8	15	27	40	55	90	91 이상

(주)
1. 폐쇄형스프링클러헤드를 사용하는 설비의 경우로서 1개층에 하나의 급수배관(또는 밸브 등)이 담당하는 구역의 최대면적은 3,000m²를 초과하지 아니할 것
2. 폐쇄형스프링클러헤드를 설치하는 경우에는 "가"란의 헤드 수에 따를 것. 다만, 100개 이상의 헤드를 담당하는 급수배관(또는 밸브)의 구경을 100mm로 할 경우에는 수리계산을 통하여 제8조제3항제3호에서 규정한 배관의 유속에 적합하도록 할 것
3. 폐쇄형스프링클러헤드를 설치하고 반자 아래의 헤드와 반자속의 헤드를 동일 급수관의 가지관상에 병설하는 경우에는 "나"란의 헤드 수에 따를 것
4. 제10조제3항제1호의 경우로서 폐쇄형스프링클러헤드를 설치하는 설비의 배관구경은 "다"란에 따를 것
5. 개방형스프링클러헤드를 설치하는 경우 하나의 방수구역이 담당하는 헤드의 개수가 30개 이하일 때는 "다"란의 헤드수에 의하고, 30개를 초과할 때는 수리계산 방법에 따를 것

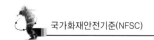

제4장 간이스프링클러설비의 화재안전기준(NFSC 103A)

[시행 2017.7.26] [소방청고시 제2017-1호, 2017.7.26, 타법개정]

제1조(목적)

이 기준은 「화재예방, 소방시설 설치·유지 및 안전관리에 관한 법률」 제9조제1항에 따라 소방청장에게 위임한 사항 중 소화설비인 간이스프링클러설비의 설치·유지 및 안전관리에 필요한 사항을 규정함을 목적으로 한다. 〈개정 2015.1.23, 2016.7.13, 2017.7.26〉

제2조(적용범위)

「화재예방, 소방시설 설치·유지 및 안전관리에 관한 법률 시행령」(이하 "영"이라 한다) 별표 5 제1호마목에 따른 간이스프링클러설비 및 「다중이용업소의 안전관리에 관한 특별법」(이하 "특별법"이라 한다) 제9조제1항 및 같은 법 시행령(이하 "특별법령"이라 한다) 제9조제1항제1호가목에 따른 간이스프링클러설비는 이 기준에서 정하는 규정에 따라 설비를 설치하고 유지 관리하여야 한다. 〈개정 2011.11.24, 2013.6.10, 2015.1.23, 2016.7.13〉

제3조(정의)

이 기준에서 사용하는 용어의 정의는 다음과 같다.

1. "간이헤드"란 폐쇄형헤드의 일종으로 간이스프링클러설비를 설치하여야 하는 특정소방대상물의 화재에 적합한 감도·방수량 및 살수분포를 갖는 헤드를 말한다. 〈개정 2011.11.24〉
2. 삭제 〈2011.11.24〉
3. "충압펌프"란 배관 내 압력 손실에 따른 주펌프의 빈번한 기동을 방지하기 위하여 압력을 보충하는 역할을 하는 펌프를 말한다. 〈신설 2013.6.10〉
4. "고가수조"란 구조물 또는 지형지물 등에 설치하여 자연낙차 압력으로 급수하는 수조를 말한다.
5. "압력수조"란 소화용수와 공기를 채우고 일정압력 이상으로 가압하여 그 압력으로 급수하는 수조를 말한다.
6. "가압수조"란 가압원인 압축공기 또는 불연성 고압기체에 따라 소방용수를 가압시키는 수조를 말한다.
7. "진공계"란 대기압 이하의 압력을 측정하는 계측기를 말한다.

8. "연성계"란 대기압 이상의 압력과 대기압 이하의 압력을 측정할 수 있는 계측기를 말한다.

9. "기동용수압개폐장치"란 소화설비의 배관 내 압력변동을 검지하여 자동적으로 펌프를 기동 및 정지시키는 것으로서 압력챔버 또는 기동용압력스위치 등을 말한다.

10. "가지배관"이란 간이헤드가 설치되어 있는 배관을 말한다.

11. "교차배관"이란 직접 또는 수직배관을 통하여 가지배관에 급수하는 배관을 말한다.

12. "주배관"이란 각 층을 수직으로 관통하는 수직배관을 말한다.

13. "신축배관"이란 가지배관과 간이헤드를 연결하는 구부림이 용이하고 유연성을 가진 배관을 말한다.

14. "급수배관"이란 수원 및 옥외송수구로부터 간이헤드에 급수하는 배관을 말한다.

15. "습식유수검지장치"란 1차측 및 2차측에 가압수를 가득 채운상태에서 폐쇄형 스프링클러헤드가 열린 경우 2차측의 압력저하로 시트가 열리어 가압수 등이 2차측으로 유출되도록 하는 장치(패들형을 포함한다)를 말한다. 〈개정 2008.12.15, 2011.11.24〉

16. "준비작동식유수검지장치"란 1차측에 가압수 등을 채우고 2차측에서 폐쇄형스프링클러 헤드까지 대기압 또는 저압으로 있다가 화재감지설비의 감지기 또는 화재감지용 헤드의 작동에 의하여 시트가 열리어 가압수 등이 2차측으로 유출되도록 하는 장치를 말한다. 〈신설 2013.6.10〉

17. "반사판(디프렉타)"이란 간이헤드의 방수구에서 유출되는 물을 세분시키는 작용을 하는 것을 말한다.

18. "개폐표시형밸브"란 밸브의 개폐여부를 외부에서 식별이 가능한 밸브를 말한다.

19. "캐비닛형 간이스프링클러설비"란 가압송수장치, 수조(「캐비닛형 간이스프링클러설비 성능인증 및 제품검사의 기술기준」에서 정하는 바에 따라 분리형으로 할 수 있다) 및 유수검지장치 등을 집적화하여 캐비닛 형태로 구성시킨 간이 형태의 스프링클러설비를 말한다. 〈신설 2011.11.24, 개정 2013.6.10〉

20. "상수도직결형 간이스프링클러설비"란 수조를 사용하지 아니하고 상수도에 직접 연결하여 항상 기준 압력 및 방수량 이상을 확보할 수 있는 설비를 말한다. 〈신설 2011.11.24〉

21. "정격토출량"이란 정격토출압력에서의 펌프의 토출량을 말한다. 〈신설 2011.11.24〉

22. "정격토출압력"이란 정격토출량에서의 펌프의 토출측 압력을 말한다. 〈신설 2011.11.24〉

제4조(수원)

① 간이스프링클러설비의 수원은 다음 각호와 같다.

1. 상수도직결형의 경우에는 수돗물 〈개정 2011.11.24〉

2. 수조("캐비닛형"을 포함한다)를 사용하고자 하는 경우에는 적어도 1개 이상의 자동급수장치를 갖추어야 하며, 2개의 간이헤드에서 최소 10분[영 별표 5 제1호마목1)가 또

는 6)과 7)에 해당하는 경우에는 5개의 간이헤드에서 최소 20분] 이상 방수할 수 있는 양 이상을 수조에 확보할 것 〈개정 2011.11.24, 2013.6.10, 2015.1.23, 2021.1.12〉

② 간이스프링클러설비의 수원을 수조로 설치하는 경우에는 소방설비의 전용수조로 하여야 한다. 다만, 다음 각호의 1에 해당하는 경우에는 그러하지 아니하다.

1. 간이스프링클러펌프의 후드밸브 또는 흡수배관의 흡수구(수직회전축펌프의 흡수구를 포함한다. 이하 같다)를 다른 설비(소방용 설비 외의 것을 말한다. 이하 같다)의 후드밸브 또는 흡수구보다 낮은 위치에 설치한 때

2. 제5조제3항의 규정에 따른 고가수조로부터 간이스프링클러설비의 수직배관에 물을 공급하는 급수구를 다른 설비의 급수구보다 낮은 위치에 설치한 때

③ 제1항제2호의 규정에 따른 저수량을 산정함에 있어서 다른 설비와 겸용하여 간이스프링클러설비용 수조를 설치하는 경우에는 간이스프링클러설비의 후드밸브·흡수구 또는 수직배관의 급수구와 다른 설비의 후드밸브·흡수구 또는 수직배관의 급수구와의 사이의 수량을 그 유효수량으로 한다.

④ 간이스프링클러설비용 수조는 다음 각호의 기준에 따라 설치하여야 한다.

1. 점검에 편리한 곳에 설치할 것

2. 동결방지조치를 하거나 동결의 우려가 없는 장소에 설치할 것

3. 수조의 외측에 수위계를 설치할 것. 다만, 구조상 불가피한 경우에는 수조의 맨홀 등을 통하여 수조 안의 물의 양을 쉽게 확인할 수 있도록 하여야 한다.

4. 수조의 상단이 바닥보다 높은 때에는 수조의 외측에 고정식 사다리를 설치할 것

5. 수조가 실내에 설치된 때에는 그 실내에 조명설비를 설치할 것

6. 수조의 밑부분에는 청소용 배수밸브 또는 배수관을 설치할 것

7. 수조의 외측의 보기 쉬운 곳에 "간이스프링클러설비용 수조"라고 표시한 표지를 할 것. 이 경우 그 수조를 다른 설비와 겸용하는 때에는 그 겸용되는 설비의 이름을 표시한 표지를 함께 하여야 한다.

8. 간이스프링클러펌프의 흡수배관 또는 간이스프링클러설비의 수직배관과 수조의 접속부분에는 "간이스프링클러설비용 배관"이라고 표시한 표지를 할 것. 다만, 수조와 가까운 장소에 간이스프링클러펌프가 설치되고 "간이스프링클러설비펌프"라고 표지를 설치한 때에는 그러하지 아니하다.

제5조(가압송수장치)

① 방수압력(상수도직결형의 상수도압력)은 가장 먼 가지배관에서 2개[영 별표 5 제1호 마목1)가 또는 6)과 7)에 해당하는 경우에는 5개]의 간이헤드를 동시에 개방할 경우 각각의 간이헤드 선단 방수압력은 0.1MPa 이상, 방수량은 50L/min 이상이어야 한다. 다만, 제6조제7호에 따른 주차장에 표준반응형스프링클러헤드를 사용할 경우 헤드 1개의 방수량은 80L/min 이상이어야 한다. 〈개정 2011.11.24, 2013.6.10, 2015.1.23, 2021.1.12〉

② 전동기 또는 내연기관에 따른 펌프를 이용하는 가압송수장치는 다음 각호의 기준에 따라 설치하여야 한다.
1. 쉽게 접근할 수 있고 점검하기에 충분한 공간이 있는 장소로서 화재 및 침수등의 재해로 인한 피해를 받을 우려가 없는 곳에 설치할 것
2. 동결방지조치를 하거나 동결의 우려가 없는 장소에 설치할 것
3. 펌프는 전용으로 할 것. 다만, 다른 소화설비와 겸용하는 경우 각각의 소화설비의 성능에 지장이 없을 때에는 그러하지 아니하다.
4. 펌프의 토출측에는 압력계를 체크밸브 이전에 펌프토출측 플랜지에서 가까운 곳에 설치하고, 흡입측에는 연성계 또는 진공계를 설치할 것. 다만, 수원의 수위가 펌프의 위치보다 높거나 수직회전축 펌프의 경우에는 연성계 또는 진공계를 설치하지 아니할 수 있다.
5. 가압송수장치에는 정격부하운전 시 펌프의 성능을 시험하기 위한 배관을 설치할 것 〈개정 2011.11.24〉
6. 가압송수장치에는 체절운전시 수온의 상승을 방지하기 위한 순환배관을 설치할 것 〈개정 2011.11.24〉
7. 기동장치로는 기동용수압개폐장치 또는 이와 동등 이상의 성능이 있는 것을 설치하고 다음 각 목의 기준에 따른 충압펌프를 설치할 것. 다만, 캐비닛형의 경우에는 그러하지 아니하다.〈개정 2013.6.10〉
   가. 펌프의 토출압력은 그 설비의 최고위 살수장치의 자연압보다 적어도 0.2MPa이 더 크도록 하거나 가압송수장치의 정격토출압력과 같게 할 것 〈신설 2013.6.10〉
   나. 펌프의 정격토출량은 정상적인 누설량보다 적어서는 아니되며 간이스프링클러설비가 자동적으로 작동할 수 있도록 충분한 토출량을 유지할 것 〈신설 2013.6.10〉
8. 수원의 수위가 펌프보다 낮은 위치에 있는 가압송수장치에는 다음의 기준에 따른 물올림장치를 설치할 것. 다만, 캐비닛형일 경우에는 그러하지 아니하다. 〈개정 2011.11.24〉
   가. 물올림장치에는 전용의 탱크를 설치할 것
   나. 탱크의 유효수량은 100L 이상으로 하되, 구경 15mm 이상의 급수배관에 따라 당해 탱크에 물이 계속 보급되도록 할 것
9. 내연기관을 사용하는 경우에는 제어반에 따라 내연기관의 자동기동 및 수동기동이 가능하고, 상시 충전되어 있는 축전지설비를 갖출 것
10. 삭제 〈개정 2011.11.24〉
11. 가압송수장치에는 "간이스프링클러펌프"라고 표시한 표지를 할 것. 이 경우 그 가압송수장치를 다른 설비와 겸용하는 때에는 그 겸용되는 설비의 이름을 함께 표시한 표지를 하여야 한다.
③ 고가수조의 자연낙차를 이용한 가압송수장치는 다음 각호의 기준에 따라 설치하여야 한다.

1. 고가수조의 자연낙차수두(수조의 하단으로부터 최고층에 설치된 헤드까지의 수직거리를 말한다)는 다음의 식에 따라 산출한 수지 이상이 되도록 할 것

    $$H = h_1 + 10$$

    H : 필요한 낙차(m)

    h_1 : 배관의 마찰손실수두(m)

2. 고가수조에는 수위계·배수관·급수관·오버플로우관 및 맨홀을 설치할 것

④ 압력수조를 이용한 가압송수장치는 다음 각호의 기준에 따라 설치하여야 한다.

1. 압력수조의 압력은 다음의 식에 따라 산출한 수치 이상으로 할 것

    $$P = p_1 + p_2 + 0.1$$

    P : 필요한 압력(MPa)

    p_1 : 낙차의 환산수두압(MPa)

    p_2 : 배관의 마찰손실수두압(MPa)

2. 압력수조에는 수위계·급수관·배수관·급기관·맨홀·압력계·안전장치 및 압력저하 방지를 위한 자동식 공기압축기를 설치 할 것

⑤ 가압수조를 이용한 가압송수장치는 다음 각호의 기준에 따라 설치하여야 한다.

1. 가압수조의 압력은 간이헤드 2개를 동시에 개방할 때 적정방수량 및 방수압이 10분[영 별표 5 제1호마목1)가 또는 6)과 7)에 해당하는 경우에는 5개의 간이헤드에서 최소 20분] 이상 유지되도록 할 것〈개정 2011.11.24, 2015.1.23, 2021.1.12〉

2. 삭제〈2015.1.23〉

3. 삭제〈2015.1.23〉

4. 소방청장이 정하여 고시한 「가압수조식가압송수장치의 성능인증 및 제품검사의 기술기준」에 적합한 것으로 설치할 것〈신설 2011.11.24, 2013.6.10, 2015.1.23, 2017.7.26〉

⑥ 캐비닛형 간이스프링클러설비를 사용할 경우 소방청장이 정하여 고시한 「캐비닛형간이스프링클러설비 성능인증 및 제품검사의 기술기준」에 적합한 것으로 설치하여야 한다.〈신설 2011.11.24, 개정 2013.6.10, 2015.1.23, 2017.7.26〉

⑦ 영 별표 5 제1호마목1)가 또는 6)과 7)에 해당하는 특정소방대상물의 경우에는 상수도직결형 및 캐비닛형 간이스프링클러설비를 제외한 가압송수장치를 설치하여야 한다.〈신설 2013.6.10, 개정 2015.1.23, 2021.1.12〉

제6조(폐쇄형간이스프링클러설비의 방호구역·유수검지장치)

폐쇄형간이스프링클러설비의 방호구역(간이스프링클러설비의 소화범위에 포함된 영역을 말한다. 이하 같다)·유수검지장치는 다음 각호의 기준에 적합하여야 한다. 다만, 캐비닛형의 경우에는 제3호의 기준에 적합하여야 한다.〈2011.11.24〉

1. 하나의 방호구역의 바닥면적은 1,000m²를 초과하지 아니할 것〈개정 2013.6.10〉

2. 하나의 방호구역에는 1개 이상의 유수검지장치를 설치하되, 화재발생시 접근이 쉽고 점검하기 편리한 장소에 설치할 것

3. 하나의 방호구역은 2개층에 미치지 아니하도록 할 것. 다만, 1개층에 설치되는 간이헤드의 수가 10개 이하인 경우에는 3개층 이내로 할 수 있다.

4. 유수검지장치는 실내에 설치하거나 보호용 철망 등으로 구획하여 바닥으로부터 0.8m 이상 1.5m 이하의 위치에 설치하되, 그 실 등에는 가로 0.5m 이상 세로 1m 이상의 출입문을 설치하고 그 출입문 상단에 "유수검지장치실"이라고 표시한 표지를 설치할 것. 다만, 유수검지장치를 기계실(공조용기계실을 포함한다) 안에 설치하는 경우에는 별도의 실 또는 보호용 철망을 설치하지 아니하고 기계실 출입문 상단에 "유수검지장치실"이라고 표시한 표지를 설치할 수 있다. 〈개정 2008.12.15, 2013.6.10〉

5. 간이헤드에 공급되는 물은 유수검지장치를 지나도록 할 것. 다만, 송수구를 통하여 공급되는 물은 그러하지 아니하다.

6. 자연낙차에 따른 압력수가 흐르는 배관 상에 설치된 유수검지장치는 화재 시 물의 흐름을 검지할 수 있는 최소한의 압력이 얻어질 수 있도록 수조의 하단으로부터 낙차를 두어 설치할 것

7. 간이스프링클러설비가 설치되는 특정소방대상물에 부설된 주차장부분(영 별표 5 제1호마목에 해당하지 아니하는 부분에 한한다)에는 습식 외의 방식으로 하여야 한다. 다만, 동결의 우려가 없거나 동결을 방지할 수 있는 구조 또는 장치가 된 곳은 그러하지 아니하다. 〈신설 2013.6.10〉

제7조(제어반)

간이스프링클러설비에는 다음 각 호의 어느 하나의 기준에 따른 제어반을 설치하여야 한다. 다만, 캐비닛형 간이스프링클러설비의 경우에는 그러하지 아니하다. 〈신설 2013.6.10〉

1. 상수도 직결형의 경우에는 급수배관에 설치되어 급수를 차단할 수 있는 개폐밸브(제8조제16항제1호나목의 급수차단장치를 포함한다) 및 유수검지장치의 작동상태를 확인할 수 있어야 하며, 예비전원이 확보되고 예비전원의 적합여부를 시험할 수 있어야 한다. 〈신설 2013.6.10〉

2. 상수도 직결형을 제외한 방식의 것에 있어서는 「스프링클러설비의 화재안전기준(NFSC 103)」제13조를 준용한다. 〈신설 2013.6.10〉

제8조(배관 및 밸브)

① 배관과 배관이음쇠는 다음 각 호의 어느 하나에 해당하는 것 또는 동등 이상의 강도ㆍ내식성 및 내열성을 국내ㆍ외 공인기관으로부터 인정받은 것을 사용하여야 하고, 배관용 스테인리스강관(KS D 3576)의 이음을 용접으로 할 경우에는 알곤용접방식에 따른다. 다만,

상수도직결형에 사용하는 배관 및 밸브는 「수도법」 제14조(수도용 자재와 제품의 인증 등)에 적합한 제품을 사용하여야 한다. 또한, 본 조에서 정하지 않은 사항은 건설기술 진흥법 제44조제1항의 규정에 따른 건축기계설비공사 표준설명서에 따른다. 〈개정 2011.11.24, 2013.6.10, 2016.7.13〉

　1. 배관 내 사용압력이 1.2MPa 미만일 경우에는 다음 각 목의 어느 하나에 해당하는 것 〈신설 2013.6.10, 개정 2016.7.13〉

　　가. 배관용 탄소강관(KS D 3507)

　　나. 이음매 없는 구리 및 구리합금관(KS D 5301). 다만, 습식의 배관에 한한다.

　　다. 배관용 스테인리스강관(KS D 3576) 또는 일반배관용 스테인리스강관(KS D 3595)

　　라. 덕타일 주철관(KS D 4311) 〈신설 2016.7.13〉

　2. 배관 내 사용압력이 1.2MPa 이상일 경우에는 다음 가 목의 어느 하나에 해당하는 것 〈신설 2013.6.10, 개정 2016.7.13〉

　　가. 압력배관용탄소강관(KS D 3562) 〈신설 2016.7.13〉

　　나. 배관용 아크용접 탄소강 강관(KS D 3583) 배관 〈신설 2016.7.13〉

② 제1항에도 불구하고 다음 각 호의 어느 하나에 해당하는 장소에는 국민안전처장이 정하여 고시한 「소방용 합성수지배관의 성능인증 및 제품검사의 기술기준」에 적합한 소방용 합성수지배관으로 설치할 수 있다. 〈개정 2013.6.10, 2015.1.23〉

　1. 배관을 지하에 매설하는 경우

　2. 다른 부분과 내화구조로 구획된 덕트 또는 피트의 내부에 설치하는 경우

　3. 천장(상층이 있는 경우에는 상층바닥의 하단을 포함한다. 이하 같다)과 반자를 불연재료 또는 준불연재료로 설치하고 그 내부에 습식으로 배관을 설치하는 경우

③ 급수배관은 다음 각 호의 기준에 따라 설치하여야 한다.

　1. 전용으로 할 것. 다만, 상수도직결형의 경우에는 수도배관 호칭지름 32mm 이상의 배관이어야 하고, 간이헤드가 개방될 경우에는 유수신호 작동과 동시에 다른 용도로 사용하는 배관의 송수를 자동 차단할 수 있도록 하여야 하며, 배관과 연결되는 이음쇠 등의 부속품은 물이 고이는 현상을 방지하는 조치를 하여야 한다. 〈개정 2011.11.24〉

　2. 급수를 차단할 수 있는 개폐밸브는 개폐표시형으로 할 것. 이 경우 펌프의 흡입측배관 에는 버터플라이밸브외의 개폐표시형밸브를 설치하여야 한다.

　3. 배관의 구경은 제5조제1항의 규정에 적합하도록 수리계산에 의하거나 별표 1의 기준에 따라 설치할 것. 다만, 수리계산에 의하는 경우 가지배관의 유속은 6m/s, 그 밖의 배관의 유속은 10m/s를 초과할 수 없다.

④ 펌프의 흡입측배관은 다음 각 호의 기준에 따라 설치하여야 한다.

　1. 공기고임이 생기지 아니하는 구조로 하고 여과장치를 설치할 것

　2. 수조가 펌프보다 낮게 설치된 경우에는 각 펌프(충압펌프를 포함한다)마다 수조로부 터 별도로 설치할 것

⑤ 연결송수관설비의 배관과 겸용할 경우의 주배관은 구경 100mm 이상, 방수구로 연결되는 배관의 구경은 65mm 이상의 것으로 하여야 한다.

⑥ 펌프의 성능은 체절운전 시 정격토출압력의 140%를 초과하지 아니하고, 정격토출량의 150%로 운전 시 정격토출압력의 65% 이상이 되어야 하며, 펌프의 성능시험배관은 다음 각호의 기준에 적합하여야 한다.

  1. 성능시험배관은 펌프의 토출측에 설치된 개폐밸브 이전에서 분기하여 설치하고, 유량 측정장치를 기준으로 전단 직관부에 개폐밸브를 후단 직관부에는 유량조절밸브를 설치할 것

  2. 유량측정장치는 성능시험배관의 직관부에 설치하되, 펌프의 정격토출량의 175% 이상 측정할 수 있는 성능이 있을 것

⑦ 가압송수장치의 체절운전 시 수온의 상승을 방지하기 위하여 체크밸브와 펌프사이에서 분기한 구경 20mm 이상의 배관에 체절압력 미만에서 개방되는 릴리프밸브를 설치하여야 한다.

⑧ 동결방지조치를 하거나 동결의 우려가 없는 장소에 설치하여야 한다. 다만, 보온재를 사용할 경우에는 난연재료 성능 이상의 것으로 하여야 한다. 〈개정 2015.1.23〉

⑨ 가지배관의 배열은 다음 각호의 기준에 따른다.

  1. 토너먼트(Tournament)방식이 아닐 것

  2. 교차배관에서 분기되는 지점을 기점으로 한쪽 가지배관에 설치되는 간이헤드의 개수(반자 아래와 반자속의 헤드를 하나의 가지배관 상에 병설하는 경우에는 반자 아래에 설치하는 헤드의 개수)는 8개 이하로 할 것. 다만, 다음 각 목의 어느 하나에 해당하는 경우에는 그러하지 아니하다.

    가. 기존의 방호구역 안에서 칸막이 등으로 구획하여 1개의 간이헤드를 증설하는 경우

    나. 격자형 배관방식(2 이상의 수평주행배관 사이를 가지배관으로 연결하는 방식을 말한다)을 채택하는 때에는 펌프의 용량, 배관의 구경 등을 수리학적으로 계산한 결과 간이헤드의 방수압 및 방수량이 소화목적을 달성하는 데 충분하다고 인정되는 경우 〈개정 2011.11.24〉

  3. 가지배관과 간이헤드 사이의 배관을 신축배관으로 하는 경우에는 소방청장이 정하여 고시한 「스프링클러설비신축배관 성능인증 및 제품검사의 기술기준」에 적합한 것으로 설치할 것. 이 경우 신축배관의 설치길이는 소방청장이 정하여 고시한 「스프링클러설비의 화재안전기준」 제10조제3항의 거리를 초과하지 아니할 것 〈본호 전문개정 2015. 1.23, 2017.7.26〉

⑩ 가지배관에 하향식간이헤드를 설치하는 경우에 가지배관으로부터 간이헤드에 이르는 헤드접속배관은 가지관상부에서 분기할 것. 다만, 소화설비용 수원의 수질이 「먹는물관리법」 제5조에 따라 먹는물의 수질기준에 적합하고 덮개가 있는 저수조로부터 물을 공급받는 경우에는 가지배관의 측면 또는 하부에서 분기할 수 있다. 〈개정 2011.11.24〉

⑪ 준비작동식유수검지장치를 사용하는 간이스프링클러설비에 있어서 유수검지장치 2차측 배관의 부대설비는 다음 각 호의 기준에 따른다.〈신설 2013.6.10〉
  1. 개폐표시형밸브를 설치할 것
  2. 제1호에 따른 밸브와 준비작동식유수검지장치 사이의 배관은 다음 각 목과 같은 구조로 할 것
    가. 수직배수배관과 연결하고 동 연결배관상에는 개폐밸브를 설치할 것
    나. 자동배수장치 및 압력스위치를 설치할 것
    다. 나목에 따른 압력스위치는 수신부에서 준비작동식유수검지장치의 개방여부를 확인할 수 있게 설치할 것
⑫ 간이스프링클러설비에는 유수검지장치를 시험할 수 있는 시험 장치를 다음 각 호의 기준에 따라 설치하여야 한다. 다만, 준비작동식유수검지장치를 설치하는 부분은 그러하지 아니하다.〈개정 2008.12.15, 2011.11.24, 2013.6.10〉
  1. 유수검지장치에서 가장 먼 가지배관의 끝으로부터 연결·설치할 것
  2. 시험장치배관의 구경은 유수검지장치에서 가장 먼 가지배관의 구경과 동일한 구경으로 하고, 그 끝에 개방형간이헤드를 설치할 것. 이 경우 개방형간이헤드는 반사판 및 프레임을 제거한 오리피스만으로 설치할 수 있다.
  3. 시험배관의 끝에는 물받이 통 및 배수관을 설치하여 시험 중 방사된 물이 바닥에 흘러내리지 아니하도록 하여야 한다. 다만, 목욕실·화장실 또는 그 밖의 곳으로서 배수처리가 쉬운 장소에 시험배관을 설치한 경우에는 그러하지 아니하다.
⑬ 배관에 설치되는 행가는 다음 각호의 기준에 따라 설치하여야 한다.
  1. 가지배관에는 간이헤드의 설치지점 사이마다 1개 이상의 행가를 설치하되, 간이헤드간의 거리가 3.5m를 초과하는 경우에는 3.5m 이내마다 1개 이상 설치할 것. 이 경우 상향식간이헤드와 행가 사이에는 8cm 이상의 간격을 두어야 한다.
  2. 교차배관에는 가지배관과 가지배관 사이마다 1개 이상의 행가를 설치하되, 가지배관 사이의 거리가 4.5m를 초과하는 경우에는 4.5m이내마다 1개 이상 설치할 것
  3. 제1호 내지 제2호의 수평주행배관에는 4.5m 이내마다 1개 이상 설치할 것
⑭ 급수배관에 설치되어 급수를 차단할 수 있는 개폐밸브에는 그 밸브의 개폐상태를 감시제어반에서 확인할 수 있도록 급수개폐밸브 작동표시 스위치를 다음 각호의 기준에 따라 설치하여야 한다.
  1. 급수개폐밸브가 잠길 경우 탬퍼스위치의 동작으로 인하여 감시제어반 또는 수신기에 표시 되어야 하며 경보음을 발할 것
  2. 탬퍼스위치는 감시제어반 또는 수신기에서 동작의 유무확인과 동작시험, 도통시험을 할 수 있을 것
  3. 급수개폐밸브의 작동표시 스위치에 사용되는 전기배선은 내화전선 또는 내열전선으로 설치할 것

⑮ 간이스프링클러설비 배관의 배수를 위한 기울기는 다음 각호의 기준에 따른다.
  1. 간이스프링클러설비의 배관을 수평으로 할 것. 다만, 배관의 구조상 소화수가 남아 있는 곳에는 배수밸브를 설치하여야 한다. 〈개정 2011.11.24〉
  2. 삭제 〈2011.11.24〉
⑯ **간이스프링클러설비의 배관 및 밸브 등의 순서**는 다음 각호의 기준에 따라 설치하여야 한다.

Check Point

1. 상수도직결형은 다음 각 목의 기준에 따라 설치할 것 〈개정 2011.11.24〉
   가. 수도용계량기, 급수차단장치, 개폐표시형밸브, 체크밸브, 압력계, 유수검지장치(압력스위치 등 유수검지장치와 동등 이상의 기능과 성능이 있는 것을 포함한다. 이하 같다), 2개의 시험밸브의 순으로 설치할 것 〈개정 2011.11.24〉
   나. 간이스프링클러설비 이외의 배관에는 화재시 배관을 차단할 수 있는 급수차단장치를 설치할 것 〈개정 2011.11.24〉
2. 펌프 등의 가압송수장치를 이용하여 배관 및 밸브 등을 설치하는 경우에는 수원, 연성계 또는 진공계(수원이 펌프보다 높은 경우를 제외한다. 이하 같다), 펌프 또는 압력수조, 압력계, 체크밸브, 성능시험배관, 개폐표시형밸브, 유수검지장치, 시험밸브의 순으로 설치할 것 〈개정 2011.11.24〉
   가. 삭제 〈2011.11.24〉
   나. 삭제 〈2011.11.24〉
3. 가압수조를 가압송수장치로 이용하여 배관 및 밸브등을 설치하는 경우에는 수원, 가압수조, 압력계, 체크밸브, 성능시험배관, 개폐표시형밸브, 유수검지장치, 2개의 시험밸브의 순으로 설치할 것 〈개정 2011.11.24〉
   가. 삭제 〈2011.11.24〉
   나. 삭제 〈2011.11.24〉
4. 캐비닛형의 가압송수장치에 배관 및 밸브 등을 설치하는 경우에는 수원, 연성계 또는 진공계(수원이 펌프보다 높은 경우를 제외한다. 이하 같다), 펌프 또는 압력수조, 압력계, 체크밸브, 개폐표시형밸브, 2개의 시험밸브의 순으로 설치할 것. 다만, 소화용수의 공급은 상수도와 직결된 바이패스관 및 펌프에서 공급받아야 한다. 〈신설 2011.11.24, 개정 2013.6.10〉

---

⑰ 배관은 다른 설비의 배관과 쉽게 구분이 될 수 있는 위치에 설치하거나 그 배관표면 또는 배관 보온재표면은 「한국산업표준(배관계의 식별 표시, KS A 0503)」 또는 적색으로 식별이 가능하도록 소방용설비의 배관임을 표시하여야 한다. 〈개정 2008.12.15, 2013.6.10〉
⑱ 분기배관을 사용할 경우에는 국민안전처장이 정하여 고시한 「분기배관의 성능인증 및 제

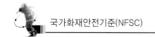

품검사의 기술기준」에 적합한 것으로 설치하여야 한다. 〈개정 2013.6.10, 2015.1.23〉

제9조(간이헤드)

간이헤드는 다음 각호의 기준에 적합한 것을 사용하여야 한다.

1. 폐쇄형간이헤드를 사용할 것 〈개정 2011.11.24〉
2. 간이헤드의 작동온도는 실내의 최대 주위천장온도가 0℃ **이상 38℃ 이하인 경우** 공칭작동온도가 57℃**에서** 77℃**의 것**을 사용하고, 39℃ **이상** 66℃ **이하인 경우**에는 공칭작동온도가 79℃**에서** 109℃의 것을 사용할 것
3. 간이헤드를 설치하는 천장 · 반자 · 천장과 반자사이 · 덕트 · 선반 등의 각 부분으로부터 간이헤드까지의 수평거리는 2.3m(「스프링클러헤드의 형식승인 및 제품검사의 기술기준」 유효반경의 것으로 한다.) 이하가 되도록 하여야 한다. 다만, 성능이 별도로 인정된 간이헤드를 수리계산에 따라 설치하는 경우에는 그러하지 아니하다. 〈개정 2011.11.24, 2013.6.10〉
4. 상향식간이헤드 또는 하향식간이헤드의 경우에는 간이헤드의 디플렉터에서 천장 또는 반자까지의 거리는 25mm에서 102mm 이내가 되도록 설치하여야 하며, 측벽형간이헤드의 경우에는 102mm에서 152mm 사이에 설치할 것 다만, 플러쉬 스프링클러헤드의 경우에는 천장 또는 반자까지의 거리를 102mm 이하가 되도록 설치할 수 있다.
5. 간이헤드는 천장 또는 반자의 경사 · 보 · 조명장치 등에 따라 살수장애의 영향을 받지 아니하도록 설치할 것
6. 제4호의 규정에도 불구하고 소방대상물의 보와 가장 가까운 간이헤드는 다음 표의 기준에 따라 설치할 것. 다만, 천장면에서 보의 하단까지의 길이가 55cm를 초과하고 보의 하단 측면 끝부분으로부터 간이헤드까지의 거리가 간이헤드 상호간 거리의 2분의 1 이하가 되는 경우에는 간이헤드와 그 부착면과의 거리를 55cm 이하로 할 수 있다. 〈개정 2013.6.10〉

간이헤드의 반사판 중심과 보의 수평거리	간이헤드의 반사판 높이와 보의 하단 높이의 수직거리
0.75m 미만	보의 하단보다 낮을 것
0.75m 이상 1m 미만	0.1m 미만일 것
1m 이상 1.5m 미만	0.15m 미만일 것
1.5m 이상	0.3m 미만일 것

7. 상향식간이헤드 아래에 설치되는 하향식간이헤드에는 상향식 헤드의 방출수를 차단할 수 있는 유효한 차폐판을 설치할 것
8. 간이스프링클러설비를 설치하여야 할 소방대상물에 있어서는 간이헤드 설치 제외에 관한 사항은 「스프링클러설비의 화재안전기준」 제15조제1항의 규정을 준용한다.

9. 제6조제7호에 따른 주차장에는 표준반응형스프링클러헤드를 설치하여야 하며 설치기준은 「스프링클러설비의 화재안전기준(NFSC 103)」 제10조를 준용한다. 〈신설 2013.6.10〉

제10조(음향장치 및 기동장치)

① 간이스프링클러설비의 음향장치 및 기동장치는 다음 각호의 기준에 따라 설치하여야 한다.
　1. 습식유수검지장치를 사용하는 설비에 있어서는 간이헤드가 개방되면 유수검지장치가 화재신호를 발신하고 그에 따라 음향장치가 경보되도록 할 것 〈개정 2011.11.24〉
　2. 음향장치는 습식유수검지장치의 담당구역마다 설치하되 그 구역의 각 부분으로부터 하나의 음향장치까지의 수평거리는 25m 이하가 되도록 할 것 〈개정 2011.11.24〉
　3. 음향장치는 경종 또는 사이렌(전자식 사이렌을 포함한다)으로 하되, 주위의 소음 및 다른 용도의 경보와 구별이 가능한 음색으로 할 것. 이 경우 경종 또는 사이렌은 자동화재탐지설비 · 비상벨설비 또는 자동식사이렌설비의 음향장치와 겸용할 수 있다.
　4. 주음향장치는 수신기의 내부 또는 그 직근에 설치할 것
　5. 5층(지하층을 제외한다) 이상으로서 연면적이 3,000m²를 초과하는 소방대상물 또는 그 부분에 있어서는 2층 이상의 층에서 발화한 때에는 발화층 및 그 직상층에 한하여, 1층에서 발화한 때에는 발화층 · 그 직상층 및 지하층에 한하여, 지하층에서 발화한 때에는 발화층 · 그 직상층 및 기타의 지하층에 한하여 경보를 발할 수 있도록 할 것
　6. 음향장치는 다음 각목의 기준에 따른 구조 및 성능의 것으로 할 것
　　가. 정격전압의 80% 전압에서 음향을 발할 수 있는 것으로 할 것
　　나. 음량은 부착된 음향장치의 중심으로부터 1m 떨어진 위치에서 90dB 이상이 되는 것으로 할 것
② 간이스프링클러설비의 가압송수장치로서 펌프가 설치되는 경우에는 그 펌프의 작동은 다음 각 호의 어느 하나의 기준에 적합하여야 한다.
　1. 습식유수검지장치를 사용하는 설비에 있어서는 동장치의 발신이나 기동용수압개폐장치에 따라 작동되거나 또는 이 두 가지의 혼용에 따라 작동될 수 있도록 할 것 〈개정 2008.12.15, 2011.11.24〉
　2. 준비작동식유수검지장치를 사용하는 설비에 있어서는 화재감지기의 화재감지나 기동용수압개폐장치에 따라 작동되거나 또는 이 두 가지의 혼용에 따라 작동될 수 있도록 할 것 〈신설 2013.6.10〉
③ 준비작동식유수검지장치의 작동 기준은 「스프링클러설비의 화재안전기준(NFSC 103)」 제9조제3항을 준용한다. 〈신설 2013.6.10〉
　1. 삭제 〈2011.11.24〉
　2. 삭제 〈2011.11.24〉
　　가. 삭제 〈2011.11.24〉

나. 삭제 〈2011.11.24〉

　3. 삭제 〈2011.11.24〉

　4. 삭제 〈2011.11.24〉

　5. 삭제 〈2011.11.24〉

　　가. 삭제 〈2011.11.24〉

　　나. 삭제 〈2011.11.24〉

　　다. 삭제 〈2011.11.24〉

④ 제1항부터 제3항의 배선(감지기 상호간의 배선은 제외한다)은 「옥내소화전설비의 화재안전기준(NFSC 102)」 별표 1에 따라 내화 또는 내열성능이 있는 배선을 사용하되, 다른 배선과 공유하는 회로방식이 되지 아니하도록 하여야 한다. 다만, 음향장치의 작동에 지장을 주지 아니하는 회로방식의 경우에는 그러하지 아니하다. 〈개정 2011.11.24, 2013.6.10〉

제11조(송수구)

간이스프링클러설비에는 소방차로부터 그 설비에 송수할 수 있는 송수구를 다음 각호의 기준에 따라 설치하여야 한다. 다만, 「다중이용업소의 안전관리에 관한 특별법」 제9조제1항 및 같은 법 시행령 제9조에 해당하는 영업장(건축물 전체가 하나의 영업장일 경우는 제외)에 설치되는 상수도직결형 또는 캐비닛형의 경우에는 송수구를 설치하지 아니할 수 있다. 〈개정 2011.11.24, 2013.6.10〉

　1. 송수구는 소방차가 쉽게 접근할 수 있는 잘 보이는 장소에 설치하되 화재층으로부터 지면으로 떨어지는 유리창 등이 송수 및 그 밖의 소화작업에 지장을 주지 아니하는 장소에 설치할 것 〈개정 2013.6.10〉

　2. 송수구로부터 간이스프링클러설비의 주배관에 이르는 연결배관에 개폐밸브를 설치한 때에는 그 개폐상태를 쉽게 확인 및 조작할 수 있는 옥외 또는 기계실 등의 장소에 설치할 것

　3. 구경 65mm의 단구형 또는 쌍구형으로 하여야 하며, 송수배관의 안지름은 40mm 이상으로 할 것

　4. 지면으로부터 높이가 0.5m 이상 1m 이하의 위치에 설치할 것

　5. 송수구의 가까운 부분에 자동배수밸브(또는 직경 5mm의 배수공) 및 체크밸브를 설치할 것. 이 경우 자동배수밸브는 배관안의 물이 잘 빠질 수 있는 위치에 설치하되, 배수로 인하여 다른 물건 또는 장소에 피해를 주지 아니하여야 한다.

　6. 송수구에는 이물질을 막기 위한 마개를 씌울 것

제12조(비상전원)

간이스프링클러설비에는 다음 각 호의 기준에 적합한 비상전원 또는 「소방시설용비상전원수전설비의 화재안전기준(NFSC 602)」의 규정에 따른 비상전원수전설비를 설치하여야 한다.

다만, 무전원으로 작동되는 간이스프링클러설비의 경우에는 모든 기능이 10분[영 별표 5 제1호마목1)가 또는 6)과 7)에 해당하는 경우에는 20분] 이상 유효하게 지속될 수 있는 구조를 갖추어야 한다. 〈개정 2013.6.10, 2015.1.23, 2021.1.12〉

1. 간이스프링클러설비를 유효하게 10분[영 별표 5 제1호마목1)가 또는 6)과 7)에 해당하는 경우에는 20분] 이상 작동할 수 있도록 할 것 〈개정 2015.1.23, 2021.1.12〉
2. 상용전원으로부터 전력의 공급이 중단된 때에는 자동으로 비상전원으로부터 전원을 공급받을 수 있는 구조로 할 것

제13조(수원 및 가압송수장치의 펌프 등의 겸용)

① 간이스프링클러설비의 수원을 옥내소화전설비·스프링클러설비·화재조기진압용 스프링클러설비·물분무소화설비·포소화설비 및 옥외소화전설비의 수원과 겸용하여 설치하는 경우의 저수량은 각 소화설비에 필요한 저수량을 합한 양이상이 되도록 하여야 한다. 다만, 이들 소화설비중 고정식 소화설비(펌프·배관과 소화수 또는 소화약제를 최종 방출하는 방출구가 고정된 설비를 말한다. 이하 같다)가 2 이상 설치되어 있고, 그 소화설비가 설치된 부분이 방화벽과 방화문으로 구획되어 있는 경우에는 각 고정식 소화설비에 필요한 저수량중 최대의 것 이상으로 할 수 있다.

② 간이스프링클러설비의 가압송수장치로 사용하는 펌프를 옥내소화전설비·스프링클러설비·화재조기진압용 스프링클러설비·물분무소화설비·포소화설비 및 옥외소화전설비의 가압송수장치와 겸용하여 설치하는 경우의 펌프의 토출량은 각 소화설비에 해당하는 토출량을 합한 양 이상이 되도록 하여야 한다. 다만, 이들 소화설비중 고정식 소화설비가 2 이상 설치되어 있고, 그 소화설비가 설치된 부분이 방화벽과 방화문으로 구획되어 있으며 각 소화설비에 지장이 없는 경우에는 펌프의 토출량중 최대의 것 이상으로 할 수 있다.

③ 옥내소화전설비·스프링클러설비·간이스프링클러설비·화재조기진압용 스프링클러설비·물분무소화설비·포소화설비 및 옥외소화전설비의 가압송수장치에 있어서 각 토출측배관과 일반급수용의 가압송수장치의 토출측배관을 상호 연결하여 화재시 사용할 수 있다. 이 경우 연결배관에는 개·폐표시형밸브를 설치하여야 하며, 각 소화설비의 성능에 지장이 없도록 하여야 한다.

④ 간이스프링클러설비의 송수구를 옥내소화전설비·스프링클러설비·화재조기진압용 스프링클러설비·물분무소화설비·포소화설비·연결송수관설비 또는 연결살수설비의 송수구와 겸용으로 설치하는 경우에는 스프링클러설비의 송수구의 설치기준에 따르되 각각의 소화설비의 기능에 지장이 없도록 하여야 한다.

제14조(설치·유지기준의 특례)

소방본부장 또는 소방서장은 기존건축물이 증축·개축·대수선되거나 용도 변경되는 경우에 있어서 이 기준이 정하는 기준에 따라 해당 건축물에 설치하여야 할 간이스프링클러설비의 배관·배선 등의 공사가 현저하게 곤란하다고 인정되는 경우에는 해당 설비의 기능 및 사용에 지장이 없는 범위 안에서 간이스프링클러설비의 설치·유지기준의 일부를 적용하지 아니할 수 있다. 〈개정 2013.6.10〉

제15조(재검토 기한)

소방청장은 「훈령·예규 등의 발령 및 관리에 관한 규정」에 따라 이 고시에 대하여 2017년 1월 1일 기준으로 매3년이 되는 시점(매 3년째의 12월31일까지를 말한다)마다 그 타당성을 검토하여 개선 등의 조치를 하여야 한다. 〈전문개정 2016.7.13, 2017.7.26〉

부칙 〈제2017-1호, 2017.7.26〉

- **제1조(시행일)**
  이 고시는 발령한 날부터 시행한다.
- **제2조(경과조치)**
  이 고시 시행 당시 건축허가 등의 동의 또는 착공신고가 완료된 특정소방대상물에 대하여는 종전의 기준에 따른다.

[별표 1]

간이헤드 수별 급수관의 구경(제8조제3항제3호관련) 〈개정 2011.11.24〉

(단위 : mm)

구분 \ 급수관의 구경	25	32	40	50	65	80	90	100	125	150
가	2	3	5	10	30	60	80	100	160	161 이상
나	2	4	7	15	30	60	65	100	160	161 이상
다	〈삭제 2011.11.24〉									

(주)

1. 폐쇄형간이헤드를 사용하는 설비의 경우로서 1개층에 하나의 급수배관(또는 밸브 등)이 담당하는 구역의 최대면적은 1,000m²를 초과하지 아니할 것(개정 2015.1.23.)
2. 폐쇄형간이헤드를 설치하는 경우에는 "가"란의 헤드수에 따를 것
3. 폐쇄형간이헤드를 설치하고 반자 아래의 헤드와 반자속의 헤드를 동일 급수관의 가지관상에 병설하는 경우에는 "나"란의 헤드수에 따를 것
4. "캐비닛형" 및 "상수도직결형"을 사용하는 경우 주배관은 32, 수평주행배관은 32, 가지배관은 25 이상으로 할 것. 이 경우 최장배관은 제5조제6항에 따라 인정받은 길이로 하며 하나의 가지배관에는 간이헤드를 3개 이내로 설치하여야 한다.

제5장 화재조기진압용 스프링클러설비의 화재안전기준(NFSC 103B)

[시행 2017.7.26] [소방청고시 제2017-1호, 2017.7.26, 타법개정]

제1조(목적)

이 기준은 「화재예방, 소방시설 설치·유지 및 안전관리에 관한 법률」 제9조제1항에 따라 소방청장에게 위임한 사항 중 소화설비인 화재조기진압용 스프링클러설비의 설치·유지 및 안전관리에 필요한 사항을 규정함을 목적으로 한다.〈개정 2015.1.23, 2016.7.13, 2017.7.26〉

제2조(적용범위)

「화재예방, 소방시설 설치·유지 및 안전관리에 관한 법률 시행령」(이하 "영"이라 한다) 별표 5 제1호라목에 따른 스프링클러설비 중 「스프링클러설비의 화재안전기준(NFSC 103)」 제10조제2항의 랙크식창고에 설치하는 화재조기진압용 스프링클러설비는 이 기준에서 정하는 규정에 따라 설비를 설치하고 유지·관리하여야 한다.〈개정 2012.8.20, 2015.1.23, 2016.7.13〉

제3조(정의)

이 기준에서 사용하는 용어의 정의는 다음과 같다

1. "화재조기진압용 스프링클러헤드"라 함은 특정 높은장소의 화재위험에 대하여 조기에 진화할 수 있도록 설계된 스프링클러헤드를 말한다.
2. "충압펌프"라 함은 배관 내 압력손실에 따른 주펌프의 빈번한 기동을 방지하기 위하여 충압역할을 하는 펌프를 말한다.
3. "고가수조"라 함은 구조물 또는 지형지물 등에 설치하여 자연낙차압력으로 급수하는 수조를 말한다.
4. "압력수조"라 함은 소화용수와 공기를 채우고 일정압력 이상으로 가압하여 그 압력으로 급수하는 수조를 말한다.
5. "정격토출량"이라 함은 정격토출압력에서의 펌프의 토출량을 말한다.
6. "정격토출압력"이라 함은 정격토출량에서의 펌프의 토출측 압력을 말한다.
7. "진공계"라 함은 대기압 이하의 압력을 측정하는 계측기를 말한다.
8. "연성계"라 함은 대기압 이상의 압력과 대기압 이하의 압력을 측정할 수 있는 계측기를 말한다.
9. "체절운전"이라 함은 펌프의 성능시험을 목적으로 펌프토출측의 개폐밸브를 닫은 상태에서 펌프를 운전하는 것을 말한다.

10. "기동용수압개폐장치"라 함은 소화설비의 배관 내 압력변동을 검지하여 자동적으로 펌프를 기동 및 정지시키는 것으로서 압력챔버 또는 기동용압력스위치 등을 말한다.
11. "유수검지장치"라 함은 습식유수검지장치를 말하며 본체내의 유수현상을 자동적으로 검지하여 신호 또는 경보를 발하는 장치를 말한다.
12. "가지배관"이라 함은 화재조기진압용 스프링클러헤드가 설치되어 있는 배관을 말한다.
13. "교차배관"이라 함은 직접 또는 수직배관을 통하여 가지배관에 급수하는 배관을 말한다.
14. "주배관"이라 함은 각 층을 수직으로 관통하는 수직배관을 말한다.
15. "신축배관"이라 함은 가지배관과 스프링클러헤드를 연결하는 구부림이 용이하도록 유연성을 가진 배관을 말한다.
16. "급수배관"이라 함은 수원 및 옥외송수구로부터 화재조기진압용 스프링클러헤드에 급수하는 배관을 말한다.
17. "개폐표시형밸브"라 함은 밸브의 개폐여부를 외부에서 식별이 가능한 밸브를 말한다.
18. "가압수조"라 함은 가압원인 압축공기 또는 불연성 고압기체에 따라 소방용수를 가압시키는 수조를 말한다.

제4조(설치장소의 구조)
화재조기진압용 스프링클러설비를 설치할 장소의 구조는 다음 각호에 적합하여야 한다.

> **Check Point**
>
> 1. 해당층의 높이가 13.7m 이하일 것. 다만, 2층 이상일 경우에는 해당층의 바닥을 내화구조로 하고 다른 부분과 방화구획할 것
> 2. 천장의 기울기가 1,000분의 168을 초과하지 않아야 하고, 이를 초과하는 경우에는 반자를 지면과 수평으로 설치할 것
> 3. 천장은 평평하여야 하며 철재나 목재트러스 구조인 경우, 철재나 목재의 돌출부분이 102mm를 초과하지 아니할 것
> 4. 보로 사용되는 목재·콘크리트 및 철재사이의 간격이 0.9m **이상** 2.3m **이하**일 것. 다만, 보의 간격이 2.3m 이상인 경우에는 화재조기진압용 스프링클러헤드의 동작을 원활히 하기 위하여 보로 구획된 부분의 천장 및 반자의 넓이가 28m²를 초과하지 아니할 것
> 5. 창고 내의 선반의 형태는 하부로 물이 침투되는 구조로 할 것

제5조(수원)

① 화재조기진압용 스프링클러설비의 수원은 수리학적으로 가장 먼 **가지배관 3개에 각각 4개의 스프링클러헤드**가 동시에 개방되었을 때 헤드선단의 압력이 별표3에 의한 값 이상으로 60분간 방사할 수 있는 양으로 계산식은 다음과 같다.

$$Q = 12 \times 60 \times K\sqrt{10P}$$

Q : 수원의 양(L), $\quad$ K : 상수 $\left[\dfrac{\text{L/min}}{\text{MPa}^{1/2}}\right]$, $\quad$ P : 헤드선단의 압력(MPa)

② 화재조기진압용 스프링클러설비의 수원은 제1항의 규정에 따라 산출된 유효수량 외 유효수량의 3분의 1 이상을 옥상(화재조기진압용 스프링클러설비가 설치된 건축물의 주된 옥상을 말한다)에 설치하여야 한다. 다만, 다음 각호의 1에 해당하는 경우에는 그러하지 아니하다.
  1. 옥상이 없는 건축물 또는 공작물
  2. 지하층만 있는 건축물
  3. 제6조제2항의 규정에 따라 고가수조를 가압송수장치로 설치한 화재조기진압용 스프링클러설비
  4. 수원이 건축물의 지붕보다 높은 위치에 설치된 경우
  5. 건축물의 높이가 지표면으로부터 10m 이하인 경우
  6. 주펌프와 동등 이상의 성능이 있는 별도의 펌프로서 내연기관의 기동과 연동하여 작동되거나 비상전원을 연결하여 설치한 경우
  7. 제6조제4항의 규정에 따라 가압수조를 가압송수장치로 설치한 화재조기진압용 스프링클러설비

③ 옥상수조(제1항의 규정에 따라 산출된 유효수량의 3분의 1 이상을 옥상에 설치한 설비를 말한다. 이하 같다)는 이와 연결된 배관을 통하여 상시 소화수를 공급할 수 있는 구조인 특정소방대상물인 경우에는 둘 이상의 특정소방대상물이 있더라도 하나의 특정소방대상물에만 이를 설치할 수 있다.

④ 화재조기진압용 스프링클러설비의 수원을 수조로 설치하는 경우에는 소방설비의 전용수조로 하여야 한다. 다만, 다음 각호의 1에 해당하는 경우에는 그러하지 아니하다.
  1. 화재조기진압용스프링클러펌프의 후드밸브 또는 흡수배관의 흡수구(수직회전축펌프의 흡수구를 포함한다. 이하 같다)를 다른 설비(소방용 설비 외의 것을 말한다. 이하 같다)의 후드밸브 또는 흡수구보다 낮은 위치에 설치한 때
  2. 제6조제2항의 규정에 따른 고가수조로부터 화재조기진압용 스프링클러설비의 수직배관에 물을 공급하는 급수구를 다른 설비의 급수구보다 낮은 위치에 설치한 때

⑤ 제1항 및 제2항의 규정에 따른 저수량을 산정함에 있어서 다른 설비와 겸용하여 화재조기
진압용 스프링클러설비용 수조를 설치하는 경우에는 화재조기진압용 스프링클러설비의
후드밸브·흡수구 또는 수직배관의 급수구와 다른 설비의 후드밸브·흡수구 또는 수직배
관의 급수구와의 사이의 수량을 그 유효수량으로 한다.
⑥ 화재조기진압용 스프링클러설비용 수조는 다음 각호의 기준에 따라 설치하여야 한다.
  1. 점검에 편리한 곳에 설치할 것
  2. 동결방지조치를 하거나 동결의 우려가 없는 장소에 설치할 것
  3. 수조의 외측에 수위계를 설치할 것. 다만, 구조상 불가피한 경우에는 수조의 맨홀 등을
     통하여 수조 안의 물의 양을 쉽게 확인할 수 있도록 하여야 한다.
  4. 수조의 상단이 바닥보다 높은 때에는 수조의 외측에 고정식 사다리를 설치할 것
  5. 수조가 실내에 설치된 때에는 그 실내에 조명설비를 설치할 것
  6. 수조의 밑 부분에는 청소용 배수밸브 또는 배수관을 설치할 것
  7. 수조의 외측의 보기 쉬운 곳에 "화재조기진압용 스프링클러설비용 수조"라고 표시한
     표지를 할 것. 이 경우 그 수조를 다른 설비와 겸용하는 때에는 그 겸용되는 설비의
     이름을 표시한 표지를 함께 하여야 한다.
  8. 화재조기진압용 스프링클러펌프의 흡수배관 또는 화재조기진압용 스프링클러설비의
     수직배관과 수조의 접속 부분에는 "화재조기진압용 스프링클러설비용 배관"이라고
     표시한 표지를 할 것. 다만, 수조와 가까운 장소에 화재조기진압용 스프링클러펌프가
     설치되고 화재조기진압용 스프링클러펌프에 제6조제1항제12호의 규정에 따른 표지를
     설치한 때에는 그러하지 아니하다.

제6조(가압송수장치)

① 전동기 또는 내연기관에 따라 펌프를 이용하는 가압송수장치는 다음 각호의 기준에 따라
설치하여야 한다.
  1. 쉽게 접근할 수 있고 점검하기에 충분한 공간이 있는 장소로서 화재 및 침수 등의 재해
     로 인한 피해를 받을 우려가 없는 곳에 설치할 것
  2. 동결방지조치를 하거나 동결의 우려가 없는 장소에 설치할 것
  3. 펌프는 전용으로 할 것. 다만, 다른 소화설비와 겸용하는 경우 각각의 소화설비의 성능
     에 지장이 없을 때에는 그러하지 아니하다.
  4. 펌프의 토출측에는 압력계를 체크밸브 이전에 펌프토출측 플랜지에서 가까운 곳에 설
     치하고, 흡입측에는 연성계 또는 진공계를 설치할 것. 다만, 수원의 수위가 펌프의 위
     치보다 높거나 수직회전축 펌프의 경우에는 연성계 또는 진공계를 설치하지 아니할 수
     있다.
  5. 가압송수장치에는 정격부하 운전 시 펌프의 성능을 시험하기 위한 배관을 설치할 것.
     다만, 충압펌프의 경우에는 그러하지 아니하다.

6. 가압송수장치에는 체절운전 시 수온의 상승을 방지하기 위한 순환배관을 설치할 것. 다만, 충압펌프의 경우에는 그러하지 아니하다.

7. 기동용수압개폐장치(압력챔버)를 사용할 경우 그 용적은 100L 이상의 것으로 할 것

8. 수원의 수위가 펌프보다 낮은 위치에 있는 가압송수장치에는 다음의 기준에 따른 물올림장치를 설치할 것

　가. 물올림장치에는 전용의 수조를 설치할 것

　나. 수조의 유효수량은 100L 이상으로 하되, 구경 15mm 이상의 급수배관에 따라 당해 수조에 물이 계속 보급되도록 할 것

9. 제5조의 방사량 및 헤드선단의 압력을 충족할 것

10. 기동용수압개폐장치를 기동장치로 사용하는 경우에는 다음의 각목의 기준에 따른 충압펌프를 설치할 것

　가. 펌프의 토출압력은 그 설비의 최고위 살수장치의 자연압보다 적어도 0.2MPa이 더 크도록 하거나 가압송수장치의 정격토출압력과 같게 할 것

　나. 펌프의 정격토출량은 정상적인 누설량 보다 적어서는 아니 되며 화재조기진압용 스프링클러설비가 자동적으로 작동할 수 있도록 충분한 토출량을 유지할 것

11. 내연기관을 사용하는 경우에는 제어반에 따라 내연기관의 자동기동 및 수동기동이 가능하고, 상시 충전되어 있는 축전지설비를 갖출 것

12. 가압송수장치에는 "화재조기진압용 스프링클러펌프"라고 표시한 표지를 할 것. 이 경우 그 가압송수장치를 다른 설비와 겸용하는 때에는 그 겸용되는 설비의 이름을 표시한 표지를 함께 하여야 한다.

13. 가압송수장치가 기동이 된 경우에는 자동으로 정지되지 아니하도록 하여야 한다. 다만, 충압펌프의 경우에는 그러하지 아니하다.

② 고가수조의 자연낙차를 이용한 가압송수장치는 다음 각호의 기준에 따라 설치하여야 한다.

1. 고가수조의 자연낙차수두(수조의 하단으로부터 최고층에 설치된 헤드까지의 수직거리를 말한다)는 다음의 식에 따라 산출한 수치 이상이 되도록 할 것

$H = h_1 + h_2$

H : 필요한 낙차(m)

h_1 : 배관의 마찰손실 수두(m)

h_2 : 별표3에 의한 최소방사압력의 환산수두(m)

2. 고가수조에는 수위계·배수관·급수관·오버플로우관 및 맨홀을 설치할 것

③ 압력수조를 이용한 가압송수장치는 다음 각호의 기준에 따라 설치하여야 한다.

1. 압력수조의 압력은 다음의 식에 따라 산출한 수치 이상으로 할 것

$P = p_1 + p_2 + p_3$

P : 필요한 압력(MPa)

p_1 : 낙차의 환산수두압(MPa)

p_2 : 배관의 마찰손실수두압(MPa)

p_3 : 별표3에 의한 최소방사압력(MPa)

2. 압력수조에는 수위계 · 급수관 · 배수관 · 급기관 · 맨홀 · 압력계 · 안전장치 및 압력저하 방지를 위한 자동식 공기압축기를 설치할 것

④ 가압수조를 이용한 가압송수장치는 다음 각호의 기준에 따라 설치하여야 한다.

1. 가압수조의 압력은 제1항제9호의 규정에 따른 방수량 및 방수압이 20분 이상 유지되도록 할 것

2. 삭제 〈2015.1.23〉

3. 가압수조 및 가압원은 「건축법 시행령」 제46조에 따른 방화구획 된 장소에 설치 할 것

4. 삭제 〈2015.1.23〉

5. 소방청장이 정하여 고시한 「가압수조식 가압송수장치의 성능인증 및 제품검사의 기술기준」에 적합한 것으로 설치할 것 〈개정 2012.8.20, 2015.1.23, 2017.7.26〉

제7조(방호구역 · 유수검지장치)

화재조기진압용 스프링클러설비의 방호구역(화재조기진압용 스프링클러설비의 소화범위에 포함된 영역을 말한다. 이하 같다) · 유수검지장치는 다음 각호의 기준에 적합하여야 한다.

1. 하나의 방호구역의 바닥면적은 3,000m²를 초과하지 아니할 것

2. 하나의 방호구역에는 1개 이상의 유수검지장치를 설치하되, 화재발생시 접근이 쉽고 점검하기 편리한 장소에 설치할 것

3. 하나의 방호구역은 2개층에 미치지 아니하도록 할 것. 다만, 1개층에 설치되는 화재조기진압용 스프링클러헤드의 수가 10개 이하인 경우에는 3개층 이내로 할 수 있다.

4. 유수검지장치를 실내에 설치하거나 보호용 철망 등으로 구획하여 바닥으로부터 0.8m 이상 1.5m 이하의 위치에 설치하되, 그 실 등에는 가로 0.5m 이상 세로 1m 이상의 출입문을 설치하고 그 출입문 상단에 "유수검지장치실"이라고 표시한 표지를 설치할 것. 다만, 유수검지장치를 기계실(공조용기계실을 포함한다)안에 설치하는 경우에는 별도의 실 또는 보호용 철망을 설치하지 아니하고 기계실 출입문 상단에 "유수검지장치실"이라고 표시한 표지를 설치할 수 있다.

5. 화재조기진압용 스프링클러헤드에 공급되는 물은 유수검지장치를 지나도록 할 것. 다만, 송수구를 통하여 공급되는 물은 그러하지 아니하다.

6. 자연낙차에 따른 압력수가 흐르는 배관 상에 설치된 유수검지장치는 화재시 물의 흐름을 검지할 수 있는 최소한의 압력이 얻어질 수 있도록 수조의 하단으로부터 낙차를 두어 설치할 것

제8조(배관)

① 화재조기진압용 스프링클러설비의 배관은 습식으로 하여야 한다

② 배관은 배관용탄소강관(KS D 3507) 또는 배관내 사용압력이 1.2MPa 이상일 경우에는 압력배관용탄소강관(KS D 3562) 또는 이음매 없는 동 및 동합금(KS D 5301)의 배관용 동관이나 이와 동등 이상의 강도·내식성 및 내열성을 가진 것으로 하여야 한다.

③ 제2항의 규정에 불구하고 다음 각호의 1에 해당하는 장소에는 법 제39조에 따라 제품검사에 합격한 소방용 합성수지배관으로 설치할 수 있다.

　1. 배관을 지하에 매설하는 경우

　2. 다른 부분과 내화구조로 구획된 덕트 또는 피트의 내부에 설치하는 경우

　3. 천장(상층이 있는 경우에는 상층바닥의 하단을 포함한다. 이하 같다)과 반자를 불연재료 또는 준불연재료로 설치하고 그 내부에 습식으로 배관을 설치하는 경우

④ 급수배관은 다음 각호의 기준에 따라 설치하여야 한다.

　1. 전용으로 할 것. 다만, 화재조기진압용 스프링클러설비의 기동장치의 조작과 동시에 다른 설비의 용도에 사용하는 배관의 송수를 차단할 수 있거나, 화재조기진압용 스프링클러의 성능에 지장이 없는 경우에는 다른 설비와 겸용할 수 있다.

　2. 급수를 차단할 수 있는 개폐밸브는 개폐표시형으로 할 것. 이 경우 펌프의 흡입측 배관에는 버터플라이밸브외의 개폐표시형밸브를 설치하여야 한다.

　3. 배관의 구경은 제5조제1항의 규정에 적합하도록 수리계산에 따라 설치할 것. 다만, 이 경우 가지배관의 유속은 6m/s, 그 밖의 배관의 유속은 10m/s를 초과할 수 없다.

⑤ 펌프의 흡입측배관은 다음 각호의 기준에 따라 설치하여야 한다.

　1. 공기고임이 생기지 아니하는 구조로 하고 여과장치를 설치할 것

　2. 수조가 펌프보다 낮게 설치된 경우에는 각 펌프(충압펌프를 포함한다)마다 수조로부터 별도로 설치할 것

⑥ 연결송수관설비의 배관과 겸용할 경우의 주배관은 구경 100mm 이상, 방수구로 연결되는 배관의 구경은 65mm 이상의 것으로 하여야 한다.

⑦ 펌프의 성능은 체절운전 시 정격토출압력의 140%를 초과하지 아니하고, 정격토출량의 150%로 운전 시 정격토출압력의 65% 이상이 되어야 하며, 펌프의 성능시험배관은 다음 각호의 기준에 적합하여야 한다.

　1. 성능시험배관은 펌프의 토출측에 설치된 개폐밸브 이전에서 분기하여 설치하고, 유량측정장치를 기준으로 전단 직관부에 개폐밸브를 후단 직관부에는 유량조절밸브를 설치할 것

　2. 유량측정장치는 성능시험배관의 직관부에 설치하되, 펌프의 정격토출량의 175% 이상 측정할 수 있는 성능이 있을 것

⑧ 가압송수장치의 체절운전 시 수온의 상승을 방지하기 위하여 체크밸브와 펌프사이에서 분기한 구경 20mm 이상의 배관에 체절압력 미만에서 개방되는 릴리프밸브를 설치하여야 한다.

⑨ 동결방지조치를 하거나 동결의 우려가 없는 장소에 설치하여야 한다. 다만, 보온재를 사용할 경우에는 난연재료 성능 이상의 것으로 하여야 한다. 〈개정 2015.1.23〉

⑩ **가지배관의 배열**은 다음 각호의 기준에 따른다.

1. 토너먼트(tournament)방식이 아닐 것
2. **가지배관 사이의 거리는 2.4m 이상 3.7m 이하로 할 것. 다만, 천장의 높이가 9.1m 이상 13.7m 이하인 경우**에는 2.4m 이상 3.1m 이하로 한다.
3. 교차배관에서 분기되는 지점을 기점으로 한쪽 가지배관에 설치되는 헤드의 개수(반자 아래와 반자속의 헤드를 하나의 가지배관 상에 병설하는 경우에는 반자 아래에 설치하는 헤드의 개수)는 8개 이하로 할 것. 다만, 다음 각목의 1에 해당하는 경우에는 그러하지 아니하다.
    가. 기존의 방호구역 안에서 칸막이 등으로 구획하여 1개의 헤드를 증설하는 경우
    나. 격자형 배관방식(2 이상의 수평주행배관 사이를 가지배관으로 연결하는 방식을 말한다)을 채택하는 때에는 펌프의 용량, 배관의 구경 등을 수리학적으로 계산한 결과 헤드의 방수압 및 방수량이 소화목적을 달성하는 데 충분하다고 인정되는 경우. 다만, 중앙소방기술심의위원회 또는 지방소방기술심의위원회의 심의를 거친 경우에 한한다.
4. 가지배관과 화재조기진압용 스프링클러헤드 사이의 배관을 신축배관으로 하는 경우에는 소방청장이 정하여 고시한 「스프링클러설비신축배관 성능인증 및 제품검사의 기술기준」에 적합한 것으로 설치할 것. 이 경우 신축배관의 설치길이는 소방청장이 정하여 고시한 「스프링클러설비의 화재안전기준」 제10조제3항의 거리를 초과하지 아니할 것 [본호 전문개정 2015.1.23, 2017.7.26]

⑪ 교차배관의 위치·청소구 및 가지배관의 헤드설치는 다음 각호의 기준에 따른다.

1. 교차배관은 가지배관과 수평으로 설치하거나 또는 가지배관 밑에 설치하고, 그 구경은 제4항제3호의 규정에 따르되, 최소구경이 40mm 이상이 되도록 할 것
2. 청소구는 교차배관 끝에 40mm 이상 크기의 개폐밸브를 설치하고, 호스접결이 가능한 나사식 또는 고정배수 배관식으로 할 것. 이 경우 나사식의 개폐밸브는 옥내소화전 호스접결용의 것으로 하고, 나사보호용의 캡으로 마감하여야 한다.
3. 하향식헤드를 설치하는 경우에 가지배관으로부터 헤드에 이르는 헤드접속배관은 가지관상부에서 분기할 것. 다만, 소화설비용 수원의 수질이 「먹는물관리법」 제5조의 규정에 따라 먹는물의 수질기준에 적합하고 덮개가 있는 저수조로부터 물을 공급받는 경우에는 가지배관의 측면 또는 하부에서 분기할 수 있다.

⑫ 유수검지장치를 시험할 수 있는 시험장치를 다음 각호의 기준에 따라 설치하여야 한다.

1. 유수검지장치에서 가장 먼 가지배관의 끝으로부터 연결·설치할 것
2. 시험장치 배관의 구경은 유수검지장치에서 가장 먼 가지배관의 구경과 동일한 구경으로 하고, 그 끝에 개방형 헤드를 설치할 것. 이 경우 개방형 헤드는 반사판 및 프레임을

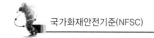

제거한 오리피스만으로 설치할 수 있다.

3. 시험배관의 끝에는 물받이통 및 배수관을 설지하여 시험 중 방사된 물이 바닥에 흘러 내리지 아니하도록 할 것. 다만, 목욕실·화장실 또는 그 밖의 곳으로서 배수처리가 쉬운 장소에 시험배관을 설치한 경우에는 그러하지 아니하다.

⑬ 배관에 설치되는 행가는 다음 각호의 기준에 따라 설치하여야 한다.

1. 가지배관에는 헤드의 설치지점 사이마다 1개 이상의 행가를 설치하되, 헤드간의 거리가 3.5m를 초과하는 경우에는 3.5m 이내마다 1개 이상 설치할 것. 이 경우 상향식헤드와 행가 사이에는 8cm 이상의 간격을 두어야 한다.

2. 교차배관에는 가지배관과 가지배관 사이마다 1개 이상의 행가를 설치하되, 가지배관 사이의 거리가 4.5m를 초과하는 경우에는 4.5m이내마다 1개 이상 설치할 것

3. 제1호 내지 제2호의 수평주행배관에는 4.5m 이내마다 1개 이상 설치할 것

⑭ 수직배수배관의 구경은 50mm 이상으로 하여야 한다.

⑮ 급수배관에 설치되어 급수를 차단할 수 있는 개폐밸브에는 그 밸브의 개폐상태를 감시제어반에서 확인할 수 있도록 급수개폐밸브 작동표시 스위치를 다음 각호의 기준에 따라 설치하여야 한다.

1. 급수개폐밸브가 잠길 경우 탬퍼스위치의 동작으로 인하여 감시제어반 또는 수신기에 표시되어야 하며 경보음을 발할 것

2. 탬퍼스위치는 감시제어반 또는 수신기에서 동작의 유무확인과 동작시험, 도통시험을 할 수 있을 것

3. 급수개폐밸브의 작동표시 스위치에 사용되는 전기배선은 내화전선 또는 내열전선으로 설치할 것

⑯ 화재조기진압용 스프링클러설비 배관을 수평으로 하여야 한다. 다만, 배관의 구조상 소화수가 남아 있는 곳에는 배수밸브를 설치할 수 있다.

⑰ 배관은 다른 설비의 배관과 쉽게 구분이 될 수 있는 위치에 설치하거나 그 배관표면 또는 배관 보온재표면의 색상을 달리하는 방법 등으로 소방용설비의 배관임을 표시하여야 한다.

⑱ 분기배관을 사용할 경우에는 소방청장이 정하여 고시한 「분기배관 성능인증 및 제품검사의 기술기준」에 적합한 것으로 설치하여야 한다. 〈개정 2012.8.20, 2015.1.23, 2017.7.26〉

제9조(음향장치 및 기동장치)

① 화재조기진압용 스프링클러설비의 음향장치 및 기동장치는 다음 각호의 기준에 따라 설치하여야 한다.

1. 유수검지장치를 사용하는 설비에 있어서는 헤드가 개방되면 유수검지장치가 화재신호를 발신하고 그에 따라 음향장치가 경보되도록 할 것

2. 음향장치는 유수검지장치의 담당구역마다 설치하되 그 구역의 각 부분으로부터 하나의 음향장치까지의 수평거리는 25m 이하가 되도록 할 것

3. 음향장치는 경종 또는 사이렌(전자식 사이렌을 포함한다)으로 하되, 주위의 소음 및 다른 용도의 경보와 구별이 가능한 음색으로 할 것. 이 경우 경종 또는 사이렌은 자동화재탐지설비 · 비상벨설비 또는 자동식사이렌설비의 음향장치와 겸용할 수 있다.

4. 주음향장치는 수신기의 내부 또는 그 직근에 설치할 것

5. 층수가 5층 이상으로서 연면적이 3,000m²를 초과하는 특정소방대상물은 다음 각목에 따라 경보를 발할 수 있도록 하여야 한다.

  가. 2층 이상의 층에서 발화한 때에는 발화층 및 그 직상층에 경보를 발할 것

  나. 1층에서 발화한 때에는 발화층 그 직상층 및 지하층에 경보를 발할 것

  다. 지하층에서 발화한 때에는 발화층 그 직상층 및 기타의 지하층에 경보를 발할 것

6. 음향장치는 다음 각목의 기준에 따른 구조 및 성능의 것으로 할 것

  가. 정격전압의 80% 전압에서 음향을 발할 수 있는 것으로 할 것

  나. 음량은 부착된 음향장치의 중심으로부터 1m 떨어진 위치에서 90폰 이상이 되는 것으로 할 것

② 화재조기진압용 스프링클러설비의 가압송수장치로서 펌프가 설치되는 경우에는 그 펌프의 작동은 유수검지장치의 발신이나 기동용수압개폐장치에 따라 작동되거나 또는 이 두 가지의 혼용에 따라 작동될 수 있도록 하여야 한다.

제10조(헤드)

화재조기진압용 스프링클러설비의 헤드는 다음 각호에 적합하여야 한다.

1. 헤드 하나의 **방호면적은 6.0m² 이상 9.3m² 이하**로 할 것

2. 가지배관의 헤드 사이의 거리는 **천장의 높이가 9.1m 미만**인 경우에는 **2.4m 이상 3.7m 이하**로, **9.1m 이상 13.7m 이하**인 경우에는 **3.1m 이하**으로 할 것

3. 헤드의 반사판은 천장 또는 반자와 평행하게 설치하고 저장물의 최상부와 914mm 이상 확보되도록 할 것

4. 하향식 헤드의 반사판의 위치는 천장이나 반자 아래 125mm 이상 355mm 이하일 것

5. 상향식 헤드의 감지부 중앙은 천장 또는 반자와 101mm 이상 152mm 이하이어야 하며, 반사판의 위치는 스프링클러배관의 윗부분에서 최소 178mm 상부에 설치되도록 할 것

6. 헤드와 벽과의 거리는 헤드 상호간 거리의 2분의 1을 초과하지 않아야 하며 최소 102mm 이상일 것

7. 헤드의 작동온도는 **74℃ 이하**일 것. 다만, 헤드 주위의 온도가 38℃ 이상의 경우에는 그 온도에서의 화재시험 등에서 헤드작동에 관하여 공인기관의 시험을 거친 것을 사용할 것

8. 헤드의 살수분포에 장애를 주는 장애물이 있는 경우에는 다음 각목의 1에 적합할 것

  가. 천장 또는 천장근처에 있는 장애물과 반사판의 위치는 별도 1 또는 별도 2와 같이

하며, 천장 또는 천장근처에 보·덕트·기둥·난방기구·조명기구·전선관 및 배관 등의 기타 장애물이 있는 경우에는 장애물과 헤드 사이의 수평거리에 따른 장애물의 하단과 그 보다 윗부분에 설치되는 헤드 반사판 사이의 수직거리는 별표 1 또는 별도 3에 따를 것

나. 헤드 아래에 덕트·전선관·난방용배관 등이 설치되어 헤드의 살수를 방해하는 경우에 는 별표 1 또는 별도 3에 따를 것. 다만, 2개 이상의 헤드의 살수를 방해하는 경우에는 별표 2를 참고로 한다.

9. 상부에 설치된 헤드의 방출수에 따라 감열부에 영향을 받을 우려가 있는 헤드에는 방출수를 차단할 수 있는 유효한 차폐판을 설치할 것

제11조(저장물의 간격)

저장물품 사이의 간격은 모든 방향에서 152mm **이상의 간격**을 유지하여야 한다.

제12조(환기구)

화재조기진압용 스프링클러설비의 환기구는 다음 각 호에 적합하여야 한다.

1. 공기의 유동으로 인하여 헤드의 작동온도에 영향을 주지 않는 구조일 것
2. 화재감지기와 연동하여 동작하는 자동식 환기장치를 설치하지 아니할 것. 다만, 자동식 환기장치를 설치할 경우에는 최소작동온도가 180℃ 이상일 것

제13조(송수구)

화재조기진압용 스프링클러설비에는 소방차로부터 그 설비에 송수할 수 있는 송수구를 다음 각호의 기준에 따라 설치하여야 한다.

1. 송수구는 화재층으로부터 지면으로 떨어지는 유리창 등이 송수 및 그 밖의 소화작업에 지장을 주지 아니하는 장소에 설치할 것
2. 송수구로부터 주배관에 이르는 연결배관에 개폐밸브를 설치한 때에는 그 개폐상태를 쉽게 확인 및 조작할 수 있는 옥외 또는 기계실 등의 장소에 설치할 것
3. 구경 65mm의 쌍구형으로 할 것
4. 송수구에는 그 가까운 곳의 보기 쉬운 곳에 송수압력범위를 표시한 표지를 할 것
5. 송수구는 하나의 층의 바닥면적이 3,000m²를 넘을 때마다 1개(5개를 넘을 경우에는 5개로 한다) 이상을 설치할 것
6. 지면으로부터 높이가 0.5m 이상 1m 이하의 위치에 설치할 것
7. 송수구의 가까운 부분에 자동배수밸브(또는 직경 5mm의 배수공) 및 체크밸브를 설치할 것. 이 경우 자동배수밸브는 배관 안의 물이 잘 빠질 수 있는 위치에 설치하되, 배수로 인하여 다른 물건 또는 장소에 피해를 주지 아니하여야 한다.

8. 송수구에는 이물질을 막기 위한 마개를 씌어야 한다.

제14조(전원)

① 화재조기진압용 스프링클러설비에는 다음 각호의 기준에 따른 상용전원회로의 배선을 설치하여야 한다. 다만, 가압수조방식으로서 모든 기능이 20분 이상 유효하게 지속될 수 있는 경우에는 그러하지 아니하다.
  1. 지압수전인 경우에는 인입개폐기의 직후에서 분기하여 전용·배선으로 하여야 하며, 전용의 전선관에 보호되도록 할 것
  2. 특별고압수전 또는 고압수전일 경우에는 전력용 변압기 2차측의 주차단기 1차측에서 분기하여 전용배선으로 하되, 상용전원의 상시공급에 지장이 없을 경우에는 주차단기 2차측에서 분기하여 전용·배선으로 할 것. 다만, 가압송수장치의 정격입력전압이 수전전압과 같은 경우에는 제1호의 기준에 따른다.
② 화재조기진압용 스프링클러설비에는 자가발전설비, 축전지설비 또는 전기저장장치에 따른 비상전원을 설치하여야 한다. 다만, 2 이상의 변전소(「전기사업법」 제67조의 규정에 따른 변전소를 말한다. 이하 같다)에서 전력을 동시에 공급받을 수 있거나 하나의 변전소로부터 전력의 공급이 중단되는 때에는 자동으로 다른 변전소로부터 전력을 공급받을 수 있도록 상용전원을 설치한 경우와 가압수조방식에는 비상전원을 설치하지 아니할 수 있다. 〈개정 2016.7.13〉
③ 제2항의 규정에 따라 비상전원 자가발전설비, 축전지설비(내연기관에 따른 펌프를 설치한 경우에는 내연기관의 기동 및 제어용축전지를 말한다) 또는 전기저장장치(외부 전기에너지를 저장해 두었다가 필요한 때 전기를 공급하는 장치)는 다음 각 호의 기준에 따라 설치하여야 한다. 〈개정 2012.8.20, 2016.7.13〉
  1. 점검에 편리하고 화재 및 침수 등의 재해로 인한 피해를 받을 우려가 없는 곳에 설치할 것
  2. 화재조기진압용 스프링클러설비를 유효하게 20분 이상 작동할 수 있어야 할 것
  3. 상용전원으로부터 전력의 공급이 중단된 때에는 자동으로 비상전원으로부터 전력을 공급받을 수 있도록 할 것
  4. 비상전원(내연기관의 기동 및 제어용 축전기를 제외한다)의 설치장소는 다른 장소와 방화구획 할 것. 이 경우 그 장소에는 비상전원의 공급에 필요한 기구나 설비외의 것(열병합발전설비에 필요한 기구나 설비는 제외한다)을 두어서는 아니 된다.
  5. 비상전원을 실내에 설치하는 때에는 그 실내에 비상조명등을 설치할 것

제15조(제어반)

① 화재조기진압용 스프링클러설비에는 제어반을 설치하되, 감시제어반과 동력제어반으로 구분하여 설치하여야 한다. 다만, 다음 각호의 1에 해당하는 경우에는 감시제어반과 동력제어반으로 구분하여 설치하지 아니할 수 있다.

  1. 다음 각목의 1에 해당하지 아니하는 특정소방대상물에 설치되는 화재조기진압용 스프링클러설비

    가. 지하층을 제외한 층수가 7층 이상으로서 연면적이 2,000m² 이상인 것

    나. 제1호에 해당하지 아니하는 소방대상물로서 지하층의 바닥면적의 합계가 3,000m² 이상인 것. 다만, 차고·주차장 또는 보일러실·기계실·전기실 등 이와 유사한 장소의 면적은 제외한다.

  2. 내연기관에 따른 가압송수장치를 사용하는 화재조기진압용 스프링클러설비

  3. 고가수조에 따른 가압송수장치를 사용하는 화재조기진압용 스프링클러설비

  4. 가압수조에 따른 가압송수장치를 사용하는 화재조기진압용 스프링클러설비

② 감시제어반의 기능은 다음 각호의 기준에 적합하여야 한다. 다만, 제1항 각호의 1에 해당하는 경우에는 제3호 및 제5호의 규정을 적용하지 아니한다.

  1. 각 펌프의 작동여부를 확인할 수 있는 표시등 및 음향경보기능이 있어야 할 것

  2. 각 펌프를 자동 및 수동으로 작동시키거나 중단시킬 수 있어야 한다.

  3. 비상전원을 설치한 경우에는 상용전원 및 비상전원의 공급여부를 확인할 수 있어야 할 것

  4. 수조 또는 물올림탱크가 저수위로 될 때 표시등 및 음향으로 경보할 것

  5. 예비전원이 확보되고 예비전원의 적합여부를 시험할 수 있어야 할 것

③ 감시제어반은 다음 각호의 기준에 따라 설치하여야 한다.

  1. 화재 및 침수 등의 재해로 인한 피해를 받을 우려가 없는 곳에 설치할 것

  2. 감시제어반은 스프링클러설비의 전용으로 할 것. 다만, 스프링클러설비의 제어에 지장이 없는 경우에는 다른 설비와 겸용할 수 있다.

  3. 감시제어반은 다음 각목의 기준에 따른 전용실안에 설치할 것. 다만 제1항 각호의 1에 해당하는 경우와 공장, 발전소 등에서 설비를 집중 제어·운전할 목적으로 설치하는 중앙제어실 내에 감시제어반을 설치하는 경우에는 그러하지 아니하다.

    가. 다른 부분과 방화구획을 할 것. 이 경우 전용실의 벽에는 기계실 또는 전기실 등의 감시를 위하여 두께 7mm 이상의 망입유리(두께 16.3mm 이상의 접합유리 또는 두께 28mm 이상의 복층유리를 포함한다)로 된 4m² 미만의 붙박이창을 설치할 수 있다.

    나. 피난층 또는 지하 1층에 설치할 것. 다만, 「건축법 시행령」 제35조의 규정에 따라 특별피난계단이 설치되고 그 계단(부속실을 포함한다)출입구로부터 보행거리 5m 이내에 전용실의 출입구가 있는 경우에는 지상 2층에 설치하거나 지하 1층 외의 지하층에 설치할 수 있다.

다. 비상조명등 및 급·배기설비를 설치할 것
    라. 「무선통신보조설비의 화재안전기준(NFSC 505)」 제6조의 규정에 따른 무선기기
        접속단자(영 별표 4 소화활동설비의 소방시설 적용기준 란 제5호의 규정에 따른
        무선통신보조설비가 설치된 특정소방대상물에 한한다)를 설치할 것
    마. 바닥면적은 감시제어반의 설치에 필요한 면적 외에 화재 시 소방대원이 그 감시제
        어반의 조작에 필요한 최소면적 이상으로 할 것
  4. 제3호의 규정에 따른 전용실에는 소방대상물의 기계·기구 또는 시설 등의 제어 및
     감시설비외의 것을 두지 아니할 것
  5. 각 유수검지장치의 작동여부를 확인할 수 있는 표시 및 경보기능이 있도록 할 것
  6. 다음의 각 확인회로마다 도통시험 및 작동시험을 할 수 있도록 할 것
    가. 기동용수압개폐장치의 압력스위치회로
    나. 수조 또는 물올림탱크의 저수위감시회로
    다. 유수검지장치 또는 압력스위치회로
    라. 제8조제15항의 규정에 따른 개폐밸브의 폐쇄상태 확인회로
    마. 그 밖의 이와 비슷한 회로
  7. 감시제어반과 자동화재탐지설비의 수신기를 별도의 장소에 설치하는 경우에는 이들
     상호간에 동시 통화가 가능하도록 할 것
④ 동력제어반은 다음 각호의 기준에 따라 설치하여야 한다.
  1. 앞면은 적색으로 하고 "화재조기진압용 스프링클러설비용 동력제어반"이라고 표시한
     표지를 설치할 것
  2. 외함은 두께 1.5mm 이상의 강판 또는 이와 동등 이상의 강도 및 내열성능이 있는 것으
     로 할 것
  3. 그 밖의 동력제어반의 설치에 관하여는 제3항제1호 및 제2호의 기준을 준용할 것

제16조(배선 등)
① 화재조기진압용 스프링클러설비 배선은 「전기사업법」 제67조의 규정에 따른 기술기준에
   서 정한 것 외에 다음 각호의 기준에 따라 설치하여야 한다.
  1. 비상전원으로부터 동력제어반 및 가압송수장치에 이르는 전원회로배선은 내화배선으
     로 할 것. 다만, 자가발전설비와 동력제어반이 동일한 실에 설치된 경우에는 자가발전
     기로부터 그 제어반에 이르는 전원회로 배선은 그러하지 아니하다.
  2. 상용전원으로부터 동력제어반에 이르는 배선, 그 밖의 스프링클러설비의 감시·조작
     또는 표시등회로의 배선은 내화배선 또는 내열배선으로 할 것. 다만, 감시제어반 또는
     동력제어반 안의 감시·조작 또는 표시등회로의 배선은 그러하지 아니하다.
② 제1항의 규정에 따른 내화배선 및 내열배선에 사용되는 전선 및 설치방법은 「옥내소화전
   설비의 화재안전기준(NFSC 102)」의 별표 1의 기준에 따른다.

③ 화재조기진압용 스프링클러설비의 과전류차단기 및 개폐기에는 "화재조기진압용 스프링
클러설비용"이라고 표시한 표지를 하여야 한다.

④ 화재조기진압용 스프링클러설비용 전기배선의 양단 및 접속단자에는 다음 각호의 기준에
따라 표지하여야 한다.

   1. 단자에는 "화재조기진압용 스프링클러설비단자"라고 표시한 표지를 부착할 것

   2. 화재조기진압용 스프링클러설비용 전기배선의 양단에는 다른 배선과 식별이 용이하도
     록 표시할 것

제17조(설치제외)

다음 각호에 해당하는 물품의 경우에는 화재조기진압용 스프링클러를 설치하여서는 아니 된
다. 다만, 물품에 대한 화재시험등 공인기관의 시험을 받은 것은 제외한다.

Check Point

1. 제4류 위험물
2. 타이어, 두루마리 종이 및 섬유류, 섬유제품 등 연소 시 화염의 속도가 빠르고 방사된
   물이 하부까지에 도달하지 못하는 것

제18조(수원 및 가압송수장치의 펌프 등의 겸용)

① 화재조기진압용 스프링클러설비의 수원을 옥내소화전설비·스프링클러설비·간이스프
링클러설비·물분무소화설비·포소화전설비 및 옥외소화전설비의 수원과 겸용하여 설치
하는 경우의 저수량은 각 소화설비에 필요한 저수량을 합한 양 이상이 되도록 하여야 한
다. 다만, 이들 소화설비 중 고정식 소화설비(펌프·배관과 소화수 또는 소화약제를 최종
방출하는 방출구가 고정된 설비를 말한다. 이하 같다)가 2 이상 설치되어 있고, 그 소화설
비가 설치된 부분이 방화벽과 방화문으로 구획되어 있는 경우에는 각 고정식 소화설비에
필요한 저수량 중 최대의 것 이상으로 할 수 있다.

② 화재조기진압용 스프링클러설비의 가압송수장치로 사용하는 펌프를 옥내소화전설비·
스프링클러설비·간이스프링클러설비·물분무소화설비·포소화설비 및 옥외소화전설
비의 가압송수장치와 겸용하여 설치하는 경우의 펌프의 토출량은 각 소화설비에 해당하
는 토출량을 합한 양 이상이 되도록 하여야 한다. 다만, 이들 소화설비 중 고정식 소화설
비가 2 이상 설치되어 있고, 그 소화설비가 설치된 부분이 방화벽과 방화문으로 구획되
어 있으며 각 소화설비에 지장이 없는 경우에는 펌프의 토출량 중 최대의 것 이상으로
할 수 있다.

③ 옥내소화전설비·스프링클러설비·간이스프링클러설비·화재조기진압용 스프링클러설비·
물분무소화설비·포소화설비 및 옥외소화전설비의 가압송수장치에 있어서 각 토출측배

관과 일반급수용의 가압송수장치의 토출측 배관을 상호 연결하여 화재 시 사용할 수 있다. 이 경우 연결배관에는 개폐표시형 밸브를 설치하여야 하며, 각 소화설비의 성능에 지장이 없도록 하여야 한다.

④ 화재조기진압용 스프링클러설비의 송수구를 옥내소화전설비·스프링클러설비·간이스프링클러설비·물분무소화설비·포소화설비·연결송수관설비 또는 연결살수설비의 송수구와 겸용으로 설치하는 경우에는 스프링클러설비의 송수구의 설치기준에 따르되 각각의 소화설비의 기능에 지장이 없도록 하여야 한다.

제19조(설치·유지기준의 특례)

소방본부장 또는 소방서장은 기존건축물이 증축·개축·수선되거나 용도변경 되는 경우에 있어서 이 기준이 정하는 기준에 따라 당해 건축물에 설치하여야 할 화재조기진압용 스프링클러설비의 배관·배선 등의 공사가 현저하게 곤란하다고 인정되는 경우에는 당해 설비의 기능 및 사용에 지장이 없는 범위 안에서 화재조기진압용 스프링클러설비의 설치·유지기준의 일부를 적용하지 아니할 수 있다.

제20조(재검토 기한)

소방청장은 「훈령·예규 등의 발령 및 관리에 관한 규정」에 따라 이 고시에 대하여 2017년 1월 1일 기준으로 매3년이 되는 시점(매 3년째의 12월 31일까지를 말한다)마다 그 타당성을 검토하여 개선 등의 조치를 하여야 한다. 〈전문개정 2016.7.13, 2017.7.26〉

부칙 〈제2017-1호, 2017.7.26〉

• **제1조(시행일)**
이 고시는 발령한 날로부터 시행한다.
• **제2조(경과조치)**
이 고시 시행당시 건축허가 등의 동의 또는 착공신고가 완료된 특정소방대상물에 대하여는 종전의 기준에 따른다.

[별표 1]

보 또는 기타 장애물 아래에 헤드가 설치된 경우의 반사판 위치(제10조제8호 관련)

장애물과 헤드사이의 수평거리	장애물의 하단과 헤드의 반사판 사이의 수직거리	장애물과 헤드 사이의 수평거리	장애물의 하단과 헤드의 반사판 사이의 수직거리
0.3m 미만	0mm	1.1m 이상~1.2m 미만	300mm
0.3m 이상~0.5m 미만	40mm	1.2m 이상~1.4m 미만	380mm
0.5m 이상~0.7m 미만	75mm	1.4m 이상~1.5m 미만	460mm
0.7m 이상~0.8m 미만	140mm	1.5m 이상~1.7m 미만	560mm
0.8m 이상~0.9m 미만	200mm	1.7m 이상~1.8m 미만	660mm
1.0m 이상~1.1m 미만	250mm	1.8m 이상	790mm

[별표 2]

저장물 위에 장애물이 있는 경우의 헤드설치 기준(제10조제8호 관련)

장애물의 류(폭)		조　　　건
돌출 장애물	0.6m 이하	1. 별표 1 또는 별도 2에 적합하거나 2. 장애물의 끝부근에서 헤드 반사판까지의 수평거리가 0.3m 이하로 설치할 것
	0.6m 초과	별표 1 또는 별도 3에 적합할 것
연속 장애물	5cm 이하	1. 별표 1 또는 별도 3에 적합하거나 2. 장애물이 헤드 반사판 아래 0.6m 이하로 설치된 경우는 허용한다.
	5cm 초과~ 0.3m 이하	1. 별표 1 또는 별도 3에 적합하거나 2. 장애물의 끝부근에서 헤드 반사판까지의 수평거리가 0.3m 이하로 설치할 것
	0.3m 초과~ 0.6m 이하	1. 별표 1 또는 별도 3에 적합하거나 2. 장애물이 끝부근에서 헤드 반사판까지의 수평거리가 0.6m 이하로 설치할 것
	0.6m 초과	1. 별표 1 또는 별도 3에 적합하거나 2. 장애물이 평편하고 견고하며 수평적인 경우에는 저장물의 최상단과 헤드반사판의 간격이 0.9m 이하로 설치할 것 3. 장애물이 평편하지 않거나 비연속적인 경우에는 저장물 아래에 평편한 판을 설치한 후 헤드를 설치할 것

[별표 3]

화재조기진압용 스프링클러헤드의 최소방사압력(MPa)(제5조제1항 관련)

최대층고	최대저장높이	화재조기진압용 스프링클러헤드				
		K=360 하향식	K=320 하향식	K=240 하향식	K=240 상향식	K=200 하향식
13.7m	12.2m	0.28	0.28	–	–	–
13.7m	10.7m	0.28	0.28	–	–	–
12.2m	10.7m	0.17	0.28	0.36	0.36	0.52
10.7m	9.1m	0.14	0.24	0.36	0.36	0.52
9.1m	7.6m	0.10	0.17	0.24	0.24	0.34

[별도 1]

보 또는 기타 장애물 위에 헤드가 설치된 경우의 반사판 위치
(별도 3 또는 별표 1을 함께 사용할 것)

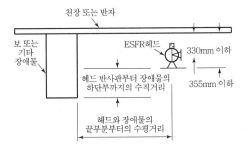

[별도 2]

장애물이 헤드 아래에 연속적으로 설치된 경우의 반사판 위치
(별도 3 또는 별표 1을 함께 사용할 것)

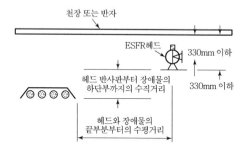

[별도 3]

장애물 아래에 설치되는 헤드 반사판의 위치

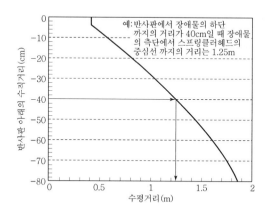

제6장 물분무소화설비의 화재안전기준(NFSC 104)

[시행 2017.7.26] [소방청고시 제2017-1호, 2017.7.26, 타법개정]

제1조(목적)

이 기준은 「화재예방, 소방시설 설치·유지 및 안전관리에 관한 법률」제9조제1항에 따라 소방청장에게 위임한 사항 중 물분무등소화설비인 물분무소화설비의 설치유지 및 안전관리에 필요한 사항을 규정함을 목적으로 한다. 〈개정 2015.1.23, 2016.7.13, 2017.7.26〉

제2조(적용범위)

「화재예방, 소방시설 설치·유지 및 안전관리에 관한 법률 시행령」(이하 "영"이라 한다) 별표 5 제1호바목에 따른 물분무소화설비는 이 기준에서 정하는 규정에 따라 설비를 설치하고 유지·관리하여야 한다. 〈개정 2012.8.20, 2015.1.23, 2016.7.13〉

제3조(정의)

이 기준에서 사용하는 용어의 정의는 다음과 같다.
1. "물분무헤드"라 함은 화재 시 직선류 또는 나선류의 물을 충돌·확산시켜 미립상태로 분무함으로서 소화하는 헤드를 말한다.
2. "고가수조"라 함은 구조물 또는 지형지물 등에 설치하여 자연낙차 압력으로 급수하는 수조를 말한다.
3. "압력수조"라 함은 소화용수와 공기를 채우고 일정압력 이상으로 가압하여 그 압력으로 급수하는 수조를 말한다.
4. "급수배관"이라 함은 수원 및 옥외송수구로부터 물분무헤드에 급수하는 배관을 말한다.
5. "진공계"라 함은 대기압 이하의 압력을 측정하는 계측기를 말한다.
6. "연성계"라 함은 대기압 이상의 압력과 대기압 이하의 압력을 측정할 수 있는 계측기를 말한다.
7. "기동용수압개폐장치"라 함은 소화설비의 배관 내 압력변동을 검지하여 자동적으로 펌프를 기동 및 정지시키는 것으로서 압력챔버 또는 기동용압력스위치 등을 말한다.
8. "일제개방밸브"라 함은 화재발생시 자동 또는 수동식 기동장치에 따라 밸브가 열려지는 것을 말한다.
9. "가압수조"라 함은 가압원인 압축공기 또는 불연성 고압기체에 따라 소방용수를 가압시키는 수조를 말한다.

제4조(수원)

① 물분무소화설비의 수원은 그 저수량이 다음 각호의 기준에 적합하도록 하여야 한다.

1. 소방기본법시행령 별표 2의 특수가연물을 저장 또는 취급하는 소방대상물 또는 그 부분에 있어서 그 바닥면적(최대 방수구역의 바닥면적을 기준으로 하며, 50m² 이하인 경우에는 50m²) 1m²에 대하여 10L/min로 20분간 방수할 수 있는 양 이상으로 할 것

2. 차고 또는 주차장에 있어서는 그 바닥면적(최대 방수구역의 바닥면적을 기준으로 하며, 50m² 이하인 경우에는 50m²) 1m²에 대하여 20L/min로 20분간 방수할 수 있는 양 이상으로 할 것

3. 절연유 봉입 변압기에 있어서는 바닥부분을 제외한 표면적을 합한 면적 1m²에 대하여 10L/min로 20분간 방수할 수 있는 양 이상으로 할 것

4. 케이블트레이, 케이블덕트 등에 있어서는 투영된 바닥면적 1m²에 대하여 12L/min로 20분간 방수할 수 있는 양 이상으로 할 것

5. 콘베이어 벨트 등에 있어서는 벨트부분의 바닥면적 1m²에 대하여 10L/min로 20분간 방수할 수 있는 양 이상으로 할 것

Check Point

수 원

① **특수가연물을 저장 또는 취급하는 소방대상물**

$$Q = A(m^2) \times 10L/m^2 \cdot min \times 20min$$

Q : 수원(L), A : 바닥면적(최대방수구역 바닥면적, 최소 50m²)

② **차고 또는 주차장**

$$Q = A(m^2) \times 20L/m^2 \cdot min \times 20min$$

Q : 수원(L), A : 바닥면적(최대방수구역 바닥면적, 최소 50m²)

③ **절연유 봉입변압기**

$$Q = A(m^2) \times 10L/m^2 \cdot min \times 20min$$

Q : 수원(L), A : 바닥부분을 제외한 표면적을 합한 면적(m²)

④ **케이블 트레이, 덕트**

$$Q = A(m^2) \times 12L/m^2 \cdot min \times 20min$$

Q : 수원(L), A : 투영된 바닥면적(m²)

⑤ **콘베이어 벨트 등**

$$Q = A(m^2) \times 10L/m^2 \cdot min \times 20min$$

Q : 수원(L), A : 벨트부분의 바닥면적(m²)

⑥ **위험물 저장탱크**

$$Q = L(m^2) \times 37L/m \cdot min \times 20min$$

Q : 수원(L), L : 탱크의 원주둘레길이(m)

② 물분무소화설비의 수원을 수조로 설치하는 경우에는 소방설비의 전용수조로 하여야 한다. 다만, 다음 각호의 1에 해당하는 경우에는 그러하지 아니하다.

  1. 물분무소화설비 펌프의 후드밸브 또는 흡수배관의 흡수구(수직회전축펌프의 흡수구를 포함한다. 이하 같다)를 다른 설비(소방용 설비 외의 것을 말한다. 이하 같다)의 후드밸브 또는 흡수구보다 낮은 위치에 설치한 때

  2. 제5조제2항의 규정에 따른 고가수조로부터 물분무소화설비의 수직배관에 물을 공급하는 급수구를 다른 설비의 급수구보다 낮은 위치에 설치한 때

③ 제1항의 규정에 따른 저수량을 산정함에 있어서 다른 설비와 겸용하여 물분무소화설비용 수조를 설치하는 경우에는 물분무소화설비의 후드밸브·흡수구 또는 수직배관의 급수구와 다른 설비의 후드밸브·흡수구 또는 수직배관의 급수구와의 사이의 수량을 그 유효수량으로 한다.

④ 물분무소화설비용 수조는 다음 각호의 기준에 따라 설치하여야 한다.

  1. 점검에 편리한 곳에 설치할 것

  2. 동결방지조치를 하거나 동결의 우려가 없는 장소에 설치할 것

  3. 수조의 외측에 수위계를 설치할 것. 다만, 구조상 불가피한 경우에는 수조의 맨홀 등을 통하여 수조 안의 물의 양을 쉽게 확인할 수 있도록 하여야 한다.

  4. 수조의 상단이 바닥보다 높은 때에는 수조의 외측에 고정식 사다리를 설치할 것

  5. 수조가 실내에 설치된 때에는 그 실내에 조명설비를 설치할 것

  6. 수조의 밑부분에는 청소용 배수밸브 또는 배수관을 설치할 것

  7. 수조의 외측의 보기 쉬운 곳에 "물분무소화설비용 수조"라고 표시한 표지를 할 것. 이 경우 그 수조를 다른 설비와 겸용하는 때에는 그 겸용되는 설비의 이름을 표시한 표지를 함께 하여야 한다.

  8. 물분무소화설비의 흡수배관 또는 물분무소화설비의 수직배관과 수조의 접속 부분에는 "물분무소화설비용 배관"이라고 표시한 표지를 할 것. 다만, 수조와 가까운 장소에 물분무소화설비펌프가 설치되고 물분무소화설비에 제5조제1항제13호의 규정에 따른 표지를 설치한 때에는 그러하지 아니하다.

제5조(가압송수장치)

① 전동기 또는 내연기관에 따른 펌프를 이용하는 가압송수장치는 다음 각호의 기준에 따라 설치하여야 한다.

  1. 점검에 편리하고 화재 등의 재해로 인한 피해를 받을 우려가 없는 곳에 설치할 것

  2. 펌프의 1분당 토출량은 다음의 기준에 따라 설치할 것

    가. 소방기본법시행령 별표 2의 특수가연물을 저장·취급하는 소방대상물 또는 그 부분에 있어서는 그 바닥면적(최대 방수구역의 바닥면적을 기준으로 하며, 50m²이하인 경우에는 50m²) 1m²에 대하여 10L를 곱한 양 이상이 되도록 할 것

나. 차고 또는 주차장에 있어서는 그 바닥면적(최대 방수구역의 바닥면적을 기준으로 하며, $50m^2$ 이하인 경우에는 $50m^2$) $1m^2$에 대하여 20L를 곱한 양 이상이 되도록 할 것

다. 절연유 봉입 변압기에 있어서는 바닥면적을 제외한 표면적을 합한 면적 $1m^2$당 10L를 곱한 양 이상이 되도록 할 것

라. 케이블트레이, 케이블덕트 등에 있어서는 투영된 바닥면적 $1m^2$당 12L를 곱한 양 이상이 되도록 할 것

마. 콘베이어 벨트 등에 있어서는 벨트부분의 바닥면적 $1m^2$당 10L를 곱한 양 이상이 되도록 할 것

3. 펌프의 양정은 다음의 식에 따라 산출한 수치 이상이 되도록 할 것

$$H = h_1 + h_2$$

H = 펌프의 양정(m)

h_1 = 물분무헤드의 설계압력 환산수두(m)

h_2 = 배관의 마찰손실 수두(m)

4. 동결방지조치를 하거나 동결의 우려가 없는 장소에 설치할 것

5. 펌프는 전용으로 할 것. 다만, 다른 소화설비와 겸용하는 경우 각각의 소화설비의 성능에 지장이 없을 때에는 그러하지 아니하다.

6. 펌프의 토출측에는 압력계를 체크밸브이전에 펌프토출측 플랜지에서 가까운 곳에 설치하고, 흡입측에는 연성계 또는 진공계를 설치할 것. 다만, 수원의 수위가 펌프의 위치보다 높거나 수직회전축 펌프의 경우에는 연성계 또는 진공계를 설치하지 아니할 수 있다.

7. 가압송수장치에는 정격부하운전 시 펌프의 성능을 시험하기 위한 배관을 설치할 것. 다만, 충압펌프의 경우에는 그러하지 아니하다.

8. 가압송수장치에는 체절운전 시 수온의 상승을 방지하기 위한 순환배관을 설치할 것. 다만, 충압펌프의 경우에는 그러하지 아니하다.

9. 기동용수압개폐장치(압력챔버)를 사용할 경우 그 용적은 100L이상의 것으로 할 것

10. 수원의 수위가 펌프보다 낮은 위치에 있는 가압송수장치에는 다음의 기준에 따른 물올림장치를 설치할 것

가. 물올림장치에는 전용의 수조를 설치할 것

나. 수조의 유효수량은 100L 이상으로 하되, 구경 15mm 이상의 급수배관에 따라 당해 수조에 물이 계속 보급되도록 할 것

11. 기동용수압개폐장치를 기동장치로 사용할 경우에는 다음의 각목의 기준에 따른 충압펌프를 설치할 것

가. 펌프의 토출압력은 그 설비의 최고위 물분무헤드의 자연압 보다 적어도 0.2MPa이 더 크도록 하거나 가압송수장치의 정격토출압력과 같게 할 것

나. 펌프의 정격토출량은 정상적인 누설량 보다 적어서는 아니 되며, 물분무소화설비
　 가 자동적으로 작동할 수 있도록 충분한 토출량을 유지할 것

12. 내연기관을 사용하는 경우에는 제어반에 따라 내연기관의 자동기동 및 수동기동이
　　 가능하고, 상시 충전되어 있는 축전지설비를 갖출 것

13. 가압송수장치에는 "물분무소화설비펌프"라고 표시한 표지를 할 것. 이 경우 그 가압
　　 송수장치를 다른 설비와 겸용하는 때에는 그 겸용되는 설비의 이름을 표시한 표지를
　　 함께 하여야 한다.

14. 가압송수장치가 기동이 된 경우에는 자동으로 정지되지 아니하도록 하여야 한다. 다
　　 만, 충압펌프의 경우에는 그러하지 아니하다.

② 고가수조의 자연낙차를 이용한 가압송수장치는 다음 각호의 기준에 따라 설치하여야
　 한다.

1. 고가수조의 자연낙차수두(수조의 하단으로부터 최고층에 설치된 물분무헤드까지의
　　 수직거리를 말한다)는 다음의 식에 따라 산출한 수치 이상이 되도록 할 것

$$H = h_1 + h_2$$

　 H : 필요한 낙차(m)

　 h_1 : 물분무헤드의 설계압력 환산수두(m)

　 h_2 : 배관의 마찰손실 수두(m)

2. 고가수조에는 수위계·배수관·급수관·오버플로우관 및 맨홀을 설치할 것

③ 압력수조를 이용한 가압송수장치는 다음 각호의 기준에 따라 설치하여야 한다.

1. 압력수조의 압력은 다음의 식에 따라 산출한 수치 이상이 되도록 할 것

$$P = p_1 + p_2 + p_3$$

　 P : 필요한 압력(MPa)

　 p_1 : 물분무헤드의 설계압력(MPa)

　 p_2 : 배관의 마찰손실 수두압(MPa)

　 p_3 : 낙차의 환산수두압(MPa)

2. 압력수조에는 수위계·급수관·배수관·급기관·맨홀·압력계·안전장치 및 압력저
　　 하방지를 위한 자동식 공기압축기를 설치할 것

④ 가압수조를 이용한 가압송수장치는 다음 각호의 기준에 따라 설치하여야 한다.

1. 가압수조의 압력은 제1항제10호의 규정에 따른 방수량 및 방수압이 20분 이상 유지되
　　 도록 할 것

2. 삭제 〈2015.1.23〉

3. 가압수조 및 가압원은 「건축법 시행령」 제46조에 따른 방화구획 된 장소에 설치 할 것

4. 삭제 〈2015.1.23〉

5. 소방청장이 정하여 고시한 「가압수조식 가압송수장치의 성능인증 및 제품검사의 기술
　　 기준」에 적합한 것으로 설치할 것 〈개정 2012.8.20, 2015.1.23, 2017.7.26〉

제6조(배관 등)

① 배관은 배관용탄소강관(KS D 3507) 또는 배관 내 사용압력이 1.2MPa 이상일 경우에는 압력배관용탄소강관(KS D 3562) 또는 이음매 없는 동 및 동합금(KS D5301)의 배관용동관이나 이와 동등 이상의 강도·내식성 및 내열성을 가진 것으로 하여야 한다. 다만, 다음 각호의 1에 해당하는 장소에는 법 제39조에 따라 제품검사에 합격한 소방용 합성수지배관으로 설치할 수 있다.

　1. 배관을 지하에 매설하는 경우

　2. 다른 부분과 내화구조로 구획된 덕트 또는 피트의 내부에 설치하는 경우

　3. 천장(상층이 있는 경우에는 상층바닥의 하단을 포함한다. 이하 같다)과 반자를 불연재료 또는 준불연재료로 설치하고 그 내부에 습식으로 배관을 설치하는 경우

② 급수배관은 전용으로 하여야 한다. 다만, 물분무소화설비의 기동장치의 조작과 동시에 다른 설비의 용도에 사용하는 배관의 송수를 차단할 수 있거나, 물분무소화설비의 성능에 지장이 없는 경우에는 다른 설비와 겸용할 수 있다.

③ 펌프의 흡입측배관은 다음 각호의 기준에 따라 설치하여야 한다.

　1. 공기고임이 생기지 아니하는 구조로 하고 여과장치를 설치할 것

　2. 수조가 펌프보다 낮게 설치된 경우에는 각 펌프(충압펌프를 포함한다)마다 수조로부터 별도로 설치할 것

④ 연결송수관설비의 배관과 겸용할 경우의 주배관은 구경 100mm 이상, 방수구로 연결되는 배관의 구경은 65mm 이상의 것으로 하여야 한다.

⑤ 삭제〈2008.12.15〉

⑥ 펌프의 성능은 체절운전 시 정격토출압력의 140%를 초과하지 아니하고, 정격토출량의 150%로 운전 시 정격토출압력의 65% 이상이 되어야 하며, 펌프의 성능시험배관은 다음 각호의 기준에 적합하여야 한다.

　1. 성능시험배관은 펌프의 토출측에 설치된 개폐밸브 이전에서 분기하여 설치하고, 유량측정장치를 기준으로 전단 직관부에 개폐밸브를 후단 직관부에는 유량조절밸브를 설치할 것

　2. 유량측정장치는 성능시험배관의 직관부에 설치하되, 펌프의 정격토출량의 175% 이상 측정할 수 있는 성능이 있을 것

⑦ 가압송수장치의 체절운전 시 수온의 상승을 방지하기 위하여 체크밸브와 펌프사이에서 분기한 구경 20mm 이상의 배관에 체절압력 미만에서 개방되는 릴리프밸브를 설치하여야 한다.

⑧ 동결방지조치를 하거나 동결의 우려가 없는 장소에 설치하여야 한다. 다만, 보온재를 사용할 경우에는 난연재료 성능 이상의 것으로 하여야 한다. 〈개정 2015.1.23〉

⑨ 급수배관에 설치되어 급수를 차단할 수 있는 개폐밸브는 개폐표시형으로 하여야 한다. 이 경우 펌프의 흡입측배관에는 버터플라이밸브 외의 개폐표시형 밸브를 설치하여야 한다.

⑩ 급수배관에 설치되어 급수를 차단할 수 있는 개폐밸브에는 그 밸브의 개폐상태를 감시제 어반에서 확인할 수 있도록 급수개폐밸브 작동표시 스위치를 다음 각호의 기준에 따라 설 치하여야 한다.

1. 급수개폐밸브가 잠길 경우 탬퍼스위치의 동작으로 인하여 감시제어반 또는 수신기에 표시 되어야 하며 경보음을 발할 것
2. 탬퍼스위치는 감시제어반에서 동작의 유무확인과 동작시험, 도통시험을 할 수 있을 것
3. 급수개폐밸브의 작동표시 스위치에 사용되는 전기배선은 내화전선 또는 내열전선으로 설치할 것

⑪ 배관은 다른 설비의 배관과 쉽게 구분이 될 수 있는 위치에 설치하거나 그 배관표면 또는 배관 보온재표면의 색상을 달리하는 방법 등으로 소방용설비의 배관임을 표시하여야 한다.

⑫ 분기배관을 사용할 경우에는 법 제39조에 따라 제품검사에 합격한 것으로 설치하여야 한다.

제7조(송수구)

물분무소화설비에는 소방펌프자동차로부터 그 설비에 송수할 수 있는 송수구를 다음 각호의 기준에 따라 설치하여야 한다.

1. 송수구는 화재층으로부터 지면으로 떨어지는 유리창 등이 송수 및 그 밖의 소화작업에 지장을 주지 아니하는 장소에 설치할 것. 이 경우 가연성가스의 저장·취급시설에 설 치하는 송수구는 그 방호대상물로부터 20m 이상의 거리를 두거나 방호대상물에 면하 는 부분이 높이 1.5m 이상 폭 2.5m 이상의 철근콘크리트 벽으로 가려진 장소에 설치하 여야 한다. 〈개정 2015.1.23〉
2. 송수구로부터 물분무소화설비의 주배관에 이르는 연결배관에 개폐밸브를 설치한 때에는 그 개폐상태를 쉽게 확인 및 조작할 수 있는 옥외 또는 기계실 등의 장소에 설치할 것
3. 구경 65mm의 쌍구형으로 할 것
4. 송수구에는 그 가까운 곳의 보기 쉬운 곳에 송수압력범위를 표시한 표지를 할 것
5. 송수구는 하나의 층의 바닥면적이 3,000m²를 넘을 때마다 1개(5개를 넘을 경우에는 5개로 한다) 이상을 설치할 것
6. 지면으로부터 높이가 0.5m 이상 1m 이하의 위치에 설치할 것
7. 송수구의 가까운 부분에 자동배수밸브(또는 직경 5mm의 배수공) 및 체크밸브를 설치 할 것. 이 경우 자동배수밸브는 배관안의 물이 잘 빠질 수 있는 위치에 설치하되, 배수 로 인하여 다른 물건 또는 장소에 피해를 주지 아니하여야 한다.
8. 송수구에는 이물질을 막기 위한 마개를 씌울 것

제8조(기동장치)

① 물분무소화설비의 **수동식기동장치**는 다음 각호의 기준에 따라 설치하여야 한다.
  1. 직접 조작 또는 원격조작에 따라 각각의 가압송수장치 및 수동식 개방밸브 또는 가압
     송수장치 및 자동개방밸브를 개방할 수 있도록 설치할 것
  2. 기동장치의 가까운 곳의 보기 쉬운 곳에 "기동장치"라고 표시한 표지를 할 것
② **자동식 기동장치**는 자동화재탐지설비의 감지기의 작동 또는 폐쇄형스프링클러헤드의 개방
   과 연동하여 경보를 발하고, 가압송수장치 및 자동개방밸브를 기동할 수 있는 것으로 하여
   야 한다. 다만, 자동화재탐지설비의 수신기가 설치되어 있는 장소에 상시 사람이 근무하고
   있고, 화재 시 물분무소화설비를 즉시 작동시킬 수 있는 경우에는 그러하지 아니하다.

제9조(제어밸브 등)

① 물분무소화설비의 제어밸브 기타 밸브는 다음 각호의 기준에 따라 설치하여야 한다.
  1. 제어밸브는 바닥으로부터 0.8m **이상** 1.5m **이하**의 위치에 설치할 것
  2. 제어밸브의 가까운 곳의 보기 쉬운 곳에 "제어밸브"라고 표시한 **표지**를 할 것
② 자동개방밸브 및 수동식 개방밸브는 다음 각호의 기준에 따라 설치하여야 한다.
  1. 자동개방밸브의 기동조작부 및 수동식개방밸브는 화재시 용이하게 접근할 수 있는 곳
     의 바닥으로부터 0.8m 이상 1.5m 이하의 위치에 설치할 것
  2. 자동개방밸브 및 수동식개방밸브의 2차측 배관부분에는 당해 방수구역 외에 밸브의
     작동을 시험할 수 있는 장치를 설치할 것. 다만, 방수구역에서 직접 방사시험을 할 수
     있는 경우에는 그러하지 아니하다.

제10조(물분무헤드)

① 물분무헤드는 표준방사량으로 당해 방호대상물의 화재를 유효하게 소화하는 데 필요한
   수를 적정한 위치에 설치하여야 한다.

ⓐ 일반형 헤드   ⓑ 지하통로 및 터널용 헤드

② 고압의 전기기기가 있는 장소에 있어서는 전기의 절연을 위하여 전기기기와 물분무헤드 사이에 다음표에 따른 거리를 두어야 한다.

Check Point

전압(kV)	거리(cm)	전압(kV)	거리(cm)
66 이하	70 이상	154 초과 181 이하	180 이상
66 초과 77 이하	80 이상	181 초과 220 이하	210 이상
77 초과 110 이하	110 이상	220 초과 275 이하	260 이상
110 초과 154 이하	150 이상		

제11조(배수설비)

물분무소화설비를 설치하는 차고 또는 주차장에는 다음 각호의 기준에 따라 배수설비를 하여야 한다.

Check Point

1. 차량이 주차하는 장소의 적당한 곳에 높이 10cm 이상의 경계턱으로 배수구를 설치할 것
2. 배수구에는 새어나온 기름을 모아 소화할 수 있도록 길이 40m 이하마다 집수관·소화핏트 등 기름분리장치를 설치할 것
3. 차량이 주차하는 바닥은 배수구를 향하여 100분의 2 이상의 기울기를 유지할 것
4. 배수설비는 가압송수장치의 최대송수능력의 수량을 유효하게 배수할 수 있는 크기 및 기울기로 할 것

제12조(전원)

① 물분무소화설비에는 그 소방대상물의 수전방식에 따라 다음 각호의 기준에 따른 상용전원회로의 배선을 설치하여야 한다. 다만, 가압수조방식으로서 모든 기능이 20분 이상 유효하게 지속될 수 있는 경우에는 그러하지 아니하다.
  1. 저압수전인 경우에는 인입개폐기의 직후에서 분기하여 전용배선으로 하여야 하며, 전용의 전선관에 보호 되도록 할 것
  2. 특별고압수전 또는 고압수전일 경우에는 전력용 변압기 2차측의 주차단기 1차측에서 분기하여 전용배선으로 하되, 상용전원의 상시공급에 지장이 없을 경우에는 주차단기 2차측에서 분기하여 전용배선으로 할 것. 다만, 가압송수장치의 정격입력전압이 수전전압과 같은 경우에는 제1호의 기준에 따른다.
② 물분무소화설비의 비상전원은 자가발전설비, 축전지설비(내연기관에 따른 펌프를 사용하는 경우에는 내연기관의 기동 및 제어용 축전지를 말한다) 또는 전기저장장치(외부 전기

에너지를 저장해 두었다가 필요한 때 전기를 공급하는 장치)로서 다음 각호의 기준에 따라 설치하여야 한다. 다만, 2 이상의 변전소(「전기사업법」 제67조의 규정에 따른 변전소를 말한다. 이하 같다)에서 전력을 동시에 공급받을 수 있거나 하나의 변전소로부터 전력의 공급이 중단되는 때에는 자동으로 다른 변전소로부터 전원을 공급받을 수 있도록 상용전원을 설치한 경우와 가압수조방식에는 비상전원을 설치하지 아니할 수 있다. 〈개정 2016. 7.13〉

1. 점검에 편리하고 화재 및 침수 등의 재해로 인한 피해를 받을 우려가 없는 곳에 설치할 것
2. 물분무소화설비를 유효하게 20분 이상 작동할 수 있도록 할 것
3. 상용전원으로부터 전력의 공급이 중단된 때에는 자동으로 비상전원으로부터 전력을 공급받을 수 있도록 할 것
4. 비상전원(내연기관의 기동 및 제어용 축전기를 제외한다)의 설치장소는 다른 장소와 방화구획 할 것. 이 경우 그 장소에는 비상전원의 공급에 필요한 기구나 설비외의 것 (열병합발전설비에 필요한 기구나 설비는 제외한다)을 두어서는 아니된다.
5. 비상전원을 실내에 설치하는 때에는 그 실내에 비상조명등을 설치할 것

제13조(제어반)

① 물분무소화설비에는 제어반을 설치하되, 감시제어반과 동력제어반으로 구분하여 설치하여야 한다. 다만, 다음 각호의 1에 해당하는 경우에는 감시제어반과 동력제어반으로 구분하여 설치하지 아니할 수 있다.

1. 다음 각목의 1에 해당하지 아니하는 소방대상물에 설치되는 물분무소화설비
   가. 지하층을 제외한 층수가 7층 이상으로서 연면적이 2,000m² 이상인 것
   나. 제1호에 해당하지 아니하는 소방대상물로서 지하층의 바닥면적의 합계가 3,000m² 이상인 것. 다만, 차고·주차장 또는 보일러실·기계실·전기실 등 이와 유사한 장소의 면적은 제외한다.
2. 내연기관에 따른 가압송수장치를 사용하는 물분무소화설비
3. 고가수조에 따른 가압송수장치를 사용하는 물분무소화설비
4. 가압수조에 따른 가압송수장치를 사용하는 물분무소화설비

② 감시제어반의 기능은 다음 각호의 기준에 적합하여야 한다. 다만, 제1항 각호의 1에 해당하는 경우에는 제3호 및 제6호의 규정을 적용하지 아니한다.

1. 각 펌프의 작동여부를 확인할 수 있는 표시등 및 음향경보기능이 있어야 할 것
2. 각 펌프를 자동 및 수동으로 작동시키거나 중단시킬 수 있어야 한다.
3. 비상전원을 설치한 경우에는 상용전원 및 비상전원의 공급여부를 확인할 수 있어야 할 것
4. 수조 또는 물올림탱크가 저수위로 될 때 표시등 및 음향으로 경보할 것

5. 각 확인회로(기동용수압개폐장치의 압력스위치회로·수조 또는 물올림탱크의 감시회로를 말한다)마다 도통시험 및 작동시험을 할 수 있어야 할 것

6. 예비전원이 확보되고 예비전원의 적합여부를 시험할 수 있어야 할 것

③ 감시제어반은 다음 각호의 기준에 따라 설치하여야 한다.

1. 화재 및 침수 등의 재해로 인한 피해를 받을 우려가 없는 곳에 설치할 것

2. 감시제어반은 물분무소화설비의 전용으로 할 것. 다만, 물분무소화설비의 제어에 지장이 없는 경우에는 다른 설비와 겸용할 수 있다.

3. 감시제어반은 다음 각목의 기준에 따른 전용실안에 설치할 것. 다만 제1항 각호의 1에 해당하는 경우와 공장, 발전소 등에서 설비를 집중 제어·운전할 목적으로 설치하는 중앙제어실내에 감시제어반을 설치하는 경우에는 그러하지 아니하다.

　가. 다른 부분과 방화구획을 할 것. 이 경우 전용실의 벽에는 기계실 또는 전기실 등의 감시를 위하여 두께 7mm 이상의 망입유리(두께 16.3mm 이상의 접합유리 또는 두께 28mm 이상의 복층유리를 포함한다)로 된 4m² 미만의 붙박이창을 설치할 수 있다.

　나. 피난층 또는 지하 1층에 설치할 것. 다만, 다음의 1에 해당하는 경우에는 지상 2층에 설치하거나 지하 1층외의 지하층에 설치할 수 있다.

　　(1) 건축법시행령 제35조의 규정에 따라 특별피난계단이 설치되고 그 계단(부속실을 포함한다)출입구로부터 보행거리 5m이내에 전용실의 출입구가 있는 경우

　　(2) 아파트의 관리동(관리동이 없는 경우에는 경비실)에 설치하는 경우

　다. 비상조명등 및 급·배기설비를 설치할 것

　라. 「무선통신보조설비의 화재안전기준(NFSC 505)」 제6조의 규정에 따른 무선기기 접속단자(영 별표 4 소화활동설비의 소방시설 적용기준란 제5호의 규정에 따른 무선통신보조설비가 설치된 특정소방대상물에 한한다)를 설치할 것

　마. 바닥면적은 감시제어반의 설치에 필요한 면적 외에 화재 시 소방대원이 그 감시제어반의 조작에 필요한 최소면적 이상으로 할 것

4. 제3호의 규정에 따른 전용실에는 소방대상물의 기계·기구 또는 시설 등의 제어 및 감시설비외의 것을 두지 아니할 것

④ 동력제어반은 다음 각호의 기준에 따라 설치하여야 한다.

1. 앞면은 적색으로 하고 "물분무소화설비용 동력제어반"이라고 표시한 표지를 설치할 것

2. 외함은 두께 1.5mm 이상의 강판 또는 이와 동등 이상의 강도 및 내열성능이 있는 것으로 할 것

3. 그 밖의 동력제어반의 설치에 관하여는 제3항제1호 및 제2호의 기준을 준용할 것

제14조(배선 등)

① 물분무소화설비의 배선은 「전기사업법」 제67조의 규정에 따른 기술기준에서 정한 것외에 다음 각호의 기준에 따라 설치하여야 한다.

  1. 비상전원으로부터 동력제어반 및 가압송수장치에 이르는 전원회로배선은 내화배선으로 할 것. 다만, 자가발전설비와 동력제어반이 동일한 실에 설치된 경우에는 자가발전기로부터 그 제어반에 이르는 전원회로배선은 그러하지 아니하다.

  2. 상용전원으로부터 동력제어반에 이르는 배선, 그 밖의 물분무소화설비의 감시·조작 또는 표시등회로의 배선은 내화배선 또는 내열배선으로 할 것. 다만, 감시제어반 또는 동력제어반 안의 감시·조작 또는 표시등회로의 배선은 그러하지 아니하다.

② 제1항의 규정에 따른 내화배선 및 내열배선에 사용되는 전선 및 설치방법은 「옥내소화전설비의 화재안전기준(NFSC 102)」 별표 1의 기준에 따른다.

③ 물분무소화설비의 과전류차단기 및 개폐기에는 "물분무소화설비용"이라고 표시한 표지를 하여야 한다.

④ 물분무소화설비용 전기배선의 양단 및 접속단자에는 다음 각호의 기준에 따라 표지하여야 한다.

  1. 단자에는 "물분무소화설비단자"라고 표시한 표지를 부착할 것

  2. 물분무소화설비용 전기배선의 양단에는 다른 배선과 식별이 용이하도록 표시할 것

제15조(물분무헤드의 설치제외)

다음 각호의 장소에는 물분무헤드를 설치하지 아니할 수 있다.

1. 물에 심하게 반응하는 물질 또는 물과 반응하여 위험한 물질을 생성하는 물질을 저장 또는 취급하는 장소
2. 고온의 물질 및 증류범위가 넓어 끓어 넘치는 위험이 있는 물질을 저장 또는 취급하는 장소
3. 운전시에 표면의 온도가 260℃ 이상으로 되는 등 직접 분무를 하는 경우 그 부분에 손상을 입힐 우려가 있는 기계장치 등이 있는 장소

제16조(수원 및 가압송수장치의 펌프 등의 겸용)

① 물분무소화설비의 수원을 옥내소화전설비·스프링클러설비·간이스프링클러설비·화재조기진압용 스프링클러설비·포소화전설비 및 옥외소화전설비의 수원과 겸용하여 설치하는 경우의 저수량은 각 소화설비에 필요한 저수량을 합한 양 이상이 되도록 하여야 한다. 다만, 이들 소화설비중 고정식 소화설비(펌프·배관과 소화수 또는 소화약제를 최종

방출하는 방출구가 고정된 설비를 말한다. 이하 같다)가 2 이상 설치되어 있고, 그 소화설비가 설치된 부분이 방화벽과 방화문으로 구획되어 있는 경우에는 각 고정식 소화설비에 필요한 저수량중 최대의 것 이상으로 할 수 있다.

② 물분무소화설비의 가압송수장치로 사용하는 펌프를 옥내소화전설비·스프링클러설비·간이스프링클러설비·화재조기진압용 스프링클러설비·포소화설비 및 옥외소화전설비의 가압송수장치와 겸용하여 설치하는 경우의 펌프의 토출량은 각 소화설비에 해당하는 토출량을 합한 양 이상이 되도록 하여야 한다. 다만, 이들 소화설비중 고정식 소화설비가 2 이상 설치되어 있고, 그 소화설비가 설치된 부분이 방화벽과 방화문으로 구획되어 있으며 각 소화설비에 지장이 없는 경우에는 펌프의 토출량중 최대의 것 이상으로 할 수 있다.

③ 옥내소화전설비·스프링클러설비·간이스프링클러설비·화재조기진압용 스프링클러설비·물분무소화설비·포소화설비 및 옥외소화전설비의 가압송수장치에 있어서 각 토출측배관과 일반급수용의 가압송수장치의 토출측배관을 상호 연결하여 화재시 사용할 수 있다. 이 경우 연결배관에는 개·폐표시형밸브를 설치하여야 하며, 각 소화설비의 성능에 지장이 없도록 하여야 한다.

④ 물분무소화설비의 송수구를 옥내소화전설비·스프링클러설비·간이스프링클러설비·화재조기진압용 스프링클러설비·포소화설비·연결송수관설비 또는 연결살수설비의 송수구와 겸용으로 설치하는 경우에는 스프링클러설비의 송수구의 설치기준에 따르되 각각의 소화설비의 기능에 지장이 없도록 하여야 한다.

제17조(설치·유지기준의 특례)

소방본부장 또는 소방서장은 기존건축물이 증축·개축·대수선되거나 용도변경되는 경우에 있어서 이 기준이 정하는 기준에 따라 당해 건축물에 설치하여야 할 물분무소화설비의 배관·배선 등의 공사가 현저하게 곤란하다고 인정되는 경우에는 해당 설비의 기능 및 사용에 지장이 없는 범위 안에서 물분무소화설비의 설치·유지기준의 일부를 적용하지 아니할 수 있다.

제18조(재검토 기한)

소방청장은 「훈령·예규 등의 발령 및 관리에 관한 규정」에 따라 이 고시에 대하여 2017년 1월 1일 기준으로 매3년이 되는 시점(매 3년째의 12월 31일까지를 말한다)마다 그 타당성을 검토하여 개선 등의 조치를 하여야 한다. 〈전문개정 2016.7.13, 2017.7.26〉

부칙 〈제2017-1호, 2017.7.26〉

• 제1조(시행일)
  이 고시는 발령한 날부터 시행한다.

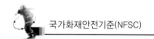

제7장 미분무소화설비의 화재안전기준(NFSC 104A)

[시행 2019.5.24] [소방청고시 제2019-37호, 2019.5.24, 일부개정]

제1조(목적)

이 기준은 「화재예방, 소방시설 설치·유지 및 안전관리에 관한 법률」 제9조제1항에 따라 소방청장에게 위임한 사항 중 미분무소화설비의 설치·유지 및 안전관리에 관한 사항을 규정함을 목적으로 한다.

제2조(적용범위)

「화재예방, 소방시설 설치·유지 및 안전관리에 관한 법률 시행령」(이하 "영"이라 한다) 별표 5 제1호바목에 따른 물분무등소화설비 중 미분무소화설비는 이 기준에서 정하는 규정에 따라 설비를 설치하고 유지·관리하여야 한다. 〈개정 2014.8.18, 2015.1.23, 2017.7.26〉

제3조(정의)

이 기준에서 사용하는 용어의 정의는 다음과 같다.
1. "미분무소화설비"란 가압된 물이 헤드 통과 후 미세한 입자로 분무됨으로써 소화성능을 가지는 설비를 말하며, 소화력을 증가시키기 위해 강화액 등을 첨가할 수 있다.
2. "미분무"란 물만을 사용하여 소화하는 방식으로 최소설계압력에서 헤드로부터 방출되는 물입자 중 99%의 누적체적분포가 400μm 이하로 분무되고 A, B, C급 화재에 적응성을 갖는 것을 말한다.
3. "미분무헤드"란 하나 이상의 오리피스를 가지고 미분무소화설비에 사용되는 헤드를 말한다.
4. "개방형 미분무헤드"란 감열체 없이 방수구가 항상 열려져 있는 헤드를 말한다.
5. "폐쇄형 미분무헤드"란 정상상태에서 방수구를 막고 있는 감열체가 일정온도에서 자동적으로 파괴·용융 또는 이탈됨으로써 방수구가 개방되는 헤드를 말한다.
6. "저압 미분무 소화설비"란 최고사용압력이 1.2MPa 이하인 미분무소화설비를 말한다.
7. "중압 미분무 소화설비"란 사용압력이 1.2MPa을 초과하고 3.5MPa 이하인 미분무소화설비를 말한다.
8. "고압 미분무 소화설비"란 최저사용압력이 3.5MPa을 초과하는 미분무소화설비를 말한다.

9. "폐쇄형 미분무소화설비"란 배관 내에 항상 물 또는 공기 등이 가압되어 있다가 화재로 인한 열로 폐쇄형 미분무헤드가 개방되면서 소화수를 방출하는 방식의 미분무소화설비를 말한다.
10. "개방형 미분무소화설비"란 화재감지기의 신호를 받아 가압송수장치를 동작시켜 미분무수를 방출하는 방식의 미분무소화설비를 말한다.
11. "유수검지장치(패들형을 포함한다)"란 본체 내의 유수현상을 자동적으로 검지하여 신호 또는 경보를 발하는 장치를 말한다.
12. "전역방출방식"이란 고정식 미분무소화설비에 배관 및 헤드를 고정 설치하여 구획된 방호구역 전체에 소화수를 방출하는 설비를 말한다.
13. "국소방출방식"이란 고정식 미분무소화설비에 배관 및 헤드를 설치하여 직접 화점에 소화수를 방출하는 설비로서 화재발생 부분에 집중적으로 소화수를 방출하도록 설치하는 방식을 말한다.
14. "호스릴방식"이란 미분무건을 소화수 저장용기 등에 연결하여 사람이 직접 화점에 소화수를 방출하는 소화설비를 말한다.
15. "교차회로방식"이란 하나의 방호구역 내에 2 이상의 화재감지기회로를 설치하고 인접한 2 이상의 화재감지기가 동시에 감지되는 때에는 미분무 소화설비가 작동하여 소화수가 방출되는 방식을 말한다.
16. "가압수조"란 가압원인 압축공기 또는 불연성 고압기체에 의해 소방용수를 가압시키는 수조를 말한다.
17. "개폐표시형밸브"란 밸브의 개폐여부를 외부에서 식별이 가능한 밸브를 말한다.
18. "연소할 우려가 있는 개구부"란 각 방화구획을 관통하는 컨베이어·에스컬레이터 또는 이와 유사한 시설의 주위로서 방화구획을 할 수 없는 부분을 말한다.
19. "설계도서"란 특정소방대상물의 점화원, 연료의 특성과 형태 등에 따라서 발생할 수 있는 화재의 유형이 고려되어 작성된 것을 말한다.

제4조(설계도서 작성)

① 미분무소화설비의 성능을 확인하기 위하여 하나의 발화원을 가정한 설계도서는 다음 각 호 및 별표 1을 고려하여 작성되어야 하며, 설계도서는 일반설계도서와 특별설계도서로 구분한다.
  1. 점화원의 형태
  2. 초기 점화되는 연료 유형
  3. 화재 위치
  4. 문과 창문의 초기상태(열림, 닫힘) 및 시간에 따른 변화상태
  5. 공기조화설비, 자연형(문, 창문) 및 기계형 여부
  6. 시공 유형과 내장재 유형

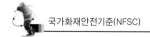

② 일반설계도서는 유사한 특정소방대상물의 화재사례 등을 이용하여 작성하고, 특별설계도서는 일반설계도서에서 발화 장소 등을 변경하여 위험도를 높게 만들어 작성하여야 한다.
③ 제1항 및 제2항에도 불구하고 검증된 기준에서 정하고 있는 것을 사용할 경우에는 적합한 도서로 인정할 수 있다.

제5조(설계도서의 검증)
① 소방관서에 허가동의를 받기 전에 법 제42조제1항에 따라 성능시험기관으로 지정받은 기관에서 그 성능을 검증받아야 한다.
② 설계도서의 변경이 필요한 경우 제1항에 의해 재검증을 받아야 한다.

제6조(수원)
① 미분무수 소화설비에 사용되는 용수는 「먹는물관리법」 제5조에 적합하고, 저수조 등에 충수할 경우 필터 또는 스트레이너를 통하여야 하며, 사용되는 물에는 입자·용해고체 또는 염분이 없어야 한다.
② 배관의 연결부(용접부 제외) 또는 주배관의 유입측에는 필터 또는 스트레이너를 설치하여야 하고, 사용되는 스트레이너에는 청소구가 있어야 하며, 검사·유지관리 및 보수 시에 배치위치를 변경하지 아니하여야 한다. 다만, 노즐이 막힐 우려가 없는 경우에는 설치하지 아니할 수 있다.
③ 사용되는 필터 또는 스트레이너의 메쉬는 헤드 오리피스 지름의 80% 이하가 되어야 한다.
④ 수원의 양은 다음의 식을 이용하여 계산한 양 이상으로 하여야 한다.
Q=N×D×T×S+V
Q : 수원의 양(m³)
N : 방호구역(방수구역)내 헤드의 개수
D : 설계유량(m³/min)
T : 설계방수시간(min)
S : 안전율(1.2 이상)
V : 배관의 총체적(m³)
⑤ 첨가제의 양은 설계방수시간 내에 충분히 사용될 수 있는 양 이상으로 산정한다. 이 경우 첨가제가 소화약제인 경우 국민안전처장이 정하여 고시한 「소화약제 형식승인 및 제품검사의 기술기준」에 적합한 것으로 사용하여야 한다. 〈개정 2014.8.18, 2015.1.23〉

제7조(수조)
① 수조의 재료는 냉간 압연 스테인리스 강판 및 강대(KS D 3698)의 STS 304 또는 이와 동등 이상의 강도·내식성·내열성이 있는 것으로 하여야 한다.

② 수조를 용접할 경우 용접찌꺼기 등이 남아 있지 아니하여야 하며, 부식의 우려가 없는 용접방식으로 하여야 한다.

③ 미분무 소화설비용 수조는 다음 각 호의 기준에 따라 설치하여야 한다.

1. 전용으로 하며 점검에 편리한 곳에 설치할 것
2. 동결방지조치를 하거나 동결의 우려가 없는 장소에 설치할 것
3. 수조의 외측에 수위계를 설치할 것. 다만, 구조상 불가피한 경우에는 수조의 맨홀 등을 통하여 수조 내 물의 양을 쉽게 확인할 수 있도록 하여야 한다.
4. 수조의 상단이 바닥보다 높은 때에는 수조의 외측에 고정식 사다리를 설치할 것
5. 수조가 실내에 설치된 때에는 그 실내에 조명 설비를 설치할 것
6. 수조의 밑 부분에는 청소용 배수밸브 또는 배수관을 설치할 것
7. 수조 외측의 보기 쉬운 곳에 "미분무설비용 수조"라고 표시한 표지를 할 것
8. 미분무펌프의 흡수배관 또는 수직배관과 수조의 접속부분에는 "미분무설비용 배관"이라고 표시한 표지를 할 것. 다만, 수조와 가까운 장소에 미분무펌프가 설치되고 미분무펌프에 제7호에 따른 표지를 설치한 때에는 그러하지 아니하다.

제8조(가압송수장치)

① 전동기 또는 내연기관에 따른 펌프를 이용하는 가압송수장치는 다음 각 호의 기준에 따라 설치하여야 한다.

1. 쉽게 접근할 수 있고 점검하기에 충분한 공간이 있는 장소로서 화재 및 침수 등의 재해로 인한 피해를 받을 우려가 없는 곳에 설치할 것
2. 동결방지조치를 하거나 동결의 우려가 없는 장소에 설치할 것
3. 펌프는 전용으로 할 것
4. 펌프의 토출 측에는 압력계를 체크밸브 이전에 펌프토출 측 가까운 곳에 설치할 것
5. 가압송수장치에는 정격부하 운전시 펌프의 성능을 시험하기 위한 배관을 설치할 것
6. 가압송수장치의 송수량은 최저설계압력에서 설계유량(L/min) 이상의 방수성능을 가진 기준개수의 모든 헤드로부터의 방수량을 충족시킬 수 있는 양 이상의 것으로 할 것
7. 내연기관을 사용하는 경우에는 제어반에 따라 내연기관의 자동기동 및 수동기동이 가능하고, 상시 충전되어 있는 축전지설비를 갖출 것
8. 가압송수장치에는 "미분무펌프"라고 표시한 표지를 할 것. 다만, 호스릴방식의 경우 "호스릴방식 미분무펌프"라고 표시한 표지를 할 것
9. 가압송수장치가 기동되는 경우에는 자동으로 정지되지 아니하도록 할 것

② 압력수조를 이용하는 가압송수장치는 다음 각 호의 기준에 따라 설치하여야 한다.

1. 압력수조는 배관용 스테인리스 강관(KS D 3676) 또는 이와 동등 이상의 강도·내식성, 내열성을 갖는 재료를 사용할 것

2. 용접한 압력수조를 사용할 경우 용접찌꺼기 등이 남아 있지 아니하여야 하며, 부식의 우려가 없는 용접방식으로 하여야 한다.
3. 쉽게 접근할 수 있고 점검하기에 충분한 공간이 있는 장소로서 화재 및 침수 등의 재해로 인한 피해를 받을 우려가 없는 곳에 설치할 것
4. 동결방지조치를 하거나 동결의 우려가 없는 장소에 설치할 것
5. 압력수조는 전용으로 할 것
6. 압력수조에는 수위계·급수관·배수관·급기관·맨홀·압력계·안전장치 및 압력저하방지를 위한 자동식 공기압축기를 설치할 것
7. 압력수조의 토출 측에는 사용압력의 1.5배 범위를 초과하는 압력계를 설치하여야 한다.
8. 작동장치의 구조 및 기능은 다음 각 목의 기준에 적합하여야 한다.
   가. 화재감지기의 신호에 의하여 자동적으로 밸브를 개방하고 소화수를 배관으로 송출할 것
   나. 수동으로 작동할 수 있게 하는 장치를 설치할 경우에는 부주의로 인한 작동을 방지하기 위한 보호 장치를 강구할 것
③ 가압수조를 이용하는 가압송수장치는 다음 각 호의 기준에 따라 설치하여야 한다.
   1. 가압수조의 압력은 설계 방수량 및 방수압이 설계방수시간 이상 유지되도록 할 것
   2. 삭제 〈2014.8.18〉
   3. 가압수조 및 가압원은 「건축법 시행령」 제46조에 따른 방화구획 된 장소에 설치 할 것
   4. 삭제 〈2014.8.18〉
   5. 가압수조를 이용한 가압송수장치는 국민안전처장이 정하여 고시한 「가압수조식가압송수장치의 성능인증 및 제품검사의 기술기준」에 적합한 것으로 설치할 것 〈개정 2014.8.18, 2015.1.23〉
   6. 가압수조는 전용으로 설치할 것

제9조(폐쇄형 미분무소화설비의 방호구역)

폐쇄형 미분무헤드를 사용하는 설비의 방호구역(미분무소화설비의 소화범위에 포함된 영역을 말한다. 이하 같다)은 다음 각 호의 기준에 적합하여야 한다.
   1. 하나의 방호구역의 바닥면적은 펌프용량, 배관의 구경 등을 수리학적으로 계산한 결과 헤드의 방수압 및 방수량이 방호구역 범위 내에서 소화목적을 달성할 수 있도록 산정하여야 한다.
   2. 하나의 방호구역은 2개 층에 미치지 아니하도록 할 것

제10조(개방형 미분무소화설비의 방수구역)

개방형 미분무 소화설비의 방수구역은 다음 각 호의 기준에 적합하여야 한다.

1. 하나의 방수구역은 2개 층에 미치지 아니 할 것
2. 하나의 방수구역을 담당하는 헤드의 개수는 최대 설계개수 이하로 할 것. 다만, 2개 이상의 방수구역으로 나눌 경우에는 하나의 방수구역을 담당하는 헤드의 개수는 최대 설계개수의 1/2 이상으로 할 것
3. 터널, 지하가 등에 설치할 경우 동시에 방수되어야 하는 방수구역은 화재가 발생된 방수구역 및 접한 방수구역으로 할 것 〈개정 2021.1.15〉

제11조(배관 등)

① 설비에 사용되는 구성요소는 STS 304 이상의 재료를 사용하여야 한다.
② 배관은 배관용 스테인리스 강관(KS D 3576)이나 이와 동등 이상의 강도·내식성 및 내열성을 가진 것으로 하여야 하고, 용접할 경우 용접찌꺼기 등이 남아 있지 아니하여야 하며, 부식의 우려가 없는 용접방식으로 하여야 한다.
③ 급수배관은 다음 각 호의 기준에 따라 설치하여야 한다.
　1. 전용으로 할 것
　2. 급수를 차단할 수 있는 개폐밸브는 개폐표시형으로 할 것
④ 펌프를 이용하는 가압송수장치는 펌프의 성능이 체절운전 시 정격토출압력의 140%를 초과하지 아니하고, 정격토출량의 150%로 운전 시 정격토출압력의 65% 이상이 되어야 하며 다음 각 호의 기준에 적합하도록 설치하여야 한다. 다만, 공인된 방법에 의한 별도의 성능을 제시할 경우에는 그러하지 아니하며 그 성능을 별도의 기준에 따라 확인하여야 한다.
　1. 성능시험배관은 펌프의 토출 측에 설치된 개폐밸브 이전에서 분기하여 직선으로 설치하고, 유량측정장치를 기준으로 전단 직관부에는 개폐밸브를 후단 직관부에는 유량조절밸브를 설치할 것
　2. 유입구에는 개폐밸브를 둘 것
　3. 개폐밸브와 유량측정장치 사이의 직관부 거리 및 유량측정장치와 유량조절밸브 사이의 직관부 거리는 해당 유량측정장치 제조사의 설치사양에 따른다. 〈개정 2014.8.18〉
　4. 유량측정장치는 펌프의 정격토출량의 175% 이상까지 측정할 수 있는 성능이 있을 것
　5. 삭제 〈2014.8.18〉
　6. 성능시험배관의 호칭은 유량계호칭을 따를 것
⑤ 동결방지조치를 하거나 동결의 우려가 없는 장소에 설치하여야 한다. 다만, 보온재를 사용할 경우에는 난연재료 성능 이상의 것으로 하여야 한다. 〈개정 2015.1.23〉
⑥ 교차배관의 위치·청소구 및 가지배관의 헤드설치는 다음 각 호의 기준에 따른다.
　1. 교차배관은 가지배관과 수평으로 설치하거나 또는 가지배관 밑에 설치할 것

2. 청소구는 교차배관 끝에 개폐밸브를 설치하고, 호스접결이 가능한 나사식 또는 고정배
수 배관식으로 할 것. 이 경우 나사식의 개폐밸브는 나사보호용의 캡으로 마감할 것
⑦ 미분무설비에는 그 성능을 확인하기 위한 시험장치를 다음 각 호의 기준에 따라 설치하여
야 한다. 다만, 개방형헤드를 설치한 경우에는 그러하지 아니하다.
  1. 가압장치에서 가장 먼 가지배관의 끝으로부터 연결하여 설치할 것
  2. 시험장치 배관의 구경은 가압장치에서 가장 먼 가지배관의 구경과 동일한 구경으로
  하고, 그 끝에 개방형헤드를 설치할 것. 이 경우 개방형헤드는 동일 형태의 오리피스만
  으로 설치할 수 있다.
  3. 시험배관의 끝에는 물받이 통 및 배수관을 설치하여 시험 중 방사된 물이 바닥에 흘러
  내리지 아니하도록 할 것. 다만, 목욕실·화장실 또는 그 밖의 곳으로서 배수처리가 쉬
  운 장소에 시험배관을 설치한 경우에는 그러하지 아니하다.
⑧ 배관에 설치되는 행가는 다음 각 호의 기준에 따라 설치하여야 한다.
  1. 가지배관에는 헤드의 설치지점 사이마다, 교차배관에는 가지배관과 가지배관 사이마
  다 1개 이상의 행가를 설치할 것
  2. 제1호의 수평주행배관에는 4.5m 이내마다 1개 이상 설치할 것
⑨ 수직배수배관의 구경은 50mm 이상으로 하여야 한다. 다만, 수직배관의 구경이 50mm 미
만인 경우에는 수직배관과 동일한 구경으로 할 수 있다.
⑩ 주차장의 미분무 소화설비는 습식외의 방식으로 하여야 한다. 다만, 주차장이 벽 등으로
차단되어 있고 출입구가 자동으로 열리고 닫히는 구조인 것으로서 다음 각 호의 어느 하
나에 해당하는 경우에는 그러하지 아니하다.
  1. 동절기에 상시 난방이 되는 곳이거나 그 밖에 동결의 염려가 없는 곳
  2. 미분무 소화설비의 동결을 방지할 수 있는 구조 또는 장치가 된 것
⑪ 급수배관에 설치되어 급수를 차단할 수 있는 개폐밸브에는 그 밸브의 개폐상태를 감시제
어반에서 확인할 수 있도록 급수개폐밸브 작동표시 스위치를 다음 각 호의 기준에 따라
설치하여야 한다.
  1. 급수개폐밸브가 잠길 경우 탬퍼스위치의 동작으로 인하여 감시제어반 또는 수신기에
  표시되어야 하며 경보음을 발할 것
  2. 탬퍼스위치는 감시제어반 또는 수신기에서 동작의 유무확인과 동작시험, 도통시험을
  할 수 있을 것
  3. 급수개폐밸브의 작동표시 스위치에 사용되는 전기배선은 내화전선 및 내열전선으로
  설치할 것
⑫ 미분무설비 배관의 배수를 위한 기울기는 다음 각 호의 기준에 따른다.
  1. 폐쇄형 미분무 소화설비의 배관을 수평으로 할 것. 다만, 배관의 구조상 소화수가 남아
  있는 곳에는 배수밸브를 설치하여야 한다.

2. 개방형 미분무 소화설비에는 헤드를 향하여 상향으로 수평주행배관의 기울기를 500분의 1 이상, 가지배관의 기울기를 250분의 1 이상으로 할 것. 다만, 배관의 구조상 기울기를 줄 수 없는 경우에는 배수를 원활하게 할 수 있도록 배수밸브를 설치하여야 한다.

⑬ 배관은 다른 설비의 배관과 쉽게 구분이 될 수 있는 위치에 설치하거나, 그 배관표면 또는 배관 보온재표면의 색상은 「한국산업표준(배관계의 식별 표시, KS A 0503)」 또는 적색으로 식별이 가능하도록 소방용설비의 배관임을 표시하여야 한다. 〈개정 2014.8.18〉

⑭ 호스릴방식의 설치는 다음 각 호에 따라 설치하여야 한다.

1. 방호대상물의 각 부분으로부터 하나의 호스 접결구까지의 수평거리가 25m 이하가 되도록 할 것

2. 소화약제 저장용기의 개방밸브는 호스의 설치 장소에서 수동으로 개폐할 수 있는 것으로 할 것

3. 소화약제 저장용기의 가장 가까운 곳의 보기 쉬운 곳에 표시등을 설치하고 호스릴 미분무 소화설비가 있다는 뜻을 표시한 표지를 할 것

4. 그 밖의 사항은 「옥내소화전설비의 화재안전기준」 제7조(함 및 방수구 등)에 적합할 것

제12조(음향장치 및 기동장치)

① 미분무 소화설비의 음향장치 및 기동장치는 다음 각호의 기준에 따라 설치하여야 한다.

1. 폐쇄형 미분무헤드가 개방되면 화재신호를 발신하고 그에 따라 음향장치가 경보되도록 할 것

2. 개방형 미분무설비는 화재감지기의 감지에 따라 음향장치가 경보되도록 할 것. 이 경우 화재감지기 회로를 교차회로방식으로 하는 때에는 하나의 화재감지기 회로가 화재를 감지하는 때에도 음향장치가 경보되도록 하여야 한다.

3. 음향장치는 방호구역 또는 방수구역마다 설치하되 그 구역의 각 부분으로부터 하나의 음향장치까지의 수평거리는 25m 이하가 되도록 할 것

4. 음향장치는 경종 또는 사이렌(전자식 사이렌을 포함한다)으로 하되, 주위의 소음 및 다른 용도의 경보와 구별이 가능한 음색으로 할 것. 이 경우 경종 또는 사이렌은 자동화재탐지설비·비상벨설비 또는 자동식사이렌설비의 음향장치와 겸용할 수 있다.

5. 주음향장치는 수신기의 내부 또는 그 직근에 설치할 것

6. 5층(지하층을 제외한다) 이상의 소방대상물 또는 그 부분에 있어서는 2층 이상의 층에서 발화한 때에는 발화층 및 그 직상층에 한하여, 1층에서 발화한 때에는 발화층과 그 직상층 및 지하층에 한하여, 지하층에서 발화한 때에는 발화층·그 직상층 및 기타의 지하층에 한하여 경보를 발할 수 있도록 할 것

7. 음향장치는 다음 각 목의 기준에 따른 구조 및 성능의 것으로 할 것
   가. 정격전압의 80% 전압에서 음향을 발할 수 있는 것으로 할 것

　　　나. 음량은 부착된 음향장치의 중심으로부터 1m 떨어진 위치에서 90dB 이상이 되는
　　　　것으로 할 것
　8. 화재감지기 회로에는 다음 각 목의 기준에 따른 발신기를 설치할 것. 다만, 자동화재탐
　　지설비의 발신기가 설치된 경우에는 그러하지 아니하다.
　　　가. 조작이 쉬운 장소에 설치하고, 스위치는 바닥으로부터 0.8m 이상 1.5m 이하의 높
　　　　이에 설치할 것
　　　나. 소방대상물의 층마다 설치하되, 당해 소방대상물의 각 부분으로부터 하나의 발신
　　　　기까지의 수평거리가 25m 이하가 되도록 할 것. 다만, 복도 또는 별도로 구획된
　　　　실로서 보행거리가 40m 이상일 경우에는 추가로 설치하여야 한다.
　　　다. 발신기의 위치를 표시하는 표시등은 함의 상부에 설치하되, 그 불빛은 부착면으로
　　　　부터 15° 이상의 범위안에서 부착지점으로부터 10m 이내의 어느 곳에서도 쉽게
　　　　식별할 수 있는 적색등으로 할 것

제13조(헤드)

① 미분무헤드는 소방대상물의 천장 · 반자 · 천장과 반자 사이 · 덕트 · 선반 기타 이와 유사
　한 부분에 설계자의 의도에 적합하도록 설치하여야 한다.
② 하나의 헤드까지의 수평거리 산정은 설계자가 제시하여야 한다.
③ 미분무 설비에 사용되는 헤드는 조기반응형 헤드를 설치하여야 한다.
④ 폐쇄형 미분무헤드는 그 설치장소의 평상시 최고주위온도에 따라 다음 식에 따른 표시온
　도의 것으로 설치하여야 한다.
　　$Ta = 0.9Tm - 27.3℃$
　　Ta : 최고주위온도
　　Tm : 헤드의 표시온도
⑤ 미분무 헤드는 배관, 행거 등으로부터 살수가 방해되지 아니하도록 설치하여야 한다.
⑥ 미분무 헤드는 설계도면과 동일하게 설치하여야 한다.
⑦ 미분무 헤드는 '한국소방산업기술원' 또는 법 제42조제1항의 규정에 따라 성능시험기관으
　로 지정받은 기관에서 검증받아야 한다.

제14조(전원)

미분무소화설비의 전원은 「스프링클러설비의 화재안전기준」 제12조를 준용한다.

제15조(제어반)

① 미분무 소화설비에는 제어반을 설치하되, 감시제어반과 동력제어반으로 구분하여 설치하
　여야 한다. 다만, 가압수조에 따른 가압송수장치를 사용하는 미분무 소화설비의 경우와 별
　도의 시방서를 제시할 경우에는 그러하지 아니할 수 있다.

② 감시제어반의 기능은 다음 각 호의 기준에 적합하여야 한다.
　1. 각 펌프의 작동여부를 확인할 수 있는 표시등 및 음향경보기능이 있어야 할 것
　2. 각 펌프를 자동 및 수동으로 작동시키거나 작동을 중단시킬 수 있어야 할 것
　3. 비상전원을 설치한 경우에는 상용전원 및 비상전원의 공급여부를 확인할 수 있어야
　　할 것
　4. 수조가 저수위로 될 때 표시등 및 음향으로 경보할 것
　5. 예비전원이 확보되고 예비전원의 적합여부를 시험할 수 있어야 할 것
③ 감시제어반은 다음 각 호의 기준에 따라 설치하여야 한다.
　1. 화재 및 침수 등의 재해로 인한 피해를 받을 우려가 없는 곳에 설치할 것
　2. 감시제어반은 미분무 소화설비의 전용으로 할 것
　3. 감시제어반은 다음 각 목의 기준에 따른 전용실 안에 설치할 것
　　가. 다른 부분과 방화구획을 할 것. 이 경우 전용실의 벽에는 기계실 또는 전기실 등의
　　　　감시를 위하여 두께 7mm 이상의 망입유리(두께 16.3mm 이상의 접합유리 또는 두께
　　　　28mm 이상의 복층유리를 포함한다)로 된 4m² 미만의 붙박이창을 설치할 수 있다.
　　나. 피난층 또는 지하 1층에 설치할 것
　　다. 무선통신보조설비의 화재안전기준(NFSC 505) 제6조의 규정에 따른 무선기기 접
　　　　속단자(영 별표 5의 제5호마목에 따른 무선통신보조설비가 설치된 특정소방대상
　　　　물에 한한다)를 설치할 것 〈개정 2014.8.18〉
　　라. 바닥면적은 감시제어반의 설치에 필요한 면적 외에 화재시 소방대원이 그 감시제
　　　　어반의 조작에 필요한 최소면적 이상으로 할 것
　4. 제3호에 따른 전용실에는 소방대상물의 기계·기구 또는 시설 등의 제어 및 감시설비
　　외의 것을 두지 아니할 것
　5. 다음의 각 확인회로마다 도통시험 및 작동시험을 할 수 있도록 할 것
　　가. 수조의 저수위감시회로
　　나. 개방식 미분무 소화설비의 화재감지기회로
　　다. 개폐밸브의 폐쇄상태 확인회로
　　라. 그 밖의 이와 비슷한 회로
　6. 감시제어반과 자동화재탐지설비의 수신기를 별도의 장소에 설치하는 경우에는 이들
　　상호간에 동시 통화가 가능하도록 할 것
④ 동력제어반은 다음 각 호의 기준에 따라 설치하여야 한다.
　1. 앞면은 적색으로 하고 "미분무 소화설비용 동력제어반"이라고 표시한 표지를 설치할 것
　2. 외함은 두께 1.5mm 이상의 강판 또는 이와 동등 이상의 강도 및 내열성능이 있는 것으
　　로 할 것
　3. 그 밖의 동력제어반의 설치에 관하여는 제3항제1호 및 제2호의 기준을 준용할 것
⑤ 발전기 제어반은 「스프링클러설비의 화재안전기준」 제13조를 준용한다.

제16조(배선 등)

① 미분무 소화설비의 배선은 「전기사업법」 제67조에 따른 기술기준에서 정한 것 외에 다음
각 호의 기준에 따라 설치하여야 한다.

1. 비상전원으로부터 동력제어반 및 가압송수장치에 이르는 전원회로배선은 내화배선으
로 할 것. 다만, 자가발전설비와 동력제어반이 동일한 실에 설치된 경우에는 자가발전
기로부터 그 제어반에 이르는 전원회로배선은 그러하지 아니하다.
2. 상용전원으로부터 동력제어반에 이르는 배선, 그 밖의 미분무 소화설비의 감시·조작
또는 표시등회로의 배선은 내화배선 또는 내열배선으로 할 것. 다만, 감시제어반 또는
동력제어반 안의 감시·조작 또는 표시등회로의 배선은 그러하지 아니하다.

② 제1항에 따른 내화배선 및 내열배선에 사용되는 전선 및 설치방법은 「옥내소화전설비의
화재안전기준」의 별표 1의 기준에 따른다.

③ 미분무 소화설비의 과전류차단기 및 개폐기에는 "미분무 소화설비용"이라고 표시한 표지
를 하여야 한다.

④ 미분무 소화설비용 전기배선의 양단 및 접속단자에는 다음 각 호의 기준에 따라 표지하여
야 한다.

1. 단자에는 "미분무 소화설비단자"라고 표시한 표지를 부착할 것
2. 미분무 소화설비용 전기배선의 양단에는 다른 배선과 식별이 용이하도록 표시할 것

제17조(청소·시험·유지 및 관리 등)

① 미분무 소화설비의 청소·유지 및 관리 등은 건축물의 모든 부분(건축설비를 포함한다.)
을 완성한 시점부터 최소 연 1회 이상 실시하여 그 성능 등을 확인하여야 한다.

② 미분무 소화설비의 배관 등의 청소는 배관의 수리계산 시 설계된 최대방출량으로 방출하
여 배관 내 이물질이 제거될 수 있는 충분한 시간동안 실시하여야 한다.

③ 미분무 소화설비의 성능시험은 제8조에서 정한 기준에 따라 실시한다.

제18조(재검토기한)

소방청장은 이 고시에 대하여 「훈령·예규 등의 발령 및 관리에 관한 규정」에 따라 2019년
1월 1일 기준으로 매 3년이 되는 시점(매 3년째의 12월 31일까지를 말한다)마다 그 타당성을
검토하여 개선 등의 조치를 하여야 한다. 〈개정 2019.5.24〉

부칙 〈제2019-37호, 2019.5.24〉

이 고시는 발령한 날부터 시행한다.

[별표 1]

설계도서 작성 기준(제4조 관련)

1. 공통사항

   설계도서는 건축물에서 발생 가능한 상황을 선정하되, 건축물의 특성에 따라 제2호의
   설계도서 유형 중 가목의 일반설계도서와 나목부터 사목까지의 특별설계도서 중 1개
   이상을 작성한다.

2. 설계도서 유형

   가. 일반설계도서

   1) 건물용도, 사용자 중심의 일반적인 화재를 가상한다.

   2) 설계도서에는 다음 사항이 필수적으로 명확히 설명되어야 한다.

   가) 건물사용자 특성

   나) 사용자의 수와 장소

   다) 실 크기

   라) 가구와 실내 내용물

   마) 연소 가능한 물질들과 그 특성 및 발화원

   바) 환기조건

   사) 최초 발화물과 발화물의 위치

   3) 설계자가 필요한 경우 기타 설계도서에 필요한 사항을 추가할 수 있다.

   나. 특별설계도서 1

   1) 내부 문들이 개방되어 있는 상황에서 피난로에 화재가 발생하여 급격한 화재
      연소가 이루어지는 상황을 가상한다.

   2) 화재시 가능한 피난방법의 수에 중심을 두고 작성한다.

   다. 특별설계도서 2

   1) 사람이 상주하지 않는 실에서 화재가 발생하지만, 잠재적으로 많은 재실자에게
      위험이 되는 상황을 가상한다.

   2) 건축물 내의 재실자가 없는 곳에서 화재가 발생하여 많은 재실자가 있는 공간
      으로 연소 확대되는 상황에 중심을 두고 작성한다.

   라. 특별설계도서 3

   1) 많은 사람들이 있는 실에 인접한 벽이나 덕트 공간 등에서 화재가 발생한 상황
      을 가상한다.

   2) 화재감지기가 없는 곳이나 자동으로 작동하는 소화설비가 없는 장소에서 화재
      가 발생하여 많은 재실자가 있는 곳으로의 연소 확대가 가능한 상황에 중심을
      두고 작성한다.

마. 특별설계도서 4

1) 많은 거수자가 있는 아주 인접한 장소 중 소방시설의 작동범위에 들어가지 않는 장소에서 아주 천천히 성장하는 화재를 가상한다.

2) 작은 화재에서 시작하지만 큰 대형화재를 일으킬 수 있는 화재에 중심을 두고 작성한다.

바. 특별설계도서 5

1) 건축물의 일반적인 사용 특성과 관련, 화재하중이 가장 큰 장소에서 발생한 아주 심각한 화재를 가상한다.

2) 재실자가 있는 공간에서 급격하게 연소 확대되는 화재를 중심으로 작성한다.

사. 특별설계도서 6

1) 외부에서 발생하여 본 건물로 화재가 확대되는 경우를 가상한다.

2) 본 건물에서 떨어진 장소에서 화재가 발생하여 본 건물로 화재가 확대되거나 피난로를 막거나 거주가 불가능한 조건을 만드는 화재에 중심을 두고 작성한다.

제8장 포소화설비의 화재안전기준(NFSC 105)

[시행 2019.8.13] [소방청고시 제2019-47호, 2019.8.13, 일부개정]

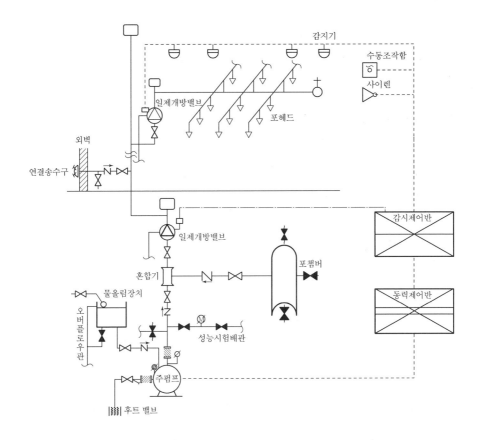

제1조(목적)

이 기준은 「화재예방, 소방시설 설치·유지 및 안전관리에 관한 법률」 제9조제1항에 따라 소방청장에게 위임한 사항 중 물분무등소화설비인 포소화설비의 설치·유지 및 안전관리에 필요한 사항을 규정함을 목적으로 한다. 〈개정 2015.1.23, 2016.7.13, 2017.7.26〉

제2조(적용범위)

「화재예방, 소방시설 설치·유지 및 안전관리에 관한 법률 시행령」(이하 "영"이라 한다) 별표 5 제1호바목에 따른 포소화설비는 이 기준에서 정하는 규정에 따라 설비를 설치하고 유지·관리하여야 한다. 〈개정 2012.8.20, 2015.1.23, 2016.7.13〉

제3조(정의)

이 기준에서 사용하는 용어의 정의는 다음과 같다.
1. "고가수조"라 함은 구조물 또는 지형지물 등에 설치하여 자연낙차 압력으로 급수하는 수조를 말한다.
2. "압력수조"라 함은 소화용수와 공기를 채우고 일정압력 이상으로 가압하여 그 압력으로 급수하는 수조를 말한다.
3. "충압펌프"라 함은 배관내 압력손실에 따른 주펌프의 빈번한 기동을 방지하기 위하여 충압역할을 하는 펌프를 말한다.
4. "연성계"라 함은 대기압 이상의 압력과 대기압 이하의 압력을 측정할 수 있는 계측기를 말한다.
5. "진공계"라 함은 대기압 이하의 압력을 측정하는 계측기를 말한다.
6. "정격토출량"이라 함은 정격토출압력에서의 펌프의 토출량을 말한다.
7. "정격토출압력"이라 함은 정격토출량에서의 펌프의 토출측 압력을 말한다.
8. **"전역방출방식"**이라 함은 고정식 포 발생장치로 구성되어 포 수용액이 방호대상물 주위가 막혀진 공간이나 밀폐 공간 속으로 방출되도록 된 설비방식을 말한다.
9. **"국소방출방식"**이라 함은 고정된 포 발생장치로 구성되어 화점이나 연소 유출물 위에 직접 포를 방출하도록 설치된 설비방식을 말한다.
10. **"팽창비"**라 함은 최종 발생한 포 체적을 원래 포 수용액 체적으로 나눈 값을 말한다.
11. "개폐표시형밸브"라 함은 밸브의 개폐여부를 외부에서 식별이 가능한 밸브를 말한다.
12. "기동용수압개폐장치"라 함은 소화설비의 배관내 압력변동을 검지하여 자동적으로 펌프를 기동 및 정지시키는 것으로서 압력챔버 또는 기동용압력스위치 등을 말한다.
13. **"포워터스프링클러설비"**라 함은 포워터스프링클러헤드를 사용하는 포소화설비를 말한다.

14. **"포헤드설비"**라 함은 포헤드를 사용하는 포소화설비를 말한다.
15. **"고정포방출설비"**라 함은 고정포방출구를 사용하는 설비를 말한다.
16. **"호스릴포소화설비"**라 함은 호스릴포방수구·호스릴 및 이동식 포노즐을 사용하는 설비를 말한다.
17. **"포소화전설비"**라 함은 포소화전방수구·호스 및 이동식포노즐을 사용하는 설비를 말한다.
18. **"송액관"**이라 함은 수원으로부터 포헤드·고정포방출구 또는 이동식포노즐에 급수하는 배관을 말한다.
19. **"급수배관"**이라 함은 수원 및 옥외송수구로부터 포소화설비의 헤드 또는 방출구에 급수하는 배관을 말한다.

> **Check Point**
>
> 20. **"펌프 푸로포셔너방식"**이라 함은 펌프의 토출관과 흡입관 사이의 배관도중에 설치한 흡입기에 펌프에서 토출된 물의 일부를 보내고, 농도 조정밸브에서 조정된 포소화약제의 필요량을 포 소화약제 탱크에서 펌프 흡입측으로 보내어 이를 혼합하는 방식을 말한다.
> 21. **"프레져 푸로포셔너방식"**이라 함은 펌프와 발포기의 중간에 설치된 벤추리관의 벤추리작용과 펌프 가압수의 포 소화약제 저장탱크에 대한 압력에 따라 포 소화약제를 흡입·혼합하는 방식을 말한다.
> 22. **"라인 푸로포셔너방식"**이라 함은 펌프와 발포기의 중간에 설치된 벤추리관의 벤추리작용에 따라 포 소화약제를 흡입·혼합하는 방식을 말한다.
> 23. **"프레져사이드 푸로포셔너방식"**이라 함은 펌프의 토출관에 압입기를 설치하여 포소화약제 압입용펌프로 포 소화약제를 압입시켜 혼합하는 방식을 말한다.

24. **"가압수조"**라 함은 가압원인 압축공기 또는 불연성 고압기체에 따라 소방용수를 가압시키는 수조를 말한다.
25. **"압축공기포소화설비"**란 압축공기 또는 압축질소를 일정비율로 포수용액에 강제 주입 혼합하는 방식을 말한다. 〈신설 2015.10.28〉

제4조(종류 및 적용성)

특정소방대상물에 따라 적용하는 포소화설비는 다음과 같다.
1. 「소방기본법 시행령」 별표 2의 특수가연물을 저장·취급하는 공장 또는 창고 : 포워터스프링클러설비·포헤드설비 또는 고정포방출설비, 압축공기포소화설비 〈개정 2012.8.20〉〈전문개정 2015.10.28〉
2. 차고 또는 주차장 : 포워터스프링클러설비·포헤드설비 또는 고정포방출설비, 압축공

기포소화설비. 다만, 다음 각 목의 어느 하나에 해당하는 차고·주차장의 부분에는 호스릴포소화실비 또는 포소화전실비를 실지할 수 있다. 〈개정 2012.8.20〉〈전문개정 2015.10.28〉

가. 완전 개방된 옥상주차장 또는 고가 밑의 주차장으로서 주된 벽이 없고 기둥뿐이 거나 주위가 위해방지용 철주 등으로 둘러싸인 부분 〈개정 2019.8.13〉
나. 〈삭제 2019.8.13〉
다. 지상 1층으로서 지붕이 없는 부분 〈개정 2019.8.13〉
라. 〈삭제 2019.8.13〉

3. 항공기격납고 : 포워터스프링클러설비·포헤드설비 또는 고정포방출설비, 압축공기포 소화설비. 다만, 바닥면적의 합계가 1,000m² 이상이고 항공기의 격납위치가 한정되어 있는 경우에는 그 한정된 장소외의 부분에 대하여는 호스릴포소화설비를 설치할 수 있 다. 〈전문개정 2015.10.28〉
4. 발전기실, 엔진펌프실, 변압기, 전기케이블실, 유압설비 : 바닥면적의 합계가 300m² 미 만의 장소에는 고정식 압축공기포소화설비를 설치할 수 있다. 〈신설 2015.10.28〉

제5조(수원)

① 포소화설비의 수원은 그 저수량이 특정소방대상물에 따라 다음 각호의 기준에 적합하도 록 하여야 한다.
1. 소방기본법시행령 별표 2의 **특수가연물을 저장·취급하는 공장 또는 창고** : 포워터스 프링클러설비 또는 포헤드설비의 경우에는 **포워터스프링클러헤드 또는 포헤드**(이하 "포헤드"라 한다)가 가장 많이 설치된 층의 포헤드(바닥면적이 200m²를 초과한 층에 있어서는 바닥면적 200m² 이내에 설치된 포헤드를 말한다)에서 동시에 표준방사량으 로 **10분간** 방사할 수 있는 양 이상으로, **고정포방출설비**의 경우에는 고정포방출구가 가장 많이 설치된 방호구역안의 고정포방출구에서 표준방사량으로 **10분간** 방사할 수 있는 양 이상으로 한다. 이 경우 하나의 공장 또는 창고에 포워터스프링클러설비·포 헤드설비 또는 고정포방출설비가 함께 설치된 때에는 각 설비별로 산출된 저수량중 최대의 것을 그 특정소방대상물에 설치하여야 할 수원의 양으로 한다.
2. **차고 또는 주차장** : 호스릴포소화설비 또는 포소화전설비의 경우에는 방수구가 가장 많은 층의 **설치개수**(호스릴포방수구 또는 포소화전방수구가 5개 이상 설치된 경우에 는 5개)에 6m³를 곱한 양 이상으로 포워터스프링클러설비·포헤드설비 또는 고정포 방출설비의 경우에는 제1호의 기준을 준용한다. 이 경우 하나의 차고 또는 주차장에

호스릴포소화설비·포소화전설비·포워터스프링클러설비·포헤드설비 또는 고정포 방출설비가 함께 설치된 때에는 각 설비별로 산출된 저수량중 최대의 것을 그 차고 또는 주차장에 설치하여야 할 수원의 양으로 한다.

3. **항공기격납고** : 포워터스프링클러설비·포헤드설비 또는 고정포방출설비의 경우에는 포헤드 또는 고정포방출구가 가장 많이 설치된 항공기격납고의 포헤드 또는 고정포방 출구에서 동시에 표준방사량으로 10분간 방사할 수 있는 양 이상으로 하되, 호스릴포 소화설비를 함께 설치한 경우에는 호스릴포방수구가 가장 많이 설치된 격납고의 호스 릴방수구수(호스릴포방수구가 5개 이상 설치된 경우에는 5개)에 6m³를 곱한 양을 합 한 양 이상으로 하여야 한다.

4. 압축공기포소화설비를 설치하는 경우 방수량은 설계 사양에 따라 방호구역에 최소 10 분간 방사할 수 있어야 한다. 〈신설 2015.10.28〉

5. 압축공기포소화설비의 설계방출밀도(L/min · m²)는 설계사양에 따라 정하여야 하며 일반가연물, 탄화수소류는 1.63L/min · m² 이상, 특수가연물, 알코올류와 케톤류는 2.3L/min · m² 이상으로 하여야 한다. 〈신설 2015.10.28〉

② 포소화설비의 수원을 수조로 설치하는 경우에는 소방설비의 전용수조로 하여야 한다. 다 만, 다음 각호의 1에 해당하는 경우에는 그러하지 아니하다.

1. 포소화설비 펌프의 후드밸브 또는 흡수배관의 흡수구(수직회전축펌프의 흡수구를 포 함한다. 이하 같다)를 다른 설비(소방용설비 외의 것을 말한다. 이하 같다)의 후드밸브 또는 흡수구보다 낮은 위치에 설치한 때

2. 제6조제2항의 규정에 따른 고가수조로부터 포소화설비의 수직배관에 물을 공급하는 급수구를 다른 설비의 급수구보다 낮은 위치에 설치한 때

③ 제1항의 규정에 따른 저수량을 산정함에 있어서 다른 설비와 겸용하여 포소화설비용 수조를 설치하는 경우에는 포소화설비의 후드밸브·흡수구 또는 수직배관의 급수구와의 다른 설비 의 후드밸브·흡수구 또는 수직배관의 급수구와의 사이의 수량을 그 유효수량으로 한다.

④ **포소화설비용 수조**는 다음 각호의 기준에 따라 설치하여야 한다.

1. 점검에 편리한 곳에 설치할 것

2. 동결방지조치를 하거나 동결의 우려가 없는 장소에 설치할 것

3. 수조의 외측에 수위계를 설치할 것. 다만, 구조상 불가피한 경우에는 수조의 맨홀 등을 통하여 수조 안의 물의 양을 쉽게 확인할 수 있도록 하여야 한다.

4. 수조의 상단이 바닥보다 높은 때에는 수조의 외측에 고정식 사다리를 설치할 것

5. 수조가 실내에 설치된 때에는 그 실내에 조명설비를 설치할 것

6. 수조의 밑 부분에는 청소용 배수밸브 또는 배수관을 설치할 것

7. 수조의 외측의 보기 쉬운 곳에 "포소화설비용 수조"라고 표시한 표지를 할 것. 이 경우 그 수조를 다른 설비와 겸용하는 때에는 그 겸용되는 설비의 이름을 표시한 표지를 함 께 하여야 한다.

8. 포소화설비 펌프의 흡수배관 또는 포소화설비의 수직배관과 수조의 접속부분에는 "포소화설비용 배관"이라고 표시한 표지를 할 것. 다만, 수조와 가까운 장소에 포소화설비 펌프가 설치되고 포소화설비 펌프에 제6조제1항제14호의 규정에 따른 표지를 설치한 때에는 그러하지 아니하다.

제6조(가압송수장치)

① 전동기 또는 내연기관에 따른 펌프를 이용하는 가압송수장치는 다음 각호의 기준에 따라 설치하여야 한다. 다만, 가압송수장치의 주펌프는 전동기에 따른 펌프를 설치하여야 한다. 〈개정 2012.8.20〉〈단서신설 2015.10.28〉

1. 쉽게 접근할 수 있고 점검하기에 충분한 공간이 있는 장소로서 화재 및 침수 등의 재해로 인한 피해를 받을 우려가 없는 곳에 설치할 것
2. 동결방지조치를 하거나 동결의 우려가 없는 장소에 설치할 것. 다만, 보온재를 사용할 경우에는 난연재료 성능이상의 것으로 하여야 한다. 〈단서신설 2015.10.28〉
3. 소화약제가 변질될 우려가 없는 곳에 설치할 것
4. 펌프의 토출량은 포헤드·고정포방출구 또는 이동식 포노즐의 설계압력 또는 노즐의 방사압력의 허용범위 안에서 포수용액을 방출 또는 방사할 수 있는 양 이상이 되도록 할 것
5. 펌프는 전용으로 할 것. 다만, 다른 소화설비와 겸용하는 경우 각각의 소화설비의 성능에 지장이 없을 때에는 그러하지 아니하다.
6. 펌프의 양정은 다음의 식에 따라 산출한 수치 이상이 되도록 할 것

   $H = h_1 + h_2 + h_3 + h_4$

   H : 펌프의 양정(m)

   h_1 : 방출구의 설계압력 환산수두 또는 노즐 선단의 방사압력 환산수두(m)

   h_2 : 배관의 마찰손실수두(m)

   h_3 : 낙차(m)

   h_4 : 소방용 호스의 마찰손실수두(m)
7. 펌프의 토출측에는 압력계를 체크밸브 이전에 펌프토출측 플랜지에서 가까운 곳에 설치하고, 흡입측에는 연성계 또는 진공계를 설치할 것. 다만, 수원의 수위가 펌프의 위치보다 높거나 수직 회전축 펌프의 경우에는 연성계 또는 진공계를 설치하지 아니할 수 있다.
8. 가압송수장치에는 정격부하운전 시 펌프의 성능을 시험하기 위한 배관을 설치할 것. 다만, 충압펌프의 경우에는 그러하지 아니하다
9. 가압송수장치에는 체절운전 시 수온의 상승을 방지하기 위한 순환배관을 설치할 것. 다만, 충압펌프의 경우에는 그러하지 아니하다.
10. 기동용수압개폐장치(압력챔버)를 사용할 경우 그 용적은 100L 이상의 것으로 할 것

11. 수원의 수위가 펌프보다 낮은 위치에 있는 가압송수장치에는 다음의 기준에 따른 물 올림장치를 설치할 것
  가. 물올림장치에는 전용의 수조를 설치할 것
  나. 수조의 유효수량은 100L 이상으로 하되, 구경 15mm 이상의 급수배관에 따라 당해 수조에 물이 계속 보급되도록 할 것
12. 기동용수압개폐장치를 기동장치로 사용하는 경우에는 다음의 각목의 기준에 따른 충 압펌프를 설치할 것. 다만, 호스릴포소화설비 또는 포소화전설비를 설치한 경우 소화 용 급수펌프로 상시충압이 가능하고 1개의 호스릴포방수구 또는 포소화전방수구를 개방할 때에 급수펌프가 정지되는 시간 없이 지속적으로 작동될 수 있고 다음 가목의 성능을 갖춘 경우에는 충압펌프를 별도로 설치하지 아니할 수 있다.
  가. 펌프의 토출압력은 그 설비의 최고위 일제개방밸브·포소화전 또는 호스릴포방수 구의 자연압 보다 적어도 0.2MPa이 더 크도록 하거나 가압송수장치의 정격토출압 력과 같게 할 것
  나. 펌프의 정격토출량은 정상적인 누설량 보다 적어서는 아니 되며, 포소화설비가 자 동적으로 작동할 수 있도록 충분한 토출량을 유지할 것
13. 내연기관을 사용하는 경우에는 제어반에 따라 내연기관의 자동기동 및 수동기동이 가능하고, 상시 충전되어 있는 축전지설비를 갖출 것
14. 가압송수장치에는 "포소화설비펌프"라고 표시한 표지를 할 것. 이 경우 그 가압송수 장치를 다른 설비와 겸용하는 때에는 그 겸용되는 설비의 이름을 표시한 표지를 함께 하여야 한다.
15. 가압송수장치가 기동이 된 경우에는 자동으로 정지되지 아니하도록 하여야 한다. 다 만, 충압펌프의 경우에는 그러하지 아니하다.
16. 압축공기포소화설비에 설치되는 펌프의 양정은 0.4MPa 이상이 되어야 한다. 다만, 자동으로 급수장치를 설치한 때에는 전용펌프를 설치하지 아니할 수 있다. 〈신설 2015.10.28〉
② 고가수조의 자연낙차를 이용한 가압송수장치는 다음 각호의 기준에 따라 설치하여야 한다.
  1. 고가수조의 자연낙차수두(수조의 하단으로부터 최고층에 설치된 포헤드까지의 수직 거리를 말한다)는 다음의 식에 따라 산출한 수치 이상이 되도록 할 것
  $H = h_1 + h_2 + h_3$
  H : 필요한 낙차(m)
  h_1 : 방출구의 설계압력 환산수두 또는 노즐선단의 방사압력 환산수두(m)
  h_2 : 배관의 마찰손실수두(m)
  h_3 : 소방용 호스의 마찰손실수두(m)
  2. 고가수조에는 수위계·배수관·급수관·오버플로우관 및 맨홀을 설치할 것

③ 압력수조를 이용한 가압송수장치는 다음 각호의 기준에 따라 설치하여야 한다.
　1. 압력수조의 압력은 다음의 식에 따라 산출한 수치 이상이 되도록 할 것
　　$P = p_1 + p_2 + p_3 + p_4$
　　P : 필요한 압력(MPa)
　　p_1 : 방출구의 설계압력 또는 노즐선단의 방사압력(MPa)
　　p_2 : 배관의 마찰손실수두압(MPa)
　　p_3 : 낙차의 환산수두압(MPa)
　　p_4 : 소방용호스의 마찰손실수두압 (MPa)
　2. 압력수조에는 수위계 · 급수관 · 배수관 · 급기관 · 맨홀 · 압력계 · 안전장치 및 압력저
　　하방지를 위한 자동식 공기압축기를 설치할 것
④ 가압송수장치에는 포헤드 · 고정방출구 또는 이동식 포노즐의 방사압력이 설계압력 또는
　방사압력의 허용범위를 넘지 아니하도록 감압장치를 설치하여야 한다.
⑤ 가압송수장치는 다음 표에 따른 표준방사량을 방사할 수 있도록 하여야 한다.

구분	표준방사량
포워터스프링클러헤드	75L/min 이상
포헤드 · 고정포방출구 또는 이동식포노즐, 압축공기포헤드	각 포헤드 · 고정포방출구 또는 이동식포노즐의 설계압력에 따라 방출되는 소화약제의 양

⑥ 가압수조를 이용한 가압송수장치는 다음 각호의 기준에 따라 설치하여야 한다.
　1. 가압수조의 압력은 제5항의 규정에 따른 방수량 및 방수압이 20분 이상 유지되도록
　　할 것
　2. 삭제 〈2015.1.23〉
　3. 가압수조 및 가압원은 「건축법 시행령」 제46조에 따른 방화구획 된 장소에 설치
　　할 것
　4. 삭제 〈2015.1.23〉
　5. 소방청장이 정하여 고시한 「가압수조식 가압송수장치의 성능인증 및 제품검사의 기술
　　기준」에 적합한 것으로 설치할 것 〈개정 2012.8.20, 2015.1.23, 2017.7.26〉

제7조(배관 등)

① 배관은 배관용탄소강관(KS D 3507) 또는 배관 내 사용압력이 1.2MPa 이상일 경우에는
　압력배관용탄소강관(KS D 3562) 또는 이음매 없는 동 및 동합금(KS D5301)의 배관용동
　관이거나 이와 동등 이상의 강도 · 내식성 및 내열성을 가진 것으로 하여야 한다. 다만,
　다음 각호의 1에 해당하는 장소에는 법 제39조에 따라 제품검사에 합격한 소방용 합성수

지배관으로 설치할 수 있다.
1. 배관을 지하에 매설하는 경우
2. 다른 부분과 내화구조로 구획된 덕트 또는 피트의 내부에 설치하는 경우
3. 천장(상층이 있는 경우에는 상층바닥의 하단을 포함한다. 이하 같다)과 반자를 불연재료 또는 준불연재료로 설치하고 그 내부에 습식으로 배관을 설치하는 경우
② 송액관은 포의 방출 종료후 배관 안의 액을 배출하기 위하여 적당한 기울기를 유지하도록 하고 그 낮은 부분에 **배액밸브**를 설치하여야 한다.
③ 포워터스프링클러설비 또는 포헤드설비의 가지배관의 배열은 토너먼트방식이 아니어야 하며, 교차배관에서 분기하는 지점을 기점으로 한쪽 가지배관에 설치하는 헤드의 수는 8개 이하로 한다.
④ 송액관은 전용으로 하여야 한다. 다만, 포소화전의 기동장치의 조작과 동시에 다른 설비의 용도에 사용하는 배관의 송수를 차단할 수 있거나, 포소화설비의 성능에 지장이 없는 경우에는 다른 설비와 겸용할 수 있다.
⑤ 펌프의 흡입측배관은 다음 각호의 기준에 따라 설치하여야 한다.
1. 공기고임이 생기지 아니하는 구조로 하고 여과장치를 설치할 것
2. 수조가 펌프보다 낮게 설치된 경우에는 각 펌프(충압펌프를 포함한다)마다 수조로부터 별도로 설치할 것
⑥ 연결송수관설비의 배관과 겸용할 경우의 주배관은 구경 100mm 이상, 방수구로 연결되는 배관의 구경은 65mm 이상의 것으로 하여야 한다.
⑦ 펌프의 성능은 체절운전시 정격토출압력의 140%를 초과하지 아니하고, 정격토출량의 150%로 운전시 정격토출압력의 65% 이상이 되어야 하며, 펌프의 성능시험배관은 다음 각호의 기준에 적합하여야 한다.
1. 성능시험배관은 펌프의 토출측에 설치된 개폐밸브 이전에서 분기하여 설치하고, 유량측정장치를 기준으로 전단 직관부에 개폐밸브를 후단 직관부에는 유량조절밸브를 설치할 것
2. 유량측정장치는 성능시험배관의 직관부에 설치하되, 펌프의 정격토출량의 175% 이상 측정할 수 있는 성능이 있을 것
⑧ 가압송수장치의 체절운전시 수온의 상승을 방지하기 위하여 체크밸브와 펌프 사이에서 분기한 구경 20mm 이상의 배관에 체절압력 미만에서 개방되는 릴리프밸브를 설치하여야 한다.
⑨ 동결방지조치를 하거나 동결의 우려가 없는 장소에 설치하여야 한다. 다만, 보온재를 사용할 경우에는 난연재료 성능 이상의 것으로 하여야 한다. 〈개정 2015.1.23〉
⑩ 급수배관에 설치되어 급수를 차단할 수 있는 개폐밸브(포헤드·고정포방출구 또는 이동식 포노즐은 제외한다)는 개폐표시형으로 하여야 한다. 이 경우 펌프의 흡입측배관에는 버터플라이밸브외의 개폐표시형밸브를 설치하여야 한다.

⑪ 제10항의 개폐밸브에는 그 밸브의 개폐상태를 감시제어반에서 확인할 수 있는 급수개폐밸브 작동표시 스위치를 다음 각호의 기준에 따라 설치하여야 한다.
  1. 급수개폐밸브가 잠길 경우 탬퍼스위치의 동작으로 인하여 감시제어반 또는 수신기에 표시 되어야 하며 경보음을 발할 것
  2. 탬퍼스위치는 감시제어반에서 동작의 유무확인과 동작시험, 도통시험을 할 수 있을 것
  3. 급수개폐밸브의 작동표시 스위치에 사용되는 전기배선은 내화전선 또는 내열전선으로 설치할 것
⑫ 배관은 다른 설비의 배관과 쉽게 구분이 될 수 있는 위치에 설치하거나 그 배관표면 또는 배관 보온재표면의 색상을 달리하는 방법 등으로 소방용 설비의 배관임을 표시하여야 한다.
⑬ 포소화설비에는 소방차로부터 그 설비에 송수할 수 있는 송수구를 다음 각호의 기준에 따라 설치하여야 한다.
  1. 송수구는 화재층으로부터 지면으로 떨어지는 유리창 등이 송수 및 그 밖의 소화작업에 지장을 주지 아니하는 장소에 설치할 것
  2. 송수구로부터 포소화설비의 주배관에 이르는 연결배관에 개폐밸브를 설치한 때에는 그 개폐상태를 쉽게 확인 및 조작할 수 있는 옥외 또는 기계실 등의 장소에 설치할 것
  3. 구경 65mm의 쌍구형으로 할 것
  4. 송수구에는 그 가까운 곳의 보기 쉬운 곳에 송수압력범위를 표시한 표지를 할 것
  5. 포소화설비의 송수구는 하나의 층의 바닥면적이 3,000m²를 넘을 때마다 1개 이상을 설치할 것(5개를 넘을 경우에는 5개로 한다)
  6. 지면으로부터 높이가 0.5m 이상 1m 이하의 위치에 설치할 것
  7. 송수구의 가까운 부분에 자동배수밸브(또는 직경 5mm의 배수공) 및 체크밸브를 설치할 것. 이 경우 자동배수밸브는 배관안의 물이 잘 빠질 수 있는 위치에 설치하되, 배수로 인하여 다른 물건 또는 장소에 피해를 주지 아니하여야 한다.
  8. 송수구에는 이물질을 막기 위한 마개를 씌울 것
  9. 압축공기포소화설비를 스프링클러 보조설비로 설치하거나 압축공기포 소화설비에 자동으로 급수되는 장치를 설치한때에는 송수구 설치를 아니할 수 있다. 〈신설 2015. 10.28〉
⑭ 압축공기포소화설비의 배관은 토너먼트방식으로 하여야 하고 소화약제가 균일하게 방출되는 등거리 배관구조로 설치하여야 한다. 〈신설 2015.10.28〉
⑮ 분기배관을 사용할 경우에는 소방청장이 정하여 고시한 「분기배관 성능인증 및 제품검사의 기술기준」에 적합한 것으로 설치하여야 한다. 〈개정 2012.8.20, 2015.1.23〉 〈개정 2015.10.28, 2017.7.26〉

제8조(저장탱크 등)

① **포 소화약제의 저장탱크**(용기를 포함한다. 이하 같다)는 다음 각호의 기준에 따라 설치하고 제9조의 규정에 따른 혼합장치와 배관 등으로 연결하여 두어야 한다.

> **Check Point**
>
> 1. 화재 등의 재해로 인한 **피해를 받을 우려가 없는 장소**에 설치할 것
> 2. 기온의 변동으로 **포의 발생에 장애를 주지 아니하는 장소**에 설치할 것. 다만, 기온의 변동에 영향을 받지 아니하는 포 소화약제의 경우에는 그러하지 아니하다.
> 3. 포 소화약제가 변질될 우려가 없고 **점검에 편리한 장소**에 설치할 것
> 4. 가압송수장치 또는 포 소화약제 혼합장치의 기동에 따라 압력이 가해지는 것 또는 상시 가압된 상태로 사용되는 것에 있어서는 **압력계**를 설치할 것
> 5. 포 소화약제 저장량의 확인이 쉽도록 **액면계 또는 계량봉** 등을 설치할 것
> 6. **가압식이 아닌 저장탱크는 그라스게이지를 설치하여 액량을 측정할 수 있는 구조로 할 것**

② 포 소화약제의 저장량은 다음 각호의 기준에 따른다.

> **Check Point**
>
> 1. 고정포방출구 방식에 있어서는 다음 각목의 양을 합한 양 이상으로 할 것
>   가. 고정포방출구에서 방출하기 위하여 필요한 양
> $$Q = A \times Q_1 \times T \times S$$
>   Q : 포 소화약제의 양(L)
>   A : 탱크의 액표면적(m^2)
> Q_1 : 단위 포소화수용액의 양($L/m^2 \cdot min$)
>   T : 방출시간(min)
>   S : 포 소화약제의 사용농도(%)
>   나. 보조 소화전에서 방출하기 위하여 필요한 양
> $$Q = N \times S \times 8,000L$$
>   Q : 포 소화약제의 양(L)
>   N : 호스 접결구수(3개 이상인 경우는 3)
>   S : 포 소화약제의 사용농도(%)
>   다. 가장 먼 탱크까지의 송액관(내경 75mm 이하의 송액관을 제외한다)에 충전하기 위하여 필요한 양
> 2. 옥내포소화전방식 또는 호스릴방식에 있어서는 다음의 식에 따라 산출한 양 이상으로 할 것. 다만, 바닥면적이 $200m^2$ 미만인 건축물에 있어서는 그 75%로 할 수 있다.

> Q=N×S×6,000L
> Q : 포 소화약제의 양(L)
> N : 호스 접결구수(5개 이상인 경우는 5)
> S : 포 소화약제의 사용농도(%)
> 3. 포헤드방식 및 압축공기포소화설비에 있어서는 하나의 방사구역안에 설치된 포헤드를 동시에 개방하여 표준방사량으로 10분간 방사할 수 있는 양 이상으로 할 것 〈개정 2012.8.20〉〈개정 2015.10.28〉

제9조(혼합장치)

포 소화약제의 혼합장치는 포 소화약제의 사용농도에 적합한 수용액으로 혼합할 수 있도록 다음 각호의 1에 해당하는 방식에 따르되, 법 제39조에 따라 제품검사에 합격한 것으로 설치하여야 한다.

1. 펌프 푸로포셔너방식
2. 프레져 푸로포셔너방식
3. 라인 푸로포셔너방식
4. 프레져 사이드 푸로포셔너방식
5. 압축공기포 믹싱챔버방식 〈신설 2015.10.28〉

제10조(개방밸브)

포소화설비의 개방밸브는 다음 각호의 기준에 따라 설치하여야 한다.

1. 자동 개방밸브는 화재감지장치의 작동에 따라 자동으로 개방되는 것으로 할 것
2. 수동식 개방밸브는 화재 시 쉽게 접근할 수 있는 곳에 설치할 것

제11조(기동장치)

① 포소화설비의 **수동식 기동장치**는 다음 각호의 기준에 따라 설치하여야 한다.

1. **직접조작 또는** 원격조작에 따라 **가압송수장치·수동식개방밸브 및 소화약제 혼합장치**를 기동할 수 있는 것으로 할 것
2. 2 이상의 방사구역을 가진 포소화설비에는 **방사구역을 선택**할 수 있는 구조로 할 것
3. 기동장치의 조작부는 화재 시 쉽게 접근할 수 있는 곳에 설치하되, 바닥으로부터 **0.8m 이상 1.5m 이하**의 위치에 설치하고, 유효한 보호장치를 설치할 것
4. 기동장치의 조작부 및 호스 접결구에는 가까운 곳의 보기 쉬운 곳에 각각 "기동장치의 조작부" 및 "접결구"라고 표시한 표지를 설치할 것

5. **차고 또는 주차장**에 설치하는 포소화설비의 수동식 기동장치는 방사구역마다 **1개 이상** 설치할 것

6. **항공기격납고**에 설치하는 포소화설비의 수동식 기동장치는 각 방사구역마다 **2개 이상** 을 설치하되, 그 중 1개는 각 방사구역으로부터 가장 가까운 곳 또는 조작에 편리한 장소에 설치하고, 1개는 화재감지수신기를 설치한 감시실 등에 설치할 것

② 포소화설비의 자동식 기동장치는 자동화재탐지설비의 감지기의 작동 또는 폐쇄형스프링 클러헤드의 개방과 연동하여 가압송수장치 · 일제개방밸브 및 포 소화약제 혼합장치를 기동시킬 수 있도록 다음의 기준에 따라 설치하여야 한다. 다만, 자동화재탐지설비의 수 신기가 설치된 장소에 상시 사람이 근무하고 있고, 화재시 즉시 당해 조작부를 작동시킬 수 있는 경우에는 그러하지 아니하다.

1. **폐쇄형스프링클러헤드**를 사용하는 경우에는 다음에 따를 것

> **Check Point**
>
> 가. 표시온도가 79℃ 미만인 것을 사용하고, 1개의 스프링클러헤드의 경계면적은 20m² 이하로 할 것
> 나. 부착면의 높이는 바닥으로부터 5m 이하로 하고, 화재를 유효하게 감지할 수 있도록 할 것
> 다. 하나의 감지장치 경계구역은 하나의 층이 되도록 할 것

2. 화재감지기를 사용하는 경우에는 다음에 따를 것

   가. 화재감지기는 「자동화재탐지설비의 화재안전기준(NFSC 203)」 제7조의 기준에 따라 설치할 것

   나. 화재감지기 회로에는 다음 기준에 따른 발신기를 설치할 것

   (1) 조작이 쉬운 장소에 설치하고, 스위치는 바닥으로부터 0.8m 이상 1.5m 이하의 높이에 설치할 것

   (2) 소방대상물의 층마다 설치하되, 당해 소방대상물의 각 부분으로부터 수평거리가 25m 이하가 되도록 할 것. 다만, 복도 또는 별도로 구획된 실로서 보행거리가 40m 이상일 경우에는 추가로 설치하여야 한다.

   (3) 발신기의 위치를 표시하는 표시등은 함의 상부에 설치하되, 그 불빛은 부착면으로부터 15° 이상의 범위 안에서 부착지점으로부터 10m 이내의 어느 곳에서도 쉽게 식별할 수 있는 적색등으로 할 것

3. 동결우려가 있는 장소의 포소화설비의 자동식 기동장치는 자동화재탐지설비와 연동으로 할 것

③ 포소화설비의 기동장치에 설치하는 자동경보장치는 다음 각호의 기준에 따라 설치하여야
한다. 다만, 자동화재탐지설비에 따라 경보를 발할 수 있는 경우에는 음향경보장치를 설치
하지 아니할 수 있다.
  1. 방사구역마다 일제개방밸브와 그 일제개방밸브의 작동여부를 발신하는 발신부를 설치
  할 것. 이 경우 각 일제개방밸브에 설치되는 발신부 대신 1개층에 1개의 유수검지장치
  를 설치할 수 있다.
  2. 상시 사람이 근무하고 있는 장소에 수신기를 설치하되, 수신기에는 폐쇄형스프링클러
  헤드의 개방 또는 감지기의 작동여부를 알 수 있는 표시장치를 설치할 것
  3. 하나의 소방대상물에 2 이상의 수신기를 설치하는 경우에는 수신기가 설치된 장소 상
  호간에 동시 통화가 가능한 설비를 할 것

제12조(포헤드 및 고정포방출구)

① 포헤드 및 고정포방출구는 포의 팽창비율에 따라 다음 표에 따른 것으로 하여야 한다.〈개
정 2015.10.28〉

팽창비율에 따른 포의 종류	포방출구의 종류
팽창비가 20 이하인 것(저발포)	포헤드, 압축공기포헤드
팽창비가 80 이상 1,000 미만인 것(고발포)	고발포용 고정포방출구

② 포헤드는 다음 각호의 기준에 따라 설치하여야 한다.
  1. **포워터스프링클러헤드**는 소방대상물의 천장 또는 반자에 설치하되, 바닥면적 **8m²마다
  1개 이상**으로 하여 당해 방호대상물의 화재를 유효하게 소화할 수 있도록 할 것
  2. **포헤드**는 소방대상물의 천장 또는 반자에 설치하되, 바닥면적 **9m²마다 1개 이상**으로
  하여 당해 방호대상물의 화재를 유효하게 소화할 수 있도록 할 것
  3. **포헤드**는 소방대상물별로 그에 사용되는 포 소화약제에 따라 1분당 방사량이 다음 표
  에 따른 양 이상이 되는 것으로 할 것

소방대상물	포 소화약제의 종류	바닥면적1m²당 방사량
차고 · 주차장 및 항공기격납고	단백포 소화약제	6.5L 이상
	합성계면활성제포 소화약제	8.0L 이상
	수성막포 소화약제	3.7L 이상
소방기본법시행령 별표 2의 특수가연물을 저장 · 취급하는 소방대상물	단백포 소화약제	6.5L 이상
	합성계면활성제포 소화약제	6.5L 이상
	수성막포 소화약제	6.5L 이상

4. 소방대상물의 보가 있는 부분의 포헤드는 다음 표의 기준에 따라 설치할 것

포헤드와 보의 하단의 수직거리	포헤드와 보의 수평거리
0	0.75m 미만
0.1m 미만	0.75m 이상 1m 미만
0.1m 이상 0.15m 미만	1m 이상 1.5m 미만
0.15m 이상 0.30m 미만	1.5m 이상

5. 포헤드 상호간에는 다음의 기준에 따른 거리를 두도록 할 것

가. 정방형으로 배치한 경우에는 다음의 식에 따라 산정한 수치 이하가 되도록 할 것

$$S = 2r \times \cos 45°$$

S : 포헤드 상호 간의 거리(m)

r : 유효반경(2.1m)

나. 장방형으로 배치한 경우에는 그 대각선의 길이가 다음의 식에 따라 산정한 수치 이하가 되도록 할 것

$$pt = 2r$$

pt : 대각선의 길이(m)

r : 유효반경(2.1m)

6. 포헤드와 벽 방호구역의 경계선과는 제5호의 규정에 따른 거리의 2분의 1 이하의 거리를 둘 것

7. 압축공기포소화설비의 분사헤드는 천장 또는 반자에 설치하되 방호대상물에 따라 측벽에 설치할 수 있으며 유류탱크주위에는 바닥면적 $13.9m^2$마다 1개 이상, 특수가연물 저장소에는 바닥면적 $9.3m^2$마다 1개 이상으로 당해 방호대상물의 화재를 유효하게 소화할 수 있도록 할 것 〈신설 2015.10.28〉

③ 차고·주차장에 설치하는 호스릴포소화설비 또는 포소화전설비는 다음 각호의 기준에 따라야 한다.

1. 소방대상물의 어느 층에 있어서도 그 층에 설치된 호스릴포방수구 또는 포소화전방수구(호스릴포방수구 또는 포소화전방수구가 5개 이상 설치된 경우에는 5개)를 동시에 사용할 경우 각 이동식 포노즐 선단의 포수용액 방사압력이 0.35MPa 이상이고 300L/min 이상(1개층의 바닥면적이 $200m^2$ 이하인 경우에는 230L/min 이상)의 포수용액을 수평거리 15m 이상으로 방사할 수 있도록 할 것

2. 저발포의 포소화약제를 사용할 수 있는 것으로 할 것

3. 호스릴 또는 호스를 호스릴포방수구 또는 포소화전방수구로 분리하여 비치하는 때에는 그로부터 3m 이내의 거리에 호스릴함 또는 호스함을 설치할 것

4. 호스릴함 또는 호스함은 바닥으로부터 높이 1.5m 이하의 위치에 설치하고 그 표면에는

"포호스릴함(또는 포소화전함)"이라고 표시한 표지와 적색의 위치표시등을 설치할 것

5. 방호대상물의 각 부분으로부터 하나의 호스릴포방수구까지의 수평거리는 15m 이하 (포소화전방수구의 경우에는 25m 이하)가 되도록 하고 호스릴 또는 호스의 길이는 방호대상물의 각 부분에 포가 유효하게 뿌려질 수 있도록 할 것

④ 고발포용포방출구는 다음의 기준에 따라 설치하여야 한다.

1. 전역방출방식의 고발포용고정포방출구는 다음에 따를 것

가. 개구부에 자동폐쇄장치(갑종방화문·을종방화문 또는 불연재료로된 문으로 포수용액이 방출되기 직전에 개구부가 자동적으로 폐쇄될 수 있는 장치를 말한다)를 설치할 것. 다만, 당해 방호구역에서 외부로 새는 양 이상의 포수용액을 유효하게 추가하여 방출하는 설비가 있는 경우에는 그러하지 아니하다.

나. 고정포방출구(포발생기가 분리되어 있는 것에 있어서는 당해 포 발생기를 포함한다)는 소방대상물 및 포의 팽창비에 따른 종별에 따라 당해 방호구역의 **관포체적** (당해 바닥 면으로부터 방호대상물의 높이보다 0.5m 높은 위치까지의 체적을 말한다) 1m³에 대하여 1분당 방출량이 다음 표에 따른 양 이상이 되도록 할 것

소방대상물	포의 팽창비	1m³에 대한 분당 포수용액 방출량
항공기격납고	팽창비 80 이상 250 미만의 것	2.00L
	팽창비 250 이상 500 미만의 것	0.50L
	팽창비 500 이상 1,000 미만의 것	0.29L
차고 또는 주차장	팽창비 80 이상 250 미만의 것	1.11L
	팽창비 250 이상 500 미만의 것	0.28L
	팽창비 500 이상 1,000 미만의 것	0.16L
특수가연물을 저장 또는 취급하는 소방 대상물	팽창비 80 이상 250 미만의 것	1.25L
	팽창비 250 이상 500 미만의 것	0.31L
	팽창비 500 이상 1,000 미만의 것	0.18L

다. **고정포방출구**는 바닥면적 **500m²마다 1개 이상**으로 하여 방호대상물의 화재를 유효하게 소화할 수 있도록 할 것

라. 고정포방출구는 방호대상물의 최고부분보다 높은 위치에 설치할 것. 다만, 밀어올리는 능력을 가진 것에 있어서는 방호대상물과 같은 높이로 할 수 있다.

2. 국소방출방식의 고발포용고정포방출구는 다음에 따를 것

가. 방호대상물이 서로 인접하여 불이 쉽게 붙을 우려가 있는 경우에는 불이 옮겨 붙을 우려가 있는 범위내의 방호대상물을 하나의 방호대상물로 하여 설치할 것

나. 고정포방출구(포발생기가 분리되어 있는 것에 있어서는 당해 포발생기를 포함한

다)는 방호대상물의 구분에 따라 당해 방호대상물의 높이의 3배(1m 미만의 경우에는 1m)의 거리를 수평으로 연장한 선으로 둘러쌓인 부분의 면적 1m²에 대하여 1분당 방출량이 다음 표에 따른 양 이상이 되도록 할 것

방호대상물	방호면적 1m²에 대한 1분당 방출량
특수가연물	3L
기타의 것	2L

제13조(전원)

① 포소화설비에는 다음 각호의 기준에 따라 상용전원회로의 배선을 설치하여야 한다. 다만, 가압수조방식으로서 모든 기능이 20분 이상 유효하게 지속될 수 있는 경우에는 그러하지 아니하다.

1. 저압수전인 경우에는 인입개폐기의 직후에서 분기하여 전용배선으로 하여야 하며, 전용의 전선관에 보호 되도록 할 것

2. 특별고압수전 또는 고압수전일 경우에는 전력용 변압기 2차측의 주차단기 1차측에서 분기하여 전용배선으로 하되, 상용전원의 상시공급에 지장이 없을 경우에는 주차단기 2차측에서 분기하여 전용배선으로 할 것. 다만, 가압송수장치의 정격입력전압이 수전전압과 같은 경우에는 제1호의 기준에 따른다.

② 포소화설비에는 자가발전설비, 축전지설비 또는 전기저장장치에 따른 비상전원을 설치하되, 다음 각호의 1에 해당하는 경우에는 비상전원수전설비로 설치할 수 있다. 다만, 2이상의 변전소(전기사업법 제67조의 규정에 따른 변전소를 말한다. 이하 같다)로부터 동시에 전력을 공급받을 수 있거나 하나의 변전소로부터 전력의 공급이 중단되는 때에는 자동으로 다른 변전소로부터 전력을 공급받을 수 있도록 상용전원을 설치한 경우와 가압수조방식에는 비상전원을 설치하지 아니할 수 있다. 〈개정 2016.7.13〉

1. 제4조제2호단서의 규정에 따라 호스릴포소화설비 또는 포소화전만을 설치한 차고·주차장

2. 포헤드설비 또는 고정포방출설비가 설치된 부분의 바닥면적(스프링클러설비가 설치된 차고·주차장의 바닥면적을 포함한다)의 합계가 1,000m² 미만인 것

③ 제2항의 규정에 따른 비상전원중 자가발전설비, 축전지설비(내연기관에 따른 펌프를 사용하는 경우에는 내연기관의 기동 및 제어용 축전지를 말한다)또는 전기저장장치(외부 전기에너지를 저장해 두었다가 필요한 때 전기를 공급하는 장치)는 다음 각호의 기준에 의하고, 비상전원수전설비는 「소방시설용비상전원수전설비의 화재안전기준(NFSC602)」의 규정에 따라 설치하여야 한다. 〈개정 2016.7.13〉

1. 점검에 편리하고 화재 및 침수 등의 재해로 인한 피해를 받을 우려가 없는 곳에 설치할 것

2. 포소화설비를 유효하게 20분 이상 작동할 수 있도록 할 것

3. 상용전원으로부터 전력의 공급이 중단된 때에는 자동으로 비상전원으로부터 전력을 공급받을 수 있도록 할 것

4. 비상전원(내연기관의 기동 및 제어용 축전기를 제외한다)의 설치장소는 다른 장소와 방화구획 할 것. 이 경우 그 장소에는 비상전원의 공급에 필요한 기구나 설비 외의 것(열병합발전설비에 필요한 기구나 설비는 제외한다)을 두어서는 아니 된다.

5. 비상전원을 실내에 설치하는 때에는 그 실내에 비상조명등을 설치할 것

제14조(제어반)

① 포소화설비에는 제어반을 설치하되, 감시제어반과 동력제어반으로 구분하여 설치하여야 한다. 다만, 다음 각호의 1에 해당하는 경우에는 감시제어반과 동력제어반으로 구분하여 설치하지 아니할 수 있다.

1. 다음 각목의 1에 해당하지 아니하는 특정소방대상물에 설치되는 포소화설비

가. 지하층을 제외한 층수가 7층 이상으로서 연면적이 2,000m² 이상인 것

나. 제1호에 해당하지 아니하는 소방대상물로서 지하층의 바닥면적의 합계가 3,000m² 이상인 것. 다만, 차고·주차장 또는 보일러실·기계실·전기실 등 이와 유사한 장소의 면적은 제외한다.

2. 내연기관에 따른 가압송수장치를 사용하는 포소화설비

3. 고가수조에 따른 가압송수장치를 사용하는 포소화설비

4. 가압수조에 따른 가압송수장치를 사용하는 포소화설비

② 감시제어반의 기능은 다음 각호의 기준에 적합하여야 한다. 다만, 제1항 각호의 1에 해당하는 경우에는 제3호 및 제6호의 규정을 적용하지 아니한다.

1. 각 펌프의 작동여부를 확인할 수 있는 표시등 및 음향경보기능이 있어야 할 것

2. 각 펌프를 자동 및 수동으로 작동시키거나 중단시킬 수 있어야 할 것

3. 비상전원을 설치한 경우에는 상용전원 및 비상전원의 공급여부를 확인할 수 있어야 할 것

4. 수조 또는 물올림탱크가 저수위로 될 때 표시등 및 음향으로 경보할 것

5. 각 확인회로(기동용수압개폐장치의 압력스위치회로·수조 또는 물올림탱크의 감시회로를 말한다)마다 도통시험 및 작동시험을 할 수 있어야 할 것

6. 예비전원이 확보되고 예비전원의 적합여부를 시험할 수 있어야 할 것

③ 감시제어반은 다음 각호의 기준에 따라 설치하여야 한다.

1. 화재 및 침수 등의 재해로 인한 피해를 받을 우려가 없는 곳에 설치할 것

2. 감시제어반은 포소화설비의 전용으로 할 것. 다만, 포소화설비의 제어에 지장이 없는 경우에는 다른 설비와 겸용할 수 있다.

3. 감시제어반은 다음 각목의 기준에 따른 전용실안에 설치할 것. 다만 제1항 각호의 1에 해당하는 경우와 공장, 발전소 등에서 설비를 집중 제어·운전할 목적으로 설치하는 중앙제어실내에 감시제어반을 설치하는 경우에는 그러하지 아니하다.

　가. 다른 부분과 방화구획을 할 것. 이 경우 전용실의 벽에는 기계실 또는 전기실 등의 감시를 위하여 두께 7mm 이상의 망입유리(두께 16.3mm 이상의 접합유리 또는 두께 28mm 이상의 복층유리를 포함한다)로 된 $4m^2$ 미만의 붙박이창을 설치할 수 있다.

　나. 피난층 또는 지하 1층에 설치할 것. 다만, 다음의 1에 해당하는 경우에는 지상 2층에 설치하거나 지하 1층 외의 지하층에 설치할 수 있다.

　　(1) 「건축법 시행령」 제35조의 규정에 따라 특별피난계단이 설치되고 그 계단(부속실을 포함한다)출입구로부터 보행거리 5m이내에 전용실의 출입구가 있는 경우

　　(2) 아파트의 관리동(관리동이 없는 경우에는 경비실)에 설치하는 경우

　다. 비상조명등 및 급·배기설비를 설치할 것

　라. 「무선통신보조설비의 화재안전기준(NFSC 505)」 제6조의 규정에 따른 무선기기 접속단자(영 별표1 제5호 마목의 규정에 따른 무선통신보조설비가 설치된 특정소방대상물에 한한다)를 설치할 것

　마. 바닥면적은 감시제어반의 설치에 필요한 면적외에 화재시 소방대원이 그 감시제어반의 조작에 필요한 최소면적 이상으로 할 것

4. 제3호의 규정에 따른 전용실에는 소방대상물의 기계·기구 또는 시설 등의 제어 및 감시설비외의 것을 두지 아니할 것

④ 동력제어반은 다음 각호의 기준에 따라 설치하여야 한다.

1. 앞면은 적색으로 하고 "포소화설비용 동력제어반"이라고 표시한 표지를 설치할 것

2. 외함은 두께 1.5mm 이상의 강판 또는 이와 동등 이상의 강도 및 내열성능이 있는 것으로 할 것

3. 그 밖의 동력제어반의 설치에 관하여는 제3항제1호 및 제2호의 기준을 준용할 것

제15조(배선 등)

① 포소화설비의 배선은 「전기사업법」 제67조의 규정에 따른 기술기준에서 정한 것 외에 다음 각호의 기준에 따라 설치하여야 한다.

1. 비상전원으로부터 동력제어반 및 가압송수장치에 이르는 전원회로배선은 내화배선으로 할 것. 다만, 자가발전설비와 동력제어반이 동일한 실에 설치된 경우에는 자가발전기로부터 그 제어반에 이르는 전원회로배선은 그러하지 아니하다.

2. 상용전원으로부터 동력제어반에 이르는 배선, 그 밖의 포소화설비의 감시·조작 또는 표시등회로의 배선은 내화배선 또는 내열배선으로 할 것. 다만, 감시제어반 또는 동력제어반 안의 감시·조작 또는 표시등회로의 배선은 그러하지 아니하다.

② 제1항의 규정에 따른 내화배선 및 내열배선에 사용되는 전선 및 설치방법은 「옥내소화전설비의 화재안전기준(NFSC 102)」 별표 1의 기준에 따른다.
③ 포소화설비의 과전류차단기 및 개폐기에는 "포소화설비용"이라고 표시한 표지를 하여야 한다.
④ 포소화설비용 전기배선의 양단 및 접속단자에는 다음 각호의 기준에 따라 표지하여야 한다.
　　1. 단자에는 "포소화설비단자"라고 표시한 표지를 부착할 것
　　2. 포소화설비용 전기배선의 양단에는 다른 배선과 식별이 용이하도록 표시할 것

제16조(수원 및 가압송수장치의 펌프 등의 겸용)

① 포소화전설비의 수원을 옥내소화전설비·스프링클러설비·간이스프링클러설비·화재조기진압용 스프링클러설비·물분무소화설비 및 옥외소화전설비의 수원과 겸용하여 설치하는 경우의 저수량은 각 소화설비에 필요한 저수량을 합한 양 이상이 되도록 하여야 한다. 다만, 이들 소화설비중 고정식 소화설비(펌프·배관과 소화수 또는 소화약제를 최종 방출하는 방출구가 고정된 설비를 말한다. 이하 같다)가 2 이상 설치되어 있고, 그 소화설비가 설치된 부분이 방화벽과 방화문으로 구획되어 있는 경우에는 각 고정식 소화설비에 필요한 저수량중 최대의 것 이상으로 할 수 있다.
② 포소화설비의 가압송수장치로 사용하는 펌프를 옥내소화전설비·스프링클러설비·간이스프링클러설비·화재조기진압용 스프링클러설비·물분무소화설비 및 옥외소화전설비의 가압송수장치와 겸용하여 설치하는 경우의 펌프의 토출량은 각 소화설비에 해당하는 토출량을 합한 양 이상이 되도록 하여야 한다. 다만, 이들 소화설비 중 고정식 소화설비가 2 이상 설치되어 있고, 그 소화설비가 설치된 부분이 방화벽과 방화문으로 구획되어 있으며 각 소화설비에 지장이 없는 경우에는 펌프의 토출량중 최대의 것 이상으로 할 수 있다.
③ 옥내소화전설비·스프링클러설비·간이스프링클러설비·화재조기진압용 스프링클러설비·물분무소화설비·포소화설비 및 옥외소화전설비의 가압송수장치에 있어서 각 토출측배관과 일반급수용의 가압송수장치의 토출측 배관을 상호 연결하여 화재시 사용할 수 있다. 이 경우 연결배관에는 개·폐표시형밸브를 설치하여야 하며, 각 소화설비의 성능에 지장이 없도록 하여야 한다.
④ 포소화설비의 송수구를 옥내소화전설비·스프링클러설비·간이스프링클러설비·화재조기진압용 스프링클러설비·물분무소화설비·연결송수관설비 또는 연결살수설비의 송수구와 겸용으로 설치하는 경우에는 스프링클러설비의 송수구의 설치기준에 따르되 각각의 소화설비의 기능에 지장이 없도록 하여야 한다.

제17조(설치·유지기준의 특례)

소방본부장 또는 소방서장은 기존건축물이 증축·개축·대수선되거나 용도변경되는 경우에 있어서 이 기준이 정하는 기준에 따라 당해 건축물에 설치하여야 할 포소화설비의 배관·배선 등의 공사가 현저하게 곤란하다고 인정되는 경우에는 당해 설비의 기능 및 사용에 지장이 없는 범위 안에서 포소화설비의 설치·유지기준의 일부를 적용하지 아니할 수 있다.

제18조(재검토 기한)

소방청장은 「훈령·예규 등의 발령 및 관리에 관한 규정」에 따라 이 고시에 대하여 2016년 1월 1일을 기준으로 매3년이 되는 시점(매 3년째의 12월 31일까지를 말한다)마다 그 타당성을 검토하여 개선 등의 조치를 하여야 한다. 〈전문개정 2015.10.28, 2017.7.26, 2017.7.26〉

부칙 〈제2019-47호, 2019.8.13〉

이 고시는 발령한 날부터 시행한다.

제9장 이산화탄소소화설비의 화재안전기준(NFSC 106)

[시행 2019.8.13] [소방청고시 제2019-46호, 2019.8.13, 일부개정]

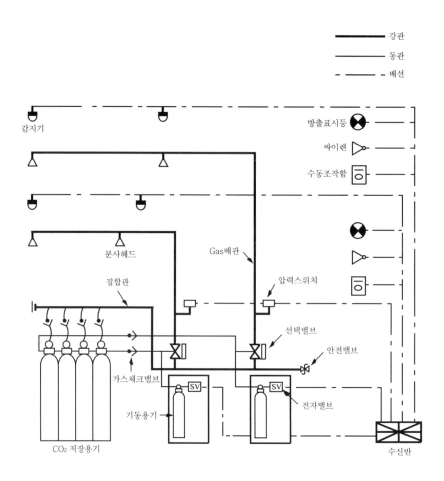

제1조(목적)

이 기준은 「화재예방, 소방시설 설치·유지 및 안전관리에 관한 법률」 제9조제1항에서 소방청장에게 위임한 사항 중 물분무등소화설비인 이산화탄소소화설비의 설치유지 및 안전관리에 요구되는 기준을 규정함을 그 목적으로 한다. 〈개정 2015.1.23, 2016.7.13, 2017.7.26〉

제2조(적용범위)

「화새예방, 소방시실 실치·유지 및 안전관리에 관한 법률 시행령」(이하 "영"이리 한디) 별표 5 제1호바목에 따른 이산화탄소소화설비는 이 기준에서 정하는 규정에 따라 설비를 설치하고 유지·관리하여야 한다. 〈개정 2012.8.20, 2013.9.3, 2015.1.23, 2016.7.13〉

제3조(정의)

이 기준에서 사용하는 용어의 정의는 다음과 같다.
1. **"전역방출방식"**이라 함은 고정식 이산화탄소 공급장치에 배관 및 분사헤드를 고정 설치하여 밀폐 방호구역 내에 이산화탄소를 방출하는 설비를 말한다.
2. **"국소방출방식"**이라 함은 고정식 이산화탄소 공급장치에 배관 및 분사헤드를 설치하여 직접 화점에 이산화탄소를 방출하는 설비로 화재발생부분에만 집중적으로 소화약제를 방출하도록 설치하는 방식을 말한다.
3. **"호스릴방식"**이라 함은 분사헤드가 배관에 고정되어 있지 않고 소화약제 저장용기에 호스를 연결하여 사람이 직접 화점에 소화약제를 방출하는 이동식 소화설비를 말한다
4. **"충전비"**라 함은 용기의 용적과 소화약제의 중량과의 비율을 말한다.
5. **"심부화재"**라 함은 목재 또는 섬유류와 같은 고체가연물에서 발생하는 화재형태로서 가연물 내부에서 연소하는 화재를 말한다.
6. **"표면화재"**라 함은 가연성물질의 표면에서 연소하는 화재를 말한다.
7. **"교차회로방식"**이라 함은 하나의 방호구역내에 2 이상의 화재감지기회로를 설치하고 인접한 2 이상의 화재감지기가 동시에 감지되는 때에는 이산화탄소소화설비가 작동하여 소화약제가 방출되는 방식을 말한다.
8. **"방화문"**이라 함은 「건축법 시행령」 제64조의 규정에 따른 갑종방화문 또는 을종방화문으로써 언제나 닫힌 상태를 유지하거나 화재로 인한 연기의 발생 또는 온도의 상승에 따라 자동적으로 닫히는 구조를 말한다.

제4조(소화약제의 저장용기 등)

① 이산화탄소 소화약제의 **저장용기**는 다음 각호의 기준에 적합한 장소에 설치하여야 한다.

1. 방호구역 외의 장소에 설치할 것. 다만, 방호구역내에 설치할 경우에는 피난 및 조작이 용이하도록 피난구부근에 설치하여야 한다.
2. 온도가 40℃ 이하이고, 온도변화가 적은 곳에 설치할 것
3. 직사광선 및 빗물이 침투할 우려가 없는 곳에 설치할 것
4. 방화문으로 구획된 실에 설치할 것
5. 용기의 설치장소에는 당해 용기가 설치된 곳임을 표시하는 표지를 할 것
6. 용기간의 간격은 점검에 지장이 없도록 3cm 이상의 간격을 유지할 것
7. 저장용기와 집합관을 연결하는 연결배관에는 체크밸브를 설치할 것. 다만, 저장용기 가 하나의 방호구역만을 담당하는 경우에는 그러하지 아니하다.

② 이산화탄소 소화약제의 저장용기는 다음 각호의 기준에 따라 설치하여야 한다.
1. 저장용기의 충전비는 **고압식**에 있어서는 **1.5 이상 1.9 이하**, 저압식에 있어서는 **1.1 이 상 1.4 이하**로 할 것
2. **저압식 저장용기**에는 내압시험압력의 **0.64배 내지 0.8배의 압력**에서 작동하는 **안전밸 브**와 내압시험압력의 **0.8배 내지 내압시험압력**에서 작동하는 **봉판**을 설치할 것
3. 저압식 저장용기에는 액면계 및 압력계와 **2.3MPa 이상 1.9MPa 이하**의 압력에서 작동 하는 **압력경보장치**를 설치할 것
4. 저압식 저장용기에는 용기내부의 온도가 섭씨 **영하 18℃ 이하**에서 2.1MPa의 압력을 유지할 수 있는 자동냉동장치를 설치할 것
5. 저장용기는 **고압식은 25MPa 이상**, **저압식은 3.5MPa 이상**의 내압시험압력에 합격한 것으로 할 것

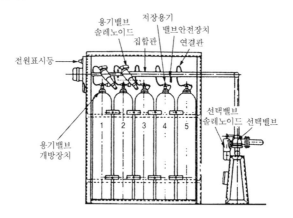

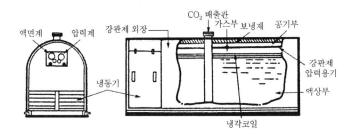

③ 이산화탄소 소화약제 저장용기의 개방밸브는 **전기식·가스압력식** 또는 **기계식**에 따라 자동으로 개방되고 수동으로도 개방되는 것으로서 안전장치가 부착된 것으로 하여야 한다.

④ 이산화탄소 소화약제 저장용기와 선택밸브 또는 개폐밸브 사이에는 내압시험압력 **0.8배**에서 작동하는 안전장치를 설치하여야 한다.

제5조(소화약제)

이산화탄소 소화약제 저장량은 다음 각호의 기준에 따른 양으로 한다. 이 경우 동일한 특정소방대상물 또는 그 부분에 2 이상의 방호구역이나 방호대상물이 있는 경우에는 각 방호구역 또는 방호대상물에 대하여 다음 각호의 기준에 따라 산출한 저장량중 최대의 것으로 할수 있다.

1. **전역방출방식**에 있어서 가연성액체 또는 가연성가스등 **표면화재 방호대상물**의 경우에는 다음 각목의 기준에 따른다.

   가. 방호구역의 체적(불연재료나 내열성의 재료로 밀폐된 구조물이 있는 경우에는 그체적을 감한 체적) 1m³에 대하여 다음 표에 따른 양. 다만, 다음 표에 따라 산출한양이 동표에 따른 저장량의 최저한도의 양 미만이 될 경우에는 그 최저한도의 양으로 한다.

방호구역 체적	방호구역의 체적 1m³에 대한 소화약제의 양	소화약제 저장량의 최저한도의 양
45m³ 미만	1.00kg	45kg
45m³ 이상 150m³ 미만	0.90kg	45kg
150m³ 이상 1,450m³ 미만	0.80kg	135kg
1,450m³ 이상	0.75kg	1,125kg

   나. 별표1에 따른 설계농도가 34% 이상인 방호대상물의 소화약제량은 가목의 기준에 따라 산출한 기본소화약제량에 다음 표에 따른 보정계수를 곱하여 산출한다.

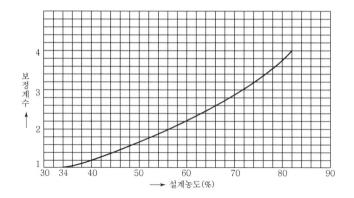

다. 방호구역의 개구부에 자동폐쇄장치를 설치하지 아니한 경우에는 가목 및 나목의
기준에 따라 산출한 양에 개구부면적 $1m^2$당 5kg을 가산하여야 한다. 이 경우 개구
부의 면적은 방호구역 전체 표면적의 3% 이하로 하여야 한다.

2. **전역방출방식**에 있어서 종이 · 목재 · 석탄 · 섬유류 · 합성수지류 등 **심부화재 방호대
상물**의 경우에는 다음 각목의 기준에 따른다.

가. 방호구역의 체적(불연재료나 내열성의 재료로 밀폐된 구조물이 있는 경우에는 그
체적을 감한 체적) $1m^3$에 대하여 다음 표에 따른 양 이상으로 하여야 한다.

방호대상물	방호구역의 체적 $1m^3$에 대한 소화약제의 양	설계농도 (%)
유압기기를 제외한 전기설비, 케이블실	1.3kg	50
체적 $55m^3$ 미만의 전기설비	1.6kg	50
서고, 전자제품창고, 목재가공품창고, 박물관	2.0kg	65
고무류 · 면화류창고, 모피창고, 석탄창고, 집진설비	2.7kg	75

나. 방호구역의 개구부에 자동폐쇄장치를 설치하지 아니한 경우에는 가목의 기준에
따라 산출한 양에 개구부 면적 $1m^2$당 10kg을 가산하여야 한다. 이 경우 개구부의
면적은 방호구역 전체 표면적의 3% 이하로 하여야 한다.

3. **국소방출방식**에 있어서는 다음의 기준에 따라 산출한 양에 고압식의 것에 있어서는
1.4, 저압식의 것에 있어서는 1.1을 각각 곱하여 얻은 양 이상으로 할 것

가. 윗면이 개방된 용기에 저장하는 경우와 화재시 연소면이 한정되고 가연물이 비산
할 우려가 없는 경우에는 방호대상물의 표면적 $1m^2$에 대하여 13kg

나. 가목외의 경우에는 방호공간(방호대상물의 각 부분으로부터 0.6m의 거리에 따라 둘러싸인 공간을 말한다. 이하 같다)의 체적 1m³에 대하여 다음의 식에 따라 산출한 양

$$Q = 8 - 6\frac{a}{A}$$

Q : 방호공간 1m³에 대한 이산화탄소 소화약제의 양(kg/m³)

a : 방호 대상물 주위에 설치된 벽의 면적의 합계(m²)

A : 방호공간의 벽면적(벽이 없는 경우에는 벽이 있는 것으로 가정한 당해 부분의 면적)의 합계(m²)

4. **호스릴이산화탄소소화설비**에 있어서는 하나의 노즐에 대하여 **90kg** 이상으로 할 것

제6조(기동장치)

① 이산화탄소소화설비의 **수동식 기동장치**는 다음 각호의 기준에 따라 설치하여야 한다. 이 경우 수동식 기동장치의 부근에는 소화약제의 방출을 지연시킬 수 있는 **비상스위치**(자동복귀형 스위치로서 수동식 기동장치의 타이머를 순간 정지시키는 기능의 스위치를 말한다)를 설치하여야 한다.

> **Check Point**
>
> 1. 전역방출방식에 있어서는 방호구역마다, 국소방출방식에 있어서는 방호대상물마다 설치할 것
> 2. 당해방호구역의 출입구부분 등 조작을 하는 자가 쉽게 피난할 수 있는 장소에 설치할 것
> 3. 기동장치의 조작부는 바닥으로부터 높이 0.8m 이상 1.5m 이하의 위치에 설치하고, 보호판 등에 따른 보호장치를 설치할 것
> 4. 기동장치에는 그 가까운 곳의 보기쉬운 곳에 "이산화탄소소화설비 기동장치"라고 표시한 표지를 할 것
> 5. 전기를 사용하는 기동장치에는 전원표시등을 설치할 것
> 6. 기동장치의 방출용 스위치는 음향경보장치와 연동하여 조작될 수 있는 것으로 할 것

② 이산화탄소소화설비의 **자동식 기동장치**는 자동화재탐지설비의 감지기의 작동과 연동하는 것으로서 다음 각호의 기준에 따라 설치하여야 한다.

Check Point

1. 자동식 기동장치에는 수동으로도 기동할 수 있는 구조로 할 것
2. 전기식 기동장치로서 7병 이상의 저장용기를 동시에 개방하는 설비에 있어서는 2병 이상의 저장용기에 전자 개방밸브를 부착할 것
3. 가스압력식 기동장치는 다음의 기준에 따를 것
   가. 기동용가스용기 및 당해 용기에 사용하는 밸브는 25MPa 이상의 압력에 견딜 수 있는 것으로 할 것
   나. 기동용가스용기에는 내압시험압력의 0.8배 내지 내압시험압력 이하에서 작동하는 안전장치를 설치할 것
   다. 기동용가스용기의 용적은 5L 이상으로 하고, 해당 용기에 저장하는 질소 등의 비활성기체는 6.0MPa 이상(21℃ 기준)의 압력으로 충전 할 것〈개정 2012.8.20, 2015.1.23〉
   라. 기동용가스용기에는 충전여부를 확인할 수 있는 압력게이지를 설치할 것〈신설 2015.1.23〉
4. 기계식 기동장치에 있어서는 저장용기를 쉽게 개방할 수 있는 구조로 할 것

저장용기의 충전 약제량

$$G = \frac{V}{C}$$

G : 충전질량(kg), C : 충전비, V : 용기의 내용적(L)

③ 이산화탄소소화설비가 설치된 부분의 출입구 등의 보기쉬운 곳에 소화약제의 방사를 표시하는 표시등을 설치하여야 한다.

제7조(제어반 등)

이산화탄소소화설비의 제어반 및 화재표시반은 다음 각호의 기준에 따라 설치하여야 한다. 다만, 자동화재탐지설비의 수신기의 제어반이 화재표시반의 기능을 가지고 있는 것에 있어서는 화재표시반을 설치하지 아니할 수 있다.

1. 제어반은 수동기동장치 또는 감지기에서의 신호를 수신하여 음향경보장치의 작동, 소화약제의 방출 또는 지연 기타의 제어기능을 가진 것으로 하고, 제어반에는 전원표시등을 설치할 것
2. **화재표시반**은 제어반에서의 신호를 수신하여 작동하는 기능을 가진 것으로 하되, 다음의 기준에 따라 설치할 것

가. 각 방호구역마다 음향경보장치의 조작 및 감지기의 작동을 명시하는 표시등과 이와 연동하여 작동하는 벨·부자 등의 경보기를 설치할 것. 이 경우 음향경보장치의 조작 및 감지기의 작동을 명시하는 표시등을 겸용할 수 있다.

나. 수동식 기동장치에 있어서는 그 방출용스위치의 작동을 명시하는 표시등을 설치할 것

다. 소화약제의 방출을 명시하는 표시등을 설치할 것

라. 자동식 기동장치에 있어서는 자동·수동의 절환을 명시하는 표시등을 설치할 것

3. 제어반 및 화재표시반의 설치장소는 화재에 따른 영향, 진동 및 충격에 따른 영향 및 부식의 우려가 없고 점검에 편리한 장소에 설치할 것

4. 제어반 및 화재표시반에는 당해 회로도 및 취급설명서를 비치할 것

5. 기동장치와 방출배관 사이에 설치한 수동잠금밸브의 개폐여부를 확인할 수 있는 표시등을 설치할 것〈신설 2015.1.23〉

제8조(배관 등)

① 이산화탄소소화설비의 배관은 다음 각호의 기준에 따라 설치하여야 한다.

1. 배관은 전용으로 할 것

2. **강관을 사용하는 경우의 배관**은 **압력배관용탄소강관**(KS D 3562)**중 스케줄 80(저압식에 있어서는 스케줄 40) 이상의 것** 또는 이와 동등 이상의 강도를 가진 것으로 아연도금 등으로 방식처리된 것을 사용할 것. 다만, 배관의 호칭구경이 20mm 이하인 경우에는 스케줄 40 이상인 것을 사용할 수 있다.

3. **동관을 사용하는 경우의 배관**은 이음이 없는 동 및 동합금관(KS D 5301)으로서 **고압식은 16.5MPa 이상, 저압식은 3.75MPa 이상**의 압력에 견딜 수 있는 것을 사용할 것

4. **고압식의 경우** 개폐밸브 또는 선택밸브의 **2차측 배관부속**은 호칭압력 2.0MPa이상의 것을 사용하여야 하며, **1차측 배관부속**은 호칭압력 4.0MPa 이상의 것을 사용하여야 하고, **저압식**의 경우에는 2.0MPa의 압력에 견딜 수 있는 배관부속을 사용할 것

② 배관의 구경은 이산화탄소의 소요량이 다음의 기준에 따른 시간 내에 방사될 수 있는 것으로 하여야 한다.

1. 전역방출방식에 있어서 가연성액체 또는 가연성가스 등 표면화재 방호대상물의 경우에는 1분

2. 전역방출방식에 있어서 종이, 목재, 석탄, 섬유류, 합성수지류 등 심부화재 방호대상물의 경우에는 7분. 이 경우 설계농도가 2분 이내에 30%에 도달하여야 한다.
3. 국소방출방식의 경우에는 30초

③ 소화약제의 저장용기와 선택밸브 사이의 집합배관에는 수동잠금밸브를 설치하되 선택밸브 직전에 설치할 것. 다만, 선택밸브가 없는 설비의 경우에는 저장용기실 내에 설치하되 조작 및 점검이 쉬운 위치에 설치하여야 한다. 〈신설 2015.1.23〉

제9조(선택밸브)

하나의 소방대상물 또는 그 부분에 2 이상의 방호구역 또는 방호대상물이 있어 이산화탄소 저장용기를 공용하는 경우에는 다음 각호의 기준에 따라 선택밸브를 설치하여야 한다.

1. 방호구역 또는 방호대상물마다 설치할 것
2. 각 선택밸브에는 그 담당방호구역 또는 방호대상물을 표시할 것

제10조(분사헤드)

① **전역방출방식**의 이산화탄소소화설비의 분사헤드는 다음 각호의 기준에 따라 설치하여야 한다.

1. 방사된 소화약제가 방호구역의 전역에 균일하게 신속히 확산할 수 있도록 할 것
2. 분사헤드의 방사압력이 **2.1MPa(저압식의 것에 있어서는 1.05MPa) 이상**의 것으로 할 것
3. 소방대상물 또는 그 부분에 설치된 이산화탄소소화설비의 소화약제의 저장량은 제8조 제2항제1호 및 제2호의 기준에서 정한 시간이내에 방사할 수 있는 것으로 할 것

② **국소방출방식**의 이산화탄소소화설비의 분사헤드는 다음 각호의 기준에 따라 설치하여야 한다.

1. 소화약제의 방사에 따라 가연물이 비산하지 아니하는 장소에 설치할 것
2. 이산화탄소 소화약제의 저장량은 **30초** 이내에 방사할 수 있는 것으로 할 것
3. 성능 및 방사압력이 제1항제1호 및 제2호의 기준에 적합한 것으로 할 것

③ 화재 시 현저하게 연기가 찰 우려 없는 장소로서 다음 각호의 1에 해당하는 장소(차고 또는 주차의 용도로 사용되는 부분 제외)에는 호스릴이산화탄소소화설비를 설치할 수 있다. 〈개정 2019.8.13〉

1. 지상 1층 및 피난층에 있는 부분으로서 지상에서 수동 또는 원격조작에 따라 개방할 수 있는 개구부의 유효면적의 합계가 바닥면적의 15% 이상이 되는 부분
2. 전기설비가 설치되어 있는 부분 또는 다량의 화기를 사용하는 부분(당해 설비의 주위 5m 이내의 부분을 포함한다)의 바닥면적이 당해 설비가 설치되어 있는 구획의 바닥면적의 5분의 1 미만이 되는 부분

④ **호스릴이산화탄소소화설비**는 다음 각호의 기준에 따라 설치하여야 한다.

1. 방호대상물의 각 부분으로부터 하나의 호스접결구까지의 수평거리가 15m 이하가 되도록 할 것
2. 노즐은 20℃에서 하나의 노즐마다 60kg/min 이상의 소화약제를 방사할 수 있는 것으로 할 것
3. 소화약제 저장용기는 호스릴을 설치하는 장소마다 설치할 것
4. 소화약제 저장용기의 개방밸브는 호스의 설치장소에서 수동으로 개폐할 수 있는 것으로 할 것
5. 소화약제 저장용기의 가장 가까운 곳의 보기 쉬운곳에 표시등을 설치하고, 호스릴이산화탄소소화설비가 있다는 뜻을 표시한 표지를 할 것

⑤ 이산화탄소소화설비의 분사헤드의 오리피스구경 등은 다음 각호의 기준에 적합하여야 한다.

1. 분사헤드에는 부식방지조치를 하여야 하며 오리피스의 크기, 제조일자, 제조업체가 표시 되도록 할 것
2. 분사헤드의 갯수는 방호구역에 방사시간이 충족되도록 설치할 것
3. 분사헤드의 방출율 및 방출압력은 제조업체에서 정한 값으로 할 것
4. 분사헤드의 오리피스의 면적은 분사헤드가 연결되는 배관구경면적의 70%를 초과하지 아니할 것

제11조(분사헤드 설치제외)

이산화탄소소화설비의 분사헤드는 다음 각호의 장소에 설치하여서는 아니 된다.

제12조(자동식 기동장치의 화재감지기)

이산화탄소소화설비의 자동식 기동장치는 다음 각호의 기준에 따른 화재감지기를 설치하여야 한다.

1. 각 방호구역내의 화재감지기의 감지에 따라 작동되도록 할 것
2. 화재감지기의 회로는 교차회로방식으로 설치할 것. 다만, 화재감지기를 「자동화재탐지설비의 화재안전기준(NFSC 203)」 제7조제1항 단서의 각호의 감지기로 설치하는 경우에는 그러하지 아니하다.
3. 교차회로내의 각 화재감지기회로별로 설치된 화재감지기 1개가 담당하는 바닥면적은 「자동화재탐지설비의 화재안전기준(NFSC 203)」 제7조제3항제5호·제8호 내지 제10호의 규정에 따른 바닥면적으로 할 것

제13조(음향경보장치)

① 이산화탄소소화설비의 음향경보장치는 다음 각호의 기준에 따라 설치하여야 한다.

1. 수동식 기동장치를 설치한 것에 있어서는 그 기동장치의 조작과정에서, 자동식 기동장치를 설치한 것에 있어서는 화재감지기와 연동하여 자동으로 경보를 발하는 것으로 할 것
2. 소화약제의 방사개시후 1분 이상 경보를 계속할 수 있는 것으로 할 것
3. 방호구역 또는 방호대상물이 있는 구획안에 있는 자에게 유효하게 경보할 수 있는 것으로 할 것

② 방송에 따른 경보장치를 설치할 경우에는 다음 각호의 기준에 따라야 한다.

1. 증폭기 재생장치는 화재시 연소의 우려가 없고, 유지관리가 쉬운 장소에 설치할 것
2. 방호구역 또는 방호대상물이 있는 구획의 각 부분으로부터 하나의 확성기까지의 수평거리는 25m 이하가 되도록 할 것
3. 제어반의 복구스위치를 조작하여도 경보를 계속 발할 수 있는 것으로 할 것

제14조(자동폐쇄장치)

전역방출방식의 이산화탄소소화설비를 설치한 특정소방대상물 또는 그 부분에 대하여는 다음 각호의 기준에 따라 자동폐쇄장치를 설치하여야 한다.

1. 환기장치를 설치한 것에 있어서는 이산화탄소가 방사되기 전에 당해 환기장치가 정지할 수 있도록 할 것
2. 개구부가 있거나 천장으로부터 1m 이상의 아래부분 또는 바닥으로부터 당해층의 높이의 3분의 2 이내의 부분에 통기구가 있어 이산화탄소의 유출에 따라 소화효과를 감소시킬 우려가 있는 것에 있어서는 이산화탄소가 방사되기 전에 당해 개구부 및 통기구를 폐쇄할 수 있도록 할 것
3. 자동폐쇄장치는 방호구역 또는 방호대상물이 있는 구획의 밖에서 복구할 수 있는 구조로 하고, 그 위치를 표시하는 표지를 할 것

제15조(비상전원)

이산화탄소소화설비(호스릴이산화탄소소화설비를 제외한다)의 비상전원은 자가발전설비, 축전지설비(제어반에 내장하는 경우를 포함한다) 또는 전기저장장치(외부 전기에너지를 저장해 두었다가 필요한 때 전기를 공급하는 장치)로서 다음 각호의 기준에 따라 설치하여야 한다. 〈개정 2016.7.13〉

1. 점검에 편리하고 화재 및 침수 등의 재해로 인한 피해를 받을 우려가 없는 곳에 설치할 것
2. 이산화탄소소화설비를 유효하게 20분 이상 작동할 수 있어야 할 것
3. 상용전원으로부터 전력의 공급이 중단된 때에는 자동으로 비상전원으로부터 전력을 공급받을 수 있도록 할 것
4. 비상전원의 설치장소는 다른 장소와 방화구획 할 것. 이 경우 그 장소에는 비상전원의 공급에 필요한 기구나 설비외의 것(열병합발전설비에 필요한 기구나 설비는 제외한다)을 두어서는 아니 된다.
5. 비상전원을 실내에 설치하는 때에는 그 실내에 비상조명등을 설치할 것

제16조(배출설비)

지하층, 무창층 및 밀폐된 거실 등에 이산화탄소소화설비를 설치한 경우에는 소화약제의 농도를 희석시키기 위한 배출설비를 갖추어야 한다.

제17조(과압배출구)

이산화탄소소화설비의 방호구역에 소화약제가 방출시 과압으로 인하여 구조물 등에 손상이 생길 우려가 있는 장소에는 과압배출구를 설치하여야한다.

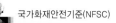

제18조(설계프로그램)

이산화탄소소화설비를 컴퓨터프로그램을 이용하여 설계할 경우에는 「가스계소화설비의 설계프로그램 성능인증 및 제품검사의 기술기준」에 적합한 설계프로그램을 사용하여야 한다. 〈개정 2012.8.20, 2013.9.3〉

제19조(안전시설 등)

이산화탄소소화설비가 설치된 장소에는 다음 각 호의 기준에 따른 안전시설을 설치하여야 한다.
  1. 소화약제 방출시 방호구역 내와 부근에 가스방출시 영향을 미칠 수 있는 장소에 시각경보장치를 설치하여 소화약제가 방출되었음을 알도록 할 것
  2. 방호구역의 출입구 부근 잘 보이는 장소에 약제방출에 따른 위험경고표지를 부착할 것[본조 신설 2015.1.23.]

제20조(설치·유지기준의 특례)

소방본부장 또는 소방서장은 기존건축물이 증축·개축·대수선되거나 용도변경 되는 경우에 있어서 이 기준이 정하는 기준에 따라 당해 건축물에 설치하여야 할 이산화탄소소화설비의 배관·배선 등의 공사가 현저하게 곤란하다고 인정되는 경우에는 당해 설비의 기능 및 사용에 지장이 없는 범위 안에서 이산화탄소소화설비의 설치·유지기준의 일부를 적용하지 아니할 수 있다.

제21조(재검토 기한)

소방청장은 「훈령·예규 등의 발령 및 관리에 관한 규정」에 따라 이 고시에 대하여 2016년 1월 1일을 기준으로 매3년이 되는 시점(매 3년째의 12월 31일까지를 말한다)마다 그 타당성을 검토하여 개선 등의 조치를 하여야 한다. 〈전문개정 2015.10.28, 2017.7.26〉

부칙 〈제2019-46호, 2019.8.13〉

이 고시는 발령한 날부터 시행한다.

[별표 1]

가연성 액체 또는 가연성 가스의 소화에 필요한 설계농도(제5조제1호 나목관련)

방호대상물	설계농도(%)
수소(Hydrogen)	75
아세틸렌(Acetylene)	66
일산화탄소(Carbon Monoxide)	64
산화에틸렌(Ethylene Oxide)	53
에틸렌(Ethylene)	49
에탄(Ethane)	40
석탄가스, 천연가스(Coal, Natural gas)	37
사이크로 프로판(Cyclo Propane)	37
이소부탄(Iso Butane)	36
프로판(Propane)	36
부탄(Butane)	34
메탄(Methane)	34

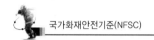

제10장 할론소화설비의 화재안전기준(NFSC 107)

[시행 2018.11.19.] [소방청고시 제2018-16호, 2018.11.19, 일부개정.]

제1조(목적)

이 기준은 「화재예방, 소방시설 설치·유지 및 안전관리에 관한 법률」 제9조제1항에 따라 소방청장에게 위임한 사항 중 물분무등소화설비인 할론소화설비의 설치·유지 및 안전관리에 관하여 필요한 사항을 규정함을 목적으로 한다. 〈개정 2015.10.28, 2016.7.13, 2017.7.26, 2018. 11.19〉

제2조(적용범위)

「화재예방, 소방시설 설치·유지 및 안전관리에 관한 법률 시행령」(이하 "영"이라 한다) 별표 5 제1호 바목에 따른 물분무등소화설비 중 할론소화설비는 이 기준에서 정하는 규정에 따라 설비를 설치하고 유지·관리하여야 한다. 〈개정 2012.8.20, 2013.9.3, 2015.10.28, 2016.7. 13, 2018.11.19〉

제3조(정의)

이 기준에서 사용하는 용어의 정의는 다음과 같다.
1. "전역방출방식"이란 고정식 할론 공급장치에 배관 및 분사헤드를 고정 설치하여 밀폐 방호구역 내에 할론을 방출하는 설비를 말한다. 〈개정 2012.8.20, 2018.11.19〉
2. "국소방출방식"이란 고정식 할론 공급장치에 배관 및 분사헤드를 설치하여 직접 화점에 할론을 방출하는 설비로 화재발생부분에만 집중적으로 소화약제를 방출하도록 설치하는 방식을 말한다. 〈개정 2012.8.20, 2018.11.19〉
3. "호스릴방식"이란 분사헤드가 배관에 고정되어 있지 않고 소화약제 저장용기에 호스를 연결하여 사람이 직접 화점에 소화약제를 방출하는 이동식소화설비를 말한다. 〈개정 2012.8.20〉
4. "충전비"란 용기의 체적과 소화약제의 중량과의 비를 말한다. 〈개정 2012.8.20〉
5. "교차회로방식"이란 하나의 방호구역 내에 2 이상의 화재감지기회로를 설치하고 인접한 2 이상의 화재감지기가 동시에 감지되는 때에는 할론소화설비가 작동하여 소화약제가 방출되는 방식을 말한다. 〈개정 2012.8.20, 2018.11.19〉
6. "방화문"이란 「건축법 시행령」 제64조의 규정에 따른 갑종방화문 또는 을종방화문으

로써 언제나 닫힌 상태를 유지하거나 화재로 인한 연기의 발생 또는 온도의 상승에 따라 자동적으로 닫히는 구조를 말한다.〈개정 2012.8.20〉

제4조(소화약제의 저장용기등)

① 할론소화약제의 저장용기는 다음 각 호의 기준에 적합한 장소에 설치하여야 한다.〈개정 2012.8.20, 2018.11.19〉
1. 방호구역외의 장소에 설치할 것. 다만, 방호구역 내에 설치할 경우에는 피난 및 조작이 용이하도록 피난구 부근에 설치하여야 한다.
2. 온도가 40℃ 이하이고, 온도변화가 적은 곳에 설치할 것
3. 직사광선 및 빗물이 침투할 우려가 없는 곳에 설치할 것
4. 방화문으로 구획된 실에 설치할 것
5. 용기의 설치장소에는 해당 용기가 설치된 곳임을 표시하는 표지를 할 것〈개정 2012.8.20〉
6. 용기간의 간격은 점검에 지장이 없도록 3cm 이상의 간격을 유지할 것
7. 저장용기와 집합관을 연결하는 연결배관에는 체크밸브를 설치할 것. 다만, 저장용기가 하나의 방호구역만을 담당하는 경우에는 그러하지 아니하다.
② 할론소화약제의 저장용기는 다음 각 호의 기준에 따라 설치하여야 한다.〈개정 2012.8.20, 2018.11.19〉
1. **축압식** 저장용기의 압력은 온도 20℃에서 **할론 1211**을 저장하는 것은 1.1MPa **또는** 2.5MPa, **할론 1301**을 저장하는 것은 2.5MPa **또는** 4.2MPa이 되도록 질소가스로 **축압**할 것〈개정 2012.8.20〉
2. 저장용기의 **충전비**는 **할론 2402**를 저장하는 것중 **가압식** 저장용기는 0.51 **이상** 0.67 **미만, 축압식** 저장용기는 0.67 **이상** 2.75 **이하, 할론** 1211은 0.7 **이상** 1.4 **이하, 할론** 1301은 0.9 **이상** 1.6 **이하**로 할 것〈개정 2012.8.20〉
3. **동일 집합관**에 접속되는 용기의 소화약제 충전량은 동일충전비의 것이어야 할 것
③ 가압용 가스용기는 질소가스가 충전된 것으로 하고, 그 압력은 21℃에서 2.5MPa 또는 4.2MPa이 되도록 하여야 한다.
④ 할론소화약제 저장용기의 개방밸브는 **전기식 · 가스압력식 또는 기계식**에 따라 자동으로 개방되고 수동으로도 개방되는 것으로서 안전장치가 부착된 것으로 하여야 한다.〈개정 2018.11.19〉
⑤ 가압식 저장용기에는 2.0MPa 이하의 압력으로 조정할 수 있는 압력조정장치를 설치하여야 한다.
⑥ 하나의 구역을 담당하는 소화약제 저장용기의 **소화약제량의 체적합계**보다 그 소화약제 방출시 방출경로가 되는 **배관**(집합관 포함)**의 내용적이 1.5배 이상일 경우**에는 해당 방호구역에 대한 설비는 **별도 독립방식**으로 하여야 한다.〈개정 2012.8.20〉

제5조(소화약제)

할론소화약제의 저장량은 다음 각 호의 기준에 따라야 한다. 이 경우 동일한 특정소방대상물 또는 그 부분에 2 이상의 방호구역 또는 방호대상물이 있는 경우에는 각 방호구역 또는 방호 대상물에 대하여 다음 각 호의 기준에 따라 **산출한 저장량 중 최대의 것**으로 할 수 있다. 〈개정 2012.8.20, 2018.11.19〉

1. 전역방출방식은 다음 각 목의 기준에 따라 산출한 양 이상으로 할 것 〈개정 2012.8.20〉
   가. 방호구역의 체적(불연재료나 내열성의 재료로 밀폐된 구조물이 있는 경우에는 그 체적을 제외한다) 1m³에 대하여 다음 표에 따른 양

소방대상물 또는 그 부분		소화약제의 종별	방호구역의 체적 1m³ 당 소화약제의 양
차고·주차장·전기실·통신기기실·전산실 기타 이와 유사한 전기설비가 설치되어 있는 부분		할론 1301	0.32kg 이상 0.64kg 이하
「소방기본법 시행령」 별표 2의 특수가 연물을 저장·취급 하는 소방 대상물 또는 그 부분	가연성고체류·가연성액체류	할론 2402 할론 1211 할론 1301	0.40kg 이상 1.1 kg 이하 0.36kg 이상 0.71kg 이하 0.32kg 이상 0.64kg 이하
	면화류·나무껍질 및 대팻밥·넝마 및 종이부스러기·사류·볏짚류·목재가공품 및 나무부스러기를 저장·취급하는 것	할론 1211 할론 1301	0.60kg 이상 0.71kg 이하 0.52kg 이상 0.64kg 이하
	합성수지류를 저장·취급하는 것	할론 1211 할론 1301	0.36kg 이상 0.71kg 이하 0.32kg 이상 0.64kg 이하

   나. 방호구역의 개구부에 자동폐쇄장치를 설치하지 아니한 경우에는 "가"목에 따라 산출한 양에 다음 표에 따라 산출한 양을 가산한 양

소방대상물 또는 그 부분		소화약제의 종별	가산량(개구부의 면적 1m²당 소화약제의 양)
차고·주차장·전기실·통신기기실·전산실·기타 이와 유사한 전기설비가 설치되어 있는 부분		할론 1301	2.4kg
「소방기본법 시행령」 별표 2의 특수가연물을 저장·취급하는 소방대상물 또는 그 부분	가연성고체류·가연성액체류	할론 2402 할론 1211 할론 1301	3.0kg 2.7kg 2.4kg

소방대상물 또는 그 부분	소화약제의 종별	가산량(개구부의 면적 1m²당 소화약제의 양)
면화류·나무껍질 및 대팻밥·넝마 및 종이부스러기·사류·볏짚류·목재가공품 및 나무부스러기를저장·취급하는 것	할론 1211	4.5kg
	할론 1301	3.9kg
합성수지류를 저장·취급하는 것	할론 1211	2.7kg
	할론 1301	**2.4kg**

2. 국소방출방식은 다음 각 목의 기준에 따라 산출한 양에 할론 2402 또는 할론 1211은1.1을, 할론 1301은1.25를 각각 곱하여 얻은 양 이상으로 할 것 〈개정 2012.8.20〉

가. 윗면이 개방된 용기에 저장하는 경우와 화재시 연소면이 1면에 한정되고 가연물이 비산할 우려가 없는 경우에는 다음 표에 따른 양

소화약제의 종별	방호대상물의 표면적 1m²에 대한 소화약제의 양
할론 2402	8.8kg
할론 1211	7.6kg
할론 1301	6.8kg

나. 가목외의 경우에는 방호공간(방호대상물의 각부분으로부터 0.6m의 거리에 따라 둘러싸인 공간을 말한다. 이하 같다)의 체적 1m³에 대하여 다음의 식에 따라 산출한 양

$$Q = X - Y\frac{a}{A}$$

Q : 방호공간 1m³에 대한 할로겐화합물 소화약제의 양(kg/m³)

a : 방호대상물의 주위에 설치된 벽의 면적의 합계(m²)

A : 방호공간의 벽면적(벽이 없는 경우에는 벽이 있는 것으로 가정한 당해 부분의 면적)의 합계(m²)

X 및 Y : 다음표의 수치

소화약제의 종별	X의 수치	Y의 수치
할론 2402	5.2	3.9
할론 1211	4.4	3.3
할론 1301	4.0	3.0

3. 호스릴할론소화설비는 하나의 노즐에 대하여 다음 표에 따른 양 이상으로 할 것 〈개정 2012.8.20, 2018.11.19〉

소화약제의 종별	소화약제의 양
할론 2402 또는 1211	50kg
할론 1301	45kg

제6조(기동장치)

① 할론소화설비의 수동식기동장치는 다음 각 호의 기준에 따라 설치하여야 한다. 이 경우 수동식 기동장치의 부근에는 소화약제의 방출을 지연시킬 수 있는 비상스위치(자동복귀형 스위치로서 수동식 기동장치의 타이머를 순간정지 시키는 기능의 스위치를 말한다)를 설치하여야 한다. 〈개정 2012.8.20, 2018.11.19〉

1. 전역방출방식은 방호구역마다, 국소방출방식은 방호대상물마다 설치할 것 〈개정 2012.8.20〉
2. 해당 방호구역의 출입구부분 등 조작을 하는 자가 쉽게 피난할 수 있는 장소에 설치할 것 〈개정 2012.8.20〉
3. 기동장치의 조작부는 바닥으로부터 높이 0.8m 이상 1.5m 이하의 위치에 설치하고, 보호판 등에 따른 보호장치를 설치할 것
4. 기동장치에는 그 가까운 곳의 보기 쉬운 곳에 "할론소화설비 기동장치"라고 표시한 표지를 할 것 〈개정 2018.11.19〉
5. 전기를 사용하는 기동장치에는 전원표시등을 설치할 것
6. 기동장치의 방출용스위치는 음향경보장치와 연동하여 조작될 수 있는 것으로 할 것

② 할론소화설비의 자동식 기동장치는 자동화재탐지설비의 감지기의 작동과 연동 하는 것으로서 다음 각 호의 기준에 따라 설치하여야 한다. 〈개정 2012.8.20, 2018.11.19〉

1. 자동식 기동장치에는 수동으로도 기동할 수 있는 구조로 할 것
2. **전기식 기동장치로서 7병 이상의 저장용기를 동시에 개방하는 설비는 2병 이상의 저장용기에 전자개방밸브를 부착**할 것 〈개정 2012.8.20〉
3. 가스압력식 기동장치는 다음 각 목의 기준에 따를 것 〈개정 2012.8.20〉
   가. 기동용가스용기 및 해당 용기에 사용하는 밸브는 25MPa 이상의 압력에 견딜 수 있는 것으로 할 것 〈개정 2012.8.20〉
   나. 기동용가스용기에는 내압시험압력 0.8배부터 내압시험압력 이하에서 작동하는 안전장치를 설치할 것 〈개정 2012.8.20〉
   다. 기동용가스용기의 **용적은 1L 이상**으로 하고, 해당 용기에 저장하는 **이산화탄소의 양은 0.6kg 이상**으로하며, **충전비는 1.5 이상**으로 할 것 〈개정 2012.8.20〉
4. 기계식 기동장치는 저장용기를 쉽게 개방할 수 있는 구조로 할 것 〈개정 2012.8.20〉

③ 할론소화설비가 설치된 부분의 출입구 등의 보기 쉬운 곳에 소화약제의 방사를 표시하는 표시등을 설치하여야 한다. 〈개정 2018.11.19〉

제7조(제어반 등)

할론소화설비의 제어반 및 화재표시반은 다음 각 호의 기준에 따라 설치하여야 한다. 다만, 자동화재탐지설비의 수신기의 제어반이 화재표시반의 기능을 가지고 있는 것은 화재표시반을 설치하지 아니할 수 있다. 〈개정 2012.8.20, 2018.11.19〉

1. 제어반은 수동기동장치 또는 감지기에서의 신호를 수신하여 음향경보장치의 작동, 소화약제의 방출 또는 지연 기타의 제어기능을 가진 것으로 하고, 제어반에는 전원표시등을 설치할 것

2. 화재표시반은 제어반에서의 신호를 수신하여 작동하는 기능을 가진 것으로 하되, 다음 각 목의 기준에 따라 설치할 것 〈개정 2012.8.20〉

   가. 각 방호구역마다 음향경보장치의 조작 및 감지기의 작동을 명시하는 표시등과 이와 연동하여 작동하는 벨·부저 등의 경보기를 설치할 것. 이 경우 음향경보장치의 조작 및 감지기의 작동을 명시하는 표시등을 겸용할 수 있다.

   나. 수동식 기동장치는 그 방출용스위치의 작동을 명시하는 표시등을 설치할 것 〈개정 2012.8.20〉

   다. 소화약제의 방출을 명시하는 표시등을 설치할 것

   라. 자동식 기동장치는 자동·수동의 절환을 명시하는 표시등을 설치할 것 〈개정 2012.8.20〉

3. 제어반 및 화재표시반의 설치장소는 화재에 따른 영향, 진동 및 충격에 따른 영향 및 부식의 우려가 없고 점검에 편리한 장소에 설치할 것

4. 제어반 및 화재표시반에는 해당회로도 및 취급설명서를 비치할 것 〈개정 2012.8.20〉

제8조(배관)

할론소화설비의 배관은 다음 각 호의 기준에 따라 설치하여야 한다. 〈개정 2012.8.20, 2018.11.19〉

1. 배관은 전용으로 할 것

2. 강관을 사용하는 경우의 배관은 **압력배관용탄소강관**(KS D 3562)**중 스케줄 40 이상의** 것 또는 이와 동등 이상의 강도를 가진 것으로서 아연도금 등에 따라 방식처리된 것을 사용할 것

3. **동관**을 사용하는 경우에는 이음이 없는 동 및 동합금관(KS D 5301)의 것으로서 **고압식은 16.5MPa 이상, 저압식은 3.75MPa 이상**의 압력에 견딜 수 있는 것을 사용할 것

4. 배관부속 및 밸브류는 강관 또는 동관과 동등 이상의 강도 및 내식성이 있는 것으로 할 것

제9조(선택밸브)

하나의 특정소방대상물 또는 그 부분에 2 이상의 방호구역 또는 방호대상물이 있어 할론 저장용기를 공용하는 경우에는 다음 각 호의 기준에 따라 선택밸브를 설치하여야 한다. 〈개정 2012.8.20, 2018.11.19〉

  1. 방호구역 또는 방호대상물마다 설치할 것

  2. 각 선택밸브에는 그 담당방호구역 또는 방호대상물을 표시할 것

제10조(분사헤드)

① 전역방출방식의 할론소화설비의 분사헤드는 다음 각 호의 기준에 따라 설치하여야 한다. 〈개정 2012.8.20, 2018.11.19〉

> **Check Point**
>
> 1. 방사된 소화약제가 방호구역의 전역에 균일하게 신속히 확산할 수 있도록 할 것
> 2. **할론 2402**를 방출하는 분사헤드는 해당 소화약제가 **무상으로 분무**되는 것으로 할 것 〈개정 2012.8.20〉
> 3. 분사헤드의 방사압력은 **할론 2402**를 방사하는 것은 0.1MPa **이상**, **할론 1211**을 방사하는 것은 0.2MPa **이상**, **할론 1301**을 방사하는 것은 0.9MPa **이상**으로 할 것 〈개정 2012.8.20〉
> 4. 제5조에 따른 기준저장량의 소화약제를 **10초 이내에 방사**할 수 있는 것으로 할 것 〈개정 2012.8.20〉

② 국소방출방식의 할론소화설비의 분사헤드는 다음 각 호의 기준에 따라 설치하여야 한다. 〈개정 2012.8.20, 2018.11.19〉

> **Check Point**
>
> 1. 소화약제의 방사에 따라 가연물이 비산하지 아니하는 장소에 설치할 것
> 2. **할론 2402**를 방사하는 분사헤드는 해당 소화약제가 **무상으로 분무**되는 것으로 할 것 〈개정 2012.8.20〉
> 3. 분사헤드의 방사압력은 **할론 2402**를 방사하는 것은 0.1MPa **이상**, **할론 1211**을 방사하는 것은 0.2MPa **이상**, **할론1301**을 방사하는 것은 0.9MPa **이상**으로 할 것 〈개정 2012.8.20〉
> 4. 제5조에 따른 기준저장량의 소화약제를 **10초 이내에 방사**할 수 있는 것으로 할 것 〈개정 2012.8.20〉

③ 화재 시 현저하게 연기가 찰 우려가 없는 장소로서 다음 각 호의 어느 하나에 해당하는
장소는 호스릴할론소화설비를 설치할 수 있다. 〈개정 2012.8.20, 2018.11.19〉

1. 지상 1층 및 피난층에 있는 부분으로서 지상에서 수동 또는 원격조작에 따라 개방할
수 있는 개구부의 유효면적의 합계가 바닥면적의 15% 이상이 되는 부분

2. 전기설비가 설치되어 있는 부분 또는 다량의 화기를 사용하는 부분(해당 설비의 주위
5m 이내의 부분을 포함한다)의 바닥면적이 해당 설비가 설치되어 있는 구획의 바닥면
적의 5분의 1 미만이 되는 부분〈개정 2012.8.20〉

④ 호스릴할론소화설비는 다음 각 호의 기준에 따라 설치하여야 한다. 〈개정 2012.8.20,
2018.11.19〉

1. 방호대상물의 각 부분으로부터 하나의 호스접결구까지의 **수평거리가 20m 이하**가 되
도록 할 것

2. 소화약제의 저장용기의 개방밸브는 호스릴의 설치장소에서 수동으로 개폐할 수 있는
것으로 할 것

3. 소화약제의 저장용기는 호스릴을 설치하는 장소마다 설치할 것

4. 노즐은 20℃에서 하나의 노즐마다 1분당 다음 표에 따른 소화약제를 방사할 수 있는
것으로 할 것

소화약제의 종별	1분당 방사하는 소화약제의 양
할론 2402	45kg
할론 1211	40kg
할론 1301	35kg

5. 소화약제 저장용기의 가까운 곳의 보기 쉬운 곳에 적색의 표시등을 설치하고, 호스릴
할론소화설비가 있다는 뜻을 표시한 표지를 할 것〈개정 2018.11.19〉

⑤ 할론소화설비의 분사헤드의 오리피스구경·방출율·크기 등에 관하여는 다음 각 호의 기
준에 따라야 한다. 〈개정 2012.8.20, 2018.11.19〉

1. 분사헤드에는 부식방지조치를 하여야 하며 오리피스의 크기, 제조일자, 제조업체가 표
시되도록 할 것

2. 분사헤드의 개수는 방호구역에 방사시간이 충족되도록 설치할 것

3. 분사헤드의 방출율 및 방출압력은 제조업체에서 정한 값으로 할 것

4. 분사헤드의 오리피스의 면적은 분사헤드가 연결되는 배관구경 면적의 70%를 초과하
지 아니할 것

제11조(자동식 기동장치의 화재감지기)

할론소화설비의 자동식 기동장치는 다음 각 호의 기준에 따른 화재감지기를 설치하여야 한다. 〈개정 2012.8.20, 2018.11.19〉

1. 각 방호구역내의 화재감지기의 감지에 따라 작동되도록 할 것
2. 화재감지기의 회로는 교차회로방식으로 설치할 것. 다만, 화재감지기를 「자동화재탐지설비의 화재안전기준(NFSC 203)」 제7조제1항 단서의 각 호의 감지기로 설치하는 경우에는 그러하지 아니하다. 〈개정 2012.8.20〉
3. 교차회로내의 각 화재감지기회로별로 설치된 화재감지기 1개가 담당하는 바닥면적은 「자동화재탐지설비의 화재안전기준(NFSC 203)」 제7조제3항제5호·제8호부터 제10호까지의 기준에 따른 바닥면적으로 할 것 〈개정 2012.8.20〉

제12조(음향경보장치)

① 할론소화설비의 음향경보장치는 다음 각 호의 기준에 따라 설치하여야 한다. 〈개정 2012.8.20, 2018.11.19〉

1. 수동식 기동장치를 설치한 것은 그 기동장치의 조작과정에서, 자동식 기동장치를 설치한 것은 화재감지기와 연동하여 자동으로 경보를 발하는 것으로 할 것 〈개정 2012.8.20〉
2. 소화약제의 방사개시 후 1분 이상 경보를 계속할 수 있는 것으로 할 것
3. 방호구역 또는 방호대상물이 있는 구획 안에 있는 자에게 유효하게 경보할 수 있는 것으로 할 것

② 방송에 따른 경보장치를 설치할 경우에는 다음 각 호의 기준에 따라야 한다. 〈개정 2012.8.20〉

1. 증폭기 재생장치는 화재시 연소의 우려가 없고, 유지관리가 쉬운 장소에 설치할 것
2. 방호구역 또는 방호대상물이 있는 구획의 각 부분으로부터 하나의 확성기까지의 수평거리는 25m 이하가 되도록 할 것
3. 제어반의 복구스위치를 조작하여도 경보를 계속 발할 수 있는 것으로 할 것

제13조(자동폐쇄장치)

전역방출방식의 할론소화설비를 설치한 특정소방대상물 또는 그 부분에 대하여는 다음 각 호의 기준에 따라 자동폐쇄장치를 설치하여야 한다. 〈개정 2012.8.20, 2018.11.19〉

1. 환기장치를 설치한 것은 할론이 방사되기 전에 해당 환기장치가 정지할 수 있도록 할 것 〈개정 2012.8.20, 2018.11.19〉
2. 개구부가 있거나 천장으로부터 1m 이상의 아래부분 또는 바닥으로부터 해당층의 높이의 3분의 2 이내의 부분에 통기구가 있어 할론의 유출에 따라 소화효과를 감소시킬 우

려가 있는 것은 할론이 방사되기 전에 당해 개구부 및 통기구를 폐쇄할 수 있도록 할 것 〈개정 2012.8.20, 2018.11.19〉

3. 자동폐쇄장치는 방호구역 또는 방호대상물이 있는 구획의 밖에서 복구할 수 있는 구조 로 하고, 그 위치를 표시하는 표지를 할 것

제14조(비상전원)

할론소화설비(호스릴할론소화설비를 제외한다)의 **비상전원은 자가발전설비, 축전지설비**(제 어반에 내장하는 경우를 포함한다)또는 **전기저장장치**(외부 전기에너지를 저장해 두었다가 필요한 때 전기를 공급하는 장치)로서 다음 각 호의 기준에 따라 설치하여야 한다. 다만, 2 이상의 변전소(「전기사업법」제67조에 따른 변전소를 말한다. 이하 같다)에서 전력을 동시에 공급받을 수 있거나 하나의 변전소로부터 전력의 공급이 중단되는 때에는 자동으로 다른 변 전소로부터 전력을 공급받을 수 있도록 상용전원을 설치한 경우에는 비상전원을 설치하지 아니할 수 있다. 〈개정 2012.8.20, 2016.7.13, 2018.11.19〉

1. 점검에 편리하고 화재 및 침수 등의 재해로 인한 피해를 받을 우려가 없는 곳에 설치할 것
2. 할론소화설비를 유효하게 20분 이상 작동할 수 있어야 할 것 〈개정 2018.11.19〉
3. 상용전원으로부터 전력의 공급이 중단된 때에는 자동으로 비상전원으로부터 전력을 공급받을 수 있도록 할 것
4. 비상전원의 설치장소는 다른 장소와 방화구획 할 것. 이 경우 그 장소에는 비상전원의 공급에 필요한 기구나 설비외의 것(열병합발전설비에 필요한 기구나 설비는 제외한 다)을 두어서는 아니된다.
5. 비상전원을 실내에 설치하는 때에는 그 실내에 비상조명등을 설치할 것

제15조(설계프로그램)

할론소화설비를 컴퓨터프로그램을 이용하여 설계할 경우에는 「가스계소화설비의 설계프로 그램 성능인증 및 제품검사의 기술기준」에 적합한 설계프로그램을 사용하여야 한다. 〈개정 2012.8.20, 2013.9.3, 2018.11.19〉

제16조(설치 · 유지기준의 특례)

소방본부장 또는 소방서장은 기존건축물이 증축 · 개축 · 대수선되거나 용도변경 되는 경우 에 있어서 이 기준이 정하는 기준에 따라 해당 건축물에 설치하여야 할 할론소화설비의 배 관 · 배선 등의 공사가 현저하게 곤란하다고 인정되는 경우에는 해당 설비의 기능 및 사용에 지장이 없는 범위 안에서 할론소화설비의 설치 · 유지기준의 일부를 적용하지 아니할 수 있 다. 〈개정 2012.8.20, 2018.11.19〉

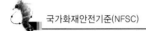

제17조(재검토기한)

소방청장은 「훈령·예규 등의 발령 및 관리에 관한 규정」에 따라 이 고시에 대하여 2016년1월1일을 기준으로 매3년이 되는 시점(매 3년째의 12월31일까지를 말한다)마다 그 타당성을 검토하여 개선 등의 조치를 하여야 한다. 〈전문개정 2015.10.28, 2017.7.26〉

부칙 〈제2018-16호, 2018.11.19〉

• **제1조(시행일)**
  이 고시는 발령한 날부터 시행한다.

제11장 할로겐화합물 및 불활성기체소화설비의 화재안전기준(NFSC 107A)

[시행 2018.11.19.] [소방청고시 제2018-17호, 2018.11.19, 일부개정]

제1조(목적)

이 기준은 「화재예방, 소방시설 설치·유지 및 안전관리에 관한 법률」 제9조제1항에 따라 소 방청장에게 위임한 사항 중 물분무등소화설비인 할로겐화합물 및 불활성기체소화설비의 설 치유지 및 안전관리에 관하여필요한 사항을 규정함을 목적으로 한다. 〈전문개정 2015.10.28, 2016.7.13, 2017.7.26, 2018.11.19〉

제2조(적용범위)

「화재예방, 소방시설 설치·유지 및 안전관리에 관한 법률 시행령」(이하 "영"이라 한다) 별 표 5 제1호바목에 따른 물분무등소화설비 중 할로겐화합물 및 불활성기체소화설비는 이 기 준에서 정하는 규정에 따라 설비를 설치하고 유지·관리하여야 한다. 〈전문개정 2015.10.28, 2016.7.13, 2018.11.19〉

제3조(정의)

이 기준에서 사용하는 용어의 정의는 다음과 같다.
1. "할로겐화합물 및 불활성기체소화약제"란 할로겐화합물(할론 1301, 할론 2402, 할론 1211 제외) 및 불활성기체로서 전기적으로 비전도성이며 휘발성이 있거나 증발 후 잔 여물을 남기지 않는 소화약제를 말한다. 〈개정 2012.8.20, 2018.11.19〉
2. **"할로겐화합물소화약제"란 불소, 염소, 브롬 또는 요오드 중 하나 이상의 원소를 포함** 하고 있는 유기화합물을 기본성분으로 하는 소화약제를 말한다. 〈개정 2012.8.20, 2018.11.19〉
3. **"불활성기체소화약제"란 헬륨, 네온, 아르곤 또는 질소가스 중 하나 이상의 원소를 기** 본성분으로 하는 소화약제를 말한다. 〈개정 2012.8.20, 2018.11.19〉
4. "충전밀도"란 용기의 단위용적당 소화약제의 중량의 비율을 말한다. 〈개정 2012.8.20〉
5. "방화문"이란 「건축법 시행령」 제64조에 따른 갑종방화문 또는 을종방화문으로써 언 제나 닫힌 상태를 유지하거나 화재로 인한 연기의 발생 또는 온도의 상승에 따라 자동 적으로 닫히는 구조를 말한다. 〈개정 2012.8.20〉

제4조(종류)

소화설비에 적용되는 할로겐화합물 및 불활성기체소화약제는 다음 표에서 정하는 것에 한한다. 〈개정 2018.11.19〉

소화약제	화학식
퍼플루오로부탄(이하 "FC-3-1-10"이라 한다)	C_4F_{10}
하이드로클로로플루오로카본혼화제 (이하 "HCFC BLEND A"라 한다)	HCFC-123($CHCl_2CF_3$) : 4.75% HCFC-22($CHClF_2$) : 82% HCFC-124($CHClFCF_3$) : 9.5% $C_{10}H_{16}$: 3.75%
클로로테트라플루오르에탄(이하 "HCFC-124"라 한다)	$CHClFCF_3$
펜타플루오로에탄(이하 "HFC-125"라 한다)	CHF_2CF_3
헵타플루오로프로판(이하 "HFC-227ea"라 한다)	CF_3CHFCF_3
트리플루오로메탄(이하 "HFC-23"라 한다)	CHF_3
헥사플루오로프로판(이하 "HFC-236fa"라 한다)	$CF_3CH_2CF_3$
트리플루오로이오다이드(이하 "FIC-13I1"라 한다)	CF_3I
불연성·불활성기체혼합가스(이하 "IG-01"이라 한다)	Ar
불연성·불활성기체혼합가스(이하 "IG-100"이라 한다)	N_2
불연성·불활성기체혼합가스(이하 "IG-541"이라 한다)	N_2 : 52%, Ar : 40%, CO_2 : 8%
불연성·불활성기체혼합가스(이하 "IG-55"이라 한다)	N_2 : 50%, Ar : 50%
도데카플루오로-2-메틸펜탄-3-원(이하 "FK-5-1-12"이라 한다)	$CF_3CF_2C(O)CF(CF_3)_2$

제5조(설치제외)

할로겐화합물 및 불활성기체소화설비는 다음 각 호에서 정한 장소에는 설치할 수 없다. 〈개정 2012.8.20, 2018.11.19〉

1. 사람이 상주하는 곳으로써 제7조제2항의 최대허용설계농도를 초과하는 장소
2. 「위험물안전관리법 시행령」 별표 1의 제3류위험물 및 제5류위험물을 사용하는 장소. 다만, 소화성능이 인정되는 위험물은 제외한다. 〈개정 2012.8.20〉

제6조(저장용기)

① 할로겐화합물 및 불활성기체소화약제의 저장용기는 다음 각 호의 기준에 적합한 장소에 설치하여야 한다. 〈개정 2018.11.19〉

> **Check Point**
>
> 1. 방호구역외의 장소에 설치할 것. 다만, 방호구역 내에 설치할 경우에는 피난 및 조작이 용이하도록 피난구 부근에 설치하여야 한다.
> 2. **온도가 55℃ 이하**이고 온도의 변화가 작은 곳에 설치할 것
> 3. 직사광선 및 빗물이 침투할 우려가 없는 곳에 설치할 것
> 4. 저장용기를 방호구역 외에 설치한 경우에는 방화문으로 구획된 실에 설치할 것 〈개정 2009.10.22〉
> 5. 용기의 설치장소에는 해당 용기가 설치된 곳임을 표시하는 표지를 할 것 〈개정 2012.8.20〉
> 6. 용기간의 간격은 점검에 지장이 없도록 3cm 이상의 간격을 유지할 것
> 7. 저장용기와 집합관을 연결하는 연결배관에는 체크밸브를 설치할 것. 다만, 저장용기가 하나의 방호구역만을 담당하는 경우에는 그러하지 아니하다.

② 할로겐화합물 및 불활성기체소화약제의 저장용기는 다음 각 호의 기준에 적합하여야 한다. 〈개정 2012.8.20, 2018.11.19〉

1. 저장용기의 충전밀도 및 충전압력은 별표 1에 따를 것 〈개정 2012.8.20〉
2. 저장용기는 약제명·저장용기의 자체중량과 총중량·충전일시·충전압력 및 약제의 체적을 표시할 것
3. 집합관에 접속되는 저장용기는 동일한 내용적을 가진 것으로 충전량 및 충전압력이 같도록 할 것
4. 저장용기에 충전량 및 충전압력을 확인할 수 있는 장치를 하는 경우에는 해당 소화약제에 적합한 구조로 할 것

> **Check Point**
>
> 5. 저장용기의 **약제량 손실이 5%를 초과**하거나 압력손실이 10%를 초과할 경우에는 재충전하거나 저장용기를 교체할 것. 다만, **불활성기체 소화약제** 저장용기의 경우에는 **압력손실이 5%를 초과**할 경우 재충전하거나 저장용기를 교체하여야 한다. 〈개정 2018.11.19〉

③ 하나의 방호구역을 담당하는 저장용기의 소화약제의 체적합계보다 소화약제의 방출시 방출경로가 되는 배관(집합관을 포함한다)의 내용적의 비율이 할로겐화합물 및 불활성기체소화약제 제조업체(이하 "제조업체"라 한다)의 설계기준에서 정한 값 이상일 경우에는 해당방호구역에 대한 설비는 별도 독립방식으로 하여야 한다. 〈개정 2012.8.20, 2018.11.19〉

제7조(소화약제량의 산정)

① 소화약제의 저장량은 다음 각 호의 기준에 따른다. 〈개정 2012.8.20〉

1. 할로겐화합물소화약제는 다음 공식에 따라 산출한 양 이상으로 할 것 〈개정 2018.11.19〉

$W = V/S \times [C/(100 - C)]$

W : 소화약제의 무게(kg)

V : 방호구역의 체적(m^3)

S : 소화약제별 선형상수($K_1 + K_2 \times t$)(m^3/kg)

소화약제	K_1	K_2
FC-3-1-10	0.094104	0.00034455
HCFC BLEND A	0.2413	0.00088
HCFC-124	0.1575	0.0006
HFC-125	0.1825	0.0007
HFC-227ea	0.1269	0.0005
HFC-23	0.3164	0.0012
HFC-236fa	0.1413	0.0006
FIC-1311	0.1138	0.0005
FK-5-1-12	0.0664	0.0002741

C : 체적에 따른 소화약제의 설계농도(%)

t : 방호구역의 최소예상온도(℃)

2. 불활성기체소화약제는 다음 공식에 따라 산출한 양 이상으로 할 것 〈개정 2018.11.19〉

$X = 2.303(Vs/S) \times Log_{10} [100/(100 - C)]$

X : 공간체적당 더해진 소화약제의 부피(m^3/m^3)

S : 소화약제별 선형상수($K_1 + K_2 \times t$)(m^3/kg)

소화약제	K_1	K_2
IG-01	0.5685	0.00208
IG-100	0.7997	0.00293
IG-541	0.65799	0.00239
IG-55	0.6598	0.00242

C : 체적에 따른 소화약제의 설계농도(%)

Vs : 20℃에서 소화약제의 비체적(m^3/kg)

t : 방호구역의 최소예상온도(℃)

  3. 체적에 따른 소화약제의 설계농도(%)는 상온에서 제조업체의 설계기준에서 정한 실
     험수치를 적용한다. 이 경우 설계농도는 소화농도(%)에 안전계수(A · C급화재 1.2, B
     급화재 1.3)를 곱한 값으로 할 것
② 제1항의 기준에 의해 산출한 소화약제량은 사람이 상주하는 곳에서는 별표 2에 따른 최대
  허용설계농도를 초과할 수 없다. 〈개정 2008.12.15〉
③ 방호구역이 둘 이상인 장소의 소화설비가 제6조제3항의 기준에 해당하지 않는 경우에 한
  하여 가장 큰 방호구역에 대하여 제1항의 기준에 의해 산출한 양 이상이 되도록 하여야
  한다.

제8조(기동장치)

할로겐화합물 및 불활성기체소화설비는 다음 각 호의 기준에 따라 설치하여야 한다.
〈개정 2012.8.20, 2018.11.19〉

  1. 수동식 기동장치는 다음 각 목의 기준에 따라 설치할 것 이 경우 수동식 기동장치의
    부근에는 소화약제의 방출을 지연시킬 수 있는 비상스위치(자동복귀형 스위치로서 수
    동식 기동장치의 타이머를 순간 정치시키는 기능의 스위치를 말한다)를 설치하여야
    한다.
    가. 방호구역마다 설치 할 것
    나. 해당 방호구역의 출입구부근 등 조작을 하는 자가 쉽게 피난할 수 있는 장소에 설
      치할 것 〈개정 2012.8.20〉
    다. 기동장치의 조작부는 바닥으로부터 0.8m 이상 1.5m 이하의 위치에 설치하고, 보호
      판 등에 따른 보호장치를 설치할 것
    라. 기동장치에는 가깝고 보기 쉬운 곳에 "할로겐화합물 및 불활성기체소화설비 기동
      장치"라는 표지를 할 것 〈개정 2018.11.19〉
    마. 전기를 사용하는 기동장치에는 전원표시등을 설치할 것
    바. 기동장치의 방출용스위치는 음향경보장치와 연동하여 조작될 수 있는 것으로 할 것
    사. 5kg 이하의 힘을 가하여 기동할 수 있는 구조로 설치
  2. 자동식 기동장치는 자동화재탐지설비의 감지기의 작동과 연동하는 것으로서 다음 각
    목의 기준에 따라 설치할 것.
    가. 자동식 기동장치에는 제1호의 기준에 따른 수동식 기동장치를 함께치할 것
    나. 기계식, 전기식 또는 가스압력식에 따른 방법으로 기동하는 구조로 설치할 것

3. 할로겐화합물 및 불활성기체소화설비가 설치된 구역의 출입구에는 소화약제가 방출되고 있음을 나타내는 표시등을 설치할 것 〈개정 2018.11.19〉

제9조(제어반등)

할로겐화합물 및 불활성기체소화설비의 제어반 및 화재표시반은 다음 각 호의 기준에 따라 설치하여야 한다. 다만, 자동화재탐지설비의 수신기의 제어반이 화재표시반의 기능을 가지고 있는 것은 화재표시반을 설치하지 아니할 수 있다. 〈개정 2012.8.20, 2018.11.19〉

1. 제어반은 수동기동장치 또는 감지기에서의 신호를 수신하여 음향경보장치의 작동, 소화약제의 방출 또는 지연 기타의 제어기능을 가진 것으로 하고, 제어반에는 전원표시등을 설치할 것
2. 화재표시반은 제어반에서의 신호를 수신하여 작동하는 기능을 가진 것으로 하되, 다음 각 목의 기준에 따라 설치할 것 〈개정 2012.8.20〉
   가. 각 방호구역마다 음향경보장치의 조작 및 감지기의 작동을 명시하는 표시등과 이와 연동하여 작동하는 벨·부저 등의 경보기를 설치할 것. 이 경우 음향경보장치의 조작 및 감지기의 작동을 명시하는 표시등을 겸용 할 수 있다.
   나. 수동식 기동장치는 그 방출용스위치의 작동을 명시하는 표시등을 설치할 것 〈개정 2012.8.20〉
   다. 소화약제의 방출을 명시하는 표시등을 설치할 것
   라. 자동식 기동장치는 자동·수동의 절환을 명시하는 표시등을 설치할 것 〈개정 2012.8.20〉
3. 제어반 및 화재표시반의 설치장소는 화재에 따른 영향, 진동 및 충격에 따른 영향 및 부식의 우려가 없고 점검에 편리한 장소에 설치할 것
4. 제어반 및 화재표시반에는 해당 회로도 및 취급설명서를 비치할 것 〈개정 2012.8.20〉

제10조(배관)

① 할로겐화합물 및 불활성기체소화설비의 배관은 다음 각 호의 기준에 따라 설치하여야 한다. 〈개정 2012.8.20, 2018.11.19〉

1. 배관은 전용으로 할 것
2. 배관·배관부속 및 밸브류는 저장용기의 방출내압을 견딜 수 있어야 하며 다음 각 목의 기준에 적합할 것. 이 경우 설계내압은 별표 1에서 정한 최소사용설계압력 이상으로 하여야 한다. 〈개정 2012.8.20〉
   가. 강관을 사용하는 경우의 배관은 압력배관용탄소강관(KS D 3562) 또는 이와 동등 이상의 강도를 가진 것으로서 아연도금 등에 따라 방식처리된 것을 사용할 것

나. 동관을 사용하는 경우의 배관은 이음이 없는 동 및 동합금관(KS D 5301)의 것을 사용할 것

　다. 배관의 두께는 다음의 계산식에서 구한 값(t) 이상일 것 다만, 방출헤드 설치부는 제외한다.

$$관의\ 두께(t) = \frac{PD}{2SE} + A$$

　　P : 최대허용압력(kPa)

　　D : 배관의 바깥지름(mm)

　　SE : 최대허용응력(kPa)(배관재질 인장강도의 1/4값과 항복점의 2/3값 중 적은 값×배관이음효율×1.2)

　　A : 나사이음, 홈이음 등의 허용값(mm)(헤드설치부분은 제외한다)

　　• 나사이음 : 나사의 높이

　　• 절단홈이음 : 홈의 깊이

　　• 용접이음 : 0

　　※ 배관이음효율

　　• 이음매 없는 배관 : 1.0

　　• 전기저항 용접배관 : 0.85

　　• 가열맞대기 용접배관 : 0.60

　3. 배관부속 및 밸브류는 강관 또는 동관과 동등 이상의 강도 및 내식성이 있는 것으로 할 것

② 배관과 배관, 배관과 배관부속 및 밸브류의 접속은 나사접합, 용접접합, 압축접합 또는 플랜지접합 등의 방법을 사용하여야 한다.

③ **배관의 구경은** 해당 방호구역에 **할로겐화합물소화약제는 10초 이내에, 불활성기체소화약제는 A·C급 화재 2분, B급 화재 1분 이내에** 방호구역 각 부분에 **최소설계농도의 95% 이상** 해당하는 약제량이 **방출되도록 하여야 한다.** 〈개정 2012.8.20, 2018.11.19〉

제11조(분사헤드)

① 분사헤드는 다음 각 호의 기준에 따라야 한다.

　1. **분사헤드의 설치높이는** 방호구역의 **바닥으로부터 최소 0.2m 이상 최대 3.7m 이하로** 하여야 하며 **천장높이가 3.7m를 초과할 경우에는 추가로 다른 열의 분사헤드를 설치할 것.** 다만, 분사헤드의 성능인정 범위내에서 설치하는 경우에는 그러하지 아니하다.

　2. 분사헤드의 갯수는 방호구역에 제10조제3항을 충족되도록 설치할 것 〈개정 2012.8.20〉

　3. 분사헤드에는 부식방지조치를 하여야 하며 오리피스의 크기, 제조일자, 제조업체가 표시 되도록 할 것

② 분사헤드의 방출율 및 방출압력은 제조업체에서 정한 값으로 한다.

③ 분사헤드의 오리피스의 년석은 분사헤드가 연결되는 배관구경면적의 70%를 조과하여서는 아니 된다.

제12조(선택밸브)

하나의 특정소방대상물 또는 그 부분에 2 이상의 방호구역이 있어 소화약제의 저장용기를 공용하는 경우에 있어서 방호구역마다 선택밸브를 설치하고 선택밸브에는 각각의 방호구역을 표시하여야 한다. 〈개정 2012.8.20〉

제13조(자동식기동장치의 화재감지기)

할로겐화합물 및 불활성기체소화설비의 자동식 기동장치는 다음 각 호의 기준에 따른 화재감지기를 설치하여야 한다. 〈개정 2012.8.20, 2018.11.19〉
1. 각 방호구역내의 화재감지기의 감지에 따라 작동되도록 할 것
2. 화재감지기의 회로는 교차회로방식으로 설치할 것. 다만, 화재감지기를 「자동화재탐지설비의 화재안전기준(NFSC 203)」 제7조제1항 단서의 각 호의 감지기로 설치하는 경우에는 그러하지 아니하다. 〈개정 2012.8.20〉
3. 교차회로내의 각 화재감지기회로별로 설치된 화재감지기 1개가 담당하는 바닥면적은 「자동화재탐지설비의 화재안전기준(NFSC 203)」 제7조제3항제5호·제8호부터 제10호까지의 규정에 따른 바닥면적으로 할 것 〈개정 2012.8.20〉

제14조(음향경보장치)

① 할로겐화합물 및 불활성기체소화설비의 음향경보장치는 다음 각 호의 기준에 따라 설치하여야 한다. 〈개정 2012.8.20, 2018.11.19〉
1. 수동식 기동장치를 설치한 것은 그 기동장치의 조작과정에서, 자동식 기동장치를 설치한 것은 화재감지기와 연동하여 자동으로 경보를 발하는 것으로 할 것 〈개정 2012.8.20〉
2. 소화약제의 방사개시 후 1분 이상 경보를 계속할 수 있는 것으로 할 것
3. 방호구역 또는 방호대상물이 있는 구획 안에 있는 자에게 유효하게 경보할 수 있는 것으로 할 것
② 방송에 따른 경보장치를 설치할 경우에는 다음 각 호의 기준에 따라야 한다. 〈개정 2012.8.20〉
1. 증폭기 재생장치는 화재시 연소의 우려가 없고, 유지관리가 쉬운 장소에 설치할 것
2. 방호구역 또는 방호대상물이 있는 구획의 각 부분으로부터 하나의 확성기까지의 수평거리는 25m 이하가 되도록 할 것

3. 제어반의 복구스위치를 조작하여도 경보를 계속 발할 수 있는 것으로 할 것

제15조(자동폐쇄장치)

할로겐화합물 및 불활성기체소화설비를 설치한 특정소방대상물 또는 그 부분에 대하여는 다음 각 호의 기준에 따라 자동폐쇄장치를 설치하여야 한다. 〈개정 2012.8.20, 2018.11.19〉

1. 환기장치를 설치한 것은 할로겐화합물 및 불활성기체소화약제가 방사되기 전에 해당 환기장치가 정지할 수 있도록 할 것 〈개정 2012.8.20, 2018.11.19〉
2. 개구부가 있거나 천장으로부터 1m 이상의 아래 부분 또는 바닥으로부터 해당층의 높이의 3분의 2 이내의 부분에 통기구가 있어 할로겐화합물 및 불활성기체소화약제의 유출에 따라 소화효과를 감소시킬 우려가 있는 것은 할로겐화합물 및 불활성기체소화약제가 방사되기 전에 당해 개구부 및 통기구를 폐쇄할 수 있도록 할 것 〈개정 2012.8.20, 2018.11.19〉
3. 자동폐쇄장치는 방호구역 또는 방호대상물이 있는 구획의 밖에서 복구 할 수 있는 구조로 하고, 그 위치를 표시하는 표지를 할 것

제16조(비상전원)

할로겐화합물 및 불활성기체소화설비의 비상전원은 자가발전설비, 축전지설비(제어반에 내장하는 경우를 포함한다) 또는 전기저장장치(외부 전기에너지를 저장해 두었다가 필요한 때 전기를 공급하는 장치)로서 다음 각 호의 기준에 따라 설치하여야 한다. 다만, 2 이상의 변전소(「전기사업법」 제67조에 따른 변전소를 말한다. 이하 같다)에서 전력을 동시에 공급받을 수 있거나 하나의 변전소로부터 전력의 공급이 중단되는 때에는 자동으로 다른 변전소로부터 전력을 공급받을 수 있도록 상용전원을 설치한 경우에는 비상전원을 설치하지 아니할 수 있다. 〈개정 2012.8.20, 2016.7.13, 2018.11.19〉

1. 점검에 편리하고 화재 및 침수 등의 재해로 인한 피해를 받을 우려가 없는 곳에 설치할 것
2. 할로겐화합물 및 불활성기체소화설비를 유효하게 20분 이상 작동할 수 있어야 할 것 〈개정 2018.11.19〉
3. 상용전원으로부터 전력의 공급이 중단된 때에는 자동으로 비상전원으로부터 전력을 공급받을 수 있도록 할 것
4. 비상전원의 설치장소는 다른 장소와 방화구획 할 것. 이 경우 그 장소에는 비상전원의 공급에 필요한 기구나 설비외의 것(열병합발전설비에 필요한 기구나 설비는 제외한다)을 두어서는 아니 된다.
5. 비상전원을 실내에 설치하는 때에는 그 실내에 비상조명등을 설치할 것

제17조(과압배출구)

할로겐화합물 및 불활성기체소화설비의 방호구역에 소화약제가 방출시 과압으로 인하여 구조물 등에 손상이 생길 우려가 있는 장소에는 과압배출구를 설치하여야한다. 〈개정 2018.11.19〉

제18조(설계프로그램)

할로겐화합물 및 불활성기체소화설비를 컴퓨터프로그램을 이용하여 설계할 경우에는 「가스계소화설비의 설계프로그램 성능인증 및 제품검사의 기술기준」 에 적합한 설계프로그램을 사용하여야 한다. 〈개정 2012.8.20, 2013.9.3, 2018.11.19〉

제19조(설치·유지기준의 특례)

소방본부장 또는 소방서장은 기존건축물이 증축·개축·대수선되거나 용도변경 되는 경우에 있어서 이 기준이 정하는 기준에 따라 해당 건축물에 설치하여야 할 할로겐화합물 및 불활성기체소화설비의 배관·배선 등의 공사가 현저하게 곤란하다고 인정되는 경우에는 해당 설비의 기능 및 사용에 지장이 없는 범위 안에서 할로겐화합물 및 불활성기체소화설비의 설치·유지기준의 일부를 적용하지 아니할 수 있다. 〈개정 2012.8.20, 2018.11.19〉

제20조(재검토기한)

소방청장은 「훈령·예규 등의 발령 및 관리에 관한 규정」 에 따라 이 고시에 대하여 2017년7월1일을 기준으로 매3년이 되는 시점(매 3년째의 6월30일까지를 말한다)마다 그 타당성을 검토하여 개선 등의 조치를 하여야 한다. 〈개정 2017.4.11, 2017.7.26〉

부칙 〈제2018-17호, 2018.11.19〉

• **제1조(시행일)**
이 고시는 발령한 날부터 시행한다.

[별표 1]

할로겐화합물 및 불활성기체 소화약제 저장용기의 충전밀도·충전압력 및 배관의 최소사용설계압력
(제6조제2항제1호 및 제10조제1항제2호관련)

1. 할로겐화합물소화약제 〈개정 2017.4.11, 2018.11.19〉

소화약제 / 항목	HFC - 227ea			FC - 3 - 1 - 10	HCFC BLEND A	
최대충전밀도 (kg/m³)	1,201.4	1,153.3	1,153.3	1,281.4	900.2	900.2
21℃ 충전압력 (kPa)	1,034*	2,482*	4,137*	2,482*	4,137*	2,482*
최소사용 설계압력 (kPa)	1,379	2,868	5,654	2,482	4,689	2,979

소화약제 / 항목	HFC - 23				
최대충전밀도 (kg/m³)	768.9	720.8	640.7	560.6	480.6
21℃ 충전압력 (kPa)	4,198**	4,198**	4,198**	4,198**	4,198**
최소사용 설계압력 (kPa)	9,453	8,605	7,626	6,943	6,392

소화약제 / 항목	HCFC - 124		HFC - 125		HFC - 236fa			FK - 5 -1 - 12
최대충전밀도 (kg/m³)	1,185.4	1,185.4	865	897	1,185.4	1,201.4	1,185.4	1,441.7
21℃ 충전압력 (kPa)	1,655*	2,482*	2,482*	4,137*	1,655*	2,482*	4,137*	2,482** 4,206*
최소사용 설계압력 (kPa)	1,951	3,199	3,392	5,764	1,931	3,310	6,068	2,482 4,206

비고
1. "*" 표시는 질소로 축압한 경우를 표시한다.
2. "**" 표시는 질소로 축압하지 아니한 경우를 표시한다.

2. 불활성기체소화약제 〈개정 2009.10.22, 2018.11.19〉

항목 \ 소화약제	IG-01		IG-541			IG-55			IG-100		
21℃ 충전압력 (kPa)	16,341	20,436	14,997	19,996	31,125	15,320	20,423	30,634	16,575	22,312	28,000
최소사용 설계압력 (kPa) 1차측	16,341	20,436	14,997	19,996	31,125	15,320	20,423	30,634	16,575	22,312	227.4
2차측	비고2 참조										

비고)
1. 1차측과 2차측은 감압장치를 기준으로 한다.
2. 2차측 최소사용설계압력은 제조사의 설계프로그램에 의한 압력값에 따른다.

[별표 2]

할로겐화합물 및 불활성기체 소화약제 최대허용설계농도(제7조제2항 관련)〈2018.11.19〉

소화약제	최대허용 설계농도(%)
FC-3-1-10	40
HCFC BLEND A	10
HCFC-124	1.0
HFC-125	11.5
HFC-227ea	10.5
HFC-23	30
HFC-236fa	12.5
FIC-13I1	0.3
FK-5-1-12	10
IG-01	43
IG-100	43
IG-541	43
IG-55	43

제12장 분말소화설비의 화재안전기준(NFSC 108)

[시행 2017.7.26] [소방청고시 제2017-1호, 2017.7.26, 타법개정]

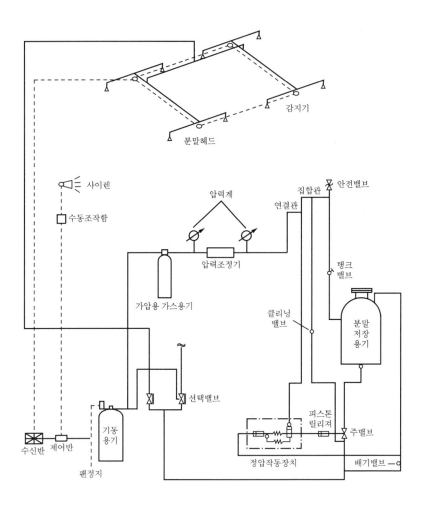

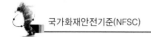

제1조(목적)

이 기준은 「화재예방, 소방시설 설치ㆍ유지 및 안전관리에 관한 법률」 제9조제1항에 따라 소방청장에게 위임한 사항 중 분말소화설비의 설치ㆍ유지 및 안전관리에 필요한 사항을 규정함을 목적으로 한다. 〈개정 2015.1.23, 2016.7.13, 2017.7.26〉

제2조(적용범위)

「화재예방, 소방시설 설치ㆍ유지 및 안전관리에 관한 법률 시행령」(이하 "영"이라 한다) 별표 5 제1호바목에 따른 물분무등소화설비 중 분말소화설비는 이 기준에서 정하는 규정에 따른 설비를 설치하고 유지관리 하여야 한다. 〈개정 2012.8.20, 2015.1.23, 2016.7.13〉

제3조(정의)

이 기준에서 사용하는 용어의 정의는 다음과 같다.

1. "전역방출방식"이라 함은 고정식 분말소화약제 공급장치에 배관 및 분사헤드를 고정 설치하여 밀폐 방호구역 내에 분말소화약제를 방출하는 설비를 말한다.
2. "국소방출방식"이라 함은 고정식 분말소화약제 공급장치에 배관 및 분사헤드를 설치 하여 직접 화점에 분말소화약제를 방출하는 설비로 화재발생 부분에만 집중적으로 소 화약제를 방출하도록 설치하는 방식을 말한다.
3. "호스릴방식"이라 함은 분사헤드가 배관에 고정되어 있지 않고 소화약제 저장용기에 호스를 연결하여 사람이 직접 화점에 소화약제를 방출하는 이동식 소화설비를 말한다.
4. "충전비"라 함은 용기의 용적과 소화약제의 중량과의 비율을 말한다.
5. "집합관"이라 함은 분말소화설비의 가압용가스(질소 또는 이산화탄소)와 분말소화약 제가 혼합되는 관을 말한다.
6. "교차회로방식"이라 함은 하나의 방호구역 내에 2 이상의 화재감지기회로를 설치하고 인접한 2 이상의 화재감지기가 동시에 감지되는 때에는 분말소화설비가 작동하여 소 화약제가 방출되는 방식을 말한다.
7. "방화문"이라 함은 「건축법 시행령」 제64조의 규정에 따른 갑종방화문 또는 을종방화 문으로써 언제나 닫힌 상태를 유지하거나 화재로 인한 연기의 발생 또는 온도의 상승 에 따라 자동적으로 닫히는 구조를 말한다.

제4조(저장용기)

① 분말소화약제의 저장용기는 다음 각호의 기준에 적합한 장소에 설치하여야 한다.

1. 방호구역외의 장소에 설치할 것. 다만, 방호구역 내에 설치할 경우에는 피난 및 조작이
   용이하도록 피난구 부근에 설치하여야 한다.
2. 온도가 40℃ 이하이고, 온도변화가 적은 곳에 설치할 것
3. 직사광선 및 빗물이 침투할 우려가 없는 곳에 설치할 것
4. 방화문으로 구획된 실에 설치할 것
5. 용기의 설치장소에는 당해용기가 설치된 곳임을 표시하는 표지를 할 것
6. 용기간의 간격은 점검에 지장이 없도록 3cm 이상의 간격을 유지할 것
7. 저장용기와 집합관을 연결하는 연결배관에는 체크밸브를 설치할 것. 다만, 저장용기
   가 하나의 방호구역만을 담당하는 경우에는 그러하지 아니하다.

② 분말소화약제의 저장용기는 다음 각호의 기준에 따라 설치하여야 한다.
  1. 저장용기의 내용적은 다음 표에 따를 것

소화약제의 종별	소화약제 1kg당 저장용기의 내용적
제1종 분말(탄산수소나트륨을 주성분으로 한 분말)	0.8L
제2종 분말(탄산수소칼륨을 주성분으로 한 분말)	1L
제3종 분말(인산염을 주성분으로 한 분말)	1L
제4종 분말(탄산수소칼륨과 요소가 화합된 분말)	1.25L

  2. 저장용기에는 **가압식**의 것에 있어서는 **최고사용압력의 1.8배 이하**, 축압식의 것에 있
     어서는 용기의 **내압시험압력의 0.8배 이하**의 압력에서 작동하는 안전밸브를 설치할 것
  3. 저장용기에는 저장용기의 내부압력이 설정압력으로 되었을 때 주밸브를 개방하는 **정
     압작동장치**를 설치할 것
  4. 저장용기의 **충전비는 0.8 이상**으로 할 것
  5. 저장용기 및 배관에는 잔류 소화약제를 처리할 수 있는 청소장치를 설치할 것
  6. 축압식의 분말소화설비는 사용압력의 범위를 표시한 지시압력계를 설치할 것

제5조(가압용가스용기)
① 분말소화약제의 가스용기는 분말소화약제의 저장용기에 접속하여 설치하여야 한다.
② 분말소화약제의 가압용가스 용기를 3병 이상 설치한 경우에 있어서는 2개 이상의 용기에
   전자개방밸브를 부착하여야 한다.
③ 분말소화약제의 가압용가스 용기에는 2.5MPa **이하의 압력**에서 조정이 가능한 **압력조정
   기**를 설치하여야 한다.

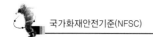

④ 가압용가스 또는 축압용가스는 다음 각호의 기준에 따라 설치하여야 한다.

> **Check Point**
>
> 1. 가압용가스 또는 축압용가스는 질소가스 또는 이산화탄소로 할 것
> 2. 가압용가스에 질소가스를 사용하는 것에 있어서의 질소가스는 소화약제 1kg마다 40L(35℃에서 1기압의 압력상태로 환산한 것) 이상, 이산화탄소를 사용하는 것에 있어서의 이산화탄소는 소화약제 1kg에 대하여 20g에 배관의 청소에 필요한 양을 가산한 양 이상으로 할 것
> 3. 축압용가스에 질소가스를 사용하는 것에 있어서의 질소가스는 소화약제 1kg에 대하여 10L(35℃에서 1기압의 압력상태로 환산한 것) 이상, 이산화탄소를 사용하는 것에 있어서의 이산화탄소는 소화약제 1kg에 대하여 20g에 배관의 청소에 필요한 양을 가산한 양 이상으로 할 것
> 4. 배관의 청소에 필요한 양의 가스는 별도의 용기에 저장할 것

제6조(소화약제)

① 분말소화설비에 사용하는 소화약제는 제1종분말・제2종분말・제3종분말 또는 제4종분말로 하여야 한다. 다만, **차고 또는 주차장**에 설치하는 분말소화설비의 소화약제는 **제3종 분말**로 하여야 한다.

② 분말소화약제의 저장량은 다음 각호의 기준에 따라야 한다. 이 경우 동일한 소방대상물 또는 그 부분에 2 이상의 방호구역 또는 방호대상물이 있는 경우에는 각 방호구역 또는 방호대상물에 대하여 다음 각호의 기준에 따라 산출한 저장량 중 최대의 것으로 할 수 있다.

1. **전역방출방식**에 있어서는 다음의 기준에 따라 산출한 양 이상으로 할 것

   가. 방호구역의 체적 $1m^3$에 대하여 다음 표에 따른 양

소화약제의 종별	방호구역의 체적 $1m^3$에 대한 소화약제의 양
제1종 분말	0.60kg
제2종 분말 또는 제3종 분말	0.36kg
제4종 분말	0.24kg

   나. 방호구역의 개구부에 자동폐쇄장치를 설치하지 아니한 경우에는 가목에 따라 산출한 양에 다음 표에 따라 산출한 양을 가산한 양

소화약제의 종별	가산량(개구부의 면적 $1m^2$에 대한 소화약제의 양)
제1종 분말	4.5kg
제2종 분말 또는 제3종 분말	2.7kg
제4종 분말	1.8kg

2. **국소방출방식**에 있어서는 다음의 기준에 따라 산출한 양에 1.1을 곱하여 얻은 양 이상으로 할 것

$$Q = X - Y \frac{a}{A}$$

Q : 방호공간(방호대상물의 각 부분으로부터 0.6m의 거리에 따라 둘러싸인 공간을 말한다. 이하 같다) 1m³에 대한 분말소화약제의 양(kg/m^3)

a : 방호대상물의 주변에 설치된 벽면적의 합계(m^2)

A : 방호공간의 벽면적(벽이 없는 경우에는 벽이 있는 것으로 가정한 당해 부분의 면적)의 합계(m^2)

X 및 Y : 다음 표의 수치

소화약제의 종별	X의 수치	Y의 수치
제1종 분말	5.2	3.9
제2종 분말 또는 제3종 분말	3.2	2.4
제4종 분말	2.0	1.5

3. **호스릴분말소화설비**에 있어서는 하나의 노즐에 대하여 다음 표에 따른 양 이상으로 할 것

소화약제의 종별	소화약제의 양
제1종 분말	50kg
제2종 분말 또는 제3종 분말	30kg
제4종 분말	20kg

제7조(기동장치)

① 분말소화설비의 **수동식 기동장치**는 다음 각호의 기준에 따라 설치하여야 한다. 이 경우 수동식 기동장치의 부근에는 소화약제의 방출을 지연시킬 수 있는 비상스위치(자동복귀형 스위치로서 수동식 기동장치의 타이머를 순간정지 시키는 기능의 스위치를 말한다)를 설치하여야 한다.

1. 전역방출방식에 있어서는 방호구역마다, 국소방출방식에 있어서는 방호대상물마다 설치할 것
2. 당해 방호구역의 출입구부분 등 조작을 하는 자가 쉽게 피난할 수 있는 장소에 설치할 것
3. 기동장치의 조작부는 바닥으로부터 높이 0.8m 이상 1.5m 이하의 위치에 설치하고, 보호판 등에 따른 보호장치를 설치할 것
4. 기동장치에는 그 가까운 곳의 보기 쉬운 곳에 "분말소화설비 기동장치"라고 표시한 표지를 할 것

  5. 전기를 사용하는 기동장치에는 전원표시등을 설치할 것
  6. 기동장치의 방출용스위치는 음향경보장치와 연동하여 조작될 수 있는 것으로 할 것
② 분말소화설비의 **자동식 기동장치**는 자동화재탐지설비의 감지기의 작동과 연동하는 것으로서 다음 각호의 기준에 따라 설치하여야 한다.
  1. 자동식 기동장치에는 수동으로도 기동할 수 있는 구조로 할 것
  2. 전기식 기동장치로서 7병 이상의 저장용기를 동시에 개방하는 설비에 있어서는 2병 이상의 저장용기에 전자 개방밸브를 부착할 것
  3. 가스압력식 기동장치는 다음의 기준에 따를 것
     가. 기동용 가스용기 및 당해 용기에 사용하는 밸브는 25MPa 이상의 압력에 견딜 수 있는 것으로 할 것
     나. 기동용가스용기에는 내압시험압력의 0.8배 내지 내압시험압력 이하에서 작동하는 안전장치를 설치할 것
     다. 기동용 가스용기의 용적은 1L 이상으로 하고, 당해 용기에 저장하는 이산화탄소의 양은 0.6kg 이상으로 하며, 충전비는 1.5 이상으로 할 것
  4. 기계식 기동장치에 있어서는 저장용기를 쉽게 개방할 수 있는 구조로 할 것
③ 분말소화설비가 설치된 부분의 출입구 등의 보기쉬운 곳에 소화약제의 방사를 표시하는 표시등을 설치하여야 한다.

제8조(제어반 등)
분말소화설비의 제어반 및 화재표시반은 다음 각호의 기준에 따라 설치하여야 한다. 다만, 자동화재탐지설비의 수신기의 제어반이 화재표시반의 기능을 가지고 있는 것에 있어서는 화재표시반을 설치하지 아니할 수 있다.
  1. 제어반은 수동기동장치 또는 감지기에서의 신호를 수신하여 음향경보장치의 작동, 소화약제의 방출 또는 지연 기타의 제어기능을 가진 것으로 하고, 제어반에는 전원표시등을 설치할 것
  2. 화재표시반은 제어반에서의 신호를 수신하여 작동하는 기능을 가진 것으로 하되, 다음의 기준에 따라 설치할 것
     가. 각 방호구역마다 음향경보장치의 조작 및 감지기의 작동을 명시하는 표시등과 이와 연동하여 작동하는 벨·부자 등의 경보기를 설치할 것. 이 경우 음향경보장치의 조작 및 감지기의 작동을 명시하는 표시등을 겸용할 수 있다.
     나. 수동식기동장치에 있어서는 그 방출용스위치의 작동을 명시하는 표시등을 설치할 것
     다. 소화약제의 방출을 명시하는 표시등을 설치할 것
     라. 자동식 기동장치에 있어서는 자동·수동의 절환을 명시하는 표시등을 설치할 것

3. 제어반 및 화재표시반의 설치장소는 화재에 따른 영향, 진동 및 충격에 따른 영향 및 부식의 우려가 없고 점검에 편리한 장소에 설치할 것
4. 제어반 및 화재표시반에는 당해 회로도 및 취급설명서를 비치할 것

제9조(배관)
분말소화설비의 배관은 다음 각호의 기준에 따라 설치하여야 한다.
1. 배관은 전용으로 할 것
2. **강관을 사용하는 경우**의 배관은 아연도금에 따른 **배관용탄소강관**(KS D 3507)이나 이와 동등 이상의 강도·내식성 및 내열성을 가진 것으로 할 것. 다만, 축압식분말소화설비에 사용하는 것 중 20℃에서 압력이 2.5MPa 이상 4.2MPa 이하인 것에 있어서는 압력배관용탄소강관(KS D 3562)중 이음이 없는 스케줄 40 이상의 것 또는 이와 동등 이상의 강도를 가진 것으로서 아연도금으로 방식처리된 것을 사용하여야 한다.
3. **동관을 사용하는 경우**의 배관은 **고정압력** 또는 **최고사용압력의 1.5배** 이상의 압력에 견딜 수 있는 것을 사용할 것
4. 밸브류는 개폐위치 또는 개폐방향을 표시한 것으로 할 것
5. 배관의 관부속 및 밸브류는 배관과 동등 이상의 강도 및 내식성이 있는 것으로 할 것
6. 분기배관을 사용할 경우에는 법 제39조에 따라 제품검사에 합격한 것으로 설치하여야 한다.

제10조(선택밸브)
하나의 소방대상물 또는 그 부분에 2 이상의 방호구역 또는 방호대상물이 있어 분말소화설비 저장용기를 공용하는 경우에는 다음 각호의 기준에 따라 선택밸브를 설치하여야 한다.
1. 방호구역 또는 방호대상물마다 설치할 것
2. 각 선택밸브에는 그 담당방호구역 또는 방호대상물을 표시할 것

제11조(분사헤드)
① **전역방출방식**의 분말소화설비의 분사헤드는 다음 각호의 기준에 따라 설치하여야 한다.
1. 방사된 소화약제가 방호구역의 전역에 균일하고 신속하게 확산할 수 있도록 할 것
2. 제6조의 규정에 따른 소화약제 저장량을 **30초 이내**에 방사할 수 있는 것으로 할 것
② **국소방출방식**의 분말소화설비의 분사헤드는 다음 각호의 기준에 따라 설치하여야 한다.
1. 소화약제의 방사에 따라 가연물이 비산하지 아니하는 장소에 설치할 것
2. 제6조제2항의 규정에 따른 기준저장량의 소화약제를 **30초 이내**에 방사할 수 있는 것으로 할 것
③ 화재 시 현저하게 연기가 찰 우려가 없는 장소로서 다음 각호의 1에 해당하는 장소에는 호스릴분말소화설비를 설치할 수 있다.

1. 지상 1층 및 피난층에 있는 부분으로서 지상에서 수동 또는 원격조작에 따라 개방할 수 있는 개구부의 유효면적의 합계가 바닥면적의 15% 이상이 되는 부분
2. 전기설비가 설치되어 있는 부분 또는 다량의 화기를 사용하는 부분(당해 설비의 주위 5m 이내의 부분을 포함한다)의 바닥면적이 당해 설비가 설치되어 있는 구획의 바닥면적의 5분의 1 미만이 되는 부분

④ 호스릴분말소화설비는 다음 각호의 기준에 따라 설치하여야 한다.

1. 방호대상물의 각 부분으로부터 하나의 호스접결구까지의 수평거리가 15m **이하**가 되도록 할 것
2. 소화약제의 저장용기의 개방밸브는 호스릴의 설치장소에서 수동으로 개폐할 수 있는 것으로 할 것
3. 소화약제의 저장용기는 호스릴을 설치하는 장소마다 설치할 것
4. 노즐은 하나의 노즐마다 1분당 다음 표에 따른 소화약제를 방사할 수 있는 것으로 할 것

소화약제의 종별	1분당 방사하는 소화약제의 양
제1종 분말	45kg
제2종 분말 또는 제3종 분말	27kg
제4종 분말	18kg

5. 저장용기에는 그 가까운 곳의 보기 쉬운 곳에 적색의 표시등을 설치하고, 이동식분말소화설비가 있다는 뜻을 표시한 표지를 할 것

제12조(자동식기동장치의 화재감지기)

분말소화설비의 자동식 기동장치는 다음 각호의 기준에 따른 화재감지기를 설치하여야 한다.

1. 각 방호구역내의 화재감지기의 감지에 따라 작동되도록 할 것
2. 화재감지기의 회로는 교차회로방식으로 설치할 것. 다만, 화재감지기를 「자동화재탐지설비의 화재안전기준(NFSC 203)」 제7조제1항 단서의 각호의 감지기로 설치하는 경우에는 그러하지 아니하다.
3. 교차회로내의 각 화재감지기회로별로 설치된 화재감지기 1개가 담당하는 바닥면적은 「자동화재탐지설비의 화재안전기준(NFSC 203)」 제7조제3항제5호·제8호 내지 제10호의 규정에 따른 바닥면적으로 할 것

제13조(음향경보장치)

① 분말소화설비의 음향경보장치는 다음 각호의 기준에 따라 설치하여야 한다.

1. 수동식 기동장치를 설치한 것에 있어서는 그 기동장치의 조작과정에서, 자동식 기동

장치를 설치한 것에 있어서는 화재감지기와 연동하여 자동으로 경보를 발하는 것으로 할 것

2. 소화약제의 방사개시 후 1분 이상 계속 경보를 계속할 수 있는 것으로 할 것

3. 방호구역 또는 방호대상물이 있는 구획 안에 있는 자에게 유효하게 경보할 수 있는 것으로 할 것

② 방송에 따른 경보장치를 설치할 경우에는 다음 각호의 기준에 따라야 한다.

1. 증폭기 재생장치는 화재 시 연소의 우려가 없고, 유지관리가 쉬운 장소에 설치할 것

2. 방호구역 또는 방호대상물이 있는 구획의 각 부분으로부터 하나의 확성기까지의 수평거리는 25m 이하가 되도록 할 것

3. 제어반의 복구스위치를 조작하여도 경보를 계속 발할 수 있는 것으로 할 것

제14조(자동폐쇄장치)

전역방출방식의 분말소화설비를 설치한 소방대상물 또는 그 부분에 대하여는 다음 각호의 기준에 따라 자동폐쇄장치를 설치하여야 한다.

1. 환기장치를 설치한 것에 있어서는 분말이 방사되기 전에 당해 환기장치가 정지할 수 있도록 할 것

2. 개구부가 있거나 천장으로부터 1m 이상의 아래 부분 또는 바닥으로부터 당해층의 높이의 3분의 2이내의 부분에 통기구가 있어 분말의 유출에 따라 소화효과를 감소시킬 우려가 있는 것에 있어서는 분말이 방사되기 전에 당해 개구부 및 통기구를 폐쇄할 수 있도록 할 것

3. 자동폐쇄장치는 방호구역 또는 방호대상물이 있는 구획의 밖에서 복구할 수 있는 구조로 하고, 그 위치를 표시하는 표지를 할 것

제15조(비상전원)

분말소화설비의 비상전원은 자가발전설비, 축전지설비(제어반에 내장하는 경우를 포함한다) 또는 전기저장장치(외부 전기에너지를 저장해 두었다가 필요한 때 전기를 공급하는 장치)로서 다음 각 호의 기준에 따라 설치하여야 한다. 다만, 2 이상의 변전소(「전기사업법」 제67조에 따른 변전소를 말한다. 이하 같다)에서 전력을 동시에 공급받을 수 있거나 하나의 변전소로부터 전력의 공급이 중단되는 때에는 자동으로 다른 변전소로부터 전력을 공급받을 수 있도록 상용전원을 설치한 경우에는 비상전원을 설치하지 아니할 수 있다. 〈개정 2012.8.20, 2016.7.13〉

1. 점검에 편리하고 화재 및 침수 등의 재해로 인한 피해를 받을 우려가 없는 곳에 설치할 것

2. 분말소화설비를 유효하게 20분 이상 작동할 수 있어야 할 것

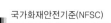

3. 상용전원으로부터 전력의 공급이 중단된 때에는 자동으로 비상전원으로부터 전력을 공급받을 수 있도록 할 것

4. 비상전원의 설치장소는 다른 장소와 방화구획 할 것. 이 경우 그 장소에는 비상전원의 공급에 필요한 기구나 설비외의 것(열병합발전설비에 필요한 기구나 설비는 제외한다)을 두어서는 아니 된다.

5. 비상전원을 실내에 설치하는 때에는 그 실내에 비상조명등을 설치할 것

제16조(설치·유지기준의 특례)

소방본부장 또는 소방서장은 기존건축물이 증축·개축·대수선되거나 용도변경 되는 경우에 있어서 이 기준이 정하는 기준에 따라 당해 건축물에 설치하여야 할 분말소화설비의 배관·배선 등의 공사가 현저하게 곤란하다고 인정되는 경우에는 당해 설비의 기능 및 사용에 지장이 없는 범위 안에서 분말소화설비의 설치·유지기준의 일부를 적용하지 아니할 수 있다.

제17조(재검토 기한)

소방청장은 「훈령·예규 등의 발령 및 관리에 관한 규정」에 따라 이 고시에 대하여 2017년 1월 1일 기준으로 매3년이 되는 시점(매 3년째의 12월 31일까지를 말한다)마다 그 타당성을 검토하여 개선 등의 조치를 하여야 한다. 〈전문개정 2016.7.13, 2017.7.26〉

제18조(규제의 재검토)

「행정규제기본법」 제8조에 따라 2015년 1월 1일을 기준으로 매 3년이 되는 시점(매 3년째 12월 31일까지를 말한다)마다 그 타당성을 검토하여 개선 등의 조치를 하여야 한다. 〈신설 2015.1.23〉

부칙 〈제2017-1호, 2017.7.26〉

- **제1조(시행일)**
  이 고시는 발령한 날부터 시행한다.
- **제2조(경과조치)**
  이 고시 시행당시 건축허가 등의 동의 또는 착공신고가 완료된 특정소방대상물에 대하여는 종전의 기준에 따른다.

제13장 옥외소화전설비의 화재안전기준(NFSC 109)

[시행 2019.5.24] [소방청고시 제2019-41호, 2019.5.24, 일부개정]

제1조(목적)

이 기준은 「화재예방, 소방시설 설치·유지 및 안전관리에 관한 법률」 제9조제1항에 따라 소방청장에게 위임한 사항 중 소화설비인 옥외소화전설비의 설치·유지 및 안전관리에 필요한 사항을 규정함을 목적으로 한다. 〈개정 2015.1.23, 2017.7.26〉

제2조(적용범위)

「화재예방, 소방시설 설치·유지 및 안전관리에 관한 법률 시행령」(이하 "영"이라 한다) 별표 5 제1호사목에 따른 옥외소화전설비는 이 기준에서 정하는 규정에 따라 설비를 설치하고 유지·관리하여야 한다. 〈개정 2012.8.20, 2015.1.23, 2017.7.26〉

제3조(정의)

이 기준에서 사용하는 용어의 정의는 다음과 같다

1. "고가수조"라 함은 구조물 또는 지형지물 등에 설치하여 자연낙차 압력으로 급수하는 수조를 말한다.
2. "압력수조"라 함은 소화용수와 공기를 채우고 일정압력 이상으로 가압하여 그 압력으로 급수하는 수조를 말한다.
3. "충압펌프"라 함은 배관 내 압력손실에 따른 주펌프의 빈번한 기동을 방지하기 위하여 충압역할을 하는 펌프를 말한다.
4. "연성계"라 함은 대기압 이상의 압력과 대기압 이하의 압력을 측정할 수 있는 계측기를 말한다.
5. "진공계"라 함은 대기압 이하의 압력을 측정하는 계측기를 말한다.
6. "정격토출량"이라 함은 정격토출압력에서의 펌프의 토출량을 말한다.
7. "정격토출압력"이라 함은 정격토출량에서의 펌프의 토출측 압력을 말한다.
8. "개폐표시형밸브"라 함은 밸브의 개폐여부를 외부에서 식별이 가능한 밸브를 말한다.
9. "기동용수압개폐장치"라 함은 소화설비의 배관내 압력변동을 검지하여 자동적으로 펌프를 기동 및 정지시키는 것으로서 압력챔버 또는 기동용압력스위치 등을 말한다.
10. "급수배관"이라 함은 수원으로부터 옥외소화전방수구에 급수하는 배관을 말한다.
11. "가압수조"라 함은 가압원인 압축공기 또는 불연성 고압기체에 따라 소방용수를 가압시키는 수조를 말한다.

제4조(수원)

① 옥외소화전설비의 수원은 그 저수량이 옥외소화전의 설치개수(옥외소화전이 2개 이상 설치된 경우에는 2개)에 7m³를 곱한 양 이상이 되도록 하여야 한다.

② 삭제 〈2015.1.23〉

③ 삭제 〈2015.1.23〉

④ 옥외소화전설비의 수원을 수조로 설치하는 경우에는 소방설비의 전용수조로 하여야 한다. 다만, 다음 각호의 1에 해당하는 경우에는 그러하지 아니하다.

1. 옥외소화전펌프의 후드밸브 또는 흡수배관의 흡수구(수직회전축펌프의 흡수구를 포함한다. 이하 같다)를 다른 설비(소방용설비 외의 것을 말한다. 이하 같다)의 후드밸브 또는 흡수구보다 낮은 위치에 설치한 때

2. 제5조제2항의 규정에 따른 고가수조로부터 옥외소화전설비의 수직배관에 물을 공급하는 급수구를 다른 설비의 급수구보다 낮은 위치에 설치한 때

⑤ 제1항 및 제2항의 규정에 따른 저수량을 산정함에 있어서 다른 설비와 겸용하여 옥외소화전설비용 수조를 설치하는 경우에는 옥외소화전설비의 후드밸브·흡수구 또는 수직배관의 급수구와 다른 설비의 후드밸브·흡수구 또는 수직배관의 급수구와의 사이의 수량을 그 유효수량으로 한다.

⑥ **옥외소화전설비용** 수조는 다음 각호의 기준에 따라 설치하여야 한다.

> **Check Point**
>
> 1. 점검에 편리한 곳에 설치할 것
> 2. 동결방지조치를 하거나 동결의 우려가 없는 장소에 설치할 것
> 3. 수조의 외측에 수위계를 설치할 것. 다만, 구조상 불가피한 경우에는 수조의 맨홀 등을 통하여 수조 안의 물의 양을 쉽게 확인할 수 있도록 하여야 한다.
> 4. 수조의 상단이 바닥보다 높은 때에는 수조의 외측에 고정식 사다리를 설치할 것
> 5. 수조가 실내에 설치된 때에는 그 실내에 조명설비를 설치할 것
> 6. 수조의 밑부분에는 청소용 배수밸브 또는 배수관을 설치할 것
> 7. 수조의 외측의 보기 쉬운 곳에 "옥외소화전설비용 수조"라고 표시한 표지를 할 것. 이 경우 그 수조를 다른 설비와 겸용하는 때에는 그 겸용되는 설비의 이름을 표시한 표지를 함께 하여야 한다.
> 8. 옥외소화전펌프의 흡수배관 또는 옥외소화전설비의 수직배관과 수조의 접속부분에는 "옥외소화전설비용 배관"이라고 표시한 표지를 할 것. 다만, 수조와 가까운 장소에 옥외소화전펌프가 설치되고 옥내소화전펌프에 제5조제1항제13호의 규정에 따른 표지를 설치한 때에는 그러하지 아니하다.

제5조(가압송수장치)

① 전동기 또는 내연기관에 따른 펌프를 이용하는 가압송수장치는 다음 각호의 기준에 따라 설치하여야 한다.

1. 쉽게 접근할 수 있고 점검하기에 충분한 공간이 있는 장소로서 화재 및 침수 등의 재해로 인한 피해를 받을 우려가 없는 곳에 설치할 것
2. 동결방지조치를 하거나 동결의 우려가 없는 장소에 설치할 것
3. 당해 소방대상물에 설치된 옥외소화전(2개 이상 설치된 경우에는 **2개의 옥외소화전**)을 동시에 사용할 경우 각 옥외소화전의 노즐선단에서의 방수압력이 0.25MPa **이상**이고, 방수량이 350L/min **이상**이 되는 성능의 것으로 할 것. 이 경우 하나의 옥외소화전을 사용하는 노즐선단에서의 방수압력이 0.7MPa을 초과할 경우에는 호스접결구의 인입측에 감압장치를 설치하여야 한다.
4. 펌프는 전용으로 할 것. 다만, 다른 소화설비와 겸용하는 경우 각각의 소화설비의 성능에 지장이 없을 때에는 그러하지 아니하다.
5. 펌프의 **토출측**에는 **압력계**를 체크밸브 이전에 펌프토출측 플랜지에서 가까운 곳에 설치하고, **흡입측**에는 **연성계 또는 진공계**를 설치할 것. 다만, 수원의 수위가 펌프의 위치보다 높거나 수직회전축 펌프의 경우에는 연성계 또는 진공계를 설치하지 아니할 수 있다.
6. 가압송수장치에는 정격부하운전 시 펌프의 성능을 시험하기 위한 배관을 설치할 것. 다만, 충압펌프의 경우에는 그러하지 아니하다.
7. 가압송수장치에는 **체절운전 시 수온의 상승을 방지**하기 위한 **순환배관**을 설치할 것. 다만, 충압펌프의 경우에는 그러하지 아니하다.
8. 기동장치로는 기동용수압개폐장치 또는 이와 동등 이상의 성능이 있는 것을 설치할 것. 다만, 아파트·업무시설·학교·전시시설·공장·창고시설 또는 종교시설 등으로서 동결의 우려가 있는 장소에 있어서는 기동스위치에 보호판을 부착하여 옥외소화전함 내에 설치할 수 있다.
9. **기동용수압개폐장치(압력챔버)**를 사용할 경우 그 용적은 100L **이상**의 것으로 할 것
10. 수원의 수위가 펌프보다 낮은 위치에 있는 가압송수장치에는 다음의 기준에 따른 **물올림장치**를 설치할 것
    가. 물올림장치에는 전용의 수조를 설치할 것
    나. 수조의 유효수량은 100L 이상으로 하되, 구경 15mm 이상의 급수배관에 따라 당해 수조에 물이 계속 보급되도록 할 것
11. 기동용수압개폐장치를 기동장치로 사용할 경우에는 다음의 각목의 기준에 따른 충압펌프를 설치할 것. 다만, 옥외소화전이 1개 설치된 경우로서 소화용 급수펌프로도 상시 충압이 가능하고 다음 가목의 성능을 갖춘 경우에는 충압펌프를 별도로 설치하지 아니할 수 있다.
    가. 펌프의 토출압력은 그 설비의 최고위 호스접결구의 자연압보다 적어도 0.2MPa 이

상 더 크도록 하거나 가압송수장치의 정격토출압력과 같게 할 것

나. 펌프의 성격토출량은 성상적인 누설량보다 적어서는 아니 되며, 옥외소화전설비가 자동적으로 작동할 수 있도록 충분한 토출량을 유지하여야 한다.

12. 내연기관을 사용하는 경우에는 다음의 기준에 적합한 것으로 할 것

가. 내연기관의 기동은 제8호의 기동장치를 설치하거나 또는 소화전함의 위치에서 원격조작으로 가능하고 기동을 명시하는 적색등을 설치할 것

나. 제어반에 따라 내연기관의 자동기동 및 수동기동이 가능하고, 상시 충전되어 있는 축전지설비를 갖출 것

13. 가압송수장치에는 "옥외소화전펌프"라고 표시한 표지를 할 것. 이 경우 그 가압송수장치를 다른 설비와 겸용하는 때에는 그 겸용되는 설비의 이름을 표시한 표지를 함께 하여야 한다.

14. 가압송수장치가 기동이 된 경우에는 자동으로 정지되지 아니하도록 하여야 한다. 다만, 충압펌프인 경우에는 그러하지 아니하다.

② 고가수조의 자연낙차를 이용한 가압송수장치는 다음 각호의 기준에 따라 설치하여야 한다.

1. 고가수조의 자연낙차수두(수조의 하단으로부터 최고층에 설치된 소화전 호스 접결구까지의 수직거리를 말한다)는 다음의 식에 따라 산출한 수치 이상이 되도록 할 것

$$H = h_1 + h_2 + 25$$

H : 필요한 낙차(m)

h_1 : 소방용호스 마찰손실수두(m)

h_2 : 배관의 마찰손실수두(m)

2. 고가수조에는 **수위계 · 배수관 · 급수관 · 오버플로우관 및 맨홀**을 설치할 것

③ 압력수조를 이용한 가압송수장치는 다음 각호의 기준에 따라 설치하여야 한다.

1. 압력수조의 압력은 다음의 식에 따라 산출한 수치 이상으로 할 것

$$P = p_1 + p_2 + p_3 + 0.25$$

P : 필요한 압력(MPa)

p_1 : 소방용호스의 마찰손실수두압(MPa)

p_2 : 배관의 마찰손실수두압(MPa)

p_3 : 낙차의 환산수두압(MPa)

2. 압력수조에는 **수위계 · 급수관 · 배수관 · 급기관 · 맨홀 · 압력계 · 안전장치 및 압력저하 방지를 위한 자동식 공기압축기**를 설치할 것

④ 가압수조를 이용한 가압송수장치는 다음 각호의 기준에 따라 설치하여야 한다.

1. 가압수조의 압력은 제1항제3호의 규정에 따른 방수량 및 방수압이 20분 이상 유지되도록 할 것

2. 삭제 〈2015.1.23〉

194

3. 가압수조 및 가압원은 「건축법 시행령」 제46조에 따른 방화구획 된 장소에 설치할 것
4. 삭제 〈2015.1.23〉
5. 소방청장이 정하여 고시한 「가압수조식 가압송수장치의 성능인증 및 제품검사의 기술기준」에 적합한 것으로 설치할 것 〈개정 2015.1.23, 2017.7.26〉

제6조(배관 등)

① 호스접결구는 지면으로부터 높이가 0.5m 이상 1m 이하의 위치에 설치하고 특정소방대상물의 각 부분으로부터 하나의 호스접결구까지의 수평거리가 40m 이하가 되도록 설치하여야 한다. 〈개정 2008.12.15, 2012.8.20, 2015.1.23〉
② 호스는 구경 65mm의 것으로 하여야 한다
③ 배관은 배관용탄소강관(KS D 3507) 또는 배관 내 사용압력이 1.2MPa 이상일 경우에는 압력배관용탄소강관(KS D 3562) 또는 이음매 없는 동 및 동합금(KS D 5301)의 배관용 동관이나 이와 동등 이상의 강도·내식성 및 내열성을 가진 것으로 하여야 한다. 다만, 다음 각호의 1에 해당하는 장소에는 소방청장이 정하여 고시하는 성능시험기술기준에 적합한 소방용 합성수지배관으로 설치할 수 있다.
 1. 배관을 지하에 매설하는 경우
 2. 다른 부분과 내화구조로 구획된 덕트 또는 피트의 내부에 설치하는 경우
 3. 천장(상층이 있는 경우에는 상층바닥의 하단을 포함한다. 이하 같다)과 반자를 불연재료 또는 준불연재료로 설치하고 그 내부에 습식으로 배관을 설치하는 경우
④ 급수배관은 전용으로 하여야 한다. 다만, 옥외소화전의 기동장치의 조작과 동시에 다른 설비의 용도에 사용하는 배관의 송수를 차단할 수 있거나, 옥외소화전설비의 성능에 지장이 없는 경우에는 다른 설비와 겸용할 수 있다.
⑤ 펌프의 **흡입측배관**은 다음 각호의 기준에 따라 설치하여야 한다.
 1. 공기고임이 생기지 아니하는 구조로 하고 여과장치를 설치할 것
 2. 수조가 펌프보다 낮게 설치된 경우에는 각 펌프(충압펌프를 포함한다)마다 수조로부터 별도로 설치할 것
⑥ 펌프의 성능은 **체절운전 시** 정격토출압력의 140%를 초과하지 아니하고, **정격토출량의 150%로 운전 시** 정격토출압력의 65% 이상이 되어야 하며, 펌프의 성능시험배관은 다음 각호의 기준에 적합하여야 한다.
 1. 성능시험배관은 펌프의 토출측에 설치된 개폐밸브 이전에서 분기하여 설치하고, 유량측정장치를 기준으로 전단 직관부에 개폐밸브를 후단 직관부에는 유량조절밸브를 설치할 것
 2. **유량측정장치**는 성능시험배관의 직관부에 설치하되, 펌프의 정격토출량의 175% 이상 측정할 수 있는 성능이 있을 것

⑦ 가압송수장치의 체절운전 시 수온의 상승을 방지하기 위하여 체크밸브와 펌프사이에서 분기한 구경 20mm 이상의 배관에 체절압력미만에서 개방되는 릴리프밸브를 설치하여야 한다.

⑧ 동결방지조치를 하거나 동결의 우려가 없는 장소에 설치하여야 한다. 다만, 보온재를 사용할 경우에는 난연재료 성능 이상의 것으로 하여야 한다. 〈개정 2015.1.23〉

⑨ 급수배관에 설치되어 급수를 차단할 수 있는 개폐밸브(옥외소화전방수구를 제외한다)는 개폐표시형으로 하여야 한다. 이 경우 펌프의 흡입측배관에는 버터플라이밸브외의 개폐표시형밸브를 설치하여야 한다.

⑩ 배관은 다른 설비의 배관과 쉽게 구분이 될 수 있는 위치에 설치하거나 그 배관표면 또는 배관 보온재표면의 색상은 식별이 가능하도록 「한국산업표준(배관계의 식별 표시, KS A 0503)」 또는 적색으로 소방용설비의 배관임을 표시하여야 한다. 〈개정 2008.12.15, 2015.1.23〉

⑪ 분기배관을 사용할 경우에는 소방청장이 정하여 고시한 「분기배관 성능인증 및 제품검사의 기술기준」에 적합한 것으로 설치하여야 한다. 〈개정 2012.8.20, 2015.1.23, 2017.7.26〉

제7조(소화전함 등)

① 옥외소화전설비에는 옥외소화전마다 그로부터 5m 이내의 장소에 소화전함을 설치하여야 한다.

> **Check Point**
> 1. 옥외소화전이 10개 이하 설치된 때에는 옥외소화전마다 5m 이내의 장소에 1개 이상의 소화전함을 설치하여야 한다.
> 2. 옥외소화전이 11개 이상 30개 이하 설치된 때에는 11개 이상의 소화전함을 각각 분산하여 설치하여야 한다.
> 3. 옥외소화전이 31개 이상 설치된 때에는 옥외소화전 3개마다 1개 이상의 소화전함을 설치하여야 한다.

② 옥외소화전설비의 함은 소방청장이 정하여 고시한 「소화전함 성능인증 및 제품검사의 기술기준」에 적합한 것으로 설치하되 밸브의 조작, 호스의 수납 등에 충분한 여유를 가질 수 있도록 할 것. 연결송수관의 방수구를 같이 설치하는 경우에도 또한 같다.[본항 전문개정 2015.1.23, 2017.7.26]

③ 옥외소화전설비의 소화전함 표면에는 "옥외소화전"이라고 표시한 표지를 하고, 가압송수장치의 조작부 또는 그 부근에는 가압송수장치의 기동을 명시하는 적색등을 설치하여야 한다.

④ 표시등은 다음 각호의 기준에 따라 설치하여야 한다.
  1. 옥외소화전설비의 위치를 표시하는 표시등은 함의 상부에 설치하되, 소방청장이 정하여 고시한 「표시등의 성능인증 및 제품검사의 기술기준」에 적합한 것으로 할 것 〈개정 2015.1.23, 2017.7.26〉

2. 가압송수장치의 기동을 표시하는 표시등은 옥외소화전함의 상부 또는 그 직근에 설치하되 적색등으로 할 것. 다만, 자체소방대를 구성하여 운영하는 경우(「위험물안전관리법 시행령」 별표 8에서 정한 소방자동차와 자체소방대원의 규모를 말한다) 가압송수장치의 기동표시등을 설치하지 않을 수 있다. 〈개정 2012.8.20, 2015.1.23〉

3. 삭제 〈2015.1.23〉

제8조(전원)

옥외소화전설비에는 그 소방대상물의 수전방식에 따라 다음 각호의 기준에 따른 상용전원회로의 배선을 설치하여야 한다. 다만, 가압수조방식으로서 모든 기능이 20분 이상 유효하게 지속될 수 있는 경우에는 그러하지 아니하다.

1. 저압수전인 경우에는 인입개폐기의 직후에서 분기하여 전용배선으로 하여야 하며, 전용의 전선관에 보호 되도록 할 것

2. 특별고압수전 또는 고압수전일 경우에는 전력용 변압기 2차측의 주차단기 1차측에서 분기하여 전용배선으로 하되, 상용전원의 상시공급에 지장이 없을 경우에는 주차단기 2차측에서 분기하여 전용배선으로 할 것. 다만, 가압송수장치의 정격입력전압이 수전전압과 같은 경우에는 제1호의 기준에 따른다.

제9조(제어반)

① 옥외소화전설비에는 제어반을 설치하되, 감시제어반과 동력제어반으로 구분하여 설치하여야 한다. 다만, 다음 각호의 1에 해당하는 경우에는 감시제어반과 동력제어반으로 구분하여 설치하지 아니할 수 있다.

1. 다음 각목의 1에 해당하지 아니하는 소방대상물에 설치되는 옥외소화전설비
   가. 지하층을 제외한 층수가 7층 이상으로서 연면적이 2,000m² 이상인 것
   나. 제1호에 해당하지 아니하는 소방대상물로서 지하층의 바닥면적의 합계가 3,000m² 이상인 것. 다만, 차고·주차장 또는 보일러실·기계실·전기실 등 이와 유사한 장소의 면적은 제외한다.

2. 내연기관에 따른 가압송수장치를 사용하는 옥외소화전설비

3. 고가수조에 따른 가압송수장치를 사용하는 옥외소화전설비

4. 가압수조에 따른 가압송수장치를 사용하는 옥외소화전설비

② 감시제어반의 기능은 다음 각호의 기준에 적합하여야 한다. 다만, 제1항 각호의 1에 해당하는 경우에는 제3호 및 제6호의 규정을 적용하지 아니한다.

1. 각 펌프의 작동여부를 확인할 수 있는 표시등 및 음향경보기능이 있어야 할 것

2. 각 펌프를 자동 및 수동으로 작동시키거나 중단시킬 수 있어야 한다.

3. 비상전원을 설치한 경우에는 상용전원 및 비상전원의 공급여부를 확인할 수 있어야 할 것

　　4. 수조 또는 물올림탱크가 저수위로 될 때 표시등 및 음향으로 경보할 것
　　5. 각 확인회로(기동용수압개폐장치의 압력스위치회로·수조 또는 물올림탱크의 감시회로를 말한다)마다 도통시험 및 작동시험을 할 수 있어야 할 것
　　6. 예비전원이 확보되고 예비전원의 적합여부를 시험할 수 있어야 할 것
③ 감시제어반은 다음 각호의 기준에 따라 설치하여야 한다.
　　1. 화재 및 침수 등의 재해로 인한 피해를 받을 우려가 없는 곳에 설치할 것
　　2. 감시제어반은 옥외소화전설비의 전용으로 할 것. 다만, 옥외소화전설비의 제어에 지장이 없는 경우에는 다른 설비와 겸용할 수 있다.
　　3. 감시제어반은 다음 각목의 기준에 따른 전용실안에 설치할 것. 다만 제1항 각호의 1에 해당하는 경우와 공장, 발전소 등에서 설비를 집중 제어·운전할 목적으로 설치하는 중앙제어실내에 감시제어반을 설치하는 경우에는 그러하지 아니하다.
　　　가. 다른 부분과 방화구획을 할 것. 이 경우 전용실의 벽에는 기계실 또는 전기실 등의 감시를 위하여 두께 7mm 이상의 망입유리(두께 16.3mm 이상의 접합유리 또는 두께 28mm 이상의 복층유리를 포함한다)로 된 4m² 미만의 붙박이창을 설치할 수 있다.
　　　나. 피난층 또는 지하 1층에 설치할 것. 다만, 다음의 1에 해당하는 경우에는 지상 2층에 설치하거나 지하 1층 외의 지하층에 설치할 수 있다.
　　　　(1) 「건축법 시행령」 제35조의 규정에 따라 특별피난계단이 설치되고 그 계단(부속실을 포함한다)출입구로부터 보행거리 5m이내에 전용실의 출입구가 있는 경우
　　　　(2) 아파트의 관리동(관리동이 없는 경우에는 경비실)에 설치하는 경우
　　　다. 비상조명등 및 급·배기설비를 설치할 것
　　　라. 「무선통신보조설비의 화재안전기준(NFSC 505)」 제6조에 따른 무선기기 접속단자(영 별표 5 제5호마목에 따른 무선통신보조설비가 설치된 특정소방대상물에 한한다)를 설치할 것 〈개정 2012.8.20, 2015.1.23〉
　　　마. 바닥면적은 감시제어반의 설치에 필요한 면적 외에 화재 시 소방대원이 그 감시제어반의 조작에 필요한 최소면적 이상으로 할 것
　　4. 제3호의 규정에 따른 전용실에는 소방대상물의 기계·기구 또는 시설등의 제어 및 감시설비외의 것을 두지 아니할 것
④ 동력제어반은 다음 각호의 기준에 따라 설치하여야 한다.
　　1. 앞면은 적색으로 하고 "옥외소화전설비용 동력제어반"이라고 표시한 표지를 설치할 것
　　2. 외함은 두께 1.5mm 이상의 강판 또는 이와 동등 이상의 강도 및 내열성능이 있는 것으로 할 것
　　3. 그 밖의 동력제어반의 설치에 관하여는 제3항제1호 및 제2호의 기준을 준용 할 것

제10조(배선 등)

① 옥외소화전설비의 배선은 「전기사업법」 제67조의 규정에 따른 기술기준에서 정한 것 외에 다음 각호의 기준에 따라 설치하여야 한다.

  1. 비상전원으로부터 동력제어반 및 가압송수장치에 이르는 전원회로배선은 내화배선으로 할 것. 다만, 자가발전설비와 동력제어반이 동일한 실에 설치된 경우에는 자가발전기로부터 그 제어반에 이르는 전원회로배선은 그러하지 아니하다.

  2. 상용전원으로부터 동력제어반에 이르는 배선, 그 밖의 옥외소화전설비의 감시·조작 또는 표시등회로의 배선은 내화배선 또는 내열배선으로 할 것. 다만, 감시제어반 또는 동력제어반의 감시·조작 또는 표시등회로의 배선은 그러하지 아니하다.

② 제1항의 규정에 따른 내화배선 및 내열배선에 사용되는 전선 및 설치방법은 「옥내소화전의 화재안전기준(NFSC 102)」 별표 1의 기준에 따른다.

③ 옥외소화전설비의 과전류차단기 및 개폐기에는 "옥외소화전설비용"이라고 표시 한 표지를 하여야 한다.

④ 옥외소화전설비용 전기배선의 양단 및 접속단자에는 다음 각호의 기준에 따라 표지하여야 한다.

  1. 단자에는 "옥외소화전단자"라고 표시한 표지를 부착한다.

  2. 옥외소화전설비용 전기배선의 양단에는 다른 배선과 식별이 용이하도록 표시하여야 한다.

제11조(수원 및 가압송수장치의 펌프 등의 겸용)

① 옥외소화전설비의 수원을 옥내소화전설비·스프링클러설비·간이스프링클러설비·화재조기진압용 스프링클러설비·물분무소화설비 및 포소화전설비의 수원과 겸용하여 설치하는 경우의 저수량은 각 소화설비에 필요한 저수량을 합한 양이상이 되도록 하여야 한다. 다만, 이들 소화설비 중 고정식 소화설비(펌프·배관과 소화수 또는 소화약제를 최종 방출하는 방출구가 고정된 설비를 말한다. 이하 같다)가 2 이상 설치되어 있고, 그 소화설비가 설치된 부분이 방화벽과 방화문으로 구획되어 있는 경우에는 각 고정식 소화설비에 필요한 저수량중 최대의 것 이상으로 할 수 있다.

② 옥외소화전설비의 가압송수장치로 사용하는 펌프를 옥내소화전설비·스프링클러설비·간이스프링클러설비·화재조기진압용 스프링클러설비·물분무소화설비 및 포소화설비의 가압송수장치와 겸용하여 설치하는 경우의 펌프의 토출량은 각 소화설비에 해당하는 토출량을 합한 양 이상이 되도록 하여야 한다. 다만, 이들 소화설비중 고정식 소화설비가 2 이상 설치되어 있고, 그 소화설비가 설치된 부분이 방화벽과 방화문으로 구획되어 있으며 각 소화설비에 지장이 없는 경우에는 펌프의 토출량중 최대의 것 이상으로 할 수 있다.

③ 옥내소화전설비·스프링클러설비·간이스프링클러설비·화재조기진압용 스프링클러설비·물분무소화설비·포소화설비 및 옥외소화전설비의 가압송수장치에 있어서 각 토출측배관과 일반급수용의 가압송수장치의 토출측배관을 상호 연결하여 화재시 사용할 수 있다. 이 경우 연결배관에는 개·폐표시형밸브를 설치하여야 하며, 각 소화설비의 성능에 지장이 없도록 하여야 한다.

제12조(설치·유지기준의 특례)

소방본부장 또는 소방서장은 기존건축물이 증축·개축·대수선되거나 용도변경 되는 경우에 있어서 이 기준이 정하는 기준에 따라 당해 건축물에 설치하여야 할 옥외소화전설비의 배관·배선 등의 공사가 현저하게 곤란하다고 인정되는 경우에는 당해 설비의 기능 및 사용에 지장이 없는 범위 안에서 옥외소화전설비의 설치·유지기준의 일부를 적용하지 아니할 수 있다.

제13조(재검토기한)

소방청장은 이 고시에 대하여 「훈령·예규 등의 발령 및 관리에 관한 규정」에 따라 2019년 1월 1일 기준으로 매 3년이 되는 시점(매 3년째의 12월 31일까지를 말한다)마다 그 타당성을 검토하여 개선 등의 조치를 하여야 한다.〈개정 2019.5.24〉

> **부칙〈제2019-41호, 2019.5.24〉**
> 이 고시는 발령한 날부터 시행한다.

제14장 비상경보설비 및 단독경보형 감지기의 화재안전기준(NFSC 201)

[시행 2019.5.24] [소방청고시 제2019-34호, 2019.5.24, 일부개정]

제1조(목적)

이 기준은 「화재예방, 소방시설 설치·유지 및 안전관리에 관한 법률」 제9조제1항에 따라 소방청장에게 위임한 사항 중 경보설비인 비상경보설비 및 단독경보형감지기의 설치·유지 및 안전관리에 필요한 사항을 규정함을 목적으로 한다. 〈개정 2015.1.23, 2016.7.13, 2017.7.26〉

제2조(적용범위)

「화재예방, 소방시설 설치·유지 및 안전관리에 관한 법률 시행령」(이하 "영"이라 한다) 별표 5 제2호가목과 바목에 따른 비상경보설비와 단독경보형감지기는 이 기준에서 정하는 규정에 따라 설비를 설치하고 유지·관리 하여야 한다. 〈개정 2012.8.20, 2015.1.23, 2016.7.13〉

제3조(정의)

이 기준에서 사용되는 용어의 정의는 다음과 같다.
1. "비상벨설비"라 함은 화재발생 상황을 경종으로 경보하는 설비를 말한다.
2. "자동식사이렌설비"라 함은 화재발생 상황을 사이렌으로 경보하는 설비를 말한다.
3. **"단독경보형감지기"**라 함은 화재발생 상황을 단독으로 감지하여 자체에 내장된 음향장치로 경보하는 감지기를 말한다.
4. **"발신기"**라 함은 화재발생 신호를 수신기에 수동으로 발신하는 장치를 말한다.
5. **"수신기"**라 함은 발신기에서 발하는 화재신호를 직접 수신하여 화재의 발생을 표시 및 경보하여 주는 장치를 말한다.

제3조의2(신호처리방식)

화재신호 및 상태신호 등(이하 "화재신호 등"이라 한다)을 송수신하는 방식은 다음 각 호와 같다. 〈개정 2019.5.24〉
1. "유선식"은 화재신호 등을 배선으로 송·수신하는 방식의 것
2. "무선식"은 화재신호 등을 전파에 의해 송·수신하는 방식의 것
3. "유·무선식"은 유선식과 무선식을 겸용으로 사용하는 방식의 것

제4조(비상벨설비 또는 자동식사이렌설비)

① 비상벨설비 또는 자동식사이렌설비는 부식성가스 또는 습기 등으로 인하여 부식의 우려가 없는 장소에 설치하여야 한다.

② 지구음향장치는 특정소방대상물의 층마다 설치하되, 당해 특정소방대상물의 각 부분으로부터 하나의 음향장치까지의 수평거리가 25m 이하가 되도록 하고, 당해 층의 각 부분에 유효하게 경보를 발할 수 있도록 설치하여야 한다. 다만, 「비상방송설비의 화재안전기준(NFSC 202)」에 적합한 방송설비를 비상벨설비 또는 자동식사이렌설비와 연동하여 작동하도록 설치한 경우에는 지구음향장치를 설치하지 아니할 수 있다.

③ 음향장치는 정격전압의 80% 전압에서 음향을 발할 수 있도록 하여야 한다. 다만, 건전지를 주전원으로 사용하는 음향장치는 그러하지 아니하다. 〈개정 2019.5.24〉

④ 음향장치의 음량은 부착된 음향장치의 중심으로부터 1m 떨어진 위치에서 90dB 이상이 되는 것으로 하여야 한다.

⑤ 발신기는 다음 각 호의 기준에 따라 설치하여야 한다. 〈개정 2021.1.15〉

> **Check Point**
>
> 1. 조작이 쉬운 장소에 설치하고, 조작스위치는 바닥으로부터 0.8m 이상 1.5m 이하의 높이에 설치할 것
> 2. 소방대상물의 층마다 설치하되, 당해 소방대상물의 각 부분으로부터 하나의 발신기까지의 수평거리가 25m 이하가 되도록 할 것. 다만, 복도 또는 별도로 구획된 실로서 보행거리가 40m 이상일 경우에는 추가로 설치하여야 한다.
> 3. 발신기의 위치표시등은 함의 상부에 설치하되, 그 불빛은 부착 면으로부터 15° 이상의 범위 안에서 부착지점으로부터 10m 이내의 어느 곳에서도 쉽게 식별할 수 있는 적색등으로 할 것

(a) 외형

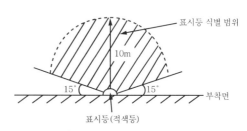

(b) 표시등 식별 범위

[위치 표시등]

⑥ 비상벨설비 또는 자동식사이렌설비의 상용전원은 다음 각호의 기준에 따라 설치하여야 한다.

　　1. 전원은 전기가 정상적으로 공급되는 축전지, 전기저장장치(외부 전기에너지를 저장해 두었다가 필요한 때 전기를 공급하는 장치) 또는 교류전압의 옥내 간선으로 하고, 전원까지의 배선은 전용으로 할 것 〈개정 2016.7.13〉

　　2. 개폐기에는 "비상벨설비 또는 자동식사이렌설비용"이라고 표시한 표지를 할 것

⑦ 비상벨설비 또는 자동식사이렌설비에는 그 설비에 대한 감시상태를 60분간 지속한 후 유효하게 10분 이상 경보할 수 있는 축전지설비(수신기에 내장하는 경우를 포함한다) 또는 전기저장장치(외부 전기에너지를 저장해 두었다가 필요한 때 전기를 공급하는 장치)를 설치하여야 한다. 다만, 상용전원이 축전지설비인 경우 또는 건전지를 주전원으로 사용하는 무선식 설비인 경우에는 그러하지 아니하다. 〈개정 2019.5.24〉

⑧ 비상벨설비 또는 자동식사이렌설비의 배선은 전기사업법 제67조의 규정에 따른 기술기준에서 정한 것 외에 다음 각호의 기준에 따라 설치하여야 한다.

　　1. 전원회로의 배선은 「옥내소화전설비의 화재안전기준(NFSC 102)」 별표 1에 따른 내화배선에 의하고 그 밖의 배선은 「옥내소화전설비의 화재안전기준(NFSC 102)」 별표 1에 따른 내화배선 또는 내열배선에 따를 것

　　2. 전원회로의 전로와 대지 사이 및 배선상호간의 절연저항은 「전기사업법」 제67조의 규정에 따른 기술기준이 정하는 바에 의하고, 부속회로의 전로와 대지 사이 및 배선 상호간의 절연저항은 1경계구역마다 직류 250V의 절연저항측정기를 사용하여 측정한 절연저항이 0.1MΩ 이상이 되도록 할 것

　　3. 배선은 다른 전선과 별도의 관·덕트(절연효력이 있는 것으로 구획한 때에는 그 구획된 부분은 별개의 덕트로 본다)·몰드 또는 풀박스 등에 설치할 것. 다만, 60V 미만의 약전류회로에 사용하는 전선으로서 각각의 전압이 같을 때에는 그러하지 아니하다.

제5조(단독경보형감지기)

단독경보형감지기는 다음 각호의 기준에 따라 설치하여야 한다.

> **Check Point**
>
> 1. 각 실(이웃하는 실내의 바닥면적이 각각 30m² 미만이고 벽체의 상부의 전부 또는 일부가 개방되어 이웃하는 실내와 공기가 상호유통되는 경우에는 이를 1개의 실로 본다)마다 설치하되, 바닥면적이 150m²를 초과하는 경우에는 150m²마다 1개 이상 설치할 것
> 2. 최상층의 계단실의 천장(외기가 상통하는 계단실의 경우를 제외한다)에 설치할 것
> 3. 건전지를 주전원으로 사용하는 단독경보형감지기는 정상적인 작동상태를 유지할 수 있도록 건전지를 교환할 것
> 4. 상용전원을 주전원으로 사용하는 단독경보형감지기의 2차전지는 법 제39조에 따라 제품검사에 합격한 것을 사용할 것

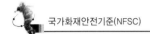

제6조(설치 · 유지기준의 특례)

소방본부장 또는 소방서장은 기존건축물이 증축 · 개축 · 대수선되거나 용도 변경되는 경우에 있어서 이 기준이 정하는 기준에 따라 당해 건축물에 설치하여야 할 비상경보설비의 배관 · 배선 등의 공사가 현저하게 곤란하다고 인정되는 경우에는 당해 설비의 기능 및 사용에 지장이 없는 범위 안에서 비상경보설비의 설치 · 유지기준의 일부를 적용하지 아니할 수 있다.

제7조(재검토 기한)

소방청장은 「훈령 · 예규 등의 발령 및 관리에 관한 규정」에 따라 이 고시에 대하여 2017년 1월 1일 기준으로 매3년이 되는 시점(매 3년째의 12월 31일까지를 말한다)마다 그 타당성을 검토하여 개선 등의 조치를 하여야 한다.〈전문개정 2016.7.13, 2017.7.26〉

제8조(규제의 재검토)

「행정규제기본법」 제8조에 따라 2015년 1월 1일을 기준으로 매 3년이 되는 시점(매 3번째의 12월 31일까지를 말한다)마다 그 타당성을 검토하여 개선 등의 조치를 하여야 한다.〈신설 2015.1.23〉

부칙〈제2019-34호, 2019.5.24〉

- **제1조(시행일)**
  이 고시는 발령한 날부터 시행한다.

제15장 비상방송설비의 화재안전기준(NFSC 202)

[시행 2017.7.26] [소방청고시 제2017-1호, 2017.7.26, 타법개정]

제1조(목적)

이 기준은 「화재예방, 소방시설 설치·유지 및 안전관리에 관한 법률」제9조 제1항에 따라 소방청장에게 위임한 사항 중 경보설비인 비상방송설비의 설치·유지 및 안전관리에 필요한 사항을 규정함을 목적으로 한다. 〈개정 2015.3.23, 2016.7.13, 2017.7.26, 2017.7.26〉

제2조(적용범위)

「화재예방, 소방시설 설치·유지 및 안전관리에 관한 법률 시행령」(이하 "영"이라 한다) 별표 5 제2호 나목에 따른 비상방송설비는 이 기준에서 정하는 규정에 따라 설비를 설치하고 유지·관리하여야 한다. 〈개정 2015.3.23, 2016.7.13〉

제3조(정의)

이 기준에서 사용되는 용어의 정의는 다음과 같다.
  1. **"확성기"**라 함은 소리를 크게 하여 멀리까지 전달될 수 있도록 하는 장치로써 일명 스피커를 말한다.
  2. **"음량조절기"**라 함은 가변저항을 이용하여 전류를 변화시켜 음량을 크게 하거나 작게 조절할 수 있는 장치를 말한다.
  3. **"증폭기"**라 함은 전압전류의 진폭을 늘려 감도를 좋게 하고 미약한 음성전류를 커다란 음성전류로 변화시켜 소리를 크게 하는 장치를 말한다.

제4조(음향장치)

비상방송설비는 다음 각호의 기준에 따라 설치하여야 한다. 이 경우 엘리베이터 내부에는 별도의 음향장치를 설치할 수 있다.
  1. 확성기의 음성입력은 3W(**실내**에 설치하는 것에 있어서는 1W) 이상일 것
  2. 확성기는 각층마다 설치하되, 그 층의 각 부분으로부터 하나의 확성기까지의 수평거리가 25m 이하가 되도록 하고, 당해층의 각 부분에 유효하게 경보를 발할 수 있도록 설치할 것
  3. 음량조정기를 설치하는 경우 음량조정기의 배선은 **3선식**으로 할 것

4. 조작부의 조작스위치는 바닥으로부터 0.8m **이상** 1.5m **이하**의 높이에 설치할 것

5. 조작부는 기동장지의 작동과 언동하여 당해 기동장지가 작동한 층 또는 구역을 표시할 수 있는 것으로 할 것

6. 증폭기 및 조작부는 수위실 등 상시 사람이 근무하는 장소로서 점검이 편리하고 방화 상 유효한 곳에 설치할 것

7. 층수가 5층 이상으로서 연면적이 3,000m²를 초과하는 특정소방대상물은 다음 각 목에 따라 경보를 발할 수 있도록 하여야 한다. 〈개정 2008.12.15, 2012.2.15〉

　가. 2층 이상의 층에서 발화한 때에는 발화층 및 그 직상층에 경보를 발할 것

　나. 1층에서 발화한 때에는 발화층·그 직상층 및 지하층에 경보를 발할 것

　다. 지하층에서 발화한 때에는 발화층·그 직상층 및 기타의 지하층에 경보를 발할 것

7의2. 삭제 〈2013.6.11〉

8. 다른 방송설비와 공용하는 것에 있어서는 화재 시 비상경보외의 방송을 차단할 수 있 는 구조로 할 것

9. 다른 전기회로에 따라 유도장애가 생기지 아니하도록 할 것

10. 하나의 소방대상물에 2 이상의 조작부가 설치되어 있는 때에는 각각의 조작부가 있는 장소 상호간에 동시통화가 가능한 설비를 설치하고, 어느 조작부에서도 당해 소방대 상물의 전 구역에 방송을 할 수 있도록 할 것

11. 기동장치에 따른 화재신고를 수신한 후 필요한 음량으로 화재발생 상황 및 피난에 유효한 방송이 자동으로 개시될 때까지의 소요시간은 **10초 이하**로 할 것

12. 음향장치는 다음 각목의 기준에 따른 구조 및 성능의 것으로 하여야 한다.

　가. 정격전압의 80% 전압에서 음향을 발할 수 있는 것으로 할 것

　나. 자동화재탐지설비의 작동과 연동하여 작동할 수 있는 것으로 할 것

제5조(배선)

비상방송설비의 배선은 「전기사업법」 제67조의 규정에 따른 기술기준에서 정한 것외에 다음 각호의 기준에 따라 설치하여야 한다.

1. 화재로 인하여 하나의 층의 확성기 또는 배선이 단락 또는 단선되어도 다른 층의 화재 통보에 지장이 없도록 할 것

2. 전원회로의 배선은 「옥내소화전설비의 화재안전기준(NFSC 102)」 별표 1에 따른 내 화배선에 따르고, 그 밖의 배선은 「옥내소화전설비의 화재안전기준(NFSC 102)」 별표 1에 따른 내화배선 또는 내열배선에 따라 설치할 것

3. 전원회로의 전로와 대지 사이 및 배선상호간의 절연저항은 「전기사업법」 제67조의 규정 에 따른 기술기준이 정하는 바에 따르고, 부속회로의 전로와 대지 사이 및 배선 상호간 의 절연저항은 1경계구역마다 **직류 250V의 절연저항측정기**를 사용하여 측정한 절연저 항이 0.1MΩ **이상**이 되도록 할 것

4. 비상방송설비의 배선은 다른 전선과 별도의 관·덕트(절연효력이 있는 것으로 구획한 때에는 그 구획된 부분은 별개의 덕트로 본다) 몰드 또는 풀박스등에 설치할 것. 다만, 60V 미만의 약전류회로에 사용하는 전선으로서 각각의 전압이 같을 때에는 그러하지 아니하다.

제6조(전원)

① 비상방송설비의 상용전원은 다음 각호의 기준에 따라 설치하여야 한다.

1. 전원은 전기가 정상적으로 공급되는 축전지, 전기저장장치(외부 전기에너지를 저장해 두었다가 필요한 때 전기를 공급하는 장치) 또는 교류전압의 옥내 간선으로 하고, 전원까지의 배선은 전용으로 할 것 〈개정 2016.7.13〉
2. 개폐기에는 "비상방송설비용"이라고 표시한 표지를 할 것

② 비상방송설비에는 그 설비에 대한 감시상태를 60분간 지속한 후 유효하게 10분 이상 경보할 수 있는 축전지설비(수신기에 내장하는 경우를 포함한다) 또는 전기저장장치(외부 전기에너지를 저장해 두었다가 필요한 때 전기를 공급하는 장치)를 설치하여야 한다. 〈개정 2012.2.15, 2013.6.11, 2016.7.13〉

제7조(설치·유지기준의 특례)

소방본부장 또는 소방서장은 기존건축물이 증축·개축·대수선되거나 용도 변경되는 경우에 있어서 이 기준이 정하는 기준에 따라 당해 건축물에 설치하여야 할 비상방송설비의 배관·배선 등의 공사가 현저하게 곤란하다고 인정되는 경우에는 당해 설비의 기능 및 사용에 지장이 없는 범위 안에서 비상방송설비의 설치·유지기준의 일부를 적용하지 아니할 수 있다.

제8조(재검토 기한)

소방청장은 「훈령·예규 등의 발령 및 관리에 관한 규정」에 따라 이 고시에 대하여 2017년 1월 1일 기준으로 매 3년이 되는 시점(매 3년째의 12월 31일까지를 말한다)마다 그 타당성을 검토하여 개선 등의 조치를 하여야 한다. 〈전문개정 2016.7.13, 2017.7.26〉

부칙 〈제2017-1호, 2017.7.26〉

- **제1조(시행일)**
  이 고시는 발령한 날부터 시행한다.
- **제2조(경과조치)**
  이 고시 시행당시 건축허가 등의 동의 또는 착공신고가 완료된 특정소방대상물에 대하여는 종전의 기준에 따른다.

제16장 자동화재탐지설비 및 시각경보장치의 화재안전기준(NFSC 203)

[시행 2019.5.24] [소방청고시 제2019-35호, 2019.5.24, 일부개정]

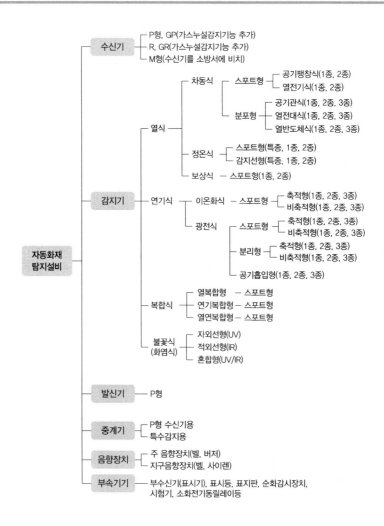

제1조(목적)

이 기준은 「화재예방, 소방시설 설치·유지 및 안전관리에 관한 법률」 제9조제1항에서 소방 청장에게 위임한 사항 중 경보설비인 자동화재탐지설비 및 시각경보장치의 설치·유지 및 안전관리에 필요한 사항을 규정함을 목적으로 한다. 〈개정 2015.1.23, 2016.7.13, 2017.7.26〉

제2조(적용범위)

「화재예방, 소방시설 설치·유지 및 안전관리에 관한 법률 시행령」(이하 "영"이라 한다) 별 표 5 제2호 라목 및 사목에 따른 자동화재탐지설비 및 시각경보장치는 이 기준에서 정하는 규정에 따라 설비를 설치하고 유지·관리하여야 한다. 〈개정 2013.6.10, 2015.1.23, 2016.7.13〉

제3조(정의)

이 기준에서 사용하는 용어의 정의는 다음과 같다.
1. **"경계구역"**이라 함은 소방대상물 중 화재신호를 발신하고 그 신호를 수신 및 유효하게 제어할 수 있는 구역을 말한다.
2. **"수신기"**라 함은 감지기나 발신기에서 발하는 화재신호를 직접 수신하거나 중계기를 통하여 수신하여 화재의 발생을 표시 및 경보하여 주는 장치를 말한다.
3. **"중계기"**라 함은 감지기·발신기 또는 전기적접점 등의 작동에 따른 신호를 받아 이를 수신기의 제어반에 전송하는 장치를 말한다.
4. **"감지기"**라 함은 화재시 발생하는 열, 연기, 불꽃 또는 연소생성물을 자동적으로 감지 하여 수신기에 발신하는 장치를 말한다.
5. **"발신기"**라 함은 화재발생 신호를 수신기에 수동으로 발신하는 장치를 말한다.
6. **"시각경보장치"**라 함은 자동화재탐지설비에서 발하는 화재신호를 시각경보기에 전달 하여 청각장애인에게 점멸형태의 시각경보를 하는 것을 말한다.
7. **"거실"**이라 함은 거주·집무·작업·집회·오락 그 밖에 이와 유사한 목적을 위하여 사용하는 방을 말한다.

제3조의2(신호처리방식)

화재신호 및 상태신호 등(이하 "화재신호 등"이라 한다)을 송수신하는 방식은 다음 각 호와 같다. 〈개정 2019.5.24〉
1. **"유선식"**은 화재신호 등을 배선으로 송·수신하는 방식의 것
2. **"무선식"**은 화재신호 등을 전파에 의해 송·수신하는 방식의 것
3. **"유·무선식"**은 유선식과 무선식을 겸용으로 사용하는 방식의 것

제4조(경계구역)

① 자동화재탐지설비의 경계구역은 다음 각호의 기준에 따라 설정하여야 한다. 다만, 감지기의 형식승인 시 감지거리, 감지면적 등에 대한 성능을 별도로 인정받은 경우에는 그 성능인정범위를 경계구역으로 할 수 있다.

> **Check Point**
> 1. 하나의 경계구역이 2개 이상의 건축물에 미치지 아니하도록 할 것
> 2. 하나의 경계구역이 2개 이상의 층에 미치지 아니하도록 할 것. 다만, 500m² 이하의 범위 안에서는 2개의 층을 하나의 경계구역으로 할 수 있다
> 3. 하나의 경계구역의 면적은 600m² 이하로 하고 한 변의 길이는 50m 이하로 할 것. 다만, 당해 소방대상물의 주된 출입구에서 그 내부 전체가 보이는 것에 있어서는 한 변의 길이가 50m의 범위 내에서 1,000m² 이하로 할 수 있다.
> 4. 삭제 〈2021.1.15〉

② 계단(직통계단외의 것에 있어서는 떨어져 있는 상하계단의 상호간의 수평거리가 5m 이하로서 서로 간에 구획되지 아니한 것에 한한다. 이하 같다) · 경사로(에스컬레이터경사로 포함) · 엘리베이터 승강로(권상기실이 있는 경우에는 권상기실) · 린넨슈트 · 파이프 피트 및 덕트 기타 이와 유사한 부분에 대하여는 별도로 경계구역을 설정하되, 하나의 경계구역은 높이 45m 이하(계단 및 경사로에 한한다)로 하고, 지하층의 계단 및 경사로(지하층의 층수가 1일 경우는 제외한다)는 별도로 하나의 경계구역으로 하여야 한다. 〈개정 2008.12.15, 2015.1.23〉

③ 외기에 면하여 상시 개방된 부분이 있는 차고 · 주차장 · 창고 등에 있어서는 외기에 면하는 각 부분으로부터 5m 미만의 범위 안에 있는 부분은 경계구역의 면적에 산입하지 아니한다.

④ 스프링클러설비 · 물분무등소화설비 또는 제연설비의 화재감지장치로서 화재감지기를 설치한 경우의 경계구역은 당해 소화설비의 방사구역 또는 제연구역과 동일하게 설정할 수 있다.

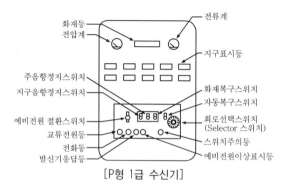

[P형 1급 수신기]

제5조(수신기)

① 자동화재탐지설비의 수신기는 다음 각호의 기준에 적합한 것으로 설치하여야 한다.
   1. 당해 소방대상물의 경계구역을 각각 표시할 수 있는 회선수 이상의 수신기를 설치할 것
   2. 4층 이상의 소방대상물에는 발신기와 전화통화가 가능한 수신기를 설치할 것
   3. 당해 소방대상물에 가스누설탐지설비가 설치된 경우에는 가스누설탐지설비로부터 가스누설신호를 수신하여 가스누설경보를 할 수 있는 수신기를 설치할 것(가스누설탐지설비의 수신부를 별도로 설치한 경우에는 제외한다)

② 자동화재탐지설비의 수신기는 소방대상물 또는 그 부분이 **지하층·무창층** 등으로서 환기가 잘되지 아니하거나 실내면적이 40m² **미만인 장소**, 감지기의 부착면과 실내바닥과의 거리가 2.3m **이하인 장소**로서 일시적으로 발생한 **열·연기** 또는 **먼지** 등으로 인하여 감지기가 화재신호를 발신할 우려가 있는 때에는 **축적기능** 등이 있는 것(축적형감지기가 설치된 장소에는 감지기회로의 감시전류를 단속적으로 차단시켜 화재를 판단하는 방식외의 것을 말한다)으로 설치하여야 한다. 다만, 제7조제1항 단서의 규정에 따라 감지기를 설치한 경우에는 그러하지 아니하다.

③ 수신기는 다음 각호의 기준에 따라 설치하여야 한다.
   1. **수위실 등** 상시 사람이 근무하는 장소에 설치할 것. 다만, 사람이 상시 근무하는 장소가 없는 경우에는 관계인이 쉽게 접근할 수 있고 관리가 용이한 장소에 설치할 수 있다.
   2. 수신기가 설치된 장소에는 **경계구역 일람도**를 비치할 것. 다만, 모든 수신기와 연결되어 각 수신기의 상황을 감시하고 제어할 수 있는 수신기(이하 "주수신기"라 한다)를 설치하는 경우에는 주수신기를 제외한 기타 수신기는 그러하지 아니하다.
   3. 수신기의 **음향기구**는 그 음량 및 음색이 다른 기기의 소음 등과 명확히 구별될 수 있는 것으로 할 것
   4. 수신기는 감지기·중계기 또는 발신기가 작동하는 **경계구역을 표시**할 수 있는 것으로 할 것
   5. 화재·가스 전기등에 대한 종합방재반을 설치한 경우에는 당해 조작반에 수신기의 작동과 연동하여 감지기·중계기 또는 발신기가 작동하는 경계구역을 표시할 수 있는 것으로 할 것
   6. 하나의 경계구역은 **하나의 표시등 또는 하나의 문자**로 표시되도록 할 것
   7. 수신기의 조작 스위치는 바닥으로부터의 높이가 0.8m **이상** 1.5m **이하**인 장소에 설치할 것
   8. 하나의 소방대상물에 2 이상의 수신기를 설치하는 경우에는 수신기를 상호간 연동하여 화재발생 상황을 각 수신기마다 확인할 수 있도록 할 것

제6조(중계기)

자동화재탐지설비의 중계기는 다음 각호의 기준에 따라 설치하여야 한다.

Check Point

1. 수신기에서 직접 감지기회로의 도통시험을 행하지 아니하는 것에 있어서는 수신기와 감지기 사이에 설치할 것
2. 조작 및 점검에 편리하고 화재 및 침수등의 재해로 인한 피해를 받을 우려가 없는 장소에 설치할 것
3. 수신기에 따라 감시되지 아니하는 배선을 통하여 전력을 공급받는 것에 있어서는 전원입력측의 배선에 과전류 차단기를 설치하고 당해 전원의 정전이 즉시 수신기에 표시되는 것으로 하며, 상용전원 및 예비전원의 시험을 할 수 있도록 할 것

〈집합형과 분산형 중계기의 비교〉

구분	집합형	분산형
입력전원	교류 110V/220[V]	직류 24[V]
전원공급	• 외부 전원을 이용 • 비상전원 내장	• 수신기의 비상전원을 이용 • 중계기에 전원장치 없음
회로수용 능력	대용량(30~40회로)	소용량(5회로 미만)
외형크기	대형	소형
설치방법 (설치장소)	• 전기 Pit실 등에 설치 • 2~3개 층당 1대씩	• 발신기함, 소화전함, 수동조작함, SVP, 연동제어기에 내장하거나 별도의 격납함에 설치 • 각 말단(local) 기기별 1대씩
전원공급 사고 시	• 내장된 예비전원에 의해 정상적인 동작을 수행	• 중계기 전원 선로의 사고 시 해당 계통 전체 시스템 마비
설치적용	• 전압 강하가 우려되는 장소 • 수신기와 거리가 먼 초고층 빌딩	• 전기피트 공간이 좁은 건축물 • 아날로그 감지기를 객실별로 설치하는 호텔, 오피스텔, 아파트 등

제7조(감지기)

① 자동화재탐지설비의 감지기는 부착높이에 따라 다음 표에 따른 감지기를 설치하여야 한다. 다만, **지하층·무창층** 등으로서 환기가 잘되지 아니하거나 실내면적이 40m² **미만**인 장소, 감지기의 부착면과 실내바닥과의 거리가 2.3m **이하**인 곳으로서 일시적으로 발생한 **열·연기** 또는 먼지 등으로 인하여 **화재신호를 발신할 우려가 있는 장소**(제5조제2항 본

문의 규정에 따른 수신기를 설치한 장소를 제외한다)에는 다음 각호에서 정한 감지기중 적응성 있는 **감지기**를 설치하여야 한다.
1. 불꽃감지기
2. 정온식감지선형감지기
3. 분포형감지기
4. 복합형감지기
5. 광전식분리형감지기
6. 아날로그방식의 감지기
7. 다신호방식의 감지기
8. 축적방식의 감지기

Check Point

부착높이	감지기의 종류
4m 미만	차동식(스포트형, 분포형) 보상식 스포트형 정온식(스포트형, 감지선형) 이온화식 또는 광전식(스포트형, 분리형, 공기흡입형) 열복합형 연기복합형 열연기복합형 불꽃감지기
4m 이상 8m 미만	차동식(스포트형, 분포형) 보상식 스포트형 정온식(스포트형, 감지선형) 특종 또는 1종 이온화식 1종 또는 2종 광전식(스포트형, 분리형, 공기흡입형) 1종 또는 2종 열복합형 연기복합형 열연기복합형 불꽃감지기
8m 이상 15m 미만	차동식 분포형 이온화식 1종 또는 2종 광전식(스포트형, 분리형, 공기흡입형) 1종 또는 2종 연기복합형 불꽃감지기

15m 이상 20m 미만	이온화식 1종 광전식(스포트형, 분리형, 공기흡입형) 1종 연기복합형 불꽃감지기
20m 이상	불꽃감지기 광전식(분리형, 공기흡입형) 중 아날로그방식

비고)
1) 감지기별 부착높이 등에 대하여 별도로 형식승인 받은 경우에는 그 성능 인정범위 내에서 사용할 수 있다.
2) 부착높이 20m 이상에 설치되는 광전식 중 아날로그방식의 감지기는 공칭감지농도 하한값이 감광률 5%/m 미만인 것으로 한다.

② 다음 각호의 장소에는 연기감지기를 설치하여야 한다. 다만, 교차회로방식에 따른 감지기가 설치된 장소 또는 제1항단서 규정에 따른 감지기가 설치된 장소에는 그러하지 아니하다.

> **Check Point**
>
> 1. ㉞단·경사로 및 에스컬레이터 경사로 〈개정 2008.12.15, 2015.1.23〉
> 2. ㉞도(30m 미만의 것을 제외한다)
> 3. ㉞리베이터 승강로(권상기실이 있는 경우에는 권상기실)·린넨슈트·파이프 피트 및 덕트 기타 이와 유사한 장소 〈개정 2008.12.15, 2015.1.23〉
> 4. ㉞장 또는 반자의 높이가 15m 이상 20m 미만의 장소
> 5. 다음 각 목의 어느 하나에 해당하는 특정소방대상물의 취침·숙박·입원 등 이와 유사한 용도로 사용되는 거실 〈신설 2015.1.23〉
>   가. 공동주택·오피스텔·숙박시설·노유자시설·수련시설
>   나. 교육연구시설 중 합숙소
>   다. 의료시설, 근린생활시설 중 입원실이 있는 의원·조산원
>   라. 교정 및 군사시설
>   마. 근린생활시설 중 고시원

③ 감지기는 다음 각호의 기준에 따라 설치하여야 한다. 다만, 교차회로방식에 사용되는 감지기, 급속한 연소 확대가 우려되는 장소에 사용되는 감지기 및 축적기능이 있는 수신기에 연결하여 사용하는 감지기는 축적기능이 없는 것으로 설치하여야 한다.
1. 감지기(차동식분포형의 것을 제외한다)는 실내로의 공기유입구로부터 **1.5m 이상** 떨어진 위치에 설치할 것
2. 감지기는 천장 또는 반자의 옥내에 면하는 부분에 설치할 것

3. **보상식스포트형감지기**는 정온점이 감지기 주위의 평상시 최고온도보다 20℃ **이상** 높은 것으로 설치할 것
4. **정온식감지기**는 주방·보일러실 등으로서 다량의 화기를 취급하는 장소에 설치하되, 공칭작동온도가 최고주위온도보다 20℃ **이상** 높은 것으로 설치할 것
5. 차동식스포트형·보상식스포트형 및 정온식스포트형 감지기는 그 부착 높이 및 소방대상물에 따라 다음 표에 따른 바닥면적마다 1개 이상을 설치할 것

(단위 ㎡)

부착높이 및 소방대상물의 구분		감지기의 종류						
		차동식 스포트형		보상식 스포트형		정온식 스포트형		
		1종	2종	1종	2종	특종	1종	2종
4m 미만	주요구조부를 내화구조로 한 소방대상물 또는 그 부분	90	70	90	70	70	60	20
	기타 구조의 소방대상물 또는 그 부분	50	40	50	40	40	30	15
4m 이상 8m 미만	주요구조부를 내화구조로 한 소방대상물 또는 그 부분	45	35	45	35	35	30	–
	기타 구조의 소방대상물 또는 그 부분	30	25	30	25	25	15	–

6. 스포트형감지기는 45° **이상** 경사되지 아니하도록 부착할 것
7. **공기관식 차동식분포형감지기**는 다음의 기준에 따를 것
   가. 공기관의 노출부분은 감지구역마다 20m 이상이 되도록 할 것
   나. 공기관과 감지구역의 각 변과의 수평거리는 1.5m 이하가 되도록 하고, 공기관 상호간의 거리는 6m(주요 구조부를 내화구조로 한 소방대상물 또는 그 부분에 있어서는 9m) 이하가 되도록 할 것
   다. 공기관은 도중에서 분기하지 아니하도록 할 것
   라. 하나의 검출부분에 접속하는 공기관의 길이는 100m 이하로 할 것

마. 검출부는 5° 이상 경사되지 아니하도록 부착할 것

바. 검출부는 바닥으로부터 0.8m 이상 1.5m 이하의 위치에 설치할 것

8. **열전대식 차동식분포형감지기**는 다음의 기준에 따를 것

가. 열전대부는 감지구역의 바닥면적 18m²(주요구조부가 내화구조로 된 소방대상물에 있어서는 22m²)마다 1개 이상으로 할 것. 다만, 바닥면적이 72m²(주요구조부가 내화구조로 된 소방대상물에 있어서는 88m²) 이하인 소방대상물에 있어서는 4개 이상으로 하여야 한다.

나. 하나의 검출부에 접속하는 열전대부는 20개 이하로 할 것. 다만, 각각의 열전대부에 대한 작동여부를 검출부에서 표시할 수 있는 것(주소형)은 형식승인 받은 성능인정범위내의 수량으로 설치할 수 있다.

9. **열반도체식 차동식분포형감지기**는 다음의 기준에 따를 것

가. 감지부는 그 부착높이 및 소방대상물에 따라 다음 표에 따른 바닥면적마다 1개 이상으로 할 것. 다만, 바닥면적이 다음 표에 따른 면적의 2배 이하인 경우에는 2개(부착높이가 8m 미만이고, 바닥면적이 다음 표에 따른 면적 이하인 경우에는 1개) 이상으로 하여야 한다.

(단위 m²)

부착높이 및 소방대상물의 구분		감지기의 종류	
		1종	2종
8m 미만	주요구조부가 내화구조로된 소방대상물 또는 그 구분	65	36
	기타 구조의 소방대상물 또는 그 부분	40	23
8m 이상 15m 미만	주요구조부가 내화구조로 된 소방대상물 또는 그 부분	50	36
	기타 구조의 소방대상물 또는 그 부분	30	23

나. 하나의 검출기에 접속하는 감지부는 2개 이상 15개 이하가 되도록 할 것. 다만, 각각의 감지부에 대한 작동여부를 검출기에서 표시할 수 있는 것(주소형)은 형식승인 받은 성능인정범위내의 수량으로 설치할 수 있다.

10. **연기감지기**는 다음의 기준에 따라 설치할 것

가. 감지기의 부착높이에 따라 다음 표에 따른 바닥면적마다 1개 이상으로 할 것

(단위 m²)

부착높이	감지기의 종류	
	1종 및 2종	3종
4m 미만	150	50
4m 이상 20m 미만	75	–

나. 감지기는 복도 및 통로에 있어서는 보행거리 30m(3종에 있어서는 20m)마다, 계단 및 경사로에 있어서는 수직거리 15m(3종에 있어서는 10m)마다 1개 이상으로 할 것

　　다. 천장 또는 반자가 낮은 실내 또는 좁은 실내에 있어서는 출입구의 가까운 부분에 설치할 것

　　라. 천장 또는 반자부근에 배기구가 있는 경우에는 그 부근에 설치할 것

　　마. 감지기는 벽 또는 보로부터 0.6m 이상 떨어진 곳에 설치할 것

11. **열복합형감지기**의 설치에 관하여는 제3호 내지 제9호의 규정을, 연기복합형감지기의 설치에 관하여는 제10호의 규정을, 열연기복합형감지기의 설치에 관하여는 제5호 및 제10호 나목 내지 마목의 규정을 준용하여 설치할 것

12. **정온식감지선형감지기**는 다음의 기준에 따라 설치할 것

　　가. 보조선이나 고정금구를 사용하여 감지선이 늘어지지 않도록 설치할 것

　　나. 단자부와 마감 고정금구와의 설치간격은 10cm 이내로 설치할 것

　　다. 감지선형 감지기의 굴곡반경은 5cm 이상으로 할 것

　　라. 감지기와 감지구역의 각부분과의 수평거리가 내화구조의 경우 1종 4.5m 이하, 2종 3m 이하로 할 것. 기타 구조의 경우 1종 3m 이하, 2종 1m 이하로 할 것

　　마. 케이블트레이에 감지기를 설치하는 경우에는 케이블트레이 받침대에 마감금구를 사용하여 설치할 것

　　바. 창고의 천장 등에 지지물이 적당하지 않는 장소에서는 보조선을 설치하고 그 보조선에 설치할 것 〈개정 2021.1.15〉

　　사. 분전반 내부에 설치하는 경우 접착제를 이용하여 돌기를 바닥에 고정시키고 그 곳에 감지기를 설치할 것

　　아. 그 밖의 설치방법은 형식승인 내용에 따르며 형식승인 사항이 아닌 것은 제조사의 시방(示方)에 따라 설치할 것

13. **불꽃감지기**는 다음의 기준에 따라 설치할 것

　　가. 공칭감시거리 및 공칭시야각은 형식승인 내용에 따를 것

　　나. 감지기는 공칭감시거리와 공칭시야각을 기준으로 감시구역이 모두 포용될 수 있도록 설치할 것

　　다. 감지기는 화재감지를 유효하게 감지할 수 있는 모서리 또는 벽 등에 설치할 것

　　라. 감지기를 천장에 설치하는 경우에는 감지기는 바닥을 향하여 설치할 것

　　마. 수분이 많이 발생할 우려가 있는 장소에는 방수형으로 설치할 것

　　바. 그 밖의 설치기준은 형식승인 내용에 따르며 형식승인 사항이 아닌 것은 제조사의 시방에 따라 설치할 것

14. **아날로그방식의 감지기**는 공칭감지온도범위 및 공칭감지농도범위에 적합한 장소에, 다신호방식의 감지기는 화재신호를 발신하는 감도에 적합한 장소에 설치할 것. 다만,

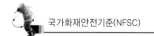
이 기준에서 정하지 않는 설치방법에 대하여는 형식승인 사항이나 제조사의 시방에 따라 설치할 수 있다.

15. **광전식분리형감지기**는 다음의 기준에 따라 설치할 것
  가. 감지기의 수광면은 햇빛을 직접 받지 않도록 설치할 것
  나. 광축(송광면과 수광면의 중심을 연결한 선)은 나란한 벽으로부터 0.6m 이상 이격하여 설치할 것
  다. 감지기의 송광부와 수광부는 설치된 뒷벽으로부터 1m이내 위치에 설치할 것
  라. 광축의 높이는 천장 등(천장의 실내에 면한 부분 또는 상층의 바닥하부면을 말한다) 높이의 80 % 이상일 것
  마. 감지기의 광축의 길이는 공칭감시거리 범위이내 일 것
  바. 그 밖의 설치기준은 형식승인 내용에 따르며 형식승인 사항이 아닌 것은 제조사의 시방에 따라 설치할 것

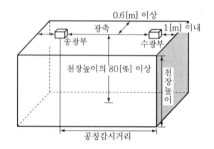

[광전식 분리형 감지기의 설치방법]

④ 제3항의 규정에 불구하고 다음 각호의 장소에는 각각 광전식분리형감지기 또는 불꽃감지기를 설치하거나 광전식공기흡입형감지기를 설치할 수 있다.

> **Check Point**
>
> 1. 화학공장·격납고·제련소 등 : 광전식분리형감지기 또는 불꽃감지기. 이 경우 각 감지기의 공칭감시거리 및 공칭시야각등 감지기의 성능을 고려하여야 한다.
> 2. 전산실 또는 반도체 공장 등 : 광전식공기흡입형감지기. 이 경우 설치장소·감지면적 및 공기흡입관의 이격거리등은 형식승인 내용에 따르며 형식승인 사항이 아닌 것은 제조사의 시방에 따라 설치하여야 한다.

⑤ 다음 각호의 장소에는 감지기를 설치하지 아니한다.

> ### Check Point
>
> 1. 천장 또는 반자의 높이가 ㉟m 이상인 장소. 다만, 제1항 단서 각호의 감지기로서 부착높이에 따라 적응성이 있는 장소는 제외한다.
> 2. ㉠간 등 외부와 기류가 통하는 장소로서 감지기에 따라 화재발생을 유효하게 감지할 수 없는 장소
> 3. ㉣식성가스가 체류하고 있는 장소
> 4. ㉢온도 및 저온도로서 감지기의 기능이 정지되기 쉽거나 감지기의 유지관리가 어려운 장소
> 5. ㉤욕실 · 욕조나 샤워시설이 있는 화장실 · 기타 이와 유사한 장소
> 6. ㉥이프덕트 등 그 밖의 이와 비슷한 것으로서 2개층 마다 방화구획된 것이나 수평단면적이 5m² 이하인 것
> 7. ㉦지 · 가루 또는 수증기가 다량으로 체류하는 장소 또는 주방 등 평시에 연기가 발생하는 장소(연기감지기에 한한다)
> 8. 삭제 〈2015.1.23〉
> 9. ㉧레스공장 · 주조공장 등 화재발생의 위험이 적은 장소로서 감지기의 유지관리가 어려운 장소

⑥ 삭제 〈2021.1.15〉
⑦ 제1항 단서의 규정에도 불구하고 일시적으로 발생한 열 · 연기 또는 먼지 등으로 인하여 화재신호를 발신할 우려가 있는 장소에는 별표 1 및 별표 2에 따라 그 장소에 적응성 있는 감지기를 설치할 수 있으며, 연기감지기를 설치할 수 없는 장소에는 별표 1을 적용하여 설치할 수 있다.
⑧ 삭제 〈2013.6.11〉

제8조(음향장치 및 시각경보장치)

① 자동화재탐지설비의 음향장치는 다음 각호의 기준에 따라 설치하여야 한다.
  1. 주음향장치는 수신기의 내부 또는 그 직근에 설치할 것
  2. 층수가 5층 이상으로서 연면적이 3,000m²를 초과하는 특정소방대상물은 다음 각목에 따라 경보를 발할 수 있도록 하여야 한다. 〈개정 2012.2.15〉
     가. 2층 이상의 층에서 발화한 때에는 발화층 및 그 직상층에 경보를 발할 것
     나. 1층에서 발화한 때에는 발화층 · 그 직상층 및 지하층에 경보를 발할 것
     다. 지하층에서 발화한 때에는 발화층 · 그 직상층 및 기타의 지하층에 경보를 발할 것
  2의2. 삭제 〈2013.6.11〉
  3. 지구음향장치는 소방대상물의 층마다 설치하되, 당해소방대상물의 각 부분으로부터

하나의 음향장치까지의 수평거리가 25m 이하가 되도록 하고, 당해층의 각 부분에 유효하게 경보를 발할 수 있도록 설치할 것. 다만, 「비상방송설비의 화재안전기준(NFSC 202)」 규정에 적합한 방송설비를 자동화재탐지설비의 감지기와 연동하여 작동하도록 설치한 경우에는 지구음향장치를 설치하지 아니할 수 있다.

4. 음향장치는 다음 각목의 기준에 따른 구조 및 성능의 것으로 하여야 한다.

　가. 정격전압의 80% 전압에서 음향을 발할 수 있는 것으로 할 것. 다만, 건전지를 주전원으로 사용하는 음향장치는 그러하지 아니하다. 〈개정 2019.5.24〉

　나. 음량은 부착된 음향장치의 중심으로부터 1m 떨어진 위치에서 90dB 이상이 되는 것으로 할 것

　다. 감지기 및 발신기의 작동과 연동하여 작동할 수 있는 것으로 할 것

5. 제3호의 규정에도 불구하고 제3호의 기준을 초과하는 경우로서 기둥 또는 벽이 설치되지 아니한 대형공간의 경우 지구음향장치는 설치 대상 장소의 가장 가까운 장소의 벽 또는 기둥 등에 설치할 것

② 청각장애인용 시각경보장치는 국민안전처장이 정하여 고시한 「시각경보장치의 성능인증 및 제품검사의 기술기준」에 적합한 것으로서 다음 각 목의 기준에 따라 설치하여야 한다. 〈개정 2013.6.10, 2015.1.23〉

1. 복도ㆍ통로ㆍ청각장애인용 객실 및 공용으로 사용하는 거실(로비, 회의실, 강의실, 식당, 휴게실, 오락실, 대기실, 체력단련실, 접객실, 안내실, 전시실, 기타 이와 유사한 장소를 말한다)에 설치하며, 각 부분으로부터 유효하게 경보를 발할 수 있는 위치에 설치할 것 〈개정 2013.6.10〉

2. 공연장ㆍ집회장ㆍ관람장 또는 이와 유사한 장소에 설치하는 경우에는 시선이 집중되는 무대부 부분 등에 설치할 것

3. 설치높이는 바닥으로부터 2m 이상 2.5m 이하의 장소에 설치할 것 다만, 천장의 높이가 2m 이하인 경우에는 천장으로부터 0.15m 이내의 장소에 설치하여야 한다.

4. 시각경보장치의 광원은 전용의 축전지설비 또는 전기저장장치(외부 전기에너지를 저장해 두었다가 필요한 때 전기를 공급하는 장치)에 의하여 점등되도록 할 것. 다만, 시각경보기에 작동전원을 공급할 수 있도록 형식승인을 얻은 수신기를 설치한 경우에는 그러하지 아니하다. 〈개정 2016.7.13〉

③ 하나의 소방대상물에 2 이상의 수신기가 설치된 경우 어느 수신기에서도 지구음향장치 및 시각경보장치를 작동할 수 있도록 할 것

제9조(발신기)

① 자동화재탐지설비의 발신기는 다음 각 호의 기준에 따라 설치하여야 한다. 〈개정 2021.1. 15〉

1. 조작이 쉬운 장소에 설치하고, 스위치는 바닥으로부터 0.8m 이상 1.5m 이하의 높이에 설치할 것
2. 소방대상물의 층마다 설치하되, 당해 소방대상물의 각 부분으로부터 하나의 발신기까지의 수평거리가 25m 이하가 되도록 할 것. 다만, 복도 또는 별도로 구획된 실로서 보행거리가 40m 이상일 경우에는 추가로 설치하여야 한다.
3. 제2호의 규정에도 불구하고 제2호의 기준을 초과하는 경우로서 기둥 또는 벽이 설치되지 아니한 대형공간의 경우 발신기는 설치 대상 장소의 가장 가까운 장소의 벽 또는 기둥 등에 설치 할 것
② 발신기의 위치를 표시하는 표시등은 함의 상부에 설치하되, 그 불빛은 부착면으로부터 15° 이상의 범위 안에서 부착지점으로부터 10m 이내의 어느 곳에서도 쉽게 식별할 수 있는 적색등으로 하여야 한다.

제10조(전원)

① 자동화재탐지설비의 상용전원은 다음 각 호의 기준에 따라 설치하여야 한다.
1. 전원은 전기가 정상적으로 공급되는 축전지, 전기저장장치(외부 전기에너지를 저장해 두었다가 필요한 때 전기를 공급하는 장치) 또는 교류전압의 옥내 간선으로 하고, 전원까지의 배선은 전용으로 할 것 〈개정 2016.7.13〉
2. 개폐기에는 "자동화재탐지설비용"이라고 표시한 표지를 할 것
② 자동화재탐지설비에는 그 설비에 대한 감시상태를 60분간 지속한 후 유효하게 10분 이상 경보할 수 있는 축전지설비(수신기에 내장하는 경우를 포함한다) 또는 전기저장장치(외부 전기에너지를 저장해 두었다가 필요한 때 전기를 공급하는 장치)를 설치하여야 한다. 다만, 상용전원이 축전지설비인 경우 또는 건전지를 주전원으로 사용하는 무선식 설비인 경우에는 그러하지 아니하다. 〈개정 2019.5.24〉

제11조(배선)

배선은 「전기사업법」 제67조에 따른 기술기준에서 정한 것외에 다음 각 호의 기준에 따라 설치하여야 한다.
1. **전원회로의 배선**은 「옥내소화전설비의 화재안전기준(NFSC 102)」 별표 1에 따른 내화배선에 따르고, 그 밖의 배선(감지기 상호간 또는 감지기로부터 수신기에 이르는 감지기회로의 배선을 제외한다)은 「옥내소화전설비의 화재안전기준(NFSC 102)」 별표 1에 따른 내화배선 또는 내열배선에 따라 설치할 것 〈개정 2013.6.10〉
2. 감지기 상호간 또는 감지기로부터 수신기에 이르는 감지기회로의 배선은 다음 각목의 기준에 따라 설치할 것 〈개정 2015.1.23〉

가. 아날로그식, 다신호식 감지기나 R형수신기용으로 사용되는 것은 전자파 방해를 받지 아니하는 쉴드선 등을 사용하여야 하며, 광케이블의 경우에는 전자파 방해를 받지 아니하고 내열성능이 있는 경우 사용할 수 있다. 다만, 전자파 방해를 받지 아니하는 방식의 경우에는 그러하지 아니하다. 〈개정 2015.1.23〉

나. 가목외의 일반배선을 사용할 때는 「옥내소화전설비의 화재안전기준(NFSC 102)」 별표 1에 따른 내화배선 또는 내열배선으로 사용 할 것 〈개정 2013.6.10〉

3. 감지기회로의 도통시험을 위한 종단저항은 다음의 기준에 따를 것

> **Check Point**
>
> 가. 점검 및 관리가 쉬운 장소에 설치할 것
> 나. 전용함을 설치하는 경우 그 설치 높이는 바닥으로부터 1.5m 이내로 할 것
> 다. 감지기 회로의 끝부분에 설치하며, 종단감지기에 설치할 경우에는 구별이 쉽도록 해당감지기의 기판 및 감지기 외부 등에 별도의 표시를 할 것 〈개정 2013.6.10〉

4. 감지기 사이의 회로의 배선은 **송배전식**으로 할 것

5. 전원회로의 전로와 대지 사이 및 배선 상호간의 절연저항은 「전기사업법」 제67조에 따른 기술기준이 정하는 바에 의하고, 감지기회로 및 부속회로의 전로와 대지 사이 및 배선 상호간의 절연저항은 1경계구역마다 **직류 250V의 절연저항측정기**를 사용하여 측정한 절연저항이 0.1MΩ 이상이 되도록 할 것

6. 자동화재탐지설비의 배선은 다른 전선과 별도의 관·덕트(절연효력이 있는 것으로 구획한 때에는 그 구획된 부분은 별개의 덕트로 본다)·몰드 또는 풀박스 등에 설치할 것. 다만, 60V 미만의 약 전류회로에 사용하는 전선으로서 각각의 전압이 같을 때에는 그러하지 아니하다.

7. 피(P)형 수신기 및 지피(G.P.)형 수신기의 감지기 회로의 배선에 있어서 **하나의 공통선**에 접속할 수 있는 경계구역은 **7개 이하로** 할 것

8. 자동화재탐지설비의 **감지기회로의 전로저항은** 50Ω 이하가 되도록 하여야 하며, 수신기의 각 회로별 종단에 설치되는 감지기에 접속되는 배선의 전압은 감지기 정격전압의 80% 이상이어야 할 것

제12조(설치·유지기준의 특례)

소방본부장 또는 소방서장은 기존건축물이 증축·개축·대수선되거나 용도 변경되는 경우에 있어서 이 기준이 정하는 기준에 따라 당해 건축물에 설치하여야 할 자동화재탐지설비의 배관·배선 등의 공사가 현저하게 곤란하다고 인정되는 경우에는 당해 설비의 기능 및 사용에 지장이 없는 범위 안에서 자동화재탐지설비의 설치·유지기준의 일부를 적용하지 아니할 수 있다.

제13조(재검토 기한)

소방청장은 「훈령·예규 등의 발령 및 관리에 관한 규정」에 따라 이 고시에 대하여 2017년 1월 1일 기준으로 매 3년이 되는 시점(매 3년째의 12월 31일까지를 말한다)마다 그 타당성을 검토하여 개선 등의 조치를 하여야 한다. 〈전문개정 2016.7.13, 2017.7.26〉

부칙 〈제2019-35호, 2019.5.24〉

• **제1조(시행일)**
  이 고시는 발령한 날부터 시행한다.

[별표 1]

설치장소별 감지기 적응성(연기감지기를 설치할 수 없는 경우 적용)
(제7조제7항 관련)

설치장소		적응열감지기									비고
환경상태	적응장소	차동식 스포트형		차동식분 포형		보상식 스포트형		정온식		열아날로그식	불꽃감지기	
		1종	2종	1종	2종	1종	2종	특종	1종			
먼지 또는 미분 등이 다량으로 체류하는 장소	쓰레기장, 하역장, 도장실, 섬유·목재·석재 등 가공 공장	○	○	○	○	○	○	○	○	○	○	1. 불꽃감지기에 따라 감시가 곤란한 장소는 적응성이 있는 열감지기를 설치할 것 2. 차동식분포형감지기를 설치하는 경우에는 검출부에 먼지, 미분 등이 침입하지 않도록 조치할 것 3. 차동식스포트형감지기 또는 보상식스포트형감지기를 설치하는 경우에는 검출부에 먼지, 미분 등이 침입하지 않도록 조치할 것 4. 정온식감지기를 설치하는 경우에는 특종으로 설치할 것 5. 섬유, 목재가공 공장 등 화재확대가 급속하게 진행될 우려가 있는 장소에 설치하는 경우 정온식감지기는 특종으로 설치할 것. 공칭작동 온도 75℃ 이하, 열아날로그식스포트형 감지기는 화재표시 설정은 80℃ 이하가 되도록 할 것

장소	적응장소											비고
수증기가 다량으로 머무는 장소	증기세정실 탕비실 소독실 등	×	×	×	○	×	○	○	○	○	○	1. 차동식분포형감지기 또는 보상식스포트형감지기는 급격한 온도변화가 없는 장소에 한하여 사용할 것 2. 차동식분포형감지기를 설치하는 경우에는 검출부에 수증기가 침입하지 않도록 조치할 것 3. 보상식스포트형감지기, 정온식감지기 또는 열아날로그식감지기를 설치하는 경우에는 방수형으로 설치할 것 4. 불꽃감지기를 설치할 경우 방수형으로 할 것
부식성 가스가 발생할 우려가 있는 장소	도금공장, 축전지실, 오수처리장 등	×	×	○	○	○	○	○	○	○	○	1. 차동식분포형감지기를 설치하는 경우에는 감지부가 피복되어 있고 검출부가 부식성가스에 영향을 받지 않는 것 또는 검출부에 부식성가스가 침입하지 않도록 조치할 것 2. 보상식스포트형감지기, 정온식감지기 또는 열아날로그식스포트형감지기를 설치하는 경우에는 부식성가스의 성상에 반응하지 않는 내산형 또는 내알칼리형으로 설치할 것 3. 정온식감지기를 설치하는 경우에는 특종으로 설치할 것
주방, 기타 평상시에 연기가 체류하는 장소	주방, 조리실 용접작업장 등	×	×	×	×	×	×	○	○	○	○	1. 주방, 조리실 등 습도가 많은 장소에는 방수형 감지기를 설치할 것 2. 불꽃감지기는 UV/IR형을 설치할 것

현저하게 고온으로 되는 장소	건조실, 살균실, 보일러실, 주조실, 영사실, 스튜디오	×	×	×	×	×	×	○	○	○	×	
배기가스가 다량으로 체류하는 장소	주차장, 차고, 화물취급소 차로, 자가발전실, 트럭 터미널, 엔진 시험실	○	○	○	○	○	○	×	×	○	○	1. 불꽃감지기에 따라 감시가 곤란한 장소는 적응성이 있는 열감지기를 설치할 것 2. 열아날로그식스포트형감지기는 화재표시 설정이 60℃ 이하가 바람직하다.
연기가 다량으로 유입할 우려가 있는 장소	음식물배급실, 주방전실, 주방내 식품저장실, 음식물운반용 엘리베이터, 주방 주변의 복도 및 통로, 식당 등	○	○	○	○	○	○	○	○	○	×	1. 고체연료 등 가연물이 수납되어 있는 음식물배급실, 주방전실에 설치하는 정온식감지기는 특종으로 설치할 것 2. 주방주변의 복도 및 통로, 식당 등에는 정온식감지기를 설치하지 말 것 3. 제1호 및 제2호의 장소에 열아날로그식스포트형감지기를 설치하는 경우에는 화재표시 설정을 60℃ 이하로 할 것

226

설치장소												비고
물방울이 발생하는 장소	스레트 또는 철판으로 설치한 지붕 창고·공장, 패키지형 냉각기선 용수납실, 밀폐된 지하창고, 냉동실 주변 등	×	×	○	○	○	○	○	○	○	○	1. 보상식스포트형감시기, 정온식감지기 또는 열 아날로그식 스포트형감 지기를 설치하는 경우 에는 방수형으로 설치 할 것 2. 보상식스포트형감지기 는 급격한 온도변화가 없는 장소에 한하여 설 치할 것 3. 불꽃감지기를 설치하는 경우에는 방수형으로 설 치할 것
불을 사용 하는 설비 로서 불꽃 이 노출되 는 장소	유리공장, 용선로가 있는장소, 용접실, 주방, 작업장, 주방, 주조실 등	×	×	×	×	×	×	○	○	○	×	

주)
1. "○"는 당해 설치장소에 적응하는 것을 표시, "×"는 당해 설치장소에 적응하지 않는 것을 표시
2. 차동식스포트형, 차동식분포형 및 보상식스포트형 1종은 감도가 예민하기 때문에 비화재보 발생은 2종에 비해 불리 한 조건이라는 것을 유의할 것
3. 차동식분포형 3종 및 정온식 2종은 소화설비와 연동하는 경우에 한해서 사용할 것
4. 다신호식감지기는 그 감지기가 가지고 있는 종별, 공칭작동온도별로 따르지 말고 상기 표에 따른 적응성이 있는 감지기로 할 것

[별표 2]

설치장소별 감지기 적응성(제7조제7항 관련)

설치장소		적응열감지기					적응연기감지기						불꽃감지기	비고
환경상태	적응장소	차동식스포트형	차동식분포형	보상식스포트형	정온식	열아날로그식	이온화식스포트형	광전식스포트형	이온아날로그식스포트형	광전아날로그식스포트형	광전식분리형	광전아날로그식분리형		
1. 흡연에 의해 연기가 체류하며 환기가 되지 않는 장소	회의실, 응접실, 휴게실, 노래연습실, 오락실, 다방, 음식점, 대합실, 카바레 등의 객실, 집회장, 연회장 등	○	○	○				◎		◎	○	○		
2. 취침시설로 사용하는 장소	호텔 객실, 여관, 수면실 등						◎	◎	◎	◎	○	○		
3. 연기이외의 미분이 떠다니는 장소	복도, 통로 등						◎	◎	◎	◎	○	○	○	
4. 바람에 영향을 받기 쉬운 장소	로비, 교회, 관람장, 옥탑에 있는 기계실		○					◎		◎	○		○	

5. 연기가 멀리 이동해서 감지기에 도달하는 장소	계단, 경사로				○		○	○	○	광전식스포트형감지기 또는 광전아날로그식스포트형감지기를 설치하는 경우에는 당해 감지기회로에 축적기능을 갖지 않는 것으로 할 것
6. 훈소화재의 우려가 있는 장소	전화기기실, 통신기기실, 전산실, 기계제어실					○		○	○	○	
7. 넓은 공간으로 천장이 높아 열 및 연기가 확산하는 장소	체육관, 항공기 격납고, 높은 천장의 창고·공장, 관람석 상부 등 감지기 부착 높이가 8m 이상의 장소		○					○	○	○	

주)
1. "○"는 당해 설치장소에 적응하는 것을 표시
2. "◎" 당해 설치장소에 연감지기를 설치하는 경우에는 당해 감지회로에 축적기능을 갖는 것을 표시
3. 차동식스포트형, 차동식분포형, 보상식스포트형 및 연기식(당해 감지기회로에 축적 기능을 갖지않는 것) 1종은 감도가 예민하기 때문에 비화재보 발생은 2종에 비해 불리한 조건이라는 것을 유의하여 따를 것
4. 차동식분포형 3종 및 정온식 2종은 소화설비와 연동하는 경우에 한해서 사용할 것
5. 광전식분리형감지기는 평상시 연기가 발생하는 장소 또는 공간이 협소한 경우에는 적응성이 없음
6. 넓은 공간으로 천장이 높아 열 및 연기가 확산하는 장소로서 차동식분포형 또는 광전식분리형 2종을 설치하는 경우에는 제조사의 사양에 따를 것
7. 다신호식감지기는 그 감지기가 가지고 있는 종별, 공칭작동온도별로 따르고 표에 따른 적응성이 있는 감지기로 할 것
8. 축적형감지기 또는 축적형중계기 혹은 축적형수신기를 설치하는 경우에는 제7조에 따를 것

제17장 자동화재속보설비의 화재안전기준(NFSC 204)

[시행 2019.5.24] [소방청고시 제2019-42호, 2019.5.24, 일부개정]

제1조(목적)

이 기준은 「화재예방, 소방시설 설치·유지 및 안전관리에 관한 법률」 제9조제1항에 따라 소방청장에게 위임한 사항 중 경보설비인 자동화재속보설비의 설치·유지 및 안전관리에 필요한 사항을 규정함을 목적으로 한다. 〈개정 2015.1.23, 2017.7.26〉

제2조(적용범위)

「화재예방, 소방시설 설치·유지 및 안전관리에 관한 법률 시행령」(이하 "영"이라 한다) 별표 5 제2호마목에 따른 자동화재속보설비는 이 기준에서 정하는 규정에 따라 설비를 설치하고 유지·관리하여야 한다. 〈개정 2015.1.23, 2017.7.26〉

제3조(정의)

이 기준에서 사용하는 용어의 정의는 다음과 같다.
  1. **"속보기"**라 함은 화재신호를 통신망을 통하여 음성 등의 방법으로 소방관서에 통보하는 장치를 말한다.
  2. **"통신망"**이란 유선이나 무선 또는 유무선 겸용 방식을 구성하여 음성 또는 데이터 등을 전송할 수 있는 집합체를 말한다. 〈개정 2015.1.23〉

제4조(설치기준)

① 자동화재속보설비는 다음 각호의 기준에 따라 설치하여야 한다.

Check Point

1. 자동화재탐지설비와 연동으로 작동하여 자동적으로 화재발생 상황을 소방관서에 전달되는 것으로 할 것. 이 경우 부가적으로 특정소방대상물의 관계인에게 화재발생 상황을 전달되도록 할 수 있다. 〈개정 2015.1.23〉
2. 조작스위치는 바닥으로부터 0.8m 이상 1.5m 이하의 높이에 설치할 것 〈개정 2015.1.23〉

3. 속보기는 소방관서에 통신망으로 통보하도록 하며, 데이터 또는 코드전송방식을 부가적으로 설치할 수 있다. 단, 데이터 및 코드전송방식의 기준은 소방청장이 정하여 고시한 「자동화재속보설비의 속보기의 성능인증 및 제품검사의 기술기준」 제5조제12호에 따른다. 〈개정 2015.1.23, 2017.7.26〉

4. 문화재에 설치하는 자동화재속보설비는 제1호의 기준에도 불구하고 속보기에 감지기를 직접 연결하는 방식(자동화재탐지설비 1개의 경계구역에 한한다)으로 할 수 있다.

5. 속보기는 소방청장이 정하여 고시한 「자동화재속보설비의 속보기의 성능인증 및 제품검사의 기술기준」에 적합한 것으로 설치하여야 한다. 〈개정 2015.1.23, 2017.7.26〉

② 삭제 〈2015.1.23〉

제5조(설치·유지기준의 특례)

소방본부장 또는 소방서장은 기존건축물이 증축·개축·대수선되거나 용도 변경되는 경우에 있어서 이 기준이 정하는 기준에 따라 당해 건축물에 설치하여야 할 자동화재속보설비의 배관·배선 등의 공사가 현저하게 곤란하다고 인정되는 경우에는 당해 설비의 기능 및 사용에 지장이 없는 범위 안에서 자동화재속보설비의 설치·유지기준의 일부를 적용하지 아니할 수 있다.

제6조(재검토기한)

소방청장은 이 고시에 대하여 「훈령·예규 등의 발령 및 관리에 관한 규정」에 따라 2019년 1월 1일 기준으로 매3년이 되는 시점(매 3년째의 12월 31일까지를 말한다)마다 그 타당성을 검토하여 개선 등의 조치를 하여야 한다. 〈개정 2019.5.24〉

부칙 〈제2019-42호, 2019.5.24〉

이 고시는 발령한 날부터 시행한다.

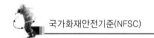

제18장 누전경보기의 화재안전기준(NFSC 205)

[시행 2019.5.24] [소방청고시 제2019-36호, 2019.5.24, 일부개정]

제1조(목적)

이 기준은 「화재예방, 소방시설 설치·유지 및 안전관리에 관한 법률」 제9조제1항에 따라 소방청장에게 위임한 사항 중 누전경보기의 설치·유지 및 안전관리에 필요한 사항을 규정함을 목적으로 한다. 〈개정 2015.1.23, 2017.7.26〉

제2조(적용범위)

「화재예방, 소방시설 설치·유지 및 안전관리에 관한 법률 시행령」 (이하 "영"이라 한다) 별표 5 제2호다목에 따른 누전경보기는 이 기준에서 정하는 규정에 따라 설비를 설치하고 유지·관리하여야 한다. 〈개정 2012.8.20, 2015.1.23, 2017.7.26〉

제3조(정의)

이 기준에서 사용하는 용어의 정의는 다음과 같다.
1. **"누전경보기"**라 함은 내화구조가 아닌 건축물로서 벽, 바닥 또는 천장의 전부나 일부를 불연재료 또는 준불연재료가 아닌 재료에 철망을 넣어 만든 건물의 전기설비로부터 누설전류를 탐지하여 경보를 발하며 변류기와 수신부로 구성된 것을 말한다.
2. **"수신부"**라 함은 변류기로부터 검출된 신호를 수신하여 누전의 발생을 당해 소방대상물의 관계인에게 경보하여 주는것(차단기구를 갖는 것을 포함한다)을 말한다.
3. **"변류기"**라 함은 경계전로의 누설전류를 자동적으로 검출하여 이를 누전경보기의 수신부에 송신하는 것을 말한다.

제4조(설치방법 등)

누전경보기는 다음 각호의 방법에 따라 설치하여야 한다.
1. 경계전로의 정격전류가 **60A를 초과**하는 전로에 있어서는 **1급누전경보기**를, 60A 이하의 전로에 있어서는 **1급 또는 2급 누전경보기**를 설치할 것. 다만, 정격전류가 60A를 초과하는 경계전로가 분기되어 각 분기회로의 정격전류가 60A 이하로 되는 경우 당해 분기회로마다 2급 누전경보기를 설치한 때에는 당해 경계전로에 1급 누전경보기를 설치한 것으로 본다.

2. 변류기는 소방대상물의 형태, 인입선의 시설방법 등에 따라 옥외 인입선의 제1지점의 부하측 또는 제2종 접지선측의 점검이 쉬운 위치에 설치할 것. 다만, 인입선의 형태 또는 소방대상물의 구조상 부득이한 경우에 있어서는 인입구에 근접한 옥내에 설치할 수 있다.
3. 변류기를 옥외의 전로에 설치하는 경우에는 옥외형의 것을 설치할 것

제5조(수신부)

① 누전경보기의 수신부는 옥내의 점검에 편리한 장소에 설치하되, 가연성의 증기·먼지 등이 체류할 우려가 있는 장소의 전기회로에는 당해 부분의 전기회로를 차단할 수 있는 차단기구를 가진 수신부를 설치하여야 한다. 이 경우 차단기구의 부분은 당해 장소외의 안전한 장소에 설치하여야 한다.

② 누전경보기의 수신부는 다음 각호의 장소외의 장소에 설치하여야 한다. 다만, 당해 누전경보기에 대하여 방폭·방식·방습·방온·방진 및 정전기 차폐 등의 방호조치를 한 것에 있어서는 그러하지 아니하다.

Check Point

1. ㉮연성의 증기·먼지·가스 등이나 부식성의 증기·가스 등이 다량으로 체류하는 장소
2. ㉬약류를 제조하거나 저장 또는 취급하는 장소
3. (습)도가 높은 장소
4. (온)도의 변화가 급격한 장소
5. (대)전류회로·고주파 발생회로 등에 따른 영향을 받을 우려가 있는 장소

③ 음향장치는 수위실 등 상시 사람이 근무하는 장소에 설치하여야 하며, 그 음량 및 음색은 다른 기기의 소음 등과 명확히 구별할 수 있는 것으로 하여야 한다.

제6조(전원)

누전경보기의 전원은 「전기사업법」 제67조의 규정에 따른 기술기준에서 정한 것 외에 다음 각호의 기준에 따라야 한다.

1. 전원은 분전반으로부터 전용회로로 하고, 각 극에 개폐기 및 15A 이하의 과전류차단기(배선용 차단기에 있어서는 20A 이하의 것으로 각 극을 개폐할 수 있는 것)를 설치할 것
2. 전원을 분기할 때에는 다른 차단기에 따라 전원이 차단되지 아니하도록 할 것
3. 전원의 개폐기에는 누전경보기용임을 표시한 표지를 할 것

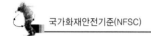

제7조(설치 · 유지기준의 특례)

소방본부장 또는 소방서장은 기존건축물이 증축 · 개축 · 대수선되거나 용도변경되는 경우에 있어서 이 기준이 정하는 기준에 따라 당해 건축물에 설치하여야 할 누전경보기의 배관 · 배선 등의 공사가 현저하게 곤란하다고 인정되는 경우에는 당해 설비의 기능 및 사용에 지장이 없는 범위 안에서 누전경보기의 설치 · 유지기준의 일부를 적용하지 아니할 수 있다.

제8조(재검토기한)

소방청장은 이 고시에 대하여 「훈령 · 예규 등의 발령 및 관리에 관한 규정」에 따라 2019년 1월 1일 기준으로 매 3년이 되는 시점(매 3년째의 12월 31일까지를 말한다)마다 그 타당성을 검토하여 개선 등의 조치를 하여야 한다. 〈개정 2019.5.24〉

제9조(규제의 재검토)

「행정규제기본법」 제8조에 따라 2015년 1월 1일을 기준으로 매 3년이 되는 시점(매 3번째의 12월 31일까지를 말한다)마다 그 타당성을 검토하여 개선 등의 조치를 하여야 한다. 〈신설 2015.1.23〉

부칙 〈제2019-36호, 2019.5.24〉

이 고시는 발령한 날부터 시행한다.

제19장 피난기구의 화재안전기준(NFSC 301)

[시행 2017.7.26] [소방청고시 제2017-1호, 2017.7.26, 타법개정]

제1조(목적)

이 기준은 「화재예방, 소방시설 설치·유지 및 안전관리에 관한 법률」 제9조에서 소방청장에게 위임한 사항을 정함을 목적으로 한다. 〈개정 2015.1.23, 2017.6.7, 2017.7.26〉

제2조(적용범위)

「화재예방, 소방시설 설치·유지 및 안전관리에 관한 법률 시행령」(이하 "영"이라 한다) 별표 5 제3호 가목 및 「다중이용업소의 안전관리에 관한 특별법 시행령」 별표 1 제1호 다목1)에 따른 피난기구는 이 기준에서 정하는 규정에 따라 설비를 설치하고 유지·관리하여야 한다. 〈개정 2015.1.23, 2017.6.7〉

제2조의2(피난기구의 종류)

영 제3조에 따른 별표 1 제3호가목4)에서 "소방청장이 정하여 고시하는 화재안전기준으로 정하는 것"이란 미끄럼대·피난교·피난용트랩·간이완강기·공기안전매트·다수인 피난장비·승강식피난기 등을 말한다. 〈본조신설 2015.1.23, 2017.7.26〉

제3조(정의)

이 기준에서 사용하는 용어의 정의는 다음과 같다.

1. **"피난사다리"**라 함은 화재 시 긴급대피를 위해 사용하는 사다리를 말한다.
2. **"완강기"**라 함은 사용자의 몸무게에 따라 자동적으로 내려올 수 있는 기구 중 사용자가 교대하여 연속적으로 사용할 수 있는 것을 말한다.
3. **"간이완강기"**라 함은 사용자의 몸무게에 따라 자동적으로 내려올 수 있는 기구 중 사용자가 연속적으로 사용할 수 없는 것을 말한다.
4. **"구조대"**라 함은 포지 등을 사용하여 자루형태로 만든 것으로서 화재시 사용자가 그 내부에 들어가서 내려옴으로써 대피할 수 있는 것을 말한다.
5. **"공기안전매트"**라 함은 화재 발생시 사람이 건축물 내에서 외부로 긴급히 뛰어 내릴 때 충격을 흡수하여 안전하게 지상에 도달할 수 있도록 포지에 공기 등을 주입하는 구조로 되어 있는 것을 말한다.

6. 삭제 〈2015.1.23〉

7. **"다수인피난상비"**란 화재 시 2인 이상의 피난자가 동시에 해당층에서 지상 또는 피난
층으로 하강하는 피난기구를 말한다.〈신설 2011.11.24〉

8. **"승강식 피난기"**란 사용자의 몸무게에 의하여 자동으로 하강하고 내려서면 스스로 상
승하여 연속적으로 사용할 수 있는 무동력 승강식피난기를 말한다.〈신설 2011.11.24〉

9. **"하향식 피난구용 내림식사다리"**란 하향식 피난구 해치에 격납하여 보관하고 사용 시
에는 사다리 등이 소방대상물과 접촉되지 아니하는 내림식 사다리를 말한다.〈신설
2011.11.24〉

제4조(적응 및 설치개수 등)

① 피난기구는 별표 1에 따라 소방대상물의 설치장소별로 그에 적응하는 종류의 것으로 설치하
여야 한다.

② 피난기구는 다음 각호의 기준에 따른 개수 이상을 설치하여야 한다.

1. 층마다 설치하되, **숙박시설 · 노유자시설 및 의료시설**로 사용되는 층에 있어서는 그 층
의 바닥면적 500m²**마다, 위락시설 · 문화집회 및 운동시설 · 판매시설로 사용되는 층 또
는 복합용도의 층**(하나의 층이 「소방시설 설치 · 유지 및 안전관리에 관한 법률 시행령」
별표 2 제1호 내지 제4호 또는 제8호 내지 제18호 중 2 이상의 용도로 사용되는 층을
말한다)에 있어서는 그 층의 바닥면적 800m²**마다, 계단실형 아파트**에 있어서는 **각 세
대마다, 그 밖의 용도의 층**에 있어서는 그 층의 바닥면적 1,000m²**마다** 1개 이상 설치할 것

2. 제1호에 따라 설치한 피난기구 외에 숙박시설(휴양콘도미니엄을 제외한다)의 경우에는 추
가로 객실마다 완강기 또는 둘 이상의 간이완강기를 설치할 것 〈개정 2010.12.27, 2015.1.23〉

3. 제1호에 따라 설치한 피난기구 외에 공동주택(「공동주택관리법 시행령」 제2조의 규정
에 따른 공동주택에 한한다)의 경우에는 하나의 관리주체가 관리하는 공동주택 구역
마다 공기안전매트 1개 이상을 추가로 설치할 것. 다만, 옥상으로 피난이 가능하거나
인접세대로 피난할 수 있는 구조인 경우에는 추가로 설치하지 아니할 수 있다.

③ 피난기구는 다음 각호의 기준에 따라 설치하여야 한다.

1. 피난기구는 계단 · 피난구 기타 피난시설로부터 적당한 거리에 있는 안전한 구조로 된
피난 또는 소화활동상 유효한 개구부(가로 0.5m 이상 세로 1m 이상인 것을 말한다.
이 경우 개부구 하단이 바닥에서 1.2m 이상이면 발판 등을 설치하여야 하고, 밀폐된
창문은 쉽게 파괴할 수 있는 파괴장치를 비치하여야 한다)에 고정하여 설치하거나 필
요한 때에 **신속하고 유효하게 설치할 수 있는** 상태에 둘 것

2. **피난기구를 설치하는 개구부는 서로 동일직선상이 아닌 위치에 있을 것.** 다만, 피난
교 · 피난용트랩 · 간이완강기 · 아파트에 설치되는 피난기구(다수인 피난장비는 제외
한다) 기타 피난 상 지장이 없는 것에 있어서는 그러하지 아니하다.〈개정 2011.11.24,
2015.1.23〉

3. 피난기구는 소방대상물의 기둥 · 바닥 · 보 기타 구조상 견고한 부분에 볼트조임 · 매입 · 용접 기타의 방법으로 **견고하게 부착할 것**

4. **4층 이상의 층**에 피난사다리(하향식 피난구용 내림식사다리는 제외한다)를 설치하는 경우에는 **금속성 고정사다리**를 설치하고, 당해 고정사다리에는 쉽게 피난할 수 있는 구조의 **노대**를 설치할 것 〈개정 2011.11.24〉

5. **완강기**는 강하 시 로프가 소방대상물과 접촉하여 **손상되지 아니하도록 할 것**

6. 완강기로프의 길이는 부착위치에서 지면 기타 피난상 유효한 착지 면까지의 길이로 할 것 〈개정 2015.1.23〉

7. 미끄럼대는 **안전한 강하속도**를 유지하도록 하고, **전락방지를 위한 안전조치**를 할 것

8. 구조대의 길이는 피난 상 지장이 없고 안정한 강하속도를 유지할 수 있는 길이로 할 것

9. 다수인 피난장비는 다음 각 목에 적합하게 설치할 것 〈신설 2011.11.24〉

　　가. 피난에 용이하고 안전하게 하강할 수 있는 장소에 적재 하중을 충분히 견딜 수 있도록 「건축물의 구조기준 등에 관한 규칙」 제3조에서 정하는 구조안전의 확인을 받아 견고하게 설치할 것 〈신설 2011.11.24〉

　　나. 다수인피난장비 보관실(이하 "보관실"이라 한다)은 건물 외측보다 돌출되지 아니하고, 빗물 · 먼지 등으로부터 장비를 보호할 수 있는 구조 일 것 〈신설 2011.11.24〉

　　다. 사용 시에 보관실 외측 문이 먼저 열리고 탑승기가 외측으로 자동으로 전개될 것 〈신설 2011.11.24〉

　　라. 하강 시에 탑승기가 건물 외벽이나 돌출물에 충돌하지 않도록 설치할 것 〈신설 2011.11.24〉

　　마. 상 · 하층에 설치할 경우에는 탑승기의 하강경로가 중첩되지 않도록 할 것 〈신설 2011.11.24〉

　　바. 하강 시에는 안전하고 일정한 속도를 유지하도록 하고 전복, 흔들림, 경로이탈 방지를 위한 안전조치를 할 것 〈신설 2011.11.24〉

　　사. 보관실의 문에는 오작동 방지조치를 하고, 문 개방 시에는 당해 소방대상물에 설치된 경보설비와 연동하여 유효한 경보음을 발하도록 할 것 〈신설 2011.11.24〉

　　아. 피난층에는 해당 층에 설치된 피난기구가 착지에 지장이 없도록 충분한 공간을 확보할 것 〈신설 2011.11.24〉

　　자. 한국소방산업기술원 또는 법 제42조제1항에 따라 성능시험기관으로 지정받은 기관에서 그 성능을 검증받은 것으로 설치할 것 〈신설 2011.11.24〉

10. 승강식피난기 및 하향식 피난구용 내림식사다리는 다음 각 목에 적합하게 설치할 것 〈신설 2011.11.24〉

　　가. 승강식피난기 및 하향식 피난구용 내림식사다리는 설치경로가 설치층에서 피난층까지 연계될 수 있는 구조로 설치할 것. 다만, 건축물의 구조 및 설치 여건상 불가피한 경우는 그러하지 아니한다. 〈신설 2011.11.24, 개정 2017.6.7〉

나. 대피실의 면적은 2m²(2세대 이상일 경우에는 3m²) 이상으로 하고, 건축법시행령 제46조제4항의 규정에 적합하여야 하며 하강구(개구부) 규격은 식경 60cm 이상일 것. 단, 외기와 개방된 장소에는 그러하지 아니한다. 〈신설 2011.11.24〉

다. 하강구 내측에는 기구의 연결 금속구 등이 없어야 하며 전개된 피난기구는 하강구 수평투영면적 공간 내의 범위를 침범하지 않는 구조이어야 할 것. 단, 직경 60cm 크기의 범위를 벗어난 경우이거나, 직하층의 바닥 면으로부터 높이 50cm 이하의 범위는 제외한다. 〈신설 2011.11.24〉

라. 대피실의 출입문은 갑종방화문으로 설치하고, 피난방향에서 식별할 수 있는 위치에 "대피실" 표지판을 부착할 것. 단, 외기와 개방된 장소에는 그러하지 아니한다. 〈신설 2011.11.24〉

마. 착지점과 하강구는 상호 수평거리 15cm 이상의 간격을 둘 것 〈신설 2011.11.24〉

바. 대피실 내에는 비상조명등을 설치 할 것 〈신설 2011.11.24〉

사. 대피실에는 층의 위치표시와 피난기구 사용설명서 및 주의사항 표지판을 부착 할 것 〈신설 2011.11.24〉

아. 대피실 출입문이 개방되거나, 피난기구 작동 시 해당층 및 직하층 거실에 설치된 표시등 및 경보장치가 작동되고, 감시 제어반에서는 피난기구의 작동을 확인 할 수 있어야 할 것 〈신설 2011.11.24〉

자. 사용 시 기울거나 흔들리지 않도록 설치할 것 〈신설 2011.11.24〉

차. 승강식피난기는한국소방산업기술원 또는 법 제42조제1항에 따라 성능시험기관으로 지정받은 기관에서 그 성능을 검증받은 것으로 설치할 것 〈신설 2011.11.24〉

④ 피난기구를 설치한 장소에는 가까운 곳의 보기 쉬운 곳에 피난기구의 위치를 표시하는 발광식 또는 축광식표지와 그 사용방법을 표시한 표지를 부착하되, 축광식표지는 소방청장이 정하여 고시한 「축광표지의 성능인증 및 제품검사의 기술기준」에 적합하여야 한다. 다만, 방사성물질을 사용하는 위치표지는 쉽게 파괴되지 아니하는 재질로 처리할 것[본항 전문개정, 2015.1.23, 2017.7.26]

제5조(설치제외)

영 별표 6 제7호 피난설비의 설치면제 요건의 규정에 따라 다음 각 호의 어느 하나에 해당하는 소방대상물 또는 그 부분에는 피난기구를 설치하지 아니할 수 있다. 다만, 제4조제2항제2호에 따라 숙박시설(휴양콘도미니엄을 제외한다)에 설치되는 완강기 및 간이완강기의 경우에는 그러하지 아니하다. 〈개정 2015.1.23〉

1. **다음의 각목의 기준에 적합한 층**

가. 주요구조부가 내화구조로 되어 있어야 할 것

나. 실내의 면하는 부분의 마감이 불연재료·준불연재료 또는 난연재료로 되어 있고 방화구획이 건축법시행령 제46조의 규정에 적합하게 구획되어 있어야 할 것

다. 거실의 각 부분으로부터 직접 복도로 쉽게 통할 수 있어야 할 것

　　라. 복도에 2 이상의 특별피난계단 또는 피난계단이 건축법시행령 제35조의 규정에 적합하게 설치되어 있어야 할 것

　　마. 복도의 어느 부분에서도 2 이상의 방향으로 각각 다른 계단에 도달할 수 있어야 할 것

　2. 다음 각목의 기준에 적합한 소방대상물 중 그 **옥상의 직하층 또는 최상층**(관람집회 및 운동시설 또는 판매시설을 제외한다)

　　가. 주요구조부가 내화구조로 되어 있어야 할 것

　　나. 옥상의 면적이 1,500m² 이상이어야 할 것

　　다. 옥상으로 쉽게 통할 수 있는 창 또는 출입구가 설치되어 있어야 할 것

　　라. 옥상이 소방사다리차가 쉽게 통행할 수 있는 도로(폭 6m 이상의 것을 말한다. 이하 같다) 또는 공지(공원 또는 광장 등을 말한다. 이하 같다)에 면하여 설치되어 있거나 옥상으로부터 피난층 또는 지상으로 통하는 2 이상의 피난계단 또는 특별피난계단이 건축법시행령 제35조의 규정에 적합하게 설치되어 있어야 할 것

　3. 주요구조부가 **내화구조**이고 **지하층을 제외한 층수가 4층 이하**이며 소방사다리차가 쉽게 통행할 수 있는 도로 또는 공지에 면하는 부분에 영 제2조제1호 각목의 기준에 적합한 개구부가 2 이상 설치되어 있는 층(문화집회 및 운동시설·판매시설 및 영업시설 또는 노유자시설의 용도로 사용되는 층으로서 그 층의 바닥면적이 1,000m² 이상인 것을 제외한다)

　4. 편복도형 아파트 또는 발코니 등을 통하여 인접세대로 피난할 수 있는 구조로 되어 있는 **계단실형 아파트**

　5. 주요구조부가 내화구조로서 거실의 각 부분으로 직접 복도로 피난할 수 있는 학교(강의실 용도로 사용되는 층에 한한다)

　6. 무인공장 또는 자동창고로서 사람의 출입이 금지된 장소(관리를 위하여 일시적으로 출입하는 장소를 포함한다)

　7. 건축물의 옥상부분으로서 거실에 해당하지 아니하고「건축법 시행령」제119조제1항제9호에 해당하여 층수로 산정된 층으로 사람이 근무하거나 거주하지 아니하는 장소〈신설 2015.1.23〉

제6조(피난기구설치의 감소)

① 피난기구를 설치하여야 할 소방대상물 중 다음 각호의 기준에 적합한 층에는 제4조제2항의 규정에 따른 피난기구의 2분의 1을 감소할 수 있다. 이 경우 설치하여야 할 피난기구의 수에 있어서 소수점 이하의 수는 1로 한다.

　1. 주요구조부가 내화구조로 되어 있을 것

　2. 직통계단인 피난계단 또는 특별피난계단이 2 이상 설치되어 있을 것

② 피난기구를 설치하여야 할 소방대상물 중 주요구조부가 내화구조이고 다음 각호의 기준에 적합한 건널 복도가 설치되어 있는 층에는 제4조제2항의 규정에 따른 피난기구의 수에서 당해 건널 복도의 수의 2배의 수를 뺀 수로 한다.

1. 내화구조 또는 철골조로 되어 있을 것
2. 건널 복도 양단의 출입구에 자동폐쇄장치를 한 갑종방화문(방화샷다를 제외한다)이 설치되어 있을 것
3. 피난·통행 또는 운반의 전용 용도일 것

③ 피난기구를 설치하여야 할 소방대상물 중 다음 각호에 기준에 적합한 노대가 설치된 거실의 바닥면적은 제4조제2항의 규정에 따른 피난기구의 설치개수 산정을 위한 바닥면적에서 이를 제외한다.

1. 노대를 포함한 소방대상물의 주요구조부가 내화구조일 것
2. 노대가 거실의 외기에 면하는 부분에 피난 상 유효하게 설치되어 있어야 할 것
3. 노대가 소방사다리차가 쉽게 통행할 수 있는 도로 또는 공지에 면하여 설치되어 있거나, 또는 거실부분과 방화 구획되어 있거나 또는 노대에 지상으로 통하는 계단 그 밖의 피난기구가 설치되어 있어야 할 것

제7조(설치·유지기준의 특례)

소방본부장 또는 소방서장은 기존건축물이 증축·개축·대수선되거나 용도 변경되는 경우에 있어서 이 기준이 정하는 기준에 따라 당해 건축물에 설치하여야 할 피난기구의 공사가 현저하게 곤란하다고 인정되는 경우에는 당해 설비의 기능 및 사용에 지장이 없는 범위 안에서 피난기구의 설치·유지기준의 일부를 적용하지 아니할 수 있다.

제8조(재검토 기한)

소방청장은 「훈령·예규 등의 발령 및 관리에 관한 규정」에 따라 이 고시에 대하여 2017년 1월 1일 기준으로 매 3년이 되는 시점(매 3년째의 6월 30일까지를 말한다)마다 그 타당성을 검토하여 개선 등의 조치를 하여야 한다.〈개정 2017.6.7, 2017.7.26〉

부칙〈제2017-1호, 2017.7.26〉

• 제1조(시행일)

이 고시는 발령한 날로부터 시행한다.

• 제2조(경과조치)

이 고시 시행당시 건축허가 등의 동의 또는 착공신고가 완료된 특정소방대상물에 대하여는 종전의 기준에 따른다.

[별표 1] 〈개정 2017.6.7〉

소방대상물의 설치장소별 피난기구의 적응성(제4조제1항 관련)

설치 장소별 구분 ＼ 층별	지하층	1층	2층	3층	4층~10층
노유자시설	• 피난용 트랩	• 미끄럼대 • 구조대 • 피난교 • 다수인 피난장비 • 승강식피난기	• 미끄럼대 • 구조대 • 피난교 • 다수인 피난장비 • 승강식피난기	• 미끄럼내 • 구조대 • 피난교 • 다수인 피난장비 • 승강식피난기	• 피난교 • 다수인 피난장비 • 승강식피난기
의료시설, 근린생활시설 중 입원실이 있는 의원, 접골원, 조산소	• 피난용 트랩			• 미끄럼대 • 구조대 • 피난교 • 다수인 피난장비 • 승강식피난기 • 피난용트랩	• 구조대 • 피난교 • 다수인 피난장비 • 승강식피난기 • 피난용트랩
그 밖의 것	• 피난용 트랩 • 피난 사다리			• 미끄럼대 • 구조대 • 피난교 • 다수인 피난장비 • 승강식피난기 • 피난용트랩 • 피난사다리 • 완강기 • 간이완강기 • 공기안전매트	• 구조대 • 피난교 • 다수인 피난장비 • 승강식피난기 • 피난사다리 • 완강기 • 간이완강기 • 공기안전매트
다중이용업소로서 영업장의 위치가 4층 이하인 다중이용 업소			• 미끄럼대 • 구조대 • 다수인피난장비 • 승강식피난기 • 피난사다리 • 완강기	• 미끄럼대 • 구조대 • 다수인피난장비 • 승강식피난기 • 피난사다리 • 완강기	• 미끄럼대 • 구조대 • 다수인피난장비 • 승강식피난기 • 피난사다리 • 완강기

㈜ 간이완강기의 적응성은 숙박시설의 3층 이상에 있는 객실에, 공기안전매트의 적응성은 공동주택(공동주택관리법 시행령 제2조의 규정에 해당하는 공동주택)에 한한다.

제20장 인명구조기구의 화재안전기준(NFSC 302)

[시행 2017.7.26] [소방청고시 제2017-1호, 2017.7.26, 타법개정]

제1조(목적)

이 기준은 「화재예방, 소방시설 설치·유지 및 안전관리에 관한 법률」 제9조에서 소방청장에게 위임한 사항을 정함을 목적으로 한다. 〈개정 2014.8.18, 2015.1.6, 2017.6.7, 2017.7.26〉

제2조(적용범위)

「화재예방, 소방시설 설치·유지 및 안전관리에 관한 법률」(이하 "법"이라 한다) 제9조제1항 및 같은 법 시행령(이하 "영"이라 한다) 별표 5의 제3호나목에 따른 인명구조기구는 이 기준에서 정하는 규정에 따라 설비를 설치하고 유지·관리하여야 한다. 〈개정 2012.8.20, 2014.8.18, 2017.6.7〉

제3조(정의)

이 기준에서 사용하는 용어의 정의는 다음과 같다.
1. **"방열복"**이라 함은 고온의 복사열에 가까이 접근하여 소방활동을 수행할 수 있는 내열피복을 말한다.
2. **"공기호흡기"**란 소화활동 시에 화재로 인하여 발생하는 각종 유독가스 중에서 일정시간 사용할 수 있도록 제조된 압축공기식 개인호흡장비(보조마스크를 포함한다)를 말한다. 〈개정 2012.8.20, 2014.8.18〉
3. **"인공소생기"**라 함은 호흡 부전 상태인 사람에게 인공호흡을 시켜 환자를 보호하거나 구급하는 기구를 말한다.
4. **"방화복"**이란 화재진압 등의 소방활동을 수행할 수 있는 피복을 말한다. 〈신설2017.6.7〉

제4조(설치기준)

인명구조기구는 다음 각 호의 기준에 따라 설치하여야 한다.
1. 특정소방대상물의 용도 및 장소별로 설치하여야 할 인명구조기구는 별표 1에 따라 설치하여야 한다. 〈개정 2014.8.18〉
2. 화재시 쉽게 반출 사용할 수 있는 장소에 비치할 것
3. 인명구조기구가 설치된 가까운 장소의 보기 쉬운 곳에 "인명구조기구"라는 축광식표

지와 그 사용방법을 표시한 표시를 부착하되, 축광식표지는 소방청장이 고시한 「축광표지의 성능인증 및 제품검사의 기술기준」에 적합한 것으로 할 것〈개정 2014.8.18, 2015.1.6〉

4. 방열복은 소방청장이 고시한 「소방용 방열복의 성능인증 및 제품검사의 기술기준」에 적합한 것으로 설치할 것〈신설 2014.8.18, 2015.1.6〉

5. 방화복(헬멧, 보호장갑 및 안전화를 포함한다)은 「소방장비 표준규격 및 내용연수에 관한 규정」 제3조에 적합한 것으로 설치할 것〈신설 2017.6.7, 2017.7.26〉

제5조(재검토 기한)

소방청장은 「훈령·예규 등의 발령 및 관리에 관한 규정」에 따라 이 고시 에 대하여 2017년 1월 1일 기준으로 매 3년이 되는 시점(매 3년째의 6월 30일까지를 말한다)마다 그 타당성을 검토하여 개선 등의 조치를 하여야 한다.〈개정 2017.6.7, 2017.7.26〉

부칙 〈제2017-1호, 2017.7.26〉

· **제1조(시행일)**
이 고시는 발령한 날부터 시행한다.
· **제2조 및 제3조 생략**

[별표 1] 〈개정 2017.6.7〉

특정소방대상물의 용도 및 장소별로 설치하여야 할 인명구조기구(제4조제1호 관련)

특정소방대상물	인명구조기구의 종류	설치 수량
• 지하층을 포함하는 층수가 7층 이상인 관광호텔 및 5층 이상인 병원	• 방열복 또는 방화복(헬멧, 보호장갑 및 안전화를 포함한다) • 공기호흡기 • 인공소생기	• 각 2개 이상 비치할 것. 다만, 병원의 경우에는 인공소생기를 설치하지 않을 수 있다.
• 문화 및 집회시설 중 수용인원 100명 이상의 영화상영관 • 판매시설 중 대규모 점포 • 운수시설 중 지하역사 • 지하가 중 지하상가	• 공기호흡기	• 층마다 2개 이상 비치할 것. 다만, 각 층마다 갖추어 두어야 할 공기호흡기 중 일부를 직원이 상주하는 인근 사무실에 갖추어 둘 수 있다.
• 물분무등소화설비 중 이산화탄소소화설비를 설치하여야 하는 특정소방대상물	• 공기호흡기	• 이산화탄소소화설비가 설치된 장소의 출입구 외부 인근에 1대 이상 비치할 것

제21장 유도등 및 유도표지의 화재안전기준(NFSC 303)

[시행 2017.7.26] [소방청고시 제2017-1호, 2017.7.26, 타법개정]

제1조(목적)

이 기준은 「화재예방, 소방시설 설치·유지 및 안전관리에 관한 법률」 제9조에서 소방청장에게 위임한 사항을 정함을 목적으로 한다. 〈2014.8.18, 2015.1.6, 2016.7.13, 2017.7.26〉

제2조(적용범위)

「화재예방, 소방시설 설치·유지 및 안전관리에 관한 법률」(이하 "법"이라 한다) 제9조제1항 및 같은 법 시행령(이하 "영"이라 한다) 별표 5의 제3호다목에 따른 유도등과 유도표지 및 「다중이용업소의 안전관리에 관한 특별법 시행령」 별표 1의 제1호다목2)에 따른 피난유도선은 이 기준에서 정하는 규정에 따라 설비를 설치하고 유지·관리하여야 한다. 〈개정 2012. 8.20, 2014.8.18, 2016.7.13〉

제3조(정의)

이 기준에서 사용하는 용어의 정의는 다음과 같다.

1. "유도등"이라 함은 화재 시에 피난을 유도하기 위한 등으로서 정상상태에서는 상용전원에 따라 켜지고 상용전원이 정전되는 경우에는 비상전원으로 자동전환되어 켜지는 등을 말한다.

2. "피난구유도등"이라 함은 피난구 또는 피난경로로 사용되는 출입구를 표시하여 피난을 유도하는 등을 말한다.

3. "통로유도등"이라 함은 피난통로를 안내하기 위한 유도등으로 복도통로유도등, 거실통로유도등, 계단통로유도등을 말한다.

4. "복도통로유도등"이라 함은 피난통로가 되는 복도에 설치하는 통로유도등으로서 피난구의 방향을 명시하는 것을 말한다.

5. "거실통로유도등"이라 함은 거주, 집무, 작업, 집회, 오락 그밖에 이와 유사한 목적을 위하여 계속적으로 사용하는 거실, 주차장 등 개방된 통로에 설치하는 유도등으로 피난의 방향을 명시하는 것을 말한다.

6. "계단통로유도등"이라 함은 피난통로가 되는 계단이나 경사로에 설치하는 통로유도등으로 바닥면 및 디딤 바닥면을 비추는 것을 말한다.

7. "객석유도등"이라 함은 객석의 통로, 바닥 또는 벽에 설치하는 유도등을 말한다.

8. "피난구유도표지"라 함은 피난구 또는 피난경로로 사용되는 출입구를 표시하여 피난을 유도하는 표지를 말한다.

9. "통로유도표지"라 함은 피난통로가 되는 복도, 계단 등에 설치하는 것으로서 피난구의 방향을 표시하는 유도표지를 말한다.

10. **"피난유도선"**이라 함은 햇빛이나 전등불에 따라 축광(이하 "축광방식"이라 한다)하거나 전류에 따라 빛을 발하는(이하 "광원점등방식"이라 한다) 유도체로서 어두운 상태에서 피난을 유도할 수 있도록 띠 형태로 설치되는 피난유도시설을 말한다.

제4조(유도등 및 유도표지의 종류)

특정소방대상물의 용도별로 설치하여야 할 유도등 및 유도표지는 다음 표에 따라 그에 적응하는 종류의 것으로 설치하여야 한다. 〈개정 2008.12.15, 2012.8.20, 2014.8.18〉

설치장소	유도등 및 유도표지의 종류
1. 공연장 · 집회장(종교집회장 포함) · 관람장 · 운동시설	• 대형피난구유도등 • 통로유도등 • 객석유도등
2. 유흥주점영업시설(「식품위생법 시행령」 제21조제8호라목의 유흥주점영업중 손님이 춤을 출 수 있는 무대가 설치된 카바레, 나이트클럽 또는 그 밖에 이와 비슷한 영업시설만 해당한다.)	
3. 위락시설 · 판매시설 · 운수시설 · 「관광진흥법」 제3조제1항제2호에 따른 관광숙박업 · 의료시설 · 장례식장 · 방송통신시설 · 전시장 · 지하상가 · 지하철역사	• 대형피난구유도등 • 통로유도등
4. 숙박시설(제2호의 관광숙박업 외의 것을 말한다.) · 오피스텔	• 중형피난구유도등 • 통로유도등
5. 제1호부터 제3호까지 외의 건축물로서 지하층 · 무창층 또는 층수가 11층 이상인 특정소방대상물	
6. 제1호부터 제5호까지 외의 건축물로서 근린생활시설 · 노유자시설 · 업무시설 · 발전시설 · 종교시설(집회장 용도로 사용하는 부분 제외) · 교육연구시설 · 수련시설 · 공장 · 창고시설 · 교정 및 군사시설(국방 · 군사시설 제외) · 기숙사 · 자동차정비공장 · 운전학원 및 정비학원 · 다중이용업소 · 복합건축물 · 아파트	• 소형피난구유도등 • 통로유도등
7. 그 밖의 것	• 피난구유도표지 • 통로유도표지

비고

1. 소방서장은 특정소방대상물의 위치 · 구조 및 설비의 상황을 판단하여 대형피난구유도등을 설치하여야 할 장소에 중형피난구유도등 또는 소형피난구유도등을, 중형피난구유도등을 설치하여야 할 장소에 소형피난구유도등을 설치하게 할 수 있다.

2. 복합건축물과 아파트의 경우, 주택의 세대 내에는 유도등을 설치하지 아니할 수 있다.

제5조(피난구유도등)

① 피난구유도등은 다음 각호의 장소에 설치하여야 한다.

> **Check Point**
>
> 1. 옥내로부터 직접 지상으로 통하는 출입구 및 그 부속실의 출입구
> 2. 직통계단·직통계단의 계단실 및 그 부속실의 출입구
> 3. 제1호 및 제2호의 규정에 따른 출입구에 이르는 복도 또는 통로로 통하는 출입구
> 4. 안전구획된 거실로 통하는 출입구

② 피난구유도등은 피난구의 바닥으로부터 높이 1.5m 이상으로서 출입구에 인접하도록 설치하여야 한다. 〈개정 2014.8.18〉

제6조(통로유도등 설치기준)

① 통로유도등은 소방대상물의 각 거실과 그로부터 지상에 이르는 복도 또는 계단의 통로에 다음 각호의 기준에 따라 설치하여야 한다.
  1. **복도통로유도등**은 다음 각목의 기준에 따라 설치할 것
    가. 복도에 설치할 것
    나. 구부러진 모퉁이 및 보행거리 **20m마다** 설치할 것
    다. 바닥으로부터 높이 1m **이하**의 위치에 설치할 것. 다만, 지하층 또는 무창층의 용도가 도매시장·소매시장·여객자동차터미널·지하역사 또는 지하상가인 경우에는 복도·통로 중앙부분의 바닥에 설치하여야 한다.
    라. 바닥에 설치하는 통로유도등은 하중에 따라 파괴되지 아니하는 강도의 것으로 할 것
  2. **거실통로유도등**은 다음 각목의 기준에 따라 설치할 것
    가. 거실의 통로에 설치할 것. 다만, 거실의 통로가 벽체 등으로 구획된 경우에는 복도통로유도등을 설치하여야 한다.
    나. 구부러진 모퉁이 및 보행거리 **20m마다** 설치할 것
    다. 바닥으로부터 높이 1.5m **이상**의 위치에 설치할 것. 다만, 거실통로에 기둥이 설치된 경우에는 기둥부분의 바닥으로부터 높이 1.5m 이하의 위치에 설치할 수 있다.
  3. **계단통로유도등**은 다음 각목의 기준에 따라 설치할 것
    가. 각층의 **경사로참** 또는 **계단참마다**(1개층에 경사로참 또는 계단참이 2 이상 있는 경우에는 2개의 계단참마다)설치할 것
    나. 바닥으로부터 높이 1m **이하**의 위치에 설치할 것
  4. 통행에 지장이 없도록 설치할 것

5. 주위에 이와 유사한 등화광고물·게시물 등을 설치하지 아니할 것
② 조도는 통로유도등의 바로 밑의 바닥으로부터 수평으로 0.5m 떨어진 지점에서 측정하여 1lx **이상**(바닥에 매설한 것에 있어서는 통로유도등의 직상부 1m의 높이에서 측정하여 1lx 이상)이어야 한다.
③ 통로유도등은 백색바탕에 녹색으로 피난방향을 표시한 등으로 하여야 한다. 다만, 계단에 설치하는 것에 있어서는 피난의 방향을 표시하지 아니할 수 있다.

제7조(객석유도등 설치기준)

① 객석유도등은 객석의 통로, 바닥 또는 벽에 설치하여야 한다.
② 객석내의 통로가 경사로 또는 수평로로 되어 있는 부분은 다음의 식에 따라 산출한 수(소수점 이하의 수는 1로 본다)의 유도등을 설치하여야 한다. 〈개정 2012.8.20, 2014.8.18〉

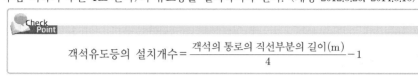

$$객석유도등의\ 설치개수 = \frac{객석의\ 통로의\ 직선부분의\ 길이(m)}{4} - 1$$

③ 객석내의 통로가 옥외 또는 이와 유사한 부분에 있는 경우에는 해당 통로 전체에 미칠 수 있는 수의 유도등을 설치하여야 한다. 〈개정 2008.12.15, 2012.8.20, 2014.8.18〉

제8조(유도표지 설치기준)

① 유도표지는 다음 각호의 기준에 따라 설치하여야 한다.
   1. 계단에 설치하는 것을 제외하고는 각층마다 복도 및 통로의 각 부분으로부터 하나의 유도표지까지의 보행거리가 15m 이하가 되는 곳과 구부러진 모퉁이의 벽에 설치할 것
   2. **피난구유도표지**는 출입구 상단에 설치하고, **통로유도표지**는 바닥으로부터 높이 1m **이하**의 위치에 설치할 것
   3. 주위에는 이와 유사한 등화·광고물·게시물 등을 설치하지 아니할 것
   4. 유도표지는 부착판 등을 사용하여 쉽게 떨어지지 아니하도록 설치할 것
   5. 축광방식의 유도표지는 외광 또는 조명장치에 의하여 상시 조명이 제공되거나 비상조명등에 의한 조명이 제공되도록 설치할 것
② 삭제 〈2014.8.18〉
③ 유도표지는 소방청장이 고시한 「축광표지의 성능인증 및 제품검사의 기술기준」에 적합한 것이어야 한다. 다만, 방사성물질을 사용하는 위치표지는 쉽게 파괴되지 아니하는 재질로 처리하여야 한다. 〈전문개정 2014.8.18〉

제8조의2(피난유도선 설치기준)를 각각 다음과 같이 신설한다.

① **축광방식의 피난유도선**은 다음 각호의 기준에 따라 설치하여야 한다.

> **Check Point**
>
> 1. 구획된 각 실로부터 주출입구 또는 비상구까지 설치할 것
> 2. 바닥으로부터 높이 50cm 이하의 위치 또는 바닥 면에 설치할 것
> 3. 피난유도 표시부는 50cm 이내의 간격으로 연속되도록 설치
> 4. 부착대에 의하여 견고하게 설치할 것
> 5. 외광 또는 조명장치에 의하여 상시 조명이 제공되거나 비상조명등에 의한 조명이
>   제공되도록 설치할 것

② **광원점등방식의 피난유도선**은 다음 각 호의 기준에 따라 설치하여야 한다.

> **Check Point**
>
> 1. 구획된 각 실로부터 주출입구 또는 비상구까지 설치할 것
> 2. 피난유도 표시부는 바닥으로부터 높이 1m 이하의 위치 또는 바닥 면에 설치할 것
> 3. 피난유도 표시부는 50cm 이내의 간격으로 연속되도록 설치하되 실내장식물 등으로
>   설치가 곤란할 경우 1m 이내로 설치할 것
> 4. 수신기로부터의 화재신호 및 수동조작에 의하여 광원이 점등되도록 설치할 것
> 5. 비상전원이 상시 충전상태를 유지하도록 설치할 것
> 6. 바닥에 설치되는 피난유도 표시부는 매립하는 방식을 사용할 것
> 7. 피난유도 제어부는 조작 및 관리가 용이하도록 바닥으로부터 0.8m 이상 1.5m 이하의
>   높이에 설치할 것

③ 피난유도선은 소방청장이 고시한 「피난유도선의 성능인증 및 제품검사의 기술기준」에
   적합한 것으로 설치하여야 한다. 〈개정 2012.8.20, 2014.8.18, 2015.1.6, 2017.7.26〉

제9조(유도등의 전원)

① 유도등의 전원은 축전지, 전기저장장치(외부 전기에너지를 저장해 두었다가 필요한 때 전
   기를 공급하는 장치) 또는 교류전압의 옥내간선으로 하고, 전원까지의 배선은 전용으로
   하여야 한다. 〈개정 2016.7.13〉

② 비상전원은 다음 각호의 기준에 적합하게 설치하여야 한다.
   1. 축전지로 할 것
   2. 유도등을 20분 이상 유효하게 작동시킬 수 있는 용량으로 할 것. 다만, 다음 각목의
      소방대상물의 경우에는 그 부분에서 피난층에 이르는 부분의 유도등을 **60분 이상** 유

효하게 작동시킬 수 있는 용량으로 하여야 한다.

> **Check Point**
>
> 가. 지하층을 제외한 층수가 11층 이상의 층
> 나. 지하층 또는 무창층으로서 용도가 도매시장·소매시장·여객자동차터미널·지하역사 또는 지하상가

③ 배선은 「전기사업법」 제67조에서 정한 것 외에 다음 각호의 기준에 따라야 한다.
  1. 유도등의 인입선과 옥내배선은 직접 연결할 것
  2. 유도등은 전기회로에 점멸기를 설치하지 아니하고 항상 점등상태를 유지할 것. 다만, 소방대상물 또는 그 부분에 사람이 없거나 다음 각목의 1에 해당하는 장소로서 3선식 배선에 따라 상시 충전되는 구조인 경우에는 그러하지 아니하다.
    가. 외부광(光)에 따라 피난구 또는 피난방향을 쉽게 식별할 수 있는 장소
    나. 공연장, 암실(暗室) 등으로서 어두워야 할 필요가 있는 장소
    다. 특정소방대상물의 관계인 또는 종사원이 주로 사용하는 장소
④ 제3항제2호의 규정에 따라 3선식 배선에 따라 상시 충전되는 유도등의 전기회로에 점멸기를 설치하는 경우에는 다음 각호의 1에 해당되는 때에 점등되도록 하여야 한다.

> **Check Point**
>
> 1. 자동화재탐지설비의 감지기 또는 발신기가 작동되는 때
> 2. 비상경보설비의 발신기가 작동되는 때
> 3. 상용전원이 정전되거나 전원선이 단선되는 때
> 4. 방재업무를 통제하는 곳 또는 전기실의 배전반에서 수동으로 점등하는 때
> 5. 자동소화설비가 작동되는 때

〈3선식과 2선식 유도등 비교〉

구분	3선식	2선식
특징	상시 소등, 비상시 점등	상시 및 비상시 점등
유도등 작동	① 점멸기로 유도등 소등 ② 평상시 유도등 소등상태이나 예비전원은 늘 충전상태(감시상태) ③ 상용전원의 정전이나 단선 시 자동적으로 예비전원에 의해 20분 이상 유도등 점등	① 평상시 늘 점등상태 ② 상용전원의 정전이나 단선 시 예비전원에 의해 유도등 점등 (20분 이상)

결선	① 전원선(공통선), 점등선, 충전선의 3선 이용하여 접속 ② 점멸기를 설치하여 축전지는 항상 충전 상태 유지	① 2선으로 결선 ② 점멸기를 설치하지 않음
조건	① 소등 중에는 축전지가 항상 충전상태로 대기 ② 화재시 또는 정전 시 자동 점등될 것	① 정상 시는 물론 화재 또는 정전 시 계속 점등될 것
장점	① 조명이 양호하거나 주광이 확보되는 장소에는 소등하므로 합리적임 ② 절전효과 ③ 등기구의 수명 연장	① 평상시 상시 점등되므로 불량 개소 파악 등 유지관리에 용이 ② 평소 피난구의 위치, 피난 인식을 부여
단점	① 배선, 등기구, 램프 등의 이상 여부 파악이 어렵다. ② 관리자의 잦은 손길이 요구 ③ 평소 피난구의 위치, 피난 인식을 상실	① 경제적 손실(전력 소모, 등기구 수명단축 등) ② 조명이 양호하거나 주광이 확보되는 장소에 상시 점등되는 불합리성이 있다.

제10조(유도등 및 유도표지의 제외)

① 다음 각호의 1에 해당하는 경우에는 피난구유도등을 설치하지 아니한다.
   1. 바닥면적이 1,000m² 미만인 층으로서 옥내로부터 직접 지상으로 통하는 출입구(외부의 식별이 용이한 경우에 한한다)
   2. 거실 각 부분으로부터 쉽게 도달할 수 있는 출입구
   3. 거실 각 부분으로부터 하나의 출입구에 이르는 보행거리가 20m 이하이고 비상조명등과 유도표지가 설치된 거실의 출입구
   4. 출입구가 3 이상 있는 거실로서 그 거실 각 부분으로부터 하나의 출입구에 이르는 보행거리가 30m 이하인 경우에는 주된 출입구 2개소외의 출입구(유도표지가 부착된 출입구를 말한다). 다만, 공연장·집회장·관람장·전시장·판매시설 및 영업시설·숙박시설·노유자시설·의료시설의 경우에는 그러하지 아니하다.

② 다음 각호의 1에 해당하는 경우에는 통로유도등을 설치하지 아니한다.
   1. 구부러지지 아니한 복도 또는 통로로서 길이가 30m 미만인 복도 또는 통로
   2. 제1호에 해당하지 아니하는 복도 또는 통로로서 보행거리가 20m 미만이고 그 복도 또는 통로와 연결된 출입구 또는 그 부속실의 출입구에 피난구유도등이 설치된 복도 또는 통로

③ 다음 각호의 1에 해당하는 경우에는 객석유도등을 설치하지 아니한다.
   1. 주간에만 사용하는 장소로서 채광이 충분한 객석
   2. 거실 등의 각 부분으로부터 하나의 거실출입구에 이르는 보행거리가 20m 이하인 객석

의 통로로서 그 통로에 통로유도등이 설치된 객석

④ 다음 각호의 1에 해당하는 경우에는 유도표지를 설치하지 아니한다.

    1. 유도등이 제5조 및 제6조의 규정에 적합하게 설치된 출입구·복도·계단 및 통로

    2. 제1항제1호·제2호 및 제2항의 규정에 해당하는 출입구·복도·계단 및 통로

제11조(설치·유지기준의 특례)

소방본부장 또는 소방서장은 기존건축물이 증축·개축·대수선되거나 용도변경되는 경우에 있어서 이 기준이 정하는 기준에 따라 당해 건축물에 설치하여야 할 유도등 및 유도표지의 배관·배선 등의 공사가 현저하게 곤란하다고 인정되는 경우에는 당해 설비의 기능 및 사용에 지장이 없는 범위안에서 유도등 및 유도표지의 설치·유지기준의 일부를 적용하지 아니할 수 있다.

제12조(재검토 기한)

소방청장은 「훈령·예규 등의 발령 및 관리에 관한 규정」에 따라 이 고시에 대하여 2017년 1월 1일 기준으로 매 3년이 되는 시점(매 3년째의 12월 31일까지를 말한다)마다 그 타당성을 검토하여 개선 등의 소치를 하여야 한다. 〈전문개정 2016.7.13, 2017.7.26〉

부칙 〈제2017-1호, 2017.7.26〉

• **제1조(시행일)**

이 고시는 발령한 날부터 시행한다.

• **제2조(경과조치)**

이 고시 시행당시 건축허가 등의 동의 또는 착공신고가 완료된 특정소방대상물에 대하여는 종전의 기준에 따른다.

제22장 비상조명등의 화재안전기준(NFSC 304)

[시행 2017.7.26] [소방청고시 제2017-1호, 2017.7.26, 타법개정]

제1조(목적)

이 기준은 「화재예방, 소방시설 설치·유지 및 안전관리에 관한 법률」 제9조제1항에 따라 소방청장에게 위임한 사항 중 피난설비인 비상조명등 및 휴대용비상조명등의 설치·유지 및 안전관리에 필요한 사항을 규정함을 목적으로 한다. 〈개정 2015.1.23, 2016.7.13, 2017.7.26〉

제2조(적용범위)

「화재예방, 소방시설 설치·유지 및 안전관리에 관한 법률 시행령」(이하 "영"이라 한다) 별표 5 제3호라목과 마목에 따른 비상조명등 및 휴대용비상조명등은 이 기준에서 정하는 규정에 따라 설비를 설치하고 유지·관리하여야 한다. 〈개정 2012.8.20, 2015.1.23, 2016.7.13〉

제3조(정의)

이 기준에서 사용하는 용어의 정의는 다음과 같다.
1. **"비상조명등"**이라 함은 화재발생 등에 따른 정전시에 안전하고 원활한 피난활동을 할 수 있도록 거실 및 피난통로 등에 설치되어 자동 점등되는 조명등을 말한다.
2. **"휴대용비상조명등"**이라 함은 화재발생 등으로 정전시 안전하고 원할 한 피난을 위하여 피난자가 휴대할 수 있는 조명등을 말한다.

제4조(설치기준)

① 비상조명등은 다음 각호의 기준에 따라 설치하여야 한다.
1. 소방대상물의 각 거실과 그로부터 지상에 이르는 복도·계단 및 그 밖의 통로에 설치할 것
2. 조도는 비상조명등이 설치된 장소의 각 부분의 바닥에서 1lx 이상이 되도록 할 것
3. 예비전원을 내장하는 비상조명등에는 평상시 점등여부를 확인할 수 있는 점검스위치를 설치하고 당해 조명등을 유효하게 작동시킬 수 있는 용량의 축전지와 예비전원 충전장치를 내장할 것
4. 예비전원을 내장하지 아니하는 비상조명등의 비상전원은 자가발전설비, 축전지설비 또는 전기저장장치(외부 전기에너지를 저장해 두었다가 필요한 때 전기를 공급하는 장치)를 다음 각 목의 기준에 따라 설치하여야 한다. 〈개정 2012.8.20, 2016.7.13〉

가. 점검에 편리하고 화재 및 침수 등의 재해로 인한 피해를 받을 우려가 없는 곳에 설치할 것

나. 상용전원으로부터 전력의 공급이 중단된 때에는 자동으로 비상전원으로부터 전력을 공급받을 수 있도록 할 것

다. 비상전원의 설치장소는 다른 장소와 방화구획 할 것. 이 경우 그 장소에는 비상전원의 공급에 필요한 기구나 설비외의 것(열병합발전설비에 필요한 기구나 설비는 제외한다)을 두어서는 아니 된다.

라. 비상전원을 실내에 설치하는 때에는 그 실내에 비상조명등을 설치할 것

5. 제3호 및 제4호의 규정에 따른 비상전원은 비상조명등을 **20분 이상** 유효하게 작동시킬 수 있는 용량으로 할 것. 다만, 다음 각목의 소방대상물의 경우에는 그 부분에서 피난층에 이르는 부분의 비상조명등을 60분 이상 유효하게 작동시킬 수 있는 용량으로 하여야 한다.

가. 지하층을 제외한 층수가 11층 이상의 층

나. 지하층 또는 무창층으로서 용도가 도매시장·소매시장·여객자동차터미널·지하역사 또는 지하상가

6. 영 별표 5 제10호 비상조명등의 설치면제 요건에서 "그 유도등의 유효범위안의 부분"이라 함은 유도등의 조도가 바닥에서 1lx 이상이 되는 부분을 말한다.

② 휴대용비상조명등은 다음 각호의 기준에 적합하여야 한다.

1. 다음 각목의 장소에 설치할 것

> Check Point
>
> 가. 숙박시설 또는 다중이용업소에는 객실 또는 영업장안의 구획된 실마다 잘 보이는 곳(외부에 설치시 출입문 손잡이로부터 1m 이내 부분)에 1개 이상 설치
> 나. 「유통산업발전법」 제2조제3호에 따른 대규모점포(지하상가 및 지하역사 제외) 및 영화상영관에는 보행거리 50m 이내 마다 3개 이상 설치
> 다. 지하상가 및 지하역사에는 보행거리 25m 이내 마다 3개 이상 설치

2. 설치높이는 바닥으로부터 **0.8m 이상 1.5m 이하**의 높이에 설치할 것
3. 어둠속에서 위치를 확인할 수 있도록 할 것
4. 사용 시 자동으로 점등되는 구조일 것
5. 외함은 난연성능이 있을 것
6. 건전지를 사용하는 경우에는 방전방지조치를 하여야 하고, 충전식 밧데리의 경우에는 상시 충전되도록 할 것
7. 건전지 및 충전식 밧데리의 용량은 **20분 이상** 유효하게 사용할 수 있는 것으로 할 것

제5조(비상조명등의 제외)

① 다음 각호의 1에 해당하는 경우에는 비상조명등을 설치하지 아니한다.

   1. 거실의 각 부분으로부터 하나의 출입구에 이르는 보행거리가 15m 이내인 부분

   2. 의원·경기장·공동주택·의료시설·학교의 거실

② 지상 1층 또는 피난층으로서 복도·통로 또는 창문 등의 개구부를 통하여 피난이 용이한 경우 또는 숙박시설로서 복도에 비상조명등을 설치 한 경우에는 휴대용비상조명등을 설치하지 아니할 수 있다.

제6조(설치·유지기준의 특례)

소방본부장 또는 소방서장은 기존건축물이 증축·개축·대수선되거나 용도 변경되는 경우에 있어서 이 기준이 정하는 기준에 따라 당해 건축물에 설치하여야 할 비상조명등의 배관·배선 등의 공사가 현저하게 곤란하다고 인정되는 경우에는 당해 설비의 기능 및 사용에 지장이 없는 범위 안에서 비상조명등의 설치·유지기준의 일부를 적용하지 아니할 수 있다.

제7조(재검토 기한)

소방청장은 「훈령·예규 등의 발령 및 관리에 관한 규정」에 따라 이 고시에 대하여 2017년 1월1일 기준으로 매 3년이 되는 시점(매 3년째의 12월 31일까지를 말한다)마다 그 타당성을 검토하여 개선 등의 조치를 하여야 한다. 〈전문개정 2016.7.13, 2017.7.26〉

제8조(규제의 재검토)

「행정규제기본법」 제8조에 따라 2015년 1월 1일을 기준으로 매 3년이 되는 시점(매 3번째의 12월 31일까지를 말한다)마다 그 타당성을 검토하여 개선 등의 조치를 하여야 한다. 〈신설 2015.1.23〉

부칙 〈제2017-1호, 2017.7.26〉

- **제1조(시행일)**

   이 고시는 발령한 날부터 시행한다.

- **제2조(경과조치)**

   이 고시 시행당시 건축허가 등의 동의 또는 착공신고가 완료된 특정소방대상물에 대하여는 종전의 기준에 따른다.

제23장 상수도소화용수설비의 화재안전기준(NFSC 401)

[시행 2019.5.24] [소방청고시 제2019-38호, 2019.5.24, 일부개정]

제1조(목적)

이 기준은 「화재예방, 소방시설 설치·유지 및 안전관리에 관한 법률」 제9조제1항에 따라 소방청장에게 위임한 사항 중 소화용수설비인 상수도소화용수설비의 설치·유지 및 안전관리에 필요한 사항을 규정함을 목적으로 한다. 〈개정 2015.1.23, 2017.7.26〉

제2조(적용범위)

「화재예방, 소방시설 설치·유지 및 안전관리에 관한 법률 시행령」(이하 "영"이라 한다) 별표 5 제4호에 따른 소화용수설비 중 상수도소화용수설비는 이 기준에서 정하는 규정에 따라 설비를 설치하고 유지·관리하여야 한다. 〈개정 2012.8.20, 2015.1.23, 2017.7.26〉

제3조(정의)

이 기준에서 사용하는 용어의 정의는 다음과 같다.
  1. "호칭지름"이라 함은 일반적으로 표기하는 배관의 직경을 말한다.
  2. "수평투영면"이라 함은 건축물을 수평으로 투영하였을 경우의 면을 말한다.

제4조(설치기준)

상수도소화용수설비는 수도법의 규정에 따른 기준 외에 다음 각호의 기준에 따라 설치하여야 한다.

> **Check Point**
>
> 1. 호칭지름 75mm 이상의 수도배관에 호칭지름 100mm 이상의 소화전을 접속할 것
> 2. 제1호의 규정에 따른 소화전은 소방자동차 등의 진입이 쉬운 도로변 또는 공지에 설치할 것
> 3. 제1호의 규정에 따른 소화전은 소방대상물의 수평투영면의 각 부분으로부터 140m 이하가 되도록 설치할 것

제5조(설치·유지기준의 특례)

소방본부장 또는 소방서장은 기존건축물이 증축·개축·대수선되거나 용도 변경되는 경우에 있어서 이 기준이 정하는 기준에 따라 당해 건축물에 설치하여야 할 상수도소화용수설비의 배관 등의 공사가 현저하게 곤란하다고 인정되는 경우에는 당해 설비의 기능 및 사용에 지장이 없는 범위 안에서 상수도소화용수설비의 설치·유지기준의 일부를 적용하지 아니할 수 있다.

제6조(재검토기한)

소방청장은 이 고시에 대하여 「훈령·예규 등의 발령 및 관리에 관한 규정」에 따라 2019년 1월 1일 기준으로 매 3년이 되는 시점(매 3년째의 12월 31일까지를 말한다)마다 그 타당성을 검토하여 개선 등의 조치를 하여야 한다.〈개정 2019.5.24〉

제7조(규제의 재검토)

「행정규제기본법」 제8조에 따라 2015년 1월 1일을 기준으로 매 3년이 되는 시점(매 3번째의 12월 31일까지를 말한다)마다 그 타당성을 검토하여 개선 등의 조치를 하여야 한다.〈신설 2015.1.23〉

부칙〈제2019-38호, 2019.5.24〉

이 고시는 발령한 날부터 시행한다.

제24장 소화수조 및 저수조의 화재안전기준(NFSC 402)

[시행 2019.5.24] [소방청고시 제2019-40호, 2019.5.24, 일부개정]

제1조(목적)

이 기준은 「화재예방, 소방시설 설치·유지 및 안전관리에 관한 법률」 제9조제1항에 따라 소방청장에게 위임한 사항 중 소화용수설비인 소화수조 및 저수조의 설치·유지 및 안전관리에 필요한 사항을 규정함을 목적으로 한다. 〈개정 2015.1.23, 2017.7.26〉

제2조(적용범위)

「화재예방, 소방시설 설치·유지 및 안전관리에 관한 법률 시행령」(이하 "영"이라 한다) 별표 5 제4호에 따른 소화용수설비 중 소화수조 및 저수조는 이 기준에서 정하는 규정에 따라 설비를 설치하고 유지·관리하여야 한다. 〈개정 2012.8.20, 2015.1.23, 2017.7.26〉

제3조(정의)

이 기준에서 사용하는 용어의 정의는 다음과 같다.

    1. **"소화수조 또는 저수조"**라 함은 수조를 설치하고 여기에 소화에 필요한 물을 항시 채워두는 것을 말한다.

    2. **"채수구"**라 함은 소방차의 소방호스와 접결되는 흡입구를 말한다.

제4조(소화수조 등)

① 소화수조, 저수조의 채수구 또는 흡수관투입구는 소방차가 2m 이내의 지점까지 접근할 수 있는 위치에 설치하여야 한다.

② 소화수조 또는 저수조의 저수량은 소방대상물의 연면적을 다음 표에 따른 기준면적으로 나누어 얻은 수(소수점이하의 수는 1로 본다)에 20m³를 곱한 양 이상이 되도록 하여야 한다.

소방대상물의 구분	면적
1. 1층 및 2층의 바닥면적 합계가 15,000m² 이상인 소방대상물	7,500m²
2. 제1호에 해당되지 아니하는 그 밖의 소방대상물	12,500m²

③ 소화수조 또는 저수조는 다음 각호의 기준에 따라 흡수관투입구 또는 채수구를 설치하여야 한다.
  1. 지하에 설치하는 소화용수설비의 흡수관투입구는 그 한변이 0.6m 이상이거나 직경이 0.6m 이상인 것으로 하고, 소요수량이 80m³ 미만인 것에 있어서는 **1개 이상**, 80m³ **이상**인 것에 있어서는 **2개 이상**을 설치하여야 하며, "흡관투입구"라고 표시한 **표지**를 할 것
  2. 소화용수설비에 설치하는 채수구는 다음 각목의 기준에 따라 설치할 것
    가. 채수구는 다음표에 따라 소방용호스 또는 소방용흡수관에 사용하는 구경 65mm 이상의 나사식 결합금속구를 설치할 것

소요수량	20m³ 이상 40m³ 미만	40m³ 이상 100m³ 미만	100m³ 이상
채수구의 수	1개	2개	3개

    나. 채수구는 지면으로부터의 높이가 0.5m **이상** 1m **이하**의 위치에 설치하고 "채수구"라고 표시한 표지를 할 것
④ 소화용수설비를 설치하여야 할 소방대상물에 있어서 유수의 양이 0.8m³/min **이상**인 유수를 사용할 수 있는 경우에는 소화수조를 설치하지 아니할 수 있다.

제5조(가압송수장치)

① 소화수조 또는 저수조가 지표면으로부터의 깊이(수조 내부바닥까지의 길이를 말한다)가 4.5m 이상인 지하에 있는 경우에는 다음 표에 따라 가압송수장치를 설치하여야 한다. 다만, 제4조제2항의 규정에 따른 저수량을 지표면으로부터 4.5m 이하인 지하에서 확보할 수 있는 경우에는 소화수조 또는 저수조의 지표면으로부터의 깊이에 관계없이 가압송수장치를 설치하지 아니할 수 있다.

소요수량	20m³ 이상 40m³ 미만	40m³ 이상 100m³ 미만	100m³ 이상
가압송수장치의 1분당 양수량	1,100L 이상	2,200L 이상	3,300L 이상

② 소화수조가 옥상 또는 옥탑의 부분에 설치된 경우에는 지상에 설치된 채수구에서의 압력이 0.15MPa 이상이 되도록 하여야 한다.
③ 전동기 또는 내연기관에 따른 펌프를 이용하는 가압송수장치는 다음 각호의 기준에 따라 설치하여야 한다.
  1. 쉽게 접근할 수 있고 점검하기에 충분한 공간이 있는 장소로서 화재 및 침수 등의 재해로 인한 피해를 받을 우려가 없는 곳에 설치할 것
  2. 동결방지조치를 하거나 동결의 우려가 없는 장소에 설치할 것
  3. 펌프는 전용으로 할 것. 다만, 다른 소화설비와 겸용하는 경우 각각의 소화설비의 성능에 지장이 없을 때에는 예외로 한다.

4. 펌프의 토출측에는 압력계를 체크밸브 이전에 펌프토출측 플랜지에서 가까운 곳에 설치하고, 흡입측에는 연성계 또는 진공계를 설치할 것. 다만, 수원의 수위가 펌프의 위치보다 높거나 수직회전축 펌프의 경우에는 연성계 또는 진공계를 설치하지 아니할 수 있다.

5. 가압송수장치에는 정격부하운전 시 펌프의 성능을 시험하기 위한 배관을 설치할 것

6. 가압송수장치에는 체절운전 시 수온의 상승을 방지하기 위한 순환배관을 설치할 것

7. 기동장치로는 보호판을 부착한 기동스위치를 채수구 직근에 설치할 것

8. 수원의 수위가 펌프보다 낮은 위치에 있는 가압송수장치에는 다음의 기준에 따른 물올림장치를 설치할 것

   가. 물올림장치에는 전용의 탱크를 설치할 것

   나. 탱크의 유효수량은 100L 이상으로 하되, 구경 15mm 이상의 급수배관에 따라 당해 탱크에 물이 계속 보급되도록 할 것

9. 내연기관을 사용하는 경우에는 다음의 기준에 적합한 것으로 할 것

   가. 내연기관의 기동은 채수구의 위치에서 원격조작으로 가능하고 기동을 명시하는 적색등을 설치할 것

   나. 제어반에 따라 내연기관의 기동이 가능하고 상시 충전되어 있는 축전지설비를 갖출 것

10. 가압송수장치에는 "소화용수설비펌프"라고 표시한 표지를 할 것. 이 경우 그 가압송수장치를 다른 설비와 겸용하는 때에는 그 겸용되는 설비의 이름을 표시한 표지를 함께 하여야 한다.

제6조(설치 · 유지기준의 특례)

소방본부장 또는 소방서장은 기존건축물이 증축 · 개축 · 대수선되거나 용도 변경되는 경우에 있어서 이 기준이 정하는 기준에 따라 당해 건축물에 설치하여야 할 소화수조 및 저수조의 배관 · 배선 등의 공사가 현저하게 곤란하다고 인정되는 경우에는 당해 설비의 기능 및 사용에 지장이 없는 범위 안에서 소화수조 및 저수조의 설치 · 유지기준의 일부를 적용하지 아니할 수 있다.

제7조(재검토기한)

소방청장은 이 고시에 대하여 「훈령 · 예규 등의 발령 및 관리에 관한 규정」에 따라 2019년 1월 1일 기준으로 매 3년이 되는 시점(매 3년째의 12월 31일까지를 말한다)마다 그 타당성을 검토하여 개선 등의 조치를 하여야 한다. 〈개정 2019.5.24〉

제8조(규제의 재검토)

「행정규제기본법」제8조에 따라 2015년 1월 1일을 기준으로 매 3년이 되는 시점(매 3번째의 12월 31일까지를 말한다)마다 그 타당성을 검토하여 개선 등의 조치를 하여야 한다. 〈신설 2015.1.23〉

부칙 〈제2019-40호, 2019.5.24〉

이 고시는 발령한 날부터 시행한다.

제25장 제연설비의 화재안전기준(NFSC 501)

[시행 2017.7.26] [소방청고시 제2017-1호, 2017.7.26, 타법개정]

제1조(목적)

이 기준은 「화재예방, 소방시설 설치·유지 및 안전관리에 관한 법률」 제9조제1항에 따라 소방청장에게 위임한 사항 중 소화활동설비인 제연설비의 설치·유지 및 안전관리에 관하여 필요한 사항을 규정함을 목적으로 한다. 〈개정 2015.10.28, 2016.7.13, 2017.7.26〉

제2조(적용범위)

「화재예방, 소방시설 설치·유지 및 안전관리에 관한 법률 시행령」(이하 "영"이라 한다) 별표 5 소화활동설비의 소방시설 적용기준 란 제5호 가목에 따른 제연설비는 이 기준에서 정하는 규정에 따라 설비를 설치하고 유지·관리하여야 한다. 〈개정 2012.8.20, 2015.10.28, 2016.7.13〉

제3조(정의)

이 기준에서 사용하는 용어의 정의는 다음과 같다.
1. "제연구역"이라 함은 제연경계(제연설비의 일부인 천장을 포함한다)에 의해 구획된 건물 내의 공간을 말한다.
2. "예상제연구역"이라 함은 화재발생시 연기의 제어가 요구되는 제연구역을 말한다.
3. **"제연경계의 폭"**이라 함은 제연경계의 천장 또는 반자로부터 그 수직하단까지의 거리를 말한다.
4. **"수직거리"**라 함은 제연경계의 바닥으로부터 그 수직하단까지의 거리를 말한다.
5. "공동예상제연구역"이라 함은 2개 이상의 예상제연구역을 말한다.
6. "방화문"이라 함은 「건축법 시행령」 제64조의 규정에 따른 갑종방화문 또는 을종방화문으로써 언제나 닫힌 상태를 유지하거나 화재로 인한 연기의 발생 또는 온도의 상승에 따라 자동적으로 닫히는 구조를 말한다.
7. "유입풍도"라 함은 예상제연구역으로 공기를 유입하도록 하는 풍도를 말한다.
8. "배출풍도"라 함은 예상 제연구역의 공기를 외부로 배출하도록 하는 풍도를 말한다.

제4조(제연설비)

① 제연설비의 설치장소는 다음 각호에 따른 제연구역으로 구획하여야 한다.

> **Check Point**
>
> 1. 하나의 제연구역의 면적은 1,000m² 이내로 할 것
> 2. 거실과 통로(복도를 포함한다. 이하 같다)는 상호 제연구획할 것
> 3. 통로상의 제연구역은 보행중심선의 길이가 60m를 초과하지 아니할 것
> 4. 하나의 제연구역은 직경 60m 원내에 들어갈 수 있을 것
> 5. 하나의 제연구역은 2개 이상 층에 미치지 아니하도록 할 것. 다만, 층의 구분이 불분명한 부분은 그 부분을 다른 부분과 별도로 제연구획하여야 한다.

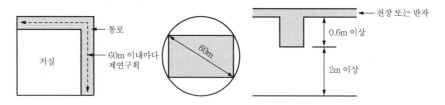

② 제연구역의 구획은 **보·제연경계벽**(이하 "제연경계"라 한다) 및 **벽**(화재 시 자동으로 구획되는 가동벽·샷다·방화문을 포함한다. 이하 같다)으로 하되, 다음 각호의 기준에 적합하여야 한다.

　1. 재질은 내화재료, 불연재료 또는 제연경계벽으로 성능을 인정받은 것으로서 화재시 쉽게 변형·파괴되지 아니하고 연기가 누설되지 않는 기밀성 있는 재료로 할 것
　2. 제연경계는 제연경계의 폭이 **0.6m 이상**이고, 수직거리는 **2m 이내**이어야 한다. 다만, 구조상 불가피한 경우는 2m를 초과할 수 있다.
　3. 제연경계벽은 배연 시 기류에 따라 그 하단이 쉽게 흔들리지 아니하여야 하며, 또한 가동식의 경우에는 급속히 하강하여 인명에 위해를 주지 아니하는 구조일 것

제5조(제연방식)

> **Check Point**
>
> ① 예상제연구역에 대하여는 화재 시 연기배출(이하 "배출"이라 한다)과 동시에 공기유입이 될 수 있게 하고, 배출구역이 거실일 경우에는 통로에 동시에 공기가 유입될 수 있도록 하여야 한다.
> ② 제1항의 규정에 불구하고 통로와 인접하고 있는 거실의 바닥면적이 50m² 미만으로 구획(제연경계에 따른 구획은 제외한다. 다만, 거실과 통로와의 구획은 그러하지 아니하다)되고 그 거실에 통로가 인접하여 있는 경우에는 화재 시 그 거실에서 직접 배출하지 아니하고

인접한 통로의 배출로 갈음할 수 있다. 다만, 그 거실이 다른 거실의 피난을 위한 경유거실인 경우에는 그 거실에서 직접 배출하여야 한다.
③ 통로의 주요 구조부가 내화구조이며 마감이 불연재료 또는 난연재료로 처리되고 가연성 내용물이 없는 경우에 그 통로는 예상제연구역으로 간주하지 아니할 수 있다. 다만, 화재 발생시 연기의 유입이 우려되는 통로는 그러하지 아니하다.

제6조(배출량 및 배출방식)

① **거실의 바닥면적이 400m² 미만으로 구획**(제연경계에 따른 구획을 제외한다. 다만, 거실과 통로와의 구획은 그러하지 아니하다)**된 예상제연구역에 대한 배출량**은 다음 각호의 기준에 따른다.
  1. 바닥면적 1m²당 1m³/min 이상으로 하되, 예상제연구역 전체에 대한 최저 배출량은 5,000m³/hr 이상으로 할 것. 다만, 예상제연구역이 다른 거실의 피난을 위한 경유거실인 경우에는 그 예상제연구역의 배출량은 이 기준량의 1.5배 이상으로 하여야 한다.
  2. 제5조제2항의 규정에 따라 바닥면적이 50m² 미만인 예상제연구역을 통로배출방식으로 하는 경우에는 통로보행중심선의 길이 및 수직거리에 따라 다음 표에서 정하는 기준량 이상으로 할 것

통로길이	수직거리	배출량	비고
40m 이하	2m 이하	25,000m³/hr	벽으로 구획된 경우를 포함한다.
	2m 초과 2.5m 이하	30,000m³/hr	
	2.5m 초과 3m 이하	35,000m³/hr	
	3m 초과	45,000m³/hr	
40m 초과 60m 이하	2m 이하	30,000m³/hr	벽으로 구획된 경우를 포함한다.
	2m 초과 2.5m 이하	35,000m³/hr	
	2.5m 초과 3m 이하	40,000m³/hr	
	3m 초과	50,000m³/hr	

② **바닥면적 400m² 이상인 거실의 예상제연구역의 배출량**은 다음 각호의 기준에 적합하여야 한다.
  1. 예상제연구역이 직경 40m인 원의 범위 안에 있을 경우에는 배출량이 40,000m³/hr 이상으로 할 것. 다만, 예상제연구역이 제연경계로 구획된 경우에는 그 수직거리에 따라 배출량은 다음 표에 따른다.

수직거리	배출량
2m 이하	40,000m³/hr 이상
2m 초과 2.5m 이하	45,000m³/hr 이상
2.5m 초과 3m 이하	50,000m³/hr 이상
3m 초과	60,000m³/hr 이상

2. 예상제연구역이 직경 40m인 원의 범위를 초과할 경우에는 배출량이 45,000m³/hr 이상으로 할 것. 다만, 예상제연구역이 제연경계로 구획된 경우에는 그 수직거리에 따라 배출량은 다음 표에 따른다.

수직거리	배출량
2m 이하	45,000m³/hr 이상
2m 초과 2.5m 이하	50,000m³/hr 이상
2.5m 초과 3m 이하	55,000m³/hr 이상
3m 초과	65,000m³/hr 이상

③ **예상제연구역이 통로인 경우의 배출량**은 45,000m³/hr 이상으로 할 것. 다만, 예상제연구역이 제연경계로 구획된 경우에는 그 수직거리에 따라 배출량은 제2항제2호의 표에 따른다.

④ 배출은 각 예상제연구역별로 제1항 내지 제3항에 따른 배출량 이상을 배출하되, 2개 이상의 예상제연구역이 설치된 소방대상물에서 배출을 각 예상지역별로 구분하지 아니하고 공동예상제연구역을 동시에 배출하고자 할 때의 배출량은 다음 각호에 따라야 한다. 다만, 거실과 통로는 공동예상제연구역으로 할 수 없다.

1. 공동예상제연구역안에 설치된 예상제연구역이 각각 벽으로 구획된 경우(제연구역의 구획 중 출입구만을 제연경계로 구획한 경우를 포함한다)에는 각 예상제연구역의 배출량을 합한 것 이상으로 할 것

2. 공동예상제연구역 안에 설치된 예상제연구역이 각각 제연경계로 구획된 경우(예상제연구역의 구획 중 일부가 제연경계로 구획된 경우를 포함하나 출입구부분만을 제연경계로 구획한 경우를 제외한다)에 배출량은 각 예상제연구역의 배출량 중 최대의 것으로 할 것. 이 경우 공동제연예상구역이 거실일 때에는 그 바닥면적이 1,000m² 이하이며, 직경 40m 원 안에 들어가야 하고, 공동제연예상구역이 통로일 때에는 보행중심선의 길이를 40m 이하로 하여야 한다.

⑤ 수직거리가 구획부분에 따라 다른 경우는 수직거리가 긴 것을 기준으로 한다.

제7조(배출구)

① 예상제연구역에 대한 **배출구의 설치**는 다음 각호의 기준에 따라야 한다.

1. **바닥면적이 400m² 미만인 예상제연구역**(통로인 예상제연구역을 제외한다)에 대한 배출구의 설치는 다음 각목의 기준에 적합할 것

   가. 예상제연구역이 벽으로 구획되어 있는 경우의 배출구는 천장 또는 반자와 바닥사이의 중간 윗부분에 설치할 것

   나. 예상제연구역 중 어느 한부분이 제연경계로 구획되어 있는 경우에는 천장·반자 또는 이에 가까운 벽의 부분에 설치할 것. 다만, 배출구를 벽에 설치하는 경우에는 배출구의 하단이 당해예상제연구역에서 제연경계의 폭이 가장 짧은 제연경계의 하단보다 높이 되도록 하여야 한다.

2. **통로인 예상제연구역**과 **바닥면적이 400m² 이상인 통로외의 예상제연구역**에 대한 배출구의 위치는 다음 각목의 기준에 적합하여야 한다.

   가. 예상제연구역이 벽으로 구획되어 있는 경우의 배출구는 천장·반자 또는 이에 가까운 벽의 부분에 설치할 것. 다만, 배출구를 벽에 설치한 경우에는 배출구의 하단과 바닥간의 최단거리가 2m 이상이어야 한다.

   나. 예상제연구역 중 어느 한부분이 제연경계로 구획되어 있을 경우에는 천장·반자 또는 이에 가까운 벽의 부분(제연경계를 포함한다)에 설치할 것. 다만, 배출구를 벽 또는 제연경계에 설치하는 경우에는 배출구의 하단이 당해 예상제연구역에서 제연경계의 폭이 가장 짧은 제연경계의 하단보다 높이 되도록 설치하여야 한다.

② 예상제연구역의 각 부분으로부터 하나의 배출구까지의 수평거리는 10m 이내가 되도록 하여야 한다.

제8조(공기유입방식 및 유입구)

① 예상제연구역에 대한 공기유입은 유입풍도를 경유한 강제유입 또는 자연유입방식으로 하거나, 인접한 제연구역 또는 통로에 유입되는 공기(가압의 결과를 일으키는 경우를 포함한다. 이하 같다)가 당해구역으로 유입되는 방식으로 할 수 있다.

② 예상제연구역에 설치되는 **공기유입구**는 다음 각호의 기준에 적합하여야 한다.

1. **바닥면적 400m² 미만의 거실인 예상제연구역**(제연경계에 따른 구획을 제외한다. 다만, 거실과 통로와의 구획은 그러하지 아니하다)에 대하여서는 바닥외의 장소에 설치하고 공기유입구와 배출구간의 직선거리는 5m 이상으로 할 것. 다만, 공연장·집회장·위락시설의 용도로 사용되는 부분의 바닥면적이 200m²를 초과하는 경우의 공기유입구는 제2호의 기준에 따른다.

2. **바닥면적이 400m² 이상의 거실인 예상제연구역**(제연경계에 따른 구획을 제외한다. 다만, 거실과 통로와의 구획은 그러하지 아니하다)에 대하여는 바닥으로부터 1.5m 이하의 높이에 설치하고 그 주변 2m 이내에는 가연성 내용물이 없도록 할 것

3. **제1호 내지 제2호에 해당하는 것 외의 예상제연구역**(통로인 예상제연구역을 포함한다)에 대한 유입구는 다음 각목에 따를 것. 다만, 제연경계로 인접하는 구역의 유입공기가 당해예상제연구역으로 유입되게 한 때에는 그러하지 아니하다.

　가. 유입구를 벽에 설치할 경우에는 제2호의 기준에 따를 것

　나. 유입구를 벽외의 장소에 설치할 경우에는 유입구 상단이 천장 또는 반자와 바닥사이의 중간 아랫부분보다 낮게 되도록 하고, 수직거리가 가장 짧은 제연경계 하단보다 낮게 되도록 설치할 것

③ 공동예상제연구역에 설치되는 공기 유입구는 다음 각호의 기준에 적합하게 설치하여야 한다.

　1. 공동예상 제연구역안에 설치된 각 예상제연구역이 벽으로 구획되어 있을 때에는 제2항제2호의 규정에 따라 설치할 것

　2. 공동예상제연구역안에 설치된 각 예상제연구역의 일부 또는 전부가 제연경계로 구획되어 있을 때에는 공동예상제연구역안의 1개 이상의 장소에 제2항제3호의 규정에 따라 설치할 것

④ 인접한 제연구역 또는 통로에 유입되는 공기를 당해 예상제연구역에 대한 공기유입으로 하는 경우에는 그 인접한 제연구역 또는 통로의 유입구가 제연경계 하단보다 높은 경우에는 그 인접한 제연구역 또는 통로의 화재시 그 유입구는 다음 각호의 1의 기준에 적합할 것

　1. 각 유입구는 자동폐쇄 될 것

　2. 당해구역 내에 설치된 유입풍도가 당해 제연구획부분을 지나는 곳에 설치된 댐퍼는 자동폐쇄될 것

⑤ 예상제연구역에 공기가 유입되는 순간의 풍속은 **5m/s 이하**가 되도록 하고, 제2항 내지 제4항의 유입구의 구조는 유입공기를 **하향 60° 이내**로 분출할 수 있도록 하여야 한다.

⑥ 예상제연구역에 대한 **공기유입구의 크기**는 당해 예상제연구역 **배출량 1m³/min에 대하여 35cm² 이상**으로 하여야 한다.

⑦ 예상제연구역에 대한 공기유입량은 제6조제1항 내지 제4항의 규정에 따른 배출량 이상이 되도록 하여야 한다.

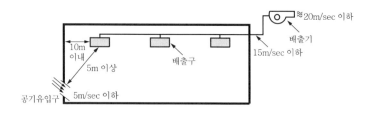

제9조(배출기 및 배출풍도)

① 배출기는 다음 각호의 기준에 따라 설치하여야 한다.

  1. 배출기의 배출능력은 제6조제1항 내지 제4항의 배출량 이상이 되도록 할 것

  2. 배출기와 배출풍도의 접속부분에 사용하는 캔버스는 내열성(석면재료는 제외한다)이 있는 것으로 할 것

  3. 배출기의 전동기부분과 배풍기 부분은 분리하여 설치하여야 하며, 배풍기 부분은 유효한 내열처리를 할 것

② 배출풍도는 다음 각호의 기준에 따라야 한다.

  1. 배출풍도는 아연도금강판 또는 이와 동등 이상의 내식성 · 내열성이 있는 것으로 하며, 내열성(석면재료를 제외한다)의 단열재로 유효한 단열 처리를 하고, 강판의 두께는 배출풍도의 크기에 따라 다음 표에 따른 기준 이상으로 할 것

풍도단면의 긴변 또는 직경의 크기	450mm 이하	450mm 초과 750mm 이하	750mm 초과 1,500mm 이하	1,500mm 초과 2,250mm 이하	2,250mm 초과
강판두께	0.5mm	0.6mm	0.8mm	1.0mm	1.2mm

  2. 배출기의 **흡입측** 풍도안의 풍속은 15m/s 이하로 하고 **배출측** 풍속은 20m/s 이하로 할 것

제10조(유입풍도 등)

① **유입풍도** 안의 풍속은 20m/s 이하로 하고 풍도의 강판두께는 제9조제2항제1호의 기준으로 설치하여야 한다.

② 옥외에 면하는 배출구 및 공기유입구는 비 또는 눈 등이 들어가지 아니하도록 하고, 배출된 연기가 공기유입구로 순환유입되지 아니하도록 하여야 한다.

제11조(제연설비의 전원 및 기동)

① 비상전원은 자가발전설비, 축전지설비 또는 전기저장장치(외부 전기에너지를 저장해 두었다가 필요한 때 전기를 공급하는 장치)는 다음 각호의 기준에 따라 설치하여야 한다. 다만, 2 이상의 변전소(「전기사업법」 제67조의 규정에 따른 변전소를 말한다)에서 전력을 동시에 공급받을 수 있거나 하나의 변전소로부터 전력의 공급이 중단되는 때에는 자동으로 다른 변전소로부터 전원을 공급받을 수 있도록 상용전원을 설치한 경우에는 그러하지 아니하다. 〈개정 2016.7.13〉

  1. 점검에 편리하고 화재 및 침수 등의 재해로 인한 피해를 받을 우려가 없는 곳에 설치할 것

  2. 제연설비를 유효하게 20분 이상 작동할 수 있도록 할 것

3. 상용전원으로부터 전력의 공급이 중단된 때에는 자동으로 비상전원으로부터 전력을 공급받을 수 있노록 할 것

4. 비상전원의 설치장소는 다른 장소와 방화구획 할 것. 이 경우 그 장소에는 비상전원의 공급에 필요한 기구나 설비외의 것(열병합발전설비에 필요한 기구나 설비는 제외한다)을 두어서는 아니 된다.

5. 비상전원을 실내에 설치하는 때에는 그 실내에 비상조명등을 설치할 것

② 가동식의 벽·제연경계벽·댐퍼 및 배출기의 작동은 자동화재감지기와 연동되어야 하며, 예상제연구역(또는 인접장소) 및 제어반에서 수동으로 기동이 가능하도록 하여야 한다.

제12조(터널의 제연설비 설치기준)

〈삭제〉

제13조(설치제외)

제연설비를 설치하여야 할 소방대상물 중 화장실·목욕실·주차장·발코니를 설치한 숙박시설(가족호텔 및 휴양콘도미니엄에 한 한다)의 객실과 사람이 상주하지 아니하는 기계실·전기실·공조실·50m² 미만의 창고 등으로 사용되는 부분에 대하여는 배출구·공기유입구의 설치 및 배출량 산정에서 이를 제외한다.

제14조(설치·유지기준의 특례)

소방본부장 또는 소방서장은 기존건축물이 증축·개축·대수선되거나 용도 변경되는 경우에 있어서 이 기준이 정하는 기준에 따라 당해 건축물에 설치하여야 할 제연설비의 배관·배선 등의 공사가 현저하게 곤란하다고 인정되는 경우에는 당해 설비의 기능 및 사용에 지장이 없는 범위 안에서 제연설비의 설치·유지기준의 일부를 적용하지 아니할 수 있다.

제15조(재검토 기한)

소방청장은「훈령·예규 등의 발령 및 관리에 관한 규정」에 따라 이 고시에 대하여 2016년 1월 1일을 기준으로 매3년이 되는 시점(매 3년째의 12월 31일까지를 말한다)마다 그 타당성을 검토하여 개선 등의 조치를 하여야 한다. 〈전문개정 2015.10.28, 2017.7.26〉

부칙 〈제2017-1호, 2017.7.26〉
이 고시는 발령한 날로부터 시행한다.

제26장 특별피난계단의 계단실 및 부속실 제연설비의 화재안전기준(NFSC 501A)

[시행 2017.7.26] [소방청고시 제2017-1호, 2017.7.26, 타법개정]

제1조(목적)

이 기준은 「화재예방, 소방시설 설치·유지 및 안전관리에 관한 법률」 제9조제1항에 따라 소방청장에게 위임한 사항 중 소화활동설비인 특별피난계단의 계단실 및 부속실 제연설비의 설치유지 및 안전관리에 관하여 필요한 사항을 규정함을 목적으로 한다. 〈개정 2013.9.3〉〈개정 2015.10.28, 2016.7.13, 2017.7.26〉

제2조(적용범위)

「화재예방, 소방시설 설치·유지 및 안전관리에 관한 법률 시행령」(이하 "영"이라 한다) 별표 5의 제5호가목6)에 따른 특별피난계단의 계단실(이하 "계단실"이라 한다) 및 부속실(비상용승강기의 승강장과 겸용하는 것 또는 비상용승강기의 승강장을 포함한다. 이하 "부속실"이라 한다)의 제연설비는 이 기준에서 정하는 규정에 따라 설비를 설치하고 유지·관리하여야 한다. 〈개정 2013.9.3〉〈개정 2015.10.28, 2016.7.13〉

제3조(정의)

이 기준에서 사용하는 용어의 정의는 다음과 같다.

1. "제연구역"이란 제연 하고자 하는 계단실, 부속실 또는 비상용승강기의 승강장을 말한다. 〈개정 2013.9.3〉
2. **"방연풍속"**이란 옥내로부터 제연구역내로 연기의 유입을 유효하게 방지할 수 있는 풍속을 말한다. 〈개정 2013.9.3〉
3. **"급기량"**이란 제연구역에 공급하여야 할 공기의 양을 말한다. 〈개정 2013.9.3〉
4. **"누설량"**이란 틈새를 통하여 제연구역으로부터 흘러나가는 공기량을 말한다. 〈개정 2013.9.3〉
5. **"보충량"**이란 방연풍속을 유지하기 위하여 제연구역에 보충하여야 할 공기량을 말한다. 〈개정 2013.9.3〉
6. **"플랩댐퍼"**란 부속실의 설정압력범위를 초과하는 경우 압력을 배출하여 설정압 범위를 유지하게 하는 과압방지장치를 말한다. 〈개정 2013.9.3〉
7. "유입공기"란 제연구역으로부터 옥내로 유입하는 공기로서 차압에 따라 누설하는 것과 출입문의 개방에 따라 유입하는 것을 말한다. 〈개정 2013.9.3〉

8. "거실제연설비"란 「제연설비의 화재안전기준(NFSC 501)」의 기준에 따른 옥내의 제연설비를 말한다. 〈개정 2013.9.3〉

9. **"자동차압·과압조절형 급기댐퍼"**란 제연구역과 옥내사이의 차압을 압력센서 등으로 감지하여 제연구역에 공급되는 풍량의 조절로 제연구역의 차압유지 및 과압방지를 자동으로 제어할 수 있는 댐퍼를 말한다. 〈개정 2013.9.3〉

10. **"자동폐쇄장치"**란 제연구역의 출입문 등에 설치하는 것으로서 화재발생시 옥내에 설치된 감지기 작동과 연동하여 출입문을 자동적으로 닫게 하는 장치를 말한다. 〈개정 2010.12.27, 2013.9.3〉

제4조(제연방식)

이 기준에 따른 제연설비는 다음 각 호의 기준에 적합하여야 한다.

Check Point

1. 제연구역에 옥외의 신선한 공기를 공급하여 제연구역의 기압을 제연구역 이외의 옥내(이하 "옥내"라 한다)보다 높게 하되 일정한 기압의 차이(이하 "차압"이하 한다)를 유지하게 함으로써 옥내로부터 제연구역내로 연기가 침투하지 못하도록 할 것
2. 피난을 위하여 제연구역의 출입문이 일시적으로 개방되는 경우 방연풍속을 유지하도록 옥외의 공기를 제연구역내로 보충 공급하도록 할 것
3. 출입문이 닫히는 경우 제연구역의 과압을 방지할 수 있는 유효한 조치를 하여 차압을 유지할 것 〈개정 2013.9.3〉

제5조(제연구역의 선정)

제연구역은 다음 각 호의 1에 따라야 한다.

Check Point

1. 계단실 및 그 부속실을 동시에 제연 하는 것
2. 부속실만을 단독으로 제연 하는 것
3. 계단실 단독제연하는 것
4. 비상용승강기 승강장 단독 제연 하는 것

제6조(차압 등)

① 제4조제1호의 기준에 따라 제연구역과 옥내와의 사이에 유지하여야 하는 최소차압은 40Pa(옥내에 스프링클러설비가 설치된 경우에는 12.5Pa) 이상으로 하여야 한다.

② 제연설비가 가동되었을 경우 출입문의 개방에 필요한 힘은 110N 이하로 하여야 한다.

③ 제4조제2호의 기준에 따라 출입문이 일시적으로 개방되는 경우 개방되지 아니하는 제연구

역과 옥내와의 차압은 제1항의 기준에 불구하고 제1항의 기준에 따른 차압의 70% 미만이
되어서는 아니 된다.

④ 계단실과 부속실을 동시에 제연 하는 경우 부속실의 기압은 계단실과 같게 하거나 계단실
의 기압보다 낮게 할 경우에는 부속실과 계단실의 압력차이는 5Pa 이하가 되도록 하여야
한다.

제7조(급기량)

급기량은 다음 각 호의 양을 합한 양 이상이 되어야 한다.

1. 제4조제1호의 기준에 따른 차압을 유지하기 위하여 제연구역에 공급하여야 할 공기량.
이 경우 제연구역에 설치된 출입문(창문을 포함한다. 이하 "출입문 등"이라 한다)의 누
설량과 같아야 한다.
2. 제4조제2호의 기준에 따른 보충량

제8조(누설량)

제7조제1호의 기준에 따른 누설량은 제연구역의 누설량을 합한 양으로 한다. 이 경우 출입문
이 2개소 이상인 경우에는 각 출입문의 누설틈새면적을 합한 것으로 한다.

제9조(보충량)

제7조제2호의 기준에 따른 보충량은 부속실(또는 승강장)의 수가 20 이하는 1개층 이상, 20
을 초과하는 경우에는 2개층 이상의 보충량으로 한다. 〈개정 2013.9.3〉

제10조(방연풍속)

방연풍속은 제연구역의 선정방식에 따라 다음 표의 기준에 따라야 한다.

제연구역		방연풍속
계단실 및 그 부속실을 동시에 제연하는 것 또는 계단실만 단독으로 제연하는 것		0.5m/s 이상
부속실만 단독으로 제연하는 것 또는 비상용승강기의 승강장만 단독으로 제연하는 것	부속실 또는 승강장이 면하는 옥내가 거실인 경우	0.7m/s 이상
	부속실 또는 승강장이 면하는 옥내가 복도로서 그 구조가 방화구조(내화시간이 30분 이상인 구조를 포함한다)인 것	0.5m/s 이상

제11조(과압방지조치)

제4조제3호의 기준에 따른 제연구역에 과압의 우려가 있는 경우에는 과압방지를 위하여 해당 제연구역에 **자동차압·과압조절형댐퍼** 또는 **과압방지장치**를 다음 각 호의 기준에 따라 설치하여야 한다. 〈개정 2013.9.3〉

1. 과압방지장치는 제연구역의 압력을 자동으로 조절하는 성능이 있는 것으로 할 것 〈개정 2013.9.3〉
2. 과압방지를 위한 과압방지장치는 제6조와 제10조의 해당 조건을 만족하여야 한다. 〈개정 2013.9.3〉
3. **플랩댐퍼**는 소방청장이 고시하는 「성능인증 및 제품검사의 기술기준」에 적합한 것으로 설치하여야 한다. 〈개정 2013.9.3, 2015.1.6, 2017.7.26〉
4. 삭제 〈2013.9.3〉
5. 플랩댐퍼에 사용하는 철판은 두께 1.5mm 이상의 열간압연 연강판(KS D 3501) 또는 이와 동등 이상의 내식성 및 내열성이 있는 것으로 할 것 〈개정 2013.9.3〉
6. 자동차압·과압조절형댐퍼를 설치하는 경우에는 제17조제3호나목부터 마목의 기준에 적합할 것 〈신설 2013.9.3〉

제12조(누설틈새의 면적 등)

제연구역으로부터 공기가 누설하는 틈새면적은 다음 각 호의 기준에 따라야 한다.

1. 출입문의 틈새면적은 다음의 식에 따라 산출하는 수치를 기준으로 할 것. 다만, 방화문의 경우에는 「한국산업표준」에서 정하는 「문세트(KS F 3109)」에 따른 기준을 고려하여 산출할 수 있다. 〈개정 2013.9.3〉

   $A = (L/\ell) \times A_d$

   A : 출입문의 틈새(m²)

   L : 출입문 틈새의 길이(m). 다만, L의 수치가 ℓ의 수치 이하인 경우에는 ℓ의 수치로 할 것

   ℓ : 외여닫이문이 설치되어 있는 경우에는 5.6, 쌍여닫이문이 설치되어 있는 경우에는 9.2, 승강기의 출입문이 설치되어 있는 경우에는 8.0으로 할 것

   A_d : 외여닫이문으로 제연구역의 실내 쪽으로 열리도록 설치하는 경우에는 0.01, 제연구역의 실외 쪽으로 열리도록 설치하는 경우에는 0.02, 쌍여닫이문의 경우에는 0.03, 승강기의 출입문에 대하여는 0.06으로 할 것

2. 창문의 틈새면적은 다음의 식에 따라 산출하는 수치를 기준으로 할 것. 다만, 「한국산업표준」에서 정하는 「창세트(KS F 3117)」에 따른 기준을 고려하여 산출할 수 있다. 〈개정 2013.9.3〉

   가. 여닫이식 창문으로서 창틀에 방수팩킹이 없는 경우

   틈새면적(m²) = $2.55 \times 10^{-4} \times$ 틈새의 길이(m)

나. 여닫이식 창문으로서 창틀에 방수팩킹이 있는 경우

$$틈새면적(m^2) = 3.61 \times 10^{-5} \times 틈새의 길이(m)$$

다. 미닫이식 창문이 설치되어 있는 경우

$$틈새면적(m^2) = 1.00 \times 10^{-4} \times 틈새의 길이(m)$$

3. 제연구역으로부터 누설하는 공기가 승강기의 승강로를 경유하여 승강로의 외부로 유출하는 유출면적은 승강로 상부의 승강로와 기계실 사이의 개구부 면적을 합한 것을 기준으로 할 것 〈개정 2013.9.3〉

4. 제연구역을 구성하는 벽체(반자속의 벽체를 포함한다)가 벽돌 또는 시멘트블록 등의 조적구조이거나 석고판 등의 조립구조인 경우에는 불연재료를 사용하여 틈새를 조정할 것. 다만, 제연구역의 내부 또는 외부면을 시멘트모르타르로 마감하거나 철근콘크리트 구조의 벽체로 하는 경우에는 그 벽체의 공기누설은 무시할 수 있다.

5. 제연설비의 완공 시 제연구역의 출입문등은 크기 및 개방방식이 해당 설비의 설계 시와 같아야 한다. 〈개정 2013.9.3〉

제13조(유입공기의 배출)

① 유입공기는 화재층의 제연구역과 면하는 옥내로부터 옥외로 배출되도록 하여야 한다. 다만, 직통계단식 공동주택의 경우에는 그러하지 아니하다.

② 유입공기의 배출은 다음 각 호의 어느 하나의 기준에 따른 배출방식으로 하여야 한다. 〈개정 2013.9.3〉

1. 수직풍도에 따른 배출 : 옥상으로 직통하는 전용의 배출용 수직풍도를 설치하여 배출하는 것으로서 다음 각 목의 어느 하나에 해당하는 것 〈개정 2013.9.3〉

   가. 자연배출식 : 굴뚝효과에 따라 배출하는 것

   나. 기계배출식 : 수직풍도의 상부에 전용의 배출용 송풍기를 설치하여 강제로 배출하는 것. 다만, 지하층만을 제연하는 경우 배출용 송풍기의 설치위치는 배출된 공기로 인하여 피난 및 소화활동에 지장을 주지 아니하는 곳에 설치할 수 있다. 〈개정 2013.9.3〉

2. 배출구에 따른 배출 : 건물의 옥내와 면하는 외벽마다 옥외와 통하는 배출구를 설치하여 배출하는 것

3. 제연설비에 따른 배출 : 거실제연설비가 설치되어 있고 당해 옥내로부터 옥외로 배출하여야 하는 유입공기의 양을 거실제연설비의 배출량에 합하여 배출하는 경우 유입공기의 배출은 당해 거실제연설비에 따른 배출로 갈음할 수 있다.

제14조(수직풍도에 따른 배출)

수직풍도에 따른 배출은 다음 각 호의 기준에 적합하여야 한다.

1. 수직풍도는 내화구조로 하되 「건축물의 피난·방화구조 등의 기준에 관한 규칙」 제3

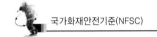

조제1호 또는 제2호의 기준 이상의 성능으로 할 것 〈개정 2013.9.3〉
2. 수직풍도의 내부면은 두께 0.5mm 이상의 아연도금강판 또는 동등이상의 내식성 · 내
   열성이 있는 것으로 마감되는 접합부에 대하여는 통기성이 없도록 조치할 것
3. 각층의 옥내와 면하는 수직풍도의 관통부에는 다음 각목의 기준에 적합한 댐퍼(이하
   "배출댐퍼"라 한다)를 설치하여야 한다.
   가. 배출댐퍼는 두께 1.5mm 이상의 강판 또는 이와 동등 이상의 성능이 있는 것으로
       설치하여야 하며 비 내식성 재료의 경우에는 부식방지 조치를 할 것
   나. 평상시 닫힌 구조로 기밀상태를 유지할 것
   다. 개폐여부를 당해 장치 및 제어반에서 확인할 수 있는 감지기능을 내장하고 있
       을 것
   라. 구동부의 작동상태와 닫혀 있을 때의 기밀상태를 수시로 점검할 수 있는 구조
       일 것
   마. 풍도의 내부마감상태에 대한 점검 및 댐퍼의 정비가 가능한 이 · 탈착구조로 할 것
   바. 화재층의 옥내에 설치된 화재감지기의 동작에 따라 당해층의 댐퍼가 개방될 것
   사. 개방 시의 실제개구부(개구율을 감안한 것을 말한다)의 크기는 수직풍도의 내부
       단면적과 같도록 할 것
   아. 댐퍼는 풍도내의 공기흐름에 지장을 주지 않도록 수직풍도의 내부로 돌출하지 않게
       설치할 것
4. 수직풍도의 내부단면적은 다음 각 목의 기준에 적합할 것
   가. 자연배출식의 경우 다음 식에 따라 산출하는 수치 이상으로 할 것. 다만, 수직풍도
       의 길이가 100m를 초과하는 경우에는 산출수치의 1.2배 이상의 수치를 기준으로
       하여야 한다. 〈개정 2013.9.3〉

       $A_P = Q_N / 2$

       A_P : 수직풍도의 내부단면적(m²)
       Q_N : 수직풍도가 담당하는 1개층의 제연구역의 출입문(옥내와 면하는 출입문을
               말한다) 1개의 면적(m²)과 방연풍속(m/s)를 곱한 값(m³/s)
   나. 송풍기를 이용한 기계배출식의 경우 풍속 15㎧ 이하로 할 것 〈개정 2013.9.3〉
5. 기계배출식에 따라 배출하는 경우 배출용 송풍기는 다음 각 목의 기준에 적합할 것
   가. 열기류에 노출되는 송풍기 및 그 부품들은 250℃의 온도에서 1시간 이상 가동상태를
       유지할 것
   나. 송풍기의 풍량은 제4호가목의 기준에 따른 Q_N에 여유량을 더한 양을 기준으로 할
       것 〈개정 2013.9.3〉
   다. 송풍기는 옥내의 화재감지기의 동작에 따라 연동하도록 할 것
6. 수직풍도의 상부의 말단(기계배출식의 송풍기도 포함한다)은 빗물이 흘러들지 아니하는
   구조로 하고, 옥외의 풍압에 따라 배출성능이 감소하지 아니하도록 유효한 조치를 할 것

제15조(배출구에 따른 배출)

배출구에 따른 배출은 다음 각 호의 기준에 적합하여야 한다.

1. 배출구에는 다음 각 목의 기준에 적합한 장치(이하 "개폐기"라 한다)를 설치할 것
   가. 빗물과 이물질이 유입하지 아니하는 구조로 할 것
   나. 옥 외쪽으로만 열리도록 하고 옥외의 풍압에 따라 자동으로 닫히도록 할 것
   다. 그 밖의 설치기준은 제14조제3호가목 내지 사목의 기준을 준용할 것
2. 개폐기의 개구면적은 다음식에 따라 산출한 수치 이상으로 할 것

   $A_O = Q_N / 2.5$

   A_O : 개폐기의 개구면적(m^2)

   Q_N : 수직풍도가 담당하는 1개 층의 제연구역의 출입문(옥내와 면하는 출입문을 말한다) 1개의 면적(m^2)과 방연풍속(m/s)를 곱한 값(m^3/s)

제16조(급기)

제연구역에 대한 급기는 다음 각 호의 기준에 따라야 한다.

> **Check Point**
>
> 1. 부속실을 제연하는 경우 동일수직선상의 모든 부속실은 하나의 전용수직풍도를 통해 동시에 급기할 것. 다만, 동일수직선상에 2대 이상의 급기송풍기가 설치되는 경우에는 수직풍도를 분리하여 설치할 수 있다. 〈개정 2013.9.3〉
> 2. 계단실 및 부속실을 동시에 제연하는 경우 계단실에 대하여는 그 부속실의 수직풍도를 통해 급기할 수 있다. 〈개정 2013.9.3〉
> 3. 계단실만 제연하는 경우에는 전용수직풍도를 설치하거나 계단실에 급기풍도 또는 급기송풍기를 직접 연결하여 급기하는 방식으로 할 것
> 4. 하나의 수직풍도마다 전용의 송풍기로 급기할 것
> 5. 비상용승강기의 승강장을 제연하는 경우에는 비상용승강기의 승강로를 급기풍도로 사용할 수 있다. 〈개정 2015.10.28〉

제17조(급기구)

제연구역에 설치하는 급기구는 다음 각 호의 기준에 적합하여야 한다.

1. 급기용 수직풍도와 직접 면하는 벽체 또는 천장(당해 수직풍도와 천장급기구 사이의 풍도를 포함한다)에 고정하되, 급기되는 기류 흐름이 출입문으로 인하여 차단되거나 방해받지 아니하도록 옥내와 면하는 출입문으로부터 가능한 먼 위치에 설치할 것 〈개정 2013.9.3〉
2. 계단실과 그 부속실을 동시에 제연하거나 또는 계단실만을 제연하는 경우 급기구는 계단실 매 3개층 이하의 높이마다 설치할 것. 다만, 계단실의 높이가 31m 이하로서 계

단실만을 제연하는 경우에는 하나의 계단실에 하나의 급기구만을 설치할 수 있다.
3. 급기구의 댐퍼설치는 다음 각 목의 기준에 적합할 것
　가. 급기댐퍼는 두께 1.5mm 이상의 강판 또는 이와 동등 이상의 강도가 있는 것으로 설치하여야 하며, 비 내식성 재료의 경우에는 부식방지조치를 할 것
　나. 자동차압·과압조절형 댐퍼를 설치하는 경우 차압범위의 수동설정기능과 설정범위의 차압이 유지되도록 개구율을 자동조절하는 기능이 있을 것
　다. 자동차압·과압조절형 댐퍼는 옥내와 면하는 개방된 출입문이 완전히 닫히기 전에 개구율을 자동감소시켜 과압을 방지하는 기능이 있을 것
　라. 자동차압·과압조절형 댐퍼는 주위온도 및 습도의 변화에 의해 기능이 영향을 받지 아니하는 구조일 것
　마. 자동차압·과압조절형댐퍼는 「자동차압·과압조절형댐퍼의 성능인증 및 제품검사의 기술기준」에 적합한 것으로 설치할 것〈개정 2013.9.3〉
　바. 자동차압·과압조절형이 아닌 댐퍼는 개구율을 수동으로 조절할 수 있는 구조로 할 것
　사. 옥내에 설치된 화재감지기에 따라 모든 제연구역의 댐퍼가 개방되도록 할 것. 다만, 둘 이상의 특정소방대상물이 지하에 설치된 주차장으로 연결되어 있는 경우에는 주차장에서 하나의 특정소방대상물의 제연구역으로 들어가는 입구에 설치된 제연용 연기감지기의 작동에 따라 특정소방대상물의 해당 수직풍도에 연결된 모든 제연구역의 댐퍼가 개방되도록 할 것〈개정 2013.9.3〉
　아. 댐퍼의 작동이 전기적 방식에 의하는 경우 제14조제3호의 나목 내지 마목의 기준을, 기계적 방식에 따른 경우 제14조제3호의 다목, 라목 및 마목 기준을 준용할 것
　자. 그 밖의 설치기준은 제14조제3호 가목 및 아목의 기준을 준용할 것

제18조(급기풍도)

급기풍도(이하 "풍도"라 한다)의 설치는 다음 각 호의 기준에 적합하여야 한다.
1. 수직풍도는 제14조제1호 및 제2호의 기준을 준용할 것
2. 수직풍도 이외의 풍도로서 금속판으로 설치하는 풍도는 다음 각 목의 기준에 적합할 것
　가. 풍도는 아연도금강판 또는 이와 동등 이상의 내식성·내열성이 있는 것으로 하며, 불연재료(석면재료를 제외한다)인 단열재로 유효한 단열처리를 하고, 강판의 두께는 풍도의 크기에 따라 다음표에 따른 기준 이상으로 할 것. 다만, 방화구획이 되는 전용실에 급기송풍기와 연결되는 닥트는 단열이 필요 없다.〈개정 2008.12.15, 2013.9.3〉

풍도단면의 긴변 또는 직경의 크기	450mm 이하	450mm 초과 750mm 이하	750mm 초과 1,500mm 이하	1,500mm 초과 2,250mm 이하	2,250mm 초과
강판두께	0.5mm	0.6mm	0.8mm	1.0mm	1.2mm

　　　나. 풍도에서의 누설량은 급기량의 10%를 초과하지 아니할 것
　　3. 풍도는 정기적으로 풍도내부를 청소할 수 있는 구조로 설치할 것

제19조(급기송풍기)
급기송풍기의 설치는 다음 각 호의 기준에 적합하여야 한다.

> **Check Point**
>
> 1. 송풍기의 송풍능력은 송풍기가 담당하는 제연구역에 대한 **급기량의 1.15배 이상**으로 할 것. 다만, 풍도에서의 누설을 실측하여 조정하는 경우에는 그러하지 아니한다.
> 2. 송풍기에는 풍량조절장치를 설치하여 **풍량조절**을 할 수 있도록 할 것 〈개정 2013.9.3〉
> 3. 송풍기에는 **풍량을 실측**할 수 있는 유효한 조치를 할 것 〈개정 2013.9.3〉
> 4. 송풍기는 인접장소의 화재로부터 영향을 받지 아니하고 접근 및 **점검이 용이한 곳**에 설치할 것 〈개정 2013.9.3〉
> 5. 송풍기는 옥내의 **화재감지기의 동작에 따라 작동**하도록 할 것
> 6. 송풍기와 연결되는 **캔버스는 내열성**(석면재료를 제외한다)이 있는 것으로 할 것

제20조(외기취입구)
외기취입구(이하 "취입구"라 한다)는 다음 각 호의 기준에 적합하여야 한다.
　　1. 외기를 옥외로부터 취입하는 경우 취입구는 연기 또는 공해물질 등으로 오염된 공기를 취입하지 아니하는 위치에 설치하여야 하며, 배기구 등(유입공기, 주방의 조리대의 배출공기 또는 화장실의 배출공기 등을 배출하는 배기구를 말한다)으로부터 수평거리 5m 이상, 수직거리 1m 이상 낮은 위치에 설치할 것 〈개정 2013.9.3〉
　　2. 취입구를 옥상에 설치하는 경우에는 옥상의 외곽 면으로부터 수평거리 5m 이상, 외곽 면의 상단으로부터 하부로 수직거리 1m 이하의 위치에 설치할 것 〈개정 2013.9.3〉
　　3. 취입구는 빗물과 이물질이 유입하지 아니하는 구조로 할 것
　　4. 취입구는 취입공기가 옥외의 바람의 속도와 방향에 따라 영향을 받지 아니하는 구조로 할 것

제21조(제연구역 및 옥내의 출입문)

① 제연구역의 출입문은 다음 각 호의 기준에 적합하여야 한다.

1. 제연구역의 출입문(창문을 포함 한다)은 언제나 닫힌 상태를 유지하거나 자동폐쇄장치에 의해 자동으로 닫히는 구조로 할 것. 다만, 아파트인 경우 제연구역과 계단실 사이의 출입문은 자동폐쇄장치에 의하여 자동으로 닫히는 구조로 하여야 한다.
2. 제연구역의 출입문에 설치하는 자동폐쇄장치는 제연구역의 기압에도 불구하고 출입문을 용이하게 닫을 수 있는 충분한 폐쇄력이 있을 것
3. 제연구역의 출입문등에 자동폐쇄장치를 사용하는 경우에는 「자동폐쇄장치의 성능인증 및 제품검사의 기술기준」에 적합한 것으로 설치하여야 한다. 〈개정 2013.9.3〉

② 옥내의 출입문(제10조의 기준에 따른 방화구조의 복도가 있는 경우로서 복도와 거실사이의 출입문에 한한다)은 다음 각 호의 기준에 적합하도록 할 것

1. 출입문은 언제나 닫힌 상태를 유지하거나 자동폐쇄장치에 의해 자동으로 닫히는 구조로 할 것
2. 거실 쪽으로 열리는 구조의 출입문에 자동폐쇄장치를 설치하는 경우에는 출입문의 개방 시 유입공기의 압력에도 불구하고 출입문을 용이하게 닫을 수 있는 충분한 폐쇄력이 있는 것으로 할 것

제22조(수동기동장치)

① 배출댐퍼 및 개폐기의 직근과 제연구역에는 다음 각 호의 기준에 따른 장치의 작동을 위하여 전용의 수동기동장치를 설치하여야 한다. 다만, 계단실 및 그 부속실을 동시에 제연하는 제연구역에는 그 부속실에만 설치할 수 있다.

> **Check Point**
> 1. 전층의 제연구역에 설치된 급기댐퍼의 개방
> 2. 당해층의 배출댐퍼 또는 개폐기의 개방
> 3. 급기송풍기 및 유입공기의 배출용 송풍기(설치한 경우에 한한다)의 작동
> 4. 개방·고정된 모든 출입문(제연구역과 옥내사이의 출입문에 한한다)의 개폐장치의 작동

② 제1항 각 호의 기준에 따른 장치는 옥내에 설치된 수동발신기의 조작에 따라서도 작동할 수 있도록 하여야 한다.

제23조(제어반)

제연설비의 제어반은 다음 각 호의 기준에 적합하도록 설치하여야 한다.

1. 제어반에는 제어반의 기능을 **1시간 이상** 유지할 수 있는 용량의 비상용 축전지를 내장

할 것. 다만, 당해 제어반이 종합방재제어반에 함께 설치되어 종합방재제어반으로부터 이 기준에 따른 용량의 전원을 공급 받을 수 있는 경우에는 그러하지 아니한다.

2. 제어반은 다음 각 목의 기능을 보유할 것

Check Point

가. 급기용 댐퍼의 개폐에 대한 감시 및 원격조작기능

나. 배출댐퍼 또는 개폐기의 작동여부에 대한 감시 및 원격조작기능

다. 급기송풍기와 유입공기의 배출용 송풍기(설치한 경우에 한한다)의 작동여부에 대한 감시 및 원격조작기능

라. 제연구역의 출입문의 일시적인 고정개방 및 해정에 대한 감시 및 원격조작기능

마. 수동기동장치의 작동여부에 대한 감시기능

바. 급기구 개구율의 자동조절장치(설치하는 경우에 한한다)의 작동여부에 대한 감시기능. 다만, 급기구에 차압표시계를 고정부착한 자동차압·과압조절형 댐퍼를 설치하고 당해 제어반에도 차압표시계를 설치한 경우에는 그러하지 아니하다.

사. 감시선로의 단선에 대한 감시기능

아. 예비전원이 확보되고 예비전원의 적합여부를 시험할 수 있어야 할 것 〈신설 2013.9.3〉

제24조(비상전원)

비상전원은 자가발전설비, 축전지설비 또는 전기저장장치(외부 전기에너지를 저장해 두었다가 필요한 때 전기를 공급하는 장치)로서 다음 각호의 기준에 따라 설치하여야 한다. 다만, 둘 이상의 변전소(「전기사업법」 제67조의 규정에 따른 변전소를 말한다)에서 전력을 동시에 공급받을 수 있거나 하나의 변전소로부터 전력의 공급이 중단되는 때에는 자동으로 다른 변전소로부터 전원을 공급받을 수 있도록 상용전원을 설치한 경우에는 그러하지 아니하다. 〈개정 2013.9.3〉

1. 점검에 편리하고 화재 및 침수 등의 재해로 인한 피해를 받을 우려가 없는 곳에 설치할 것

2. 제연설비를 유효하게 20분(층수가 30층 이상 49층 이하는 40분, 50층 이상은 60분) 이상 작동할 수 있도록 할 것 〈개정 2013.9.3〉

3. 상용전원으로부터 전력의 공급이 중단된 때에는 자동으로 비상전원으로부터 전력을 공급받을 수 있도록 할 것

4. 비상전원의 설치장소는 다른 장소와 방화구획 할 것. 이 경우 그 장소에는 비상전원의 공급에 필요한 기구나 설비외의 것(열병합발전설비에 필요한 기구나 설비는 제외한다)을 두어서는 아니 된다.

5. 비상전원을 실내에 설치하는 때에는 그 실내에 비상조명등을 설치할 것

제25조(시험, 측정 및 조정 등)

① 제연설비는 설계목적에 적합한지 사전에 검토하고 건물의 모든 부분(건축설비를 포함한다)을 완성하는 시점부터 시험 등(확인, 측정 및 조정을 포함한다)을 하여야 한다.

② 제연설비의 시험 등은 다음 각 호의 기준에 따라 실시하여야 한다.

1. 제연구역의 모든 **출입문등의 크기와 열리는 방향이 설계 시와 동일한지 여부**를 확인하고, 동일하지 아니한 경우 급기량과 보충량 등을 다시 산출하여 조정가능여부 또는 재설계·개수의 여부를 결정할 것

2. 제1호의 기준에 따른 확인결과 출입문 등이 설계 시와 동일한 경우에는 출입문마다 그 바닥사이의 **틈새가 평균적으로 균일한지 여부**를 확인하고, 큰 편차가 있는 출입문 등에 대하여는 그 바닥의 마감을 재시공하거나, 출입문 등에 불연재료를 사용하여 틈새를 조정할 것

3. 제연구역의 출입문 및 복도와 거실(옥내가 복도와 거실로 되어 있는 경우에 한한다) 사이의 출입문마다 제연설비가 작동하고 있지 아니한 상태에서 그 **폐쇄력**을 측정할 것 〈개정 2013.9.3〉

4. 옥내의 층별로 **화재감지기(수동기동장치를 포함한다)를 동작시켜 제연설비가 작동하는지 여부**를 확인할 것. 다만, 둘 이상의 특정소방대상물이 지하에 설치된 주차장으로 연결되어 있는 경우에는 주차장에서 하나의 특정소방대상물의 제연구역으로 들어가는 입구에 설치된 제연용 연기감지기의 작동에 따라 특정소방대상물의 해당 수직풍도에 연결된 모든 제연구역의 댐퍼가 개방되도록 하고 비상전원을 작동시켜 급기 및 배기용 송풍기의 성능이 정상인지 확인할 것 〈개정 2013.9.3〉

5. 제4호의 기준에 따라 제연설비가 작동하는 경우 다음 각 목의 기준에 따른 시험 등을 실시 할 것

   가. 부속실과 면하는 옥내 및 계단실의 출입문을 동시에 개방할 경우, 유입공기의 풍속이 제10조의 규정에 따른 **방연풍속에 적합한지 여부**를 확인하고, 적합하지 아니한 경우에는 급기구의 개구율과 송풍기의 풍량조절댐퍼 등을 조정하여 적합하게 할 것. 이 경우 유입공기의 풍속은 출입문의 개방에 따른 개구부를 대칭적으로 균등 분할하는 10 이상의 지점에서 측정하는 풍속의 평균치로 할 것

   나. 가목의 기준에 따른 시험 등의 과정에서 출입문을 개방하지 아니하는 제연구역의 **실제 차압이 제6조3항의 기준에 적합한지 여부**를 출입문 등에 차압측정공을 설치하고 이를 통하여 차압측정기구로 실측하여 확인·조정할 것

   다. 제연구역의 출입문이 모두 닫혀 있는 상태에서 제연설비를 가동시킨 후 출입문의 개방에 필요한 힘을 측정하여 **제6조제2항의 규정에 따른 개방력에 적합한지 여부**를 확인하고, 적합하지 아니한 경우에는 급기구의 개구율 조정 및 플랩댐퍼(설치하는 경우에 한한다)와 풍량조절용댐퍼 등의 조정에 따라 적합하도록 조치할 것

라. 가목의 기준에 따른 시험 등의 과정에서 부속실의 **개방된 출입문이 자동으로 완전**
　　히 닫히는지 여부를 확인하고, 닫힌 상태를 유지할 수 있도록 조정할 것

제26조(설치 · 유지기준의 특례)

소방본부장 또는 소방서장은 기존건축물이 증축 · 개축 · 대수선되거나 용도 변경되는 경우
에 있어서 이 기준이 정하는 기준에 따라 당해 건축물에 설치하여야 할 특별피난계단의 계단
실 및 부속실 제연설비의 배관 · 배선 등의 공사가 현저하게 곤란하다고 인정되는 경우에는
당해 설비의 기능 및 사용에 지장이 없는 범위 안에서 특별피난계단의 계단실 및 부속실의
제연설비의 설치 · 유지기준의 일부를 적용하지 아니할 수 있다.

제27조(재검토 기한)

소방청장은 「훈령 · 예규 등의 발령 및 관리에 관한 규정」에 따라 이 고시에 대하여 2016년
1월 1일을 기준으로 매3년이 되는 시점(매 3년째의 12월 31일까지를 말한다)마다 그 타당성
을 검토하여 개선 등의 조치를 하여야 한다. 〈전문개정 2015.10.28, 2017.7.26〉

부칙 〈제2017-1호, 2017.7.26〉

　이 고시는 발령한 날로부터 시행한다.

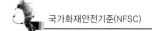

제27장 연결송수관설비의 화재안전기준(NFSC 502)

[시행 2017.7.26] [소방청고시 제2017-1호, 2017.7.26, 타법개정]

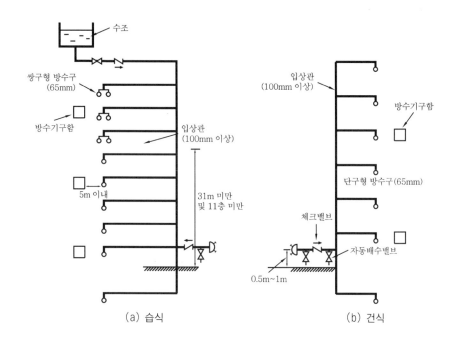

(a) 습식　　　　　　　　　(b) 건식

제1조(목적)

이 기준은 「화재예방, 소방시설 설치·유지 및 안전관리에 관한 법률」 제9조제1항에서 소방 청장에게 위임한 사항 중 소화활동설비인 연결송수관설비의 설치·유지 및 안전관리에 필요 한 사항을 규정함을 목적으로 한다. 〈개정 2014.8.18, 2015.1.6, 2016.7.13, 2017.7.26〉

제2조(적용범위)

「화재예방, 소방시설 설치·유지 및 안전관리에 관한 시행령」(이하 "영"이라 한다) 별표 5의 제5호나목에 따른 연결송수관설비는 이 기준에서 정하는 규정에 따라 설비를 설치하고 유 지·관리하여야 한다. 〈개정 2014.8.18, 2016.7.13〉

제3조(정의)

이 기준에서 사용하는 용어의 정의는 다음과 같다.

1. "주배관"이라 함은 각 층을 수직으로 관통하는 수직배관을 말한다.
2. "송수구"라 함은 소화설비에 소화용수를 보급하기 위하여 건물 외벽 또는 구조물의 외벽에 설치하는 관을 말한다.
3. "방수구"라 함은 소화설비로부터 소화용수를 방수하기 위하여 건물내벽 또는 구조물의 외벽에 설치하는 관을 말한다.
4. "충압펌프"라 함은 배관내 압력손실에 따라 주펌프의 빈번한 기동을 방지하기 위하여 충압역할을 하는 펌프를 말한다.
5. "정격토출량"이라 함은 정격토출압력에서의 펌프의 토출량을 말한다.
6. "정격토출압력"이라 함은 정격토출량에서의 펌프의 토출측 압력을 말한다.
7. "진공계"라 함은 대기압 이하의 압력을 측정하는 계측기를 말한다.
8. "연성계"라 함은 대기압 이상의 압력과 대기압 이하의 압력을 측정할 수 있는 계측기를 말한다.
9. "체절운전"이라 함은 펌프의 성능시험을 목적으로 펌프토출측의 개폐밸브를 닫은 상태에서 펌프를 운전하는 것을 말한다.
10. "기동용 수압개폐장치"라 함은 소화설비의 배관내 압력변동을 검지하여 자동적으로 펌프를 기동 및 정지시키는 것으로서 압력챔버 또는 기동용압력스위치 등을 말한다.

제4조(송수구)

연결송수관설비의 송수구는 다음 각호의 기준에 따라 설치하여야 한다.

1. 소방차가 쉽게 접근할 수 있고 잘 보이는 장소에 설치하되 화재층으로부터 지면으로 떨어지는 유리창 등이 송수 및 그 밖의 소화작업에 지장을 주지 아니하는 장소에 설치할 것 〈개정 2014.8.18〉
2. 지면으로부터 높이가 0.5m 이상 1m 이하의 위치에 설치할 것
3. 송수구는 화재층으로부터 지면으로 떨어지는 유리창 등이 송수 및 그 밖의 소화작업에 지장을 주지 아니하는 장소에 설치할 것
4. 송수구로부터 연결송수관설비의 주배관에 이르는 연결배관에 개폐밸브를 설치한 때에는 그 개폐상태를 쉽게 확인 및 조작할 수 있는 옥외 또는 기계실 등의 장소에 설치할 것. 이 경우 개폐밸브에는 그 밸브의 개폐상태를 감시제어반에서 확인할 수 있도록 급수개폐밸브 작동표시 스위치를 다음 각 목의 기준에 따라 설치하여야 한다. 〈개정 2014. 8.18〉
   가. 급수개폐밸브가 잠길 경우 탬퍼 스위치의 동작으로 인하여 감시제어반 또는 수신기에 표시되어야 하며 경보음을 발할 것 〈신설 2014.8.18〉

　　나. 탬퍼 스위치는 감시제어반 또는 수신기에서 동작의 유무확인과 동작시험, 도통시험을 할 수 있을 것〈신설 2014.8.18〉

　　다. 급수개폐밸브의 작동표시 스위치에 사용되는 전기배선은 내화전선 또는 내열전선으로 설치할 것〈신설 2014.8.18〉

5. 구경 65mm의 쌍구형으로 할 것

6 송수구에는 그 가까운 곳의 보기 쉬운 곳에 송수압력범위를 표시한 표지를 할 것

7. 송수구는 연결송수관의 수직배관마다 1개 이상을 설치할 것. 다만, 하나의 건축물에 설치된 각 수직배관이 중간에 개폐밸브가 설치되지 아니한 배관으로 상호 연결되어 있는 경우에는 건축물마다 1개씩 설치할 수 있다.

8. 송수구의 부근에는 자동배수밸브 및 체크밸브를 다음 각목의 기준에 따라 설치할 것. 이 경우 자동배수밸브는 배관안의 물이 잘빠질 수 있는 위치에 설치하되, 배수로 인하여 다른 물건이나 장소에 피해를 주지 아니하여야 한다.

> **Check Point**
>
> 　가. 습식의 경우에는 ㉛수구 ·㉜동배수밸브 ·㉞크밸브의 순으로 설치할 것
> 　나. 건식의 경우에는 ㉛수구 ·㉜동배수밸브 ·㉞크밸브 ·㉜동배수밸브의 순으로 설치할 것

9. 송수구에는 가까운 곳의 보기 쉬운 곳에 "연결송수관설비송수구"라고 표시한 표지를 설치할 것

10. 송수구에는 이물질을 막기 위한 마개를 씌울 것

제5조(배관 등)

① 연결송수관설비의 배관은 다음 각호의 기준에 따라 설치하여야 한다.

1. 주배관의 구경은 100mm 이상의 것으로 할 것

2. 지면으로부터의 높이가 31m 이상인 소방대상물 또는 지상 11층 이상인 소방대상물에 있어서는 습식설비로 할 것

② 배관과 배관이음쇠는 다음 각 호의 어느 하나에 해당하는 것 또는 동등 이상의 강도·내식성 및 내열성을 국내·외 공인기관으로부터 인정받은 것을 사용하여야 하고, 배관용 스테인리스강관(KS D 3576)의 이음을 용접으로 할 경우에는 알곤용접방식에 따른다. 다만, 본 조에서 정하지 않은 사항은 건설기술 진흥법 제44조제1항의 규정에 따른 건축기계설비공사 표준설명서에 따른다. 〈신설 2014.8.18, 개정 2016.7.13〉

1. 배관 내 사용압력이 1.2MPa 미만일 경우에는 다음 각 목의 어느 하나에 해당하는 것 〈개정 2016.7.13〉

　가. 배관용 탄소강관(KS D 3507)

나. 이음매 없는 구리 및 구리합금관(KS D 5301). 다만, 습식의 배관에 한한다.

    다. 배관용 스테인리스강관(KS D 3576) 또는 일반배관용 스테인리스강관(KS D 3595)

    라. 덕타일 주철관(KS D 4311) 〈신설 2016.7.13〉

  2. 배관 내 사용압력이 1.2MPa 이상일 경우에는 다음 각 목의 어느 하나에 해당하는 것 〈개정 2016.7.13〉

    가. 압력배관용 탄소강관(KS D 3562) 〈신설 2016.7.13〉

    나. 배관용 아크용접 탄소강강관(KS D 3583) 〈신설 2016.7.13〉

③ 제2항에도 불구하고 다음 각 호의 어느 하나에 해당하는 장소에는 소방청장이 정하여 고시한 「소방용합성수지배관의 성능인증 및 제품검사의 기술기준」에 적합한 소방용 합성수지배관으로 설치할 수 있다. 〈신설 2014.8.18, 개정 2015.1.6, 2017.7.26〉

  1. 배관을 지하에 매설하는 경우

  2. 다른 부분과 내화구조로 구획된 덕트 또는 피트의 내부에 설치하는 경우

  3. 천장(상층이 있는 경우에는 상층바닥의 하단을 포함한다. 이하 같다)과 반자를 불연재료 또는 준불연재료로 설치하고 소화배관 내부에 항상 소화수가 채워진 상태로 설치하는 경우

④ 연결송수관설비의 배관은 주배관의 구경이 100mm 이상인 옥내소화전설비·스프링클러설비 또는 물분무등소화설비의 배관과 겸용할 수 있다.

⑤ 연결송수관설비의 수직배관은 내화구조로 구획된 계단실(부속실을 포함한다) 또는 파이프덕트 등 화재의 우려가 없는 장소에 설치하여야 한다. 다만, 학교 또는 공장이거나 배관 주위를 1시간 이상의 내화성능이 있는 재료로 보호하는 경우에는 그러하지 아니하다.

⑥ 분기배관을 사용할 경우에는 소방청장이 정하여 고시한 「분기배관의 성능인증 및 제품검사의 기술기준」에 적합한 것으로 설치하여야 한다.

⑦ 배관은 다른 설비의 배관과 쉽게 구분이 될 수 있는 위치에 설치하거나, 그 배관표면 또는 배관 보온재표면의 색상은 「한국산업표준(배관계의 식별 표시,KS A 0503)」 또는 적색으로 식별이 가능하도록 소방용설비의 배관임을 표시하여야 한다. 〈신설 2014.8.18〉

제6조(방수구)

연결송수관설비의 방수구는 다음 각호의 기준에 따라 설치하여야 한다.

  1. 연결송수관설비의 방수구는 그 소방대상물의 층마다 설치할 것. 다만, 다음 각목의 1에 해당하는 층에는 설치하지 아니할 수 있다.

    가. 아파트의 1층 및 2층

    나. 소방차의 접근이 가능하고 소방대원이 소방차로부터 각 부분에 쉽게 도달할 수 있는 피난층

　　다. 송수구가 부설된 옥내소화전을 설치한 소방대상물(집회장·관람장·백화점·
　　　 도매시장·소매시장·판매시설·공장·창고시설 또는 지하가를 제외한다)로서
　　　 다음의 1에 해당하는 층
　　　　(1) 지하층을 제외한 층수가 4층 이하이고 연면적이 6,000m² 미만인 소방대상물
　　　　　 의 지상층
　　　　(2) 지하층의 층수가 2 이하인 소방대상물의 지하층

2. 방수구는 아파트 또는 바닥면적이 **1,000m² 미만인 층**에 있어서는 **계단**(계단의 부속실
　을 포함하며 계단이 2 이상 있는 경우에는 그중 1개의 계단을 말한다)**으로부터 5m 이
　내**에, 바닥면적 **1,000m² 이상인 층**(아파트를 제외한다)에 있어서는 **각 계단**(계단의 부
　속실을 포함하며 계단이 3 이상 있는 층의 경우에는 그 중 2개의 계단을 말한다)**으로
　부터 5m 이내**에 설치하되, 그 방수구로부터 그 층의 각 부분까지의 거리가 다음 각목
　의 기준을 초과하는 경우에는 그 기준 이하가 되도록 방수구를 추가하여 설치할 것
　가. 지하가(터널은 제외한다) 또는 지하층의 바닥면적의 합계가 3,000m² 이상인 것은
　　　 수평거리 25m
　나. 가목에 해당하지 아니하는 것은 수평거리 50m

3. 11층 이상의 부분에 설치하는 방수구는 쌍구형으로 할 것. 다만, 다음 각목의 1에 해당
　하는 층에는 단구형으로 설치할 수 있다.

　　Check Point
　　가. 아파트의 용도로 사용되는 층
　　나. 스프링클러설비가 유효하게 설치되어 있고 방수구가 2개소 이상 설치된 층

4. 방수구의 호스접결구는 바닥으로부터 높이 0.5m 이상 1m 이하의 위치에 설치할 것

5. 방수구는 연결송수관설비의 전용방수구 또는 옥내소화전방수구로서 구경 65mm의 것으로
　설치할 것

6. 방수구의 위치표시는 표시등 또는 축광식표지로 하되 다음 각 목의 기준에 따라 설치
　할 것 〈개정 2014.8.18〉
　가. 표시등을 설치하는 경우에는 함의 상부에 설치하되, 소방청장이 고시한 「표시등의
　　　 성능인증 및 제품검사의 기술기준」에 적합한 것으로 설치하여야 한다. 〈개정
　　　 2014.8.18, 2015.1.6, 2017.7.26〉
　나. 삭제 〈2014.8.18〉
　다. 축광식표지를 설치하는 경우에는 소방청장이 고시한 「축광표지의 성능인증 및 제품
　　　 검사의 기술기준」에 적합한 것으로 설치하여야 한다. 〈개정 2014.8.18, 2017.7.26〉

7. 방수구는 개폐기능을 가진 것으로 설치하여야 하며, 평상 시 닫힌 상태를 유지할 것

제7조(방수기구함)

연결송수관설비의 방수용기구함을 다음 각호의 기준에 따라 설치하여야 한다.

1. 방수기구함은 피난층과 가장 가까운 층을 기준으로 3개층마다 설치하되, 그 층의 방수
구마다 보행거리 5m 이내에 설치할 것〈개정 2014.8.18〉
2. 방수기구함에는 길이 15m의 호스와 방사형 관창을 다음 각목의 기준에 따라 비치
할 것
    가. 호스는 방수구에 연결하였을 때 그 방수구가 담당하는 구역의 각 부분에 유효하게
    물이 뿌려질 수 있는 개수 이상을 비치할 것. 이 경우 쌍구형 방수구는 단구형 방
    수구의 2배 이상의 개수를 설치하여야 한다.
    나. 방사형 관창은 **단구형 방수구**의 경우에는 **1개, 쌍구형 방수구**의 경우에는 **2개** 이상
    비치할 것
3. 방수기구함에는 "방수기구함"이라고 표시한 축광식 표지를 할 것. 이 경우 축광식 표
지는 소방청장이 고시한 「축광표지의 성능인증 및 제품검사의 기술기준」에 적합한 것
으로 설치하여야 한다.〈개정 2014.8.18, 2015.1.6, 2017.7.26〉

제8조(가압송수장치)

지표면에서 최상층 방수구의 높이가 **70m 이상의 소방대상물**에는 다음 각호의 기준에 따라
연결송수관설비의 **가압송수장치**를 설치하여야 한다.

1. 쉽게 접근할 수 있고 점검하기에 충분한 공간이 있는 장소로서 화재 및 침수 등의 재해
로 인한 피해를 받을 우려가 없는 곳에 설치할 것
2. 동결방지조치를 하거나 동결의 우려가 없는 장소에 설치할 것
3. 펌프는 전용으로 할 것. 다만, 다른 소화설비와 겸용하는 경우 각각의 소화설비의 성능
에 지장이 없을 때에는 예외로 한다.
4. 펌프의 토출측에는 압력계를 체크밸브 이전에 펌프토출측 플랜지에서 가까운 곳에 설
치하고, 흡입측에는 연성계 또는 진공계를 설치할 것. 다만, 수원의 수위가 펌프의 위
치보다 높거나 수직회전축 펌프의 경우에는 연성계 또는 진공계를 설치하지 아니할 수
있다.
5. 가압송수장치에는 정격부하운전 시 펌프의 성능을 시험하기 위한 배관을 설치할 것.
다만, 충압펌프의 경우에는 그러하지 아니하다.
6. 가압송수장치에는 체절운전시 수온의 상승을 방지하기 위한 순환배관을 설치할 것. 다
만, 충압펌프의 경우에는 그러하지 아니하다.
7. 펌프의 토출량은 2,400L/min(계단식 아파트의 경우에는 1,200L/min) 이상이 되는 것
으로 할 것. 다만, 당해 층에 설치된 방수구가 3개를 초과(방수구가 5개 이상인 경우에

는 5개)하는 것에 있어서는 1개마다 800L/min(계단식 아파트의 경우에는 400L/min)
를 가산한 양이 되는 것으로 할 것

Check Point

펌프의 토출량은 다음 기준에 적합할 것

대상물의 층 당 방수구	1~3개	4개	5개 이상
일반 대상물	2,400L/min 이상	3,200L/min 이상	4,000L/min 이상
계단실형 아파트	1,200L/min 이상	1,600L/min 이상	2,000L/min 이상

8. 펌프의 양정은 최상층에 설치된 노즐선단의 압력이 0.35MPa **이상**의 압력이 되도록
할 것
9. 가압송수장치는 방수구가 개방될 때 자동으로 기동되거나 또는 수동스위치의 조작에
따라 기동되도록 할 것. 이 경우 수동스위치는 2개 이상을 설치하되, 그 중 1개는 다음
각목의 기준에 따라 송수구의 부근에 설치하여야 한다.
　가. 송수구로부터 5m 이내의 보기 쉬운 장소에 바닥으로부터 높이 0.8m 이상 1.5m
이하로 설치할 것
　나. 1.5mm 이상의 강판함에 수납하여 설치하고 "연결송수관설비 수동스위치"라고 표
시한 표지를 부착할 것. 이 경우 문짝은 불연재료로 설치할 수 있다.〈개정 2014.
8.18〉
　다. 「전기사업법」 제67조에 따른 기술기준에 따라 접지하고 빗물등이 들어가지 아니
하는 구조로 할 것
10. 기동장치로는 기동용수압개폐장치 또는 이와 동등 이상의 성능이 있는 것으로 설치
할 것. 다만, 기동용수압개폐장치 중 압력챔버를 사용할 경우 그 용적은 100L 이상의
것으로 할 것〈개정 2014.8.18〉
11. 수원의 수위가 펌프보다 낮은 위치에 있는 가압송수장치에는 다음의 기준에 따른 물
올림장치를 설치할 것
　가. 물올림장치에는 전용의 탱크를 설치할 것
　나. 탱크의 유효수량은 100L 이상으로 하되, 구경 15mm 이상의 급수배관에 따라 당해
탱크에 물이 계속 보급되도록 할 것
12. 기동용 수압개폐장치를 기동장치로 사용할 경우에는 다음의 기준에 따른 충압펌프를
설치할 것. 다만, 소화용 급수펌프로도 상시 충압이 가능하고 다음 가목의 성능을 갖
춘 경우에는 충압펌프를 별도로 설치하지 아니할 수 있다.
　가. 펌프의 토출압력은 그 설비의 최고위 호스접결구의 자연압보다 적어도 0.2MPa이
더 크도록 하거나 가압송수장치의 정격토출압력과 같게 할 것

나. 펌프의 정격토출량은 정상적인 누설량 보다 적어서는 아니 되며, 연결송수관설비가 자동적으로 작동할 수 있도록 충분한 토출량을 유지할 것

13. 내연기관을 사용하는 경우에는 다음의 기준에 적합한 것으로 할 것
 가. 내연기관의 기동은 제9호의 기동장치의 기동을 명시하는 적색등을 설치할 것
 나. 제어반에 따라 내연기관의 자동기동 및 수동기동이 가능하고, 상시 충전되어 있는 축전지설비를 갖출 것
 다. 내연기관의 연료량은 펌프를 20분(충수가 30층 이상 49층 이하는 40분, 50층이 이상은 60분) 이상 운전할 수 있는 용량일 것〈신설 2014.8.18〉

14. 가압송수장치에는 "연결송수관펌프"라고 표시한 표지를 할 것. 이 경우 그 가압송수장치를 다른 설비와 겸용하는 때에는 그 겸용되는 설비의 이름을 표시한 표지를 함께 하여야 한다.

15. 가압송수장치가 기동이 된 경우에는 자동으로 정지되지 아니하도록 하여야 한다. 다만, 충압펌프의 경우에는 그러하지 아니하다.

제9조(전원 등)

① 가압송수장치의 상용전원회로의 배선 및 비상전원은 다음 각호의 기준에 따라 설치하여야 한다.
 1. 저압수전인 경우에는 인입개폐기의 직후에서 분기하여 전용배선으로 할 것
 2. 특별고압수전 또는 고압수전일 경우에는 전력용 변압기 2차측의 주차단기 1차측에서 분기하여 전용배선으로 하되, 상용전원회로의 배선기능에 지장이 없을 경우에는 주차단기 2차측에서 분기하여 전용배선으로 할 것. 다만, 가압송수장치의 정격입력전압이 수전전압과 같은 경우에는 제1호의 기준에 따른다.
② 비상전원은 자가발전설비, 축전지설비(내연기관에 따른 펌프를 사용하는 경우에는 내연기관의 기동 및 제어용 축전지를 말한다) 또는 전기저장장치(외부 전기에너지를 저장해 두었다가 필요한 때 전기를 공급하는 장치)로서 다음 각 호의 기준에 따라 설치하여야 한다.〈개정 2016.7.13〉
 1. 점검에 편리하고 화재 및 침수 등의 재해로 인한 피해를 받을 우려가 없는 곳에 설치할 것
 2. 연결송수관설비를 유효하게 20분 이상 작동할 수 있어야 할 것〈개정 2008.12.15, 2012. 2.15, 2013.6.11〉
 3. 상용전원으로부터 전력의 공급이 중단된 때에는 자동으로 비상전원으로부터 전력을 공급받을 수 있도록 할 것
 4. 비상전원의 설치장소는 다른 장소와 방화구획 할 것. 이 경우 그 장소에는 비상전원의 공급에 필요한 기구나 설비외의 것(열병합발전설비에 필요한 기구나 설비는 제외한다)을 두어서는 아니 된다.

5. 비상전원을 실내에 설치하는 때에는 그 실내에 비상조명등을 설치할 것

제10조(배선 등)

① 연결송수관설비의 배선은 「전기사업법」 제67조의 규정에 따른 기술기준에서 정한 것외에 다음 각호의 기준에 따라 설치하여야 한다.

   1. 비상전원으로부터 동력제어반 및 가압송수장치에 이르는 전원회로배선은 내화배선으로 할 것. 다만, 자가발전설비와 동력제어반이 동일한 실에 설치된 경우에는 자가발전기로부터 그 제어반에 이르는 전원회로배선은 그러하지 아니하다.

   2. 상용전원으로부터 동력제어반에 이르는 배선, 그 밖의 연결송수관설비의 감시·조작 또는 표시등회로의 배선은 「옥내소화전설비의 화재안전기준(NFSC 102)」 별표 1의 내화배선 또는 내열배선으로 할 것. 다만, 감시제어반 또는 동력제어반 안의 감시·조작 또는 표시등회로의 배선은 그러하지 아니하다. 〈개정 2014.8.18〉

② 연결송수관설비의 과전류차단기 및 개폐기에는 "연결송수관설비용"이라고 표시한 표지를 하여야 한다.

③ 연결송수관설비용 전기배선의 양단 및 접속단자에는 다음 각호의 기준에 따라 표지하여야 한다.

   1. 단자에는 "연결송수관설비단자"라고 표지한 표지를 부착할 것

   2. 연결송수관설비용 전기배선의 양단에는 다른 배선과 식별이 용이하도록 표시할 것

제11조(송수구의 겸용)

연결송수관설비의 송수구를 옥내소화전설비·스프링클러설비·간이스프링클러설비·화재조기진압용 스프링클러설비·물분무소화설비·포소화설비 또는 연결살수설비와 겸용으로 설치하는 경우에는 스프링클러설비의 송수구 설치기준에 따르되 각각의 소화설비의 기능에 지장이 없도록 하여야 한다.

제12조(설치·유지기준의 특례)

소방본부장 또는 소방서장은 기존건축물이 증축·개축·대수선되거나 용도변경 되는 경우에 있어서 이 기준이 정하는 기준에 따라 당해 건축물에 설치하여야 할 연결송수관설비의 배관·배선 등의 공사가 현저하게 곤란하다고 인정되는 경우에는 당해 설비의 기능 및 사용에 지장이 없는 범위 안에서 연결송수관설비의 설치·유지기준의 일부를 적용하지 아니할 수 있다.

제27장 연결송수관설비의 화재안전기준(NFSC 502)

제13조(재검토 기한)

소방청장은 「훈령·예규 등의 발령 및 관리에 관한 규정」에 따라 이 고시에 대하여 2017년 1월 1일 기준으로 매 3년이 되는 시점(매 3년째의 12월 31일까지를 말한다)마다 그 타당성을 검토하여 개선 등의 조치를 하여야 한다.〈전문개정 2016.7.13, 2017.7.26〉

부칙〈제2017-1호, 2017.7.26〉

- **제1조(시행일)**
  이 고시는 발령한 날부터 시행한다.
- **제2조(경과조치)**
  이 고시 시행당시 건축허가 등의 동의 또는 착공신고가 완료된 특정소방대상물에 대하여는 종전의 기준에 따른다.

제28장 연결살수설비의 화재안전기준(NFSC 503)

[시행 2017.7.26] [소방청고시 제2017-1호, 2017.7.26, 타법개정]

제1조(목적)

이 기준은 「화재예방, 소방시설 설치·유지 및 안전관리에 관한 법률」 제9조제1항에 따라 소방청장에게 위임한 사항 중 소화활동설비인 연결살수설비의 설치·유지 및 안전관리에 필요한 사항을 규정함을 목적으로 한다. 〈개정 2015.1.23, 2016.7.13, 2017.7.26〉

제2조(적용범위)

「화재예방, 소방시설 설치·유지 및 안전관리에 관한 법률 시행령」(이하 "영"이라 한다) 별표 5 제5호다목에 따른 연결살수설비는 이 기준에서 정하는 규정에 따라 설비를 설치하고 유지·관리하여야 한다. 〈개정 2012.8.20, 2015.1.23, 2016.7.13〉

제3조(정의)

이 기준에서 사용하는 용어의 정의는 다음과 같다.

1. "호스접결구"라 함은 호스를 연결하는데 사용되는 장비일체를 말한다.
2. "체크밸브"라 함은 흐름이 한 방향으로만 흐르도록 되어 있는 밸브를 말한다.
3. "주배관"이라 함은 수직배관을 통해 교차배관에 급수하는 배관을 말한다.
4. "교차배관"이라 함은 주배관을 통해 가지배관에 급수하는 배관을 말한다.
5. "가지배관"이라 함은 헤드가 설치되어 있는 배관을 말한다.
6. "송수구"라 함은 소화설비에 소화용수를 보급하기 위하여 건물 외벽 또는 구조물에 설치하는 관을 말한다.
7. "연소할 우려가 있는 개구부"라 함은 각 방화구획을 관통하는 컨베이어·에스컬레이터 또는 이와 유사한 시설의 주위로서 방화구획을 할 수 없는 부분을 말한다.

제4조(송수구 등)

① 연결살수설비의 송수구는 다음 각호의 기준에 따라 설치하여야 한다.

1. 소방차가 쉽게 접근할 수 있고 노출된 장소에 설치할 것. 이 경우 가연성가스의 저장·취급시설에 설치하는 연결살수설비의 송수구는 그 방호대상물로부터 20m 이상의 거리를 두거나 방호대상물에 면하는 부분이 높이 1.5m 이상 폭 2.5m 이상의 철근콘크리트 벽으로 가려진 장소에 설치하여야 한다.

2. 송수구는 구경 65mm의 **쌍구형**으로 설치할 것. 다만, 하나의 송수구역에 부착하는 살수헤드의 수가 **10개 이하**인 것에 있어서는 **단구형의 것**으로 할 수 있다.

3. 개방형헤드를 사용하는 송수구의 호스접결구는 각 송수구역마다 설치할 것. 다만, 송수구역을 선택할 수 있는 **선택밸브**가 설치되어 있고 각 송수구역의 주요구조부가 내화구조로 되어 있는 경우에는 그러하지 아니하다.

4. 지면으로부터 높이가 0.5m 이상 1m 이하의 위치에 설치할 것

5. 송수구로부터 주배관에 이르는 연결배관에는 개폐밸브를 설치하지 아니 할 것. 다만, 스프링클러설비·물분무소화설비·포소화설비 또는 연결송수관설비의 배관과 겸용하는 경우에는 그러하지 아니하다.

6. 송수구의 부근에는 "연결살수설비 송수구"라고 표시한 표지와 송수구역 일람표를 설치할 것. 다만, 제2항의 규정에 따른 선택밸브를 설치한 경우에는 그러하지 아니하다.

7. 송수구에는 이물질을 막기 위한 마개를 씌워야 한다.

② 연결살수설비의 선택밸브는 다음 각호의 기준에 따라 설치하여야 한다. 다만, 송수구를 송수구역마다 설치한 때에는 그러하지 아니하다.

1. 화재 시 연소의 우려가 없는 장소로서 조작 및 점검이 쉬운 위치에 설치할 것

2. 자동개방밸브에 따른 선택밸브를 사용하는 경우에 있어서는 송수구역에 방수하지 아니하고 자동밸브의 작동시험이 가능하도록 할 것

3. 선택밸브의 부근에는 송수구역 일람표를 설치할 것

③ 연결살수설비에는 송수구의 가까운 부분에 자동배수밸브 및 체크밸브를 다음 각목의 기준에 따라 설치하여야 한다.

> **Check Point**
>
> 1. 폐쇄형헤드를 사용하는 설비의 경우에는 송수구·자동배수밸브·체크밸브의 순으로 설치할 것
> 2. 개방형헤드를 사용하는 설비의 경우에는 송수구·자동배수밸브의 순으로 설치할 것
> 3. 자동배수밸브는 배관안의 물이 잘 빠질 수 있는 위치에 설치하되, 배수로 인하여 다른 물건 또는 장소에 피해를 주지 아니할 것

④ **개방형헤드**를 사용하는 연결살수설비에 있어서 **하나의 송수구역**에 설치하는 살수헤드의 수는 10개 이하가 되도록 하여야 한다.

제5조(배관 등)

① 배관과 배관이음쇠는 다음 각 호의 어느 하나에 해당하는 것 또는 동등 이상의 강도·내식성 및 내열성을 국내·외 공인기관으로부터 인정받은 것을 사용하여야 하고, 배관용 스테인리스강관(KS D 3576)의 이음을 용접으로 할 경우에는 알곤용접방식에 따른다. 다만,

본 조에서 정하지 않은 사항은 건설기술 진흥법 제44조제1항의 규정에 따른 건축기계설비공사 표준실명서에 따른다. 〈개정 2016.7.13〉

1. 배관 내 사용압력이 1.2MPa 미만일 경우에는 다음 각 목의 어느 하나에 해당하는 것 〈개정 2016.7.13〉

　가. 배관용 탄소강관(KS D 3507)

　나. 이음매 없는 구리 및 구리합금관(KS D 5301). 다만, 습식의 배관에 한한다.

　다. 배관용 스테인리스강관(KS D 3576) 또는 일반배관용 스테인리스강관(KS D 3595)

　라. 덕타일 주철관(KS D 4311) 〈신설 2016.7.13〉

2. 배관 내 사용압력이 1.2MPa 이상일 경우에는 다음 각 목의 어느 하나에 해당하는 것 〈개정 2016.7.13〉

　가. 압력배관용탄소강관(KS D 3553) 〈신설 2016.7.13〉

　나. 배관용 아크용접 탄소강강관(KS D 3583) 〈신설 2016.7.13〉

2. 배관 내 사용압력이 1.2MPa 이상일 경우에는 압력배관용탄소강관(KS D 3562) 또는 이와 동등 이상의 강도 · 내식성 및 내열성을 가진 것

3. 제1호와 제2호에도 불구하고 다음 각 목의 어느 하나에 해당하는 장소에는 소방청장이 정하여 고시한 「소방용합성수지배관의 성능인증 및 제품검사의 기술기준」에 적합한 소방용 합성수지배관으로 설치할 수 있다.

　가. 배관을 지하에 매설하는 경우

　나. 다른 부분과 내화구조로 구획된 덕트 또는 피트의 내부에 설치하는 경우

　다. 천장(상층이 있는 경우에는 상층바닥의 하단을 포함한다. 이하 같다)과 반자를 불연재료 또는 준불연재료로 설치하고 소화배관 내부에 항상 소화수가 채워진 상태로 설치하는 경우[본항 전문개정 2015.1.23.]

② 연결살수설비의 배관의 구경은 다음 각호의 기준에 따라 설치하여야 한다.

1. 연결살수설비 전용헤드를 사용하는 경우에는 다음 표에 따른 구경 이상으로 할 것

하나의 배관에 부착하는 살수헤드의 개수	1개	2개	3개	4개 또는 5개	6개 이상 10개 이하
배관의 구경(mm)	32	40	50	65	80

2. 스프링클러헤드를 사용하는 경우에는 「스프링클러설비의 화재안전기준(NFSC 103)」 별표 1의 기준에 따를 것

③ 폐쇄형헤드를 사용하는 연결살수설비의 주배관은 다음 각 호의 어느 하나에 해당 하는 배관 또는 수조에 접속하여야 한다. 이 경우 접속부분에는 체크밸브를 설치하되 점검하기 쉽게 하여야 한다.

1. 옥내소화전설비의 주배관(옥내소화전설비가 설치된 경우에 한한다)

2. 수도배관(연결살수설비가 설치된 건축물 안에 설치된 수도배관 중 구경이 가장 큰 배관을 말한다)

3. 옥상에 설치된 수조(다른 설비의 수조를 포함한다)[본항 전문개정 2015.1.23.]

④ 폐쇄형헤드를 사용하는 연결살수설비에는 다음 각호의 기준에 따른 시험배관을 설치하여야 한다.

1. 송수구에서 가장 먼 거리에 위치한 가지배관의 끝으로부터 연결하여 설치할 것〈개정 2020.8.26〉

2. 시험장치 배관의 구경은 가장 먼 가지배관의 구경과 동일한 구경으로 하고, 그 끝에는 물받이 통 및 배수관을 설치하여 시험 중 방사된 물이 바닥으로 흘러내리지 아니하도록 할 것. 다만, 목욕실·화장실 또는 그 밖의 배수처리가 쉬운 장소의 경우에는 물받이 통 또는 배수관을 설치하지 아니할 수 있다.

⑤ 개방형헤드를 사용하는 연결살수설비에 있어서의 **수평주행배관**은 헤드를 향하여 상향으로 **100분의 1 이상의 기울기**로 설치하고 주배관중 낮은 부분에는 자동배수밸브를 제4조제3항제3호의 기준에 따라 설치하여야 한다.

⑥ 가지배관 또는 교차배관을 설치하는 경우에는 가지배관의 배열은 토너먼트방식이 아니어야 하며, 가지배관은 교차배관 또는 주배관에서 분기되는 지점을 기점으로 한 쪽 가지배관에 설치되는 헤드의 개수는 8개 이하로 하여야 한다.

⑦ 습식 연결살수설비의 배관은 동결방지조치를 하거나 동결의 우려가 없는 장소에 설치하여야 한다. 다만, 보온재를 사용할 경우에는 난연재료 성능 이상의 것으로 하여야 한다. 〈개정 2015.1.23〉

⑧ 급수배관에 설치되어 급수를 차단할 수 있는 개폐밸브는 개폐표시형으로 하여야 한다. 이 경우 펌프의 흡입측배관에는 버터플라이밸브(볼형식의 것을 제외한다)외의 개폐표시형 밸브를 설치하여야 한다.

⑨ 연결살수설비 교차배관의 위치·청소구 및 가지배관의 헤드설치는 다음 각호의 기준에 따른다.

1. 교차배관은 가지배관과 수평으로 설치하거나 또는 가지배관 밑에 설치하고, 그 구경은 제2항의 규정에 따르되, 최소구경이 40mm 이상이 되도록 할 것

2. 폐쇄형헤드를 사용하는 연결살수설비의 청소구는 주배관 또는 교차배관(교차배관을 설치하는 경우에 한한다) 끝에 40mm 이상 크기의 개폐밸브를 설치하고, 호스접결이 가능한 나사식 또는 고정배수 배관식으로 할 것. 이 경우 나사식의 개폐밸브는 옥내소화전 호스접결용의 것으로 하고, 나사보호용의 캡으로 마감하여야 한다.

3. 폐쇄형헤드를 사용하는 연결살수설비에 하향식헤드를 설치하는 경우에는 가지배관으로부터 헤드에 이르는 헤드접속배관은 가지관상부에서 분기할 것. 다만, 소화설비용 수원의 수질이 먹는물관리법 제5조의 규정에 따라 먹는물의 수질기준에 적합하고 덮

개가 있는 저수조로부터 물을 공급받는 경우에는 가지배관의 측면 또는 하부에서 분기할 수 있다.

⑩ 배관에 설치되는 행가는 다음 각호의 기준에 따라 설치하여야 한다.

  1. 가지배관에는 헤드의 설치지점 사이마다 1개 이상의 행가를 설치하되, 헤드간의 거리가 3.5m를 초과하는 경우에는 3.5m 이내마다 1개 이상 설치할 것. 이 경우 상향식헤드와 행가 사이에는 8cm 이상의 간격을 두어야 한다.

  2. 교차배관에는 가지배관과 가지배관사이마다 1개 이상의 행가를 설치하되, 가지배관 사이의 거리가 4.5m를 초과하는 경우에는 4.5m 이내마다 1개 이상 설치할 것

  3. 제1호 내지 제2호의 수평주행배관에는 4.5m 이내마다 1개 이상 설치할 것

⑪ 배관은 다른 설비의 배관과 쉽게 구분이 될 수 있는 위치에 설치하거나, 그 배관표면 또는 배관 보온재표면의 색상은 식별이 가능하도록 「한국산업표준(배관계의 식별 표시, KS A 0503)」 또는 적색으로 소방용설비의 배관임을 표시하여야 한다.〈개정 2015.1.23〉

⑫ 분기배관을 사용할 경우에는 소방청장이 정하여 고시한 「분기배관 성능인증 및 제품검사의 기술기준」에 적합한 것으로 설치하여야 한다.〈개정 2012.8.20, 2015.1.23, 2017.7.26〉

제6조(연결살수설비의 헤드)

① 연결살수설비의 헤드는 연결살수설비전용헤드 또는 스프링클러헤드로 설치하여야 한다.

② 건축물에 설치하는 연결살수설비의 헤드는 다음 각호의 기준에 따라 설치하여야 한다.

Check Point

1. 천장 또는 반자의 실내에 면하는 부분에 설치할 것

2. 천장 또는 반자의 각 부분으로부터 하나의 살수헤드까지의 수평거리가 연결살수설비 전용헤드의 경우은 3.7m 이하, 스프링클러헤드의 경우는 2.3m 이하로 할 것. 다만, 살수헤드의 부착면과 바닥과의 높이가 2.1m 이하인 부분에 있어서는 살수헤드의 살수분포에 따른 거리로 할 수 있다.

③ 폐쇄형스프링클러헤드를 설치하는 경우에는 제2항의 규정 외에 다음 각호의 기준에 따라 설치하여야 한다.

  1. 그 설치장소의 평상시 최고 주위온도에 따라 다음 표에 따른 표시온도의 것으로 설치할 것. 다만, 높이가 4m 이상인 공장 및 창고(랙크식창고를 포함한다)에 설치하는 스프링클러헤드는 그 설치장소의 평상시 최고 주위온도에 관계없이 표시온도 121℃ 이상의 것으로 할 수 있다.

설치장소의 최고 주위온도	표시온도
39℃ 미만	79℃ 미만
39℃ 이상 64℃ 미만	79℃ 이상 121℃ 미만
64℃ 이상 106℃ 미만	121℃ 이상 162℃ 미만
106℃ 이상	162℃ 이상

2. 살수가 방해되지 아니하도록 스프링클러헤드로부터 반경 60cm 이상의 공간을 보유할 것. 다만, 벽과 스프링클러헤드 간의 공간은 10cm 이상으로 한다.
3. 스프링클러헤드와 그 부착면(상향식헤드의 경우에는 그 헤드의 직상부의 천장·반자 또는 이와 비슷한 것을 말한다. 이하 같다)과의 거리는 30cm 이하로 할 것
4. 배관·행가 및 조명기구 등 살수를 방해하는 것이 있는 경우에는 제2호의 규정에 불구하고 그로부터 아래에 설치하여 살수에 장애가 없도록 할 것. 다만, 연결살수헤드와 장애물과의 이격거리를 장애물 폭의 3배 이상 확보한 경우에는 그러하지 아니하다.
5. 스프링클러헤드의 반사판은 그 부착면과 평행하게 설치할 것. 다만, 측벽형헤드 또는 제7호의 규정에 따라 연소할 우려가 있는 개구부에 설치하는 스프링클러헤드의 경우에는 그러하지 아니하다.
6. 천장의 기울기가 10분의 1을 초과하는 경우에는 가지관을 천장의 마루와 평행하게 설치하고, 스프링클러헤드는 다음 각목의 1의 기준에 적합하게 설치할 것
  가. 천장의 최상부에 스프링클러헤드를 설치하는 경우에는 최상부에 설치하는 스프링클러헤드의 반사판을 수평으로 설치할 것
  나. 천장의 최상부를 중심으로 가지관을 서로 마주보게 설치하는 경우에는 최상부의 가지관 상호간의 거리가 가지관상의 스프링클러헤드 상호간의 거리의 2분의 1이하(최소 1m 이상이 되어야 한다)가 되게 스프링클러헤드를 설치하고, 가지관의 최상부에 설치하는 스프링클러헤드는 천장의 최상부로부터의 수직거리가 90cm 이하가 되도록 할 것. 톱날지붕, 둥근지붕 기타 이와 유사한 지붕의 경우에도 이에 준한다.
7. 연소할 우려가 있는 개구부에는 그 상하좌우에 2.5m 간격으로(개구부의 폭이 2.5m 이하인 경우에는 그 중앙에) 스프링클러헤드를 설치하되, 스프링클러헤드와 개구부의 내측면으로부터의 직선거리는 15cm 이하가 되도록 할 것. 이 경우 사람이 상시 출입하는 개구부로서 통행에 지장이 있는 때에는 개구부의 상부 또는 측면(개구부의 폭이 9m 이하인 경우에 한한다)에 설치하되, 헤드 상호간의 간격은 1.2m 이하로 설치하여야 한다.
8. 습식 연결살수설비외의 설비에는 상향식스프링클러헤드를 설치할 것. 다만, 다음 각목의 1에 해당하는 경우에는 그러하지 아니하다.
  가. 드라이펜던트스프링클러헤드를 사용하는 경우

나. 스프링클러헤드의 설치장소가 동파의 우려가 없는 곳인 경우

다. 개방형스프링클러헤드를 사용하는 경우

9. 측벽형스프링클러헤드를 설치하는 경우 긴 변의 한쪽벽에 일렬로 설치(폭이 4.5m 이상 9m 이하인 실에 있어서는 긴 변의 양쪽에 각각 일렬로 설치하되 마주보는 스프링클러헤드가 나란히꼴이 되도록 설치)하고 3.6m 이내마다 설치할 것

④ 가연성 가스의 저장·취급시설에 설치하는 연결살수설비의 헤드는 다음 각호의 기준에 따라 설치하여야 한다. 다만, 지하에 설치된 가연성가스의 저장·취급시설로서 지상에 노출된 부분이 없는 경우에는 그러하지 아니하다.

1. 연결살수설비 전용의 개방형헤드를 설치할 것

2. 가스저장탱크·가스홀더 및 가스발생기의 주위에 설치하되, 헤드상호간의 거리는 3.7m 이하로 할 것

3. 헤드의 살수범위는 가스저장탱크·가스홀더 및 가스발생기의 몸체의 중간 윗부분의 모든 부분이 포함되도록 하여야 하고 살수된 물이 흘러내리면서 살수범위에 포함되지 아니한 부분에도 모두 적셔질 수 있도록 할 것

제7조(헤드의 설치제외)

연결살수설비를 설치하여야 할 소방대상물 또는 그 부분으로서 다음 각호의 1에 해당하는 장소에는 연결살수설비의 헤드를 설치하지 아니할 수 있다.

1. 상점(영 별표 2 제4호 판매시설 및 영업시설을 말하며, 바닥면적이 150m² 이상인 지하층에 설치된 것을 제외한다)으로서 주요구조부가 내화구조 또는 방화구조로 되어 있고 바닥면적이 500m² 미만으로 방화구획되어 있는 소방대상물 또는 그 부분

2. 계단실(특별피난계단의 부속실을 포함한다)·경사로·승강기의 승강로·파이프덕트·목욕실·수영장(관람석부분을 제외한다)·화장실·직접 외기에 개방되어 있는 복도 기타 이와 유사한 장소

3. 통신기기실·전자기기실·기타 이와 유사한 장소

4. 발전실·변전실·변압기·기타 이와 유사한 전기설비가 설치되어 있는 장소

5. 병원의 수술실·응급처치실·기타 이와 유사한 장소

6. 천장과 반자 양쪽이 불연재료로 되어 있는 경우로서 그 사이의 거리 및 구조가 다음 각목의 1에 해당하는 부분

가. 천장과 반자사이의 거리가 2m 미만인 부분

나. 천장과 반자사이의 벽이 불연재료이고 천장과 반자사이의 거리가 2m 이상으로서 그 사이에 가연물이 존재하지 아니하는 부분

7. 천장·반자중 한쪽이 불연재료로 되어있고 천장과 반자사이의 거리가 1m 미만인 부분

8. 천장 및 반자가 불연재료외의 것으로 되어 있고 천장과 반자사이의 거리가 0.5m 미만인 부분

9. 펌프실·물탱크실 그 밖의 이와 비슷한 장소
10. 현관 또는 로비등으로서 바닥으로부터 높이가 20m 이상인 장소
11. 냉장창고의 영하의 냉장실 또는 냉동창고의 냉동실 〈개정 2015.1.23〉
12. 고온의 노가 설치된 장소 또는 물과 격렬하게 반응하는 물품의 저장 또는 취급장소
13. 불연재료로 된 소방대상물 또는 그 부분으로서 다음 각목의 1에 해당하는 장소
    가. 정수장·오물처리장 그 밖의 이와 비슷한 장소
    나. 펄프공장의 작업장·음료수공장의 세정 또는 충전하는 작업장 그 밖의 이와 비슷한 장소
    다. 불연성의 금속·석재 등의 가공공장으로서 가연성물질을 저장 또는 취급하지 아니하는 장소
14. 실내에 설치된 테니스장·게이트볼장·정구장 또는 이와 비슷한 장소로서 실내바닥·벽·천장이 불연재료 또는 준불연재료로 구성되어 있고 가연물이 존재하지 않는 장소로서 관람석이 없는 운동시설 부분(지하층은 제외한다)

제8조(소화설비의 겸용)

연결살수설비의 송수구를 스프링클러설비·간이스프링클러설비·화재조기진압용 스프링클러설비·물분무소화설비·포소화설비 또는 연결송수관설비와 겸용으로 설치하는 경우에는 스프링클러설비의 송수구 설치기준에 따르고, 옥내소화전설비의 송수구와 겸용으로 설치하는 경우에는 옥내소화전설비의 송수구의 설치기준 따르되 각각의 소화설비의 기능에 지장이 없도록 하여야 한다.

제9조(설치·유지기준의 특례)

소방본부장 또는 소방서장은 기존건축물이 증축·개축·대수선되거나 용도변경되는 경우에 있어서 이 기준이 정하는 기준에 따라 당해 건축물에 설치하여야 할 연결살수설비의 배관·배선 등의 공사가 현저하게 곤란하다고 인정되는 경우에는 당해 설비의 기능 및 사용에 지장이 없는 범위 안에서 연결살수설비의 설치·유지기준의 일부를 적용하지 아니할 수 있다.

제10조(재검토 기한)

소방청장은 「훈령·예규 등의 발령 및 관리에 관한 규정」에 따라 이 고시에 대하여 2017년 1월 1일 기준으로 매 3년이 되는 시점(매 3년째의 12월 31일까지를 말한다)마다 그 타당성을 검토하여 개선 등의 조치를 하여야 한다. 〈전문개정 2016.7.13, 2017.7.26〉

제11조(규제의 재검토)

「행정규제기본법」 제8조에 따라 2015년 1월 1일을 기준으로 매 3년이 되는 시점(매 3번째의 12월 31일까지를 말한다)마다 그 타당성을 검토하여 개선 등의 조치를 하여야 한다. 〈신설 2015.1.23〉

부칙 〈제2017-1호, 2017.7.26〉

- **제1조(시행일)**
  이 고시는 발령한 날부터 시행한다.
- **제2조(경과조치)**
  이 고시 시행 당시 건축허가 등의 동의 또는 착공신고가 완료된 특정소방대상물에 대하여는 종전의 기준에 따른다.

제29장 비상콘센트설비의 화재안전기준(NFSC 504)

[시행 2017.7.26] [소방청고시 제2017-1호, 2017.7.26, 타법개정]

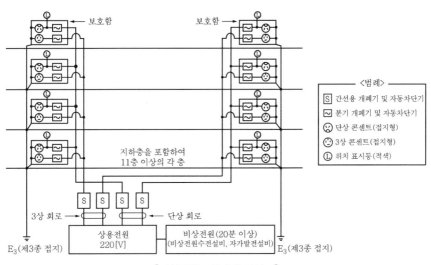

[비상콘센트설비의 구성도]

제1조(목적)

이 기준은 「화재예방, 소방시설 설치·유지 및 안전관리에 관한 법률」 제9조제1항에 따라 소방청장에게 위임한 사항 중 소화활동설비인 비상콘센트설비의 설치·유지 및 안전관리에 필요한 사항을 규정함을 목적으로 한다. 〈개정 2015.1.23, 2016.7.13, 2017.7.26〉

제2조(적용범위)

「화재예방, 소방시설 설치·유지 및 안전관리에 관한 법률 시행령」(이하 "법"이라 한다) 제9조제1항 및 같은 법 시행령(이하 "영"이라 한다) 별표 5 제5호라목에 따른 비상콘센트설비는 이 기준에서 정하는 규정에 따라 설비를 설치하고 유지·관리하여야 한다. 〈개정 2012.8.20, 2013.9.3, 2015.1.23, 2016.7.13〉

제3조(정의)

이 기준에서 사용하는 용어의 정의는 다음과 같다.

1. **"인입개폐기"**라 함은 「전기설비기술기준」 제190조의 규정에 따른 것을 말한다.
2. **"저압"**이라 함은 직류는 750V 이하, 교류는 600V 이하인 것을 말한다.
3. **"고압"**이란 직류는 750V를, 교류는 600V를 초과하고, 7kV 이하인 것을 말한다. 〈개정 2012.8.20, 2013.9.3〉
4. **"특고압"**이란 7kV를 초과하는 것을 말한다. 〈개정 2012.8.20, 2013.9.3〉
5. **"변전소"**라 함은 「전기설비기술기준」 제2조제1호의 규정에 따른 것을 말한다.

Check Point

전압의 종류

전압	직류	교류
저압	750[V] 이하	600[V] 이하
고압	750[V] 초과 7[kV] 이하	600[V] 초과 7[kV] 이하
특별고압	7[kV] 초과	7[kV] 초과

제4조(전원 및 콘센트 등)

① 비상콘센트설비에는 다음 각호의 기준에 따른 전원을 설치하여야 한다.

1. 상용전원회로의 배선은 저압수전인 경우에는 인입개폐기의 직후에서, 고압수전 또는 특고압수전인 경우에는 전력용변압기 2차측의 주차단기 1차측 또는 2차측에서 분기하여 전용배선으로 할 것 〈개정 2013.9.3〉

Check Point

전원의 수전 방법

① 저압 : 인입개폐기의 직후에서 분기하여 전용배선으로 할 것

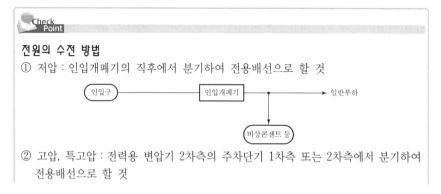

② 고압, 특고압 : 전력용 변압기 2차측의 주차단기 1차측 또는 2차측에서 분기하여 전용배선으로 할 것

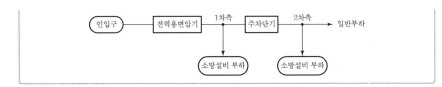

2. 지하층을 제외한 층수가 **7층 이상으로서 연면적이 2,000m² 이상**이거나 **지하층의 바닥 면적의 합계가 3,000m² 이상인 특정소방대상물**의 비상콘센트설비에는 자가발전설비, 비상전원수전설비 또는 전기저장장치(외부 전기에너지를 저장해 두었다가 필요한 때 전기를 공급하는 장치)를 비상전원으로 설치할 것. 다만, 둘 이상의 변전소에서 전력을 동시에 공급받을 수 있거나 하나의 변전소로부터 전력의 공급이 중단되는 때에는 자동으로 다른 변전소로부터 전력을 공급받을 수 있도록 상용전원을 설치한 경우에는 비상전원을 설치하지 아니할 수 있다. 〈개정 2012.8.20, 2013.9.3, 2016.7.13〉

3. 제2호의 규정에 따른 비상전원 중 자가발전설비는 다음 각 목의 기준에 따라 설치하고, 비상전원수전설비는 「소방시설용비상전원수전설비의 화재안전기준(NFSC 602)」에 따라 설치할 것

  가. 점검에 편리하고 화재 및 침수 등의 재해로 인한 피해를 받을 우려가 없는 곳에 설치할 것

  나. 비상콘센트설비를 유효하게 20분 이상 작동시킬 수 있는 용량으로 할 것

  다. 상용전원으로부터 전력의 공급이 중단된 때에는 자동으로 비상전원으로부터 전력을 공급받을 수 있도록 할 것

  라. 비상전원의 설치장소는 다른 장소와 방화구획 할 것. 이 경우 그 장소에는 비상전원의 공급에 필요한 기구나 설비외의 것(열병합발전설비에 필요한 기구나 설비는 제외한다)을 두어서는 아니 된다.

  마. 비상전원을 실내에 설치하는 때에는 그 실내에 비상조명등을 설치할 것

비상전원 설치대상
1. 지하층을 제외한 층수가 7층 이상으로서 연면적이 2,000m² 이상
2. 지하층의 바닥면적의 합계가 3,000m² 이상

비상전원 설치제외대상
1. 둘 이상의 변전소에서 전력을 동시에 공급받을 수 있는 경우
2. 하나의 변전소로부터 전력의 공급이 중단되는 때에는 자동으로 다른 변전소로부터 전력을 공급받을 수 있도록 상용전원을 설치한 경우

② 비상콘센트설비의 전원회로(비상콘센트에 전력을 공급하는 회로를 말한다)는 다음 각호
의 기준에 따라 설치하여야 한다.

1. 비상콘센트설비의 전원회로는 단상교류 220V인 것으로서, 그 공급용량은 1.5kVA 이
   상인 것으로 할 것 〈개정 2008.12.15, 2013.9.3〉
2. 전원회로는 각층에 있어서 2 이상이 되도록 설치할 것. 다만, 설치하여야 할 층의 비상
   콘센트가 1개인 때에는 하나의 회로로 할 수 있다.
3. 전원회로는 주배전반에서 전용회로로 할 것. 다만, 다른 설비의 회로의 사고에 따른
   영향을 받지 아니하도록 되어 있는 것에 있어서는 그러하지 아니하다.
4. 전원으로부터 각 층의 비상콘센트에 분기되는 경우에는 분기배선용 차단기를 보호함
   안에 설치할 것 〈개정 2013.9.3〉
5. 콘센트마다 배선용 차단기(KS C 8321)를 설치하여야 하며, 충전부가 노출되지 아니하도
   록 할 것
6. 개폐기에는 "비상콘센트"라고 표시한 표지를 할 것
7. 비상콘센트용의 풀박스 등은 방청도장을 한 것으로서, 두께 1.6mm 이상의 철판으로
   할 것
8. 하나의 전용회로에 설치하는 비상콘센트는 10개 이하로 할 것. 이 경우 전선의 용량은
   각 비상콘센트(비상콘센트가 3개 이상인 경우에는 3개)의 공급용량을 합한 용량 이상의
   것으로 하여야 한다.

③ 비상콘센트의 플러그접속기는 접지형2극 플러그접속기(KS C 8305)를 사용하여야 한다.
〈개정 2008.12.15, 2012.8.20, 2013.9.3〉

④ 비상콘센트의 플러그접속기의 칼받이의 접지극에는 접지공사를 하여야 한다.

⑤ 비상콘센트는 다음 각호의 기준에 따라 설치하여야 한다.

1. 바닥으로부터 높이 0.8m 이상 1.5m 이하의 위치에 설치할 것
2. 비상콘센트의 배치는 아파트 또는 바닥면적이 1,000m² 미만인 층에 있어서는 **계단의**
   출입구(계단의 부속실을 포함하며 계단이 2 이상 있는 경우에는 그 중 1개의 계단을
   말한다)**로부터 5m이내**에, 바닥면적 1,000m² **이상인 층**(아파트를 제외한다)에 있어서
   는 **각 계단의 출입구 또는 계단부속실의 출입구**(계단의 부속실을 포함하며 계단이 3
   이상 있는 층의 경우에는 그 중 2개의 계단을 말한다)**로부터 5m이내**에 설치하되, 그
   비상콘센트로부터 그 층의 각 부분까지의 거리가 다음 각목의 기준을 초과하는 경우
   에는 그 기준 이하가 되도록 비상콘센트를 추가하여 설치할 것
   가. 지하상가 또는 지하층의 바닥면적의 합계가 3,000m² 이상인 것은 **수평거리 25m**
   나. 가목에 해당하지 아니하는 것은 **수평거리 50m**

⑥ 비상콘센트설비의 전원부와 외함 사이의 절연저항 및 절연내력은 다음 각호의 기준에 적
합하여야 한다.

1. **절연저항**은 전원부와 외함 사이를 500V**절연저항계**로 측정할 때 20MΩ **이상**일 것

2. **절연내력**은 전원부와 외함 사이에 정격전압이 150V **이하**인 경우에는 **1,000V의 실효전압**을, 정격전압이 150V **이상**인 경우에는 그 **정격전압에 2를 곱하여 1,000을 더한 실효전압**을 가하는 시험에서 **1분 이상 견디는 것**으로 할 것

제5조(보호함)

비상콘센트를 보호하기 위하여 비상콘센트보호함은 다음 각호의 기준에 따라 설치하여야 한다.

1. 보호함에는 쉽게 개폐할 수 있는 문을 설치할 것
2. 보호함 표면에 "비상콘센트"라고 표시한 표지를 할 것
3. 보호함 상부에 적색의 표시등을 설치할 것. 다만, 비상콘센트의 보호함을 옥내소화전함 등과 접속하여 설치하는 경우에는 옥내소화전함 등의 표시등과 겸용할 수 있다.

제6조(배선)

비상콘센트설비의 배선은 「전기사업법」 제67조의 규정에 따른 기술기준에서 정하는 것 외에 다음 각호의 기준에 따라 설치하여야 한다.

1. 전원회로의 배선은 내화배선으로, 그 밖의 배선은 내화배선 또는 내열배선으로 할 것
2. 제1호의 규정에 따른 내화배선 및 내열배선에 사용하는 전선 및 설치방법은 「옥내소화전설비의 화재안전기준(NFSC 102)」 별표 1의 기준에 따를 것

제7조(설치·유지기준의 특례)

소방본부장 또는 소방서장은 기존건축물이 증축·개축·대수선되거나 용도 변경되는 경우에 있어서 이 기준이 정하는 기준에 따라 당해 건축물에 설치하여야 할 비상콘센트설비의 배관·배선 등의 공사가 현저하게 곤란하다고 인정되는 경우에는 당해 설비의 기능 및 사용에 지장이 없는 범위 안에서 비상콘센트설비의 설치·유지기준의 일부를 적용하지 아니할 수 있다.

제8조(재검토 기한)

소방청장은 「훈령·예규 등의 발령 및 관리에 관한 규정」에 따라 이 고시에 대하여 2017년 1월 1일 기준으로 매 3년이 되는 시점(매 3년째의 12월 31일까지를 말한다)마다 그 타당성을 검토하여 개선 등의 조치를 하여야 한다. 〈전문개정 2016.7.13, 2017.7.26〉

제9조(규제의 재검토)

「행정규제기본법」 제8조에 따라 2015년 1월 1일을 기준으로 매 3년이 되는 시점(매 3번째의 12월 31일까지를 말한다)마다 그 타당성을 검토하여 개선 등의 조치를 하여야 한다. 〈신설 2015.1.23〉

부칙 ⟨제2017-1호, 2017.7.26⟩

- **제1조(시행일)**
  이 고시는 발령한 날부터 시행한다.
- **제2조(경과조치)**
  이 고시 시행당시 건축허가 등의 동의 또는 착공신고가 완료된 특정소방대상물에 대하여는
  종전의 기준에 따른다.

제30장 무선통신보조설비의 화재안전기준(NFSC 505)

[시행 2017.7.26] [소방청고시 제2017-1호, 2017.7.26, 타법개정]

제1조(목적)

이 기준은 「화재예방, 소방시설 설치·유지 및 안전관리에 관한 법률」 제9조제1항에 따라 소방청장에게 위임한 사항 중 소화활동설비인 무선통신보조설비의 설치·유지 및 안전관리에 필요한 사항을 규정함을 그 목적으로 한다. 〈개정 2015.1.23, 2016.7.13, 2017.7.26〉

제2조(적용범위)

「화재예방, 소방시설 설치·유지 및 안전관리에 관한 법률 시행령」(이하 "영"이라 한다) 별표 5 제5호마목에 따른 무선통신보조설비는 이 기준에서 정하는 규정에 따라 설비를 설치하고 유지·관리하여야 한다. 〈개정 2015.1.23, 2016.7.13〉

제3조(정의)

이 기준에서 사용하는 용어의 정의는 다음과 같다..

1. **"누설동축케이블"**이라 함은 동축케이블의 외부도체에 가느다란 홈을 만들어서 전파가 외부로 새어나갈 수 있도록 한 케이블을 말한다.
2. **"분배기"**라 함은 신호의 전송로가 분기되는 장소에 설치하는 것으로 임피던스 매칭(Matching)과 신호 균등분배를 위해 사용하는 장치를 말한다.
3. **"분파기"**라 함은 서로 다른 주파수의 합성된 신호를 분리하기 위해서 사용하는 장치를 말한다.
4. **"혼합기"**라 함은 두개 이상의 입력신호를 원하는 비율로 조합한 출력이 발생하도록 하는 장치를 말한다.
5. **"증폭기"**라 함은 신호 전송 시 신호가 약해져 수신이 불가능해지는 것을 방지하기 위해서 증폭하는 장치를 말한다.

제4조(설치제외)

> **Check Point**
>
> 지하층으로서 소방대상물의 바닥부분 2면 이상이 지표면과 동일하거나 지표면으로부터의 깊이가 1m 이하인 경우에는 해당층에 한하여 무선통신보조설비를 설치하지 아니할 수 있다.

제5조(누설동축케이블 등)

① 무선통신보조설비의 누설동축케이블 등은 다음 각호의 기준에 따라 설치하여야 한다.

1. 소방전용주파수대에서 전파의 전송 또는 복사에 적합한 것으로서 소방전용의 것으로 할 것. 다만, 소방대 상호간의 무선연락에 지장이 없는 경우에는 다른 용도와 겸용할 수 있다.

2. 누설동축케이블과 이에 접속하는 안테나 또는 동축케이블과 이에 접속하는 안테나로 구성 할 것〈개정 2017.6.7〉

3. 누설동축케이블은 불연 또는 난연성의 것으로서 습기에 따라 전기의 특성이 변질되지 아니하는 것으로 하고, 노출하여 설치한 경우에는 피난 및 통행에 장애가 없도록 할 것

4. 누설동축케이블은 화재에 따라 당해 케이블의 피복이 소실된 경우에 케이블 본체가 떨어지지 아니하도록 4m이내마다 금속제 또는 자기제등의 지지금구로 벽·천장·기둥 등에 견고하게 고정시킬 것. 다만, 불연재료로 구획된 반자 안에 설치하는 경우에는 그러하지 아니하다.

5. 누설동축케이블 및 안테나는 금속판 등에 따라 전파의 복사 또는 특성이 현저하게 저하되지 아니하는 위치에 설치할 것〈개정 2017.6.7〉

6. 누설동축케이블 및 안테나는 고압의 전로로부터 1.5m 이상 떨어진 위치에 설치할 것. 다만, 당해 전로에 정전기 차폐장치를 유효하게 설치한 경우에는 그러하지 아니하다.

7. 누설동축케이블의 끝부분에는 무반사 종단저항을 견고하게 설치할 것

② 누설동축케이블 또는 동축케이블의 **임피던스는** 50Ω으로 하고, 이에 접속하는 안테나·분배기 기타의 장치는 당해 임피던스에 적합한 것으로 하여야 한다.

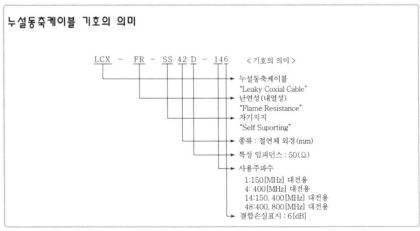

제6조(무선기기 접속단자)

무선기기 접속단자는 다음 각 호의 기준에 따라 설치하여야 한다. 다만, 「전파법」 제58조의2에 따른 적합성평가를 받은 무선이동중계기를 설치하는 경우에는 그러하지 아니하다. 〈개정 2015.1.23〉

> **Check Point**
>
> 1. 화재층으로부터 지면으로 떨어지는 유리창 등에 의한 지장을 받지 않고 지상에서 유효하게 소방활동을 할 수 있는 장소 또는 수위실 등 상시 사람이 근무하고 있는 장소에 설치할 것 〈개정 2012.2.3〉
> 2. 단자는 한국산업규격에 적합한 것으로 하고, 바닥으로부터 높이 0.8m 이상 1.5m 이하의 위치에 설치할 것
> 3. 지상에 설치하는 접속단자는 보행거리 300m 이내마다 설치하고, 다른 용도로 사용되는 접속단자에서 5m 이상의 거리를 둘 것
> 4. 지상에 설치하는 단자를 보호하기 위하여 견고하고 함부로 개폐할 수 없는 구조의 보호함을 설치하고, 먼지·습기 및 부식 등에 따라 영향을 받지 아니하도록 조치할 것
> 5. 단자의 보호함의 표면에 "무선기 접속단자"라고 표시한 표지를 할 것

제7조(분배기 등)

분배기·분파기 및 혼합기 등은 다음 각호의 기준에 따라 설치하여야 한다.

> **Check Point**
>
> 1. 먼지·습기 및 부식 등에 따라 기능에 이상을 가져오지 아니하도록 할 것
> 2. 임피던스는 50Ω의 것으로 할 것
> 3. 점검에 편리하고 화재 등의 재해로 인한 피해의 우려가 없는 장소에 설치할 것

제8조(증폭기 등)

증폭기 및 무선이동중계기를 설치하는 경우에는 다음 각호의 기준에 따라 설치하여야 한다.

1. 전원은 전기가 정상적으로 공급되는 축전지, 전기저장장치(외부 전기에너지를 저장해 두었다가 필요한 때 전기를 공급하는 장치) 또는 **교류전압 옥내간선**으로 하고, 전원까지의 배선은 전용으로 할 것
2. 증폭기의 전면에는 주 회로의 전원이 정상인지의 여부를 표시할 수 있는 **표시등** 및 **전압계**를 설치할 것
3. 증폭기에는 비상전원이 부착된 것으로 하고 당해 **비상전원 용량**은 무선통신보조설비를 유효하게 **30분 이상** 작동시킬 수 있는 것으로 할 것

4. 무선이동중계기를 설치하는 경우에는 「전파법」 제58조의2에 따른 적합성평가를 받은 제품으로 실치할 것〈개정 2015.1.23〉

제9조(설치 · 유지기준의 특례)

소방본부장 또는 소방서장은 기존건축물이 증축 · 개축 · 대수선되거나 용도 변경되는 경우에 있어서 이 기준이 정하는 기준에 따라 당해 건축물에 설치하여야 할 무선통신보조설비의 배관 · 배선 등의 공사가 현저하게 곤란하다고 인정되는 경우에는 당해 설비의 기능 및 사용에 지장이 없는 범위 안에서 무선통신보조설비의 설치 · 유지기준의 일부를 적용 하지 아니할 수 있다.

제10조(재검토 기한)

소방청장은 「훈령 · 예규 등의 발령 및 관리에 관한 규정」에 따라 이 고시 에 대하여 2017년 1월 1일 기준으로 매 3년이 되는 시점(매 3년째의 6월 30일까지를 말한다)마다 그 타당성을 검토하여 개선 등의 조치를 하여야 한다.〈개정 2017.6.7, 2017.7.26〉

제11조(규제의 재검토)

「행정규제기본법」 제8조에 따라 2015년 1월 1일을 기준으로 매 3년이 되는 시점(매 3번째의 12월 31일까지를 말한다)마다 그 타당성을 검토하여 개선 등의 조치를 하여야 한다.〈신설 2015.1.23〉

부칙 〈제2017-1호, 2017.7.26〉

- **제1조(시행일)**
  이 고시는 발령한 날부터 시행한다.
- **제2조(경과조치)**
  이 고시 시행당시 건축허가 등의 동의 또는 착공신고가 완료된 특정소방대상물에 대하여는 종전의 기준에 따른다.

제31장 소방시설용 비상전원수전설비의 화재안전기준(NFSC 602)

[시행 2019.5.24] [소방청고시 제2019-39호, 2019.5.24, 일부개정]

제1조(목적)

이 기준은 「화재예방, 소방시설 설치·유지 및 안전관리에 관한 법률」 제9조제1항에 따라 소방청장에게 위임한 사항 중 소방시설의 비상전원인 비상전원수전설비의 설치·유지 및 안전관리에 필요한 사항을 규정함을 목적으로 한다. 〈개정 2015.1.23, 2017.7.26〉

제2조(적용범위)

「화재예방, 소방시설 설치·유지 및 안전관리에 관한 법률 시행령」(이하 "영"이라 한다) 별표 5의 소방시설에 설치하여야 하는 비상전원수전설비는 이 기준에 따라 설비를 설치하고 유지·관리하여야 한다. 〈개정 2012.8.20, 2015.1.23〉

제3조(정의)

이 기준에서 사용되는 용어의 정의는 다음과 같다.

1. "전기사업자"라 함은 「전기사업법」 제2조제2호의 규정에 따른 자를 말한다.
2. "인입선"이라 함은 「전기설비기술기준」 제13조제1항제9호의 규정에 따른 것을 말한다.
3. "인입구배선"이라 함은 인입선 연결점으로부터 특정소방대상물 내에 시설하는 인입개폐기에 이르는 배선을 말한다.
4. "인입개폐기"라 함은 「전기설비기술기준」의 판단기준 제169조에 따른 것을 말한다.
5. "과전류차단기"라 함은 「전기설비기술기준」의 판단기준 제38조와 제39조에 따른 것을 말한다.
6. "소방회로"라 함은 소방부하에 전원을 공급하는 전기회로를 말한다.
7. "일반회로"라 함은 소방회로 이외의 전기회로를 말한다.
8. "수전설비"라 함은 전력수급용 계기용변성기·주차단장치 및 그 부속기기를 말한다.
9. "변전설비"라 함은 전력용변압기 및 그 부속장치를 말한다.
10. "전용큐비클식"이라 함은 소방회로용의 것으로 수전설비, 변전설비 그 밖의 기기 및 배선을 금속제 외함에 수납한 것을 말한다.
11. "공용큐비클식"이라 함은 소방회로 및 일반회로 겸용의 것으로서 수전설비, 변전설비 그 밖의 기기 및 배선을 금속제 외함에 수납한 것을 말한다.
12. "전용배전반"이라 함은 소방회로 전용의 것으로서 개폐기, 과전류차단기, 계기 그 밖의 배선용기기 및 배선을 금속제 외함에 수납한 것을 말한다.

13. "공용배전반"이라 함은 소방회로 및 일반회로 겸용의 것으로서 개폐기, 과전류차단기, 계기 그 밖의 배선용기기 및 배선을 금속제 외함에 수납한 것을 말한다.
14. "전용분전반"이라 함은 소방회로 전용의 것으로서 분기 개폐기, 분기과전류차단기 그 밖의 배선용기기 및 배선을 금속제 외함에 수납한 것을 말한다.
15. "공용분전반"이라 함은 소방회로 및 일반회로 겸용의 것으로서 분기개폐기, 분기과전류차단기 그 밖의 배선용기기 및 배선을 금속제 외함에 수납한 것을 말한다.

제4조(인입선 및 인입구 배선의 시설)

① 인입선은 특정소방대상물에 화재가 발생할 경우에도 화재로 인한 손상을 받지 않도록 설치하여야 한다.
② 인입구배선은 「옥내소화전설비의 화재안전기준(NFSC 102)」 별표 1의 규정에 따른 내화배선으로 하여야 한다.

제5조(특별고압 또는 고압으로 수전하는 경우)

① 일반전기사업자로부터 특별고압 또는 고압으로 수전하는 비상전원 수전설비는 방화구획형, 옥외개방형 또는 큐비클(Cubicle)형으로 하여야 한다.
  1. 전용의 방화구획 내에 설치할 것
  2. 소방회로배선은 일반회로배선과 불연성 벽으로 구획할 것. 다만, 소방회로배선과 일반회로배선을 15cm 이상 떨어져 설치한 경우는 그러하지 아니한다.
  3. 일반회로에서 과부하, 지락사고 또는 단락사고가 발생한 경우에도 이에 영향을 받지 아니하고 계속하여 소방회로에 전원을 공급시켜 줄 수 있어야 할 것
  4. 소방회로용 개폐기 및 과전류차단기에는 "소방시설용"이라 표시할 것
  5. 전기회로는 별표 1 같이 결선할 것
② 옥외개방형은 다음 각호에 적합하게 설치하여야 한다.
  1. 건축물의 옥상에 설치하는 경우에는 그 건축물에 화재가 발생할 경우에도 화재로 인한 손상을 받지 않도록 설치할 것
  2. 공지에 설치하는 경우에는 인접 건축물에 화재가 발생한 경우에도 화재로 인한 손상을 받지 않도록 설치할 것
  3. 그 밖의 옥외개방형의 설치에 관하여는 제1항제2호 내지 제5호의 규정에 적합하게 설치할 것
③ 큐비클형은 다음 각호에 적합하게 설치하여야 한다.
  1. 전용큐비클 또는 공용큐비클식으로 설치할 것
  2. 외함은 두께 2.3mm 이상의 강판과 이와 동등 이상의 강도와 내화성능이 있는 것으로 제작하여야 하며, 개구부(제3호에 게기하는 것은 제외한다)에는 갑종방화문 또는 을종방화문을 설치할 것

3. 다음 가목(옥외에 설치하는 것에 있어서는 가목 내지 다목)에 해당하는 것은 외함에 노출하여 설치할 수 있다.

　가. 표시등(불연성 또는 난연성재료로 덮개를 설치한 것에 한한다)

　나. 전선의 인입구 및 인출구

　다. 환기장치

　라. 전압계(퓨즈 등으로 보호한 것에 한한다)

　마. 전류계(변류기의 2차측에 접속된 것에 한한다)

　바. 계기용 전환스위치(불연성 또는 난연성재료로 제작된 것에 한한다)

4. 외함은 건축물의 바닥 등에 견고하게 고정할 것

5. 외함에 수납하는 수전설비, 변전설비 그 밖의 기기 및 배선은 다음 각목에 적합하게 설치할 것

　가. 외함 또는 프레임(Frame) 등에 견고하게 고정할 것

　나. 외함의 바닥에서 10cm(시험단자, 단자대 등의 충전부는 15cm) 이상의 높이에 설치할 것

6. 전선 인입구 및 인출구에는 금속관 또는 금속제 가요전선관을 쉽게 접속할 수 있도록 할 것

7. 환기장치는 다음 각목에 적합하게 설치할 것

　가. 내부의 온도가 상승하지 않도록 환기장치를 할 것

　나. 자연환기구의 개부구 면적의 합계는 외함의 한 면에 대하여 당해 면적의 3분의 1 이하로 할 것. 이 경우 하나의 통기구의 크기는 직경 10mm 이상의 둥근 막대가 들어가서는 아니 된다.

　다. 자연환기구에 따라 충분히 환기할 수 없는 경우에는 환기설비를 설치할 것

　라. 환기구에는 금속망, 방화댐퍼 등으로 방화조치를 하고, 옥외에 설치하는 것은 빗물 등이 들어가지 않도록 할 것

8. 공용큐비클식의 소방회로와 일반회로에 사용되는 배선 및 배선용기기는 불연재료로 구획할 것

9. 그 밖의 큐비클형의 설치에 관하여는 제1항제2호 내지 제5호의 규정 및 한국산업 규격 KS C 4507(큐비클식 고압수전설비)의 규정에 적합할 것

제6조(저압으로 수전하는 경우)

전기사업자로부터 저압으로 수전하는 비상전원설비는 전용배전반(1·2종)·전용분전반(1·2종) 또는 공용분전반(1·2종)으로 하여야 한다.

① 제1종 배전반 및 제1종 분전반은 다음 각호에 작합하게 설치하여야 한다.

1. 외함은 두께 1.6mm(전면판 및 문은 2.3mm) 이상의 강판과 이와 동등 이상의 강도와 내화성능이 있는 것으로 제작할 것

2. 외함의 내부는 외부의 열에 의해 영향을 받지 많도록 내열성 및 단열성이 있는 재료를 사용하여 단열할 것. 이 경우 단열부분은 열 또는 진동에 따라 쉽게 변형되지 아니하여야 한다.

3. 다음 각 목에 해당하는 것은 외함에 노출하여 설치할 수 있다.
   가. 표시등(불연성 또는 난연성재료로 덮개를 설치한 것에 한한다)
   나. 전선의 인입구 및 입출구

4. 외함은 금속관 또는 금속제 가요전선관을 쉽게 접속할 수 있도록 하고, 당해 접속부분에는 단열조치를 할 것

5. 공용배전판 및 공용분전판의 경우 소방회로와 일반회로에 사용하는 배선 및 배선용 기기는 불연재료로 구획되어야 할 것

② 제2종 배전반 및 제2종 분전반은 다음 각호에 적합하게 설치하여야 한다.

1. 외함은 두께 1mm(함전면의 면적이 1,000cm²를 초과하고 2,000cm² 이하인 경우에는 1.2mm, 2,000cm²를 초과하는 경우에는 1.6mm) 이상의 강판과 이와 동등 이상의 강도와 내화성능이 있는 것으로 제작할 것

2. 제1항 제3호 각목에 정한 것과 120℃의 온도를 가했을 때 이상이 없는 전압계 및 전류계는 외함에 노출하여 설치할 것

3. 단열을 위해 배선용 불연전용실내에 설치할 것

4. 그 밖의 제2종 배전반 및 제2종 분전반의 설치에 관하여는 제1항 제4호 및 제5호의 규정에 적합할 것

③ 그 밖의 배전반 및 분전반의 설치에 관하여는 다음 각호에 적합하여야 한다.

1. 일반회로에서 과부하·지락사고 또는 단락사고가 발생한 경우에도 이에 영향을 받지 아니하고 계속하여 소방회로에 전원을 공급시켜 줄 수 있어야 할 것

2. 소방회로용 개폐기 및 과전류차단기에는 "소방시설용"이라는 표시를 할 것

3. 전기회로는 별표 2와 같이 결선할 것

제7조(설치·유지기준의 특례)

소방본부장 또는 소방서장은 기존건축물이 증축·개축·대수선되거나 용도변경되는 경우에 있어서 이 기준이 정하는 기준에 따라 당해 건축물에 설치하여야 할 비상전원수전설비의 배관·배선 등의 공사가 현저하게 곤란하다고 인정되는 경우에는 당해 설비의 기능 및 사용에 지장이 없는 범위 안에서 비상전원수전설비의 설치·유지기준의 일부를 적용하지 아니할 수 있다.

제8조(재검토기한)

소방청장은 이 고시에 대하여 「훈령·예규 등의 발령 및 관리에 관한 규정」에 따라 2019년 1월 1일 기준으로 매 3년이 되는 시점(매 3년째의 12월 31일까지를 말한다)마다 그 타당성을 검토하여 개선 등의 조치를 하여야 한다. 〈개정 2019.5.24〉

제9조(규제의 재검토)

「행정규제기본법」 제8조에 따라 2015년 1월 1일을 기준으로 매 3년이 되는 시점(매 3번째의 12월 31일까지를 말한다)마다 그 타당성을 검토하여 개선 등의 조치를 하여야 한다.〈신설 2015.1.23〉

부칙〈제2019-39호, 2019.5.24〉

이 고시는 발령한 날부터 시행한다.

[별표 1]

고압 또는 특별고압 수전의 경우(제5조제1항제5호 관련)

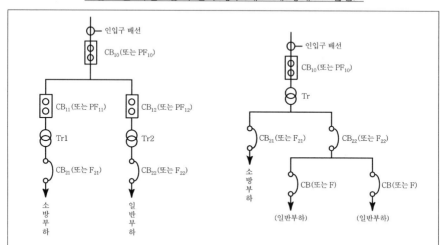

(가) 전용의 전력용변압기에서 소방부하에 전 원을 공급하는 경우

(나) 공용의 전력용변압기에서 소방부하에 전원을 공급하는 경우

주)
1. 일반회로의 과부하 또는 단락사고시에 CB$_{10}$(또는 PF$_{10}$)이 CB$_{12}$(또는 PF$_{12}$) 및 CB$_{22}$(또는 F$_{22}$)보다 먼저 차단되어서는 아니 된다.
2. CB$_{11}$(또는 PF$_{11}$)은 CB$_{12}$(또는 PF$_{12}$)와 동등 이상의 차단용량일 것

주)
1. 일반회로의 과부하 또는 단락사고시에 CB$_{10}$(또는 PF$_{10}$)이 CB$_{22}$(또는 F$_{22}$) 및 CB(또는 F)보다 먼저 차단되어서는 아니 된다.
2. CB$_{21}$(또는 F$_{21}$)은 CB$_{22}$(또는 F$_{22}$)와 동등 이상의 차단용량일 것

약호	명칭
CB	전력차단기
PF	전력퓨즈(고압 또는 특별고압용)
F	퓨즈(저압용)
Tr	전력용변압기

약호	명칭
CB	전력차단기
PF	전력퓨즈(고압 또는 특별고압용)
F	퓨즈(저압용)
Tr	전력용변압기

[별표 2]

저압수전의 경우(제6조제3항제3호관련)

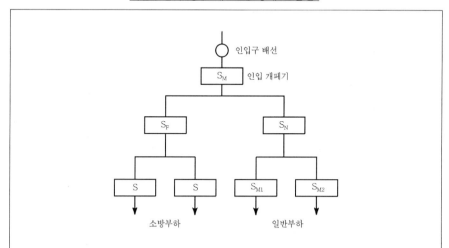

주)
1. 일반회로의 과부하 또는 단락사고시 S$_M$이 S$_N$, S$_{N1}$ 및 S$_{N2}$보다 먼저 차단되어서는 아니 된다.
2. S$_F$는 S$_N$과 동등 이상의 차단용량일 것

약호	명칭
S	저압용개폐기 및 과전류차단기

〈소방설비별 비상전원의 종류〉

설비명	비상전원	비상전원 설치대상
옥내소화전	- 자가발전설비 - 축전지설비	- 지하층을 제외한 층수가 7층 이상으로서 연면적이 2,000[m²] 이상인 특정소방대상물 - 지하층 바닥면적 합계가 3,000[m²] 이상인 특정소방대상물
스프링클러	표준형	- 자가발전설비 - 축전지설비 - S/P설비 설치장소
		- 비상전원수 전설비 - 차고 · 주차장으로서 스프링클러설비가 설치된 부분의 바닥면적(포소화설비가 설치된 차고 · 주차장의 바닥면적을 포함) 합계가 1,000[m²] 미만인 특정 소방대상물

	간이	– 비상전원수전설비	– 간이 S/P설비 설치장소
	화재 조기진압용	– 자가발전설비 – 축전지설비	– 화재조기진압용 S/P설비 설치장소
물분무		– 자가발전설비 – 축전지설비	– 물분무설비 설치장소
포		– 자가발전설비 – 축전지설비	– 포소화설비 설치장소
		– 자가발전설비 – 축전지설비 – 비상전원수전설비	– 호스릴포소화설비 또는 포소화전만을 설치한 차고, 주차장 – 포헤드설비 또는 고정포방출설비가 설치된 부분의 바닥면적 (스프링클러설비가 설치된 차고·주차장의 바닥면적 포함) 합계가 1,000[m²] 미만인 특정 소방대상물
이산화탄소		– 자가발전설비 – 축전지설비	– CO₂ 소화설비(호스릴방식은 제외) 설치장소
할론		– 자가발전설비 – 축전지설비	– 할로겐화합물소화설비(호스릴방식은 제외) 설치장소
할로겐화합물 및 불활성기체 소화약제		– 자가발전설비 – 축전지설비	– 할로겐화합물 및 불활성기체소화약제 소화설비 설치장소
분말		– 자가발전설비 – 축전지설비	– 분말소화설비 설치장소
비상경보		– 축전지설비	– 비상경보설비 설치장소
비상방송		– 축전지설비	– 비상방송설비 설치장소
자동화재탐지설비		– 축전지설비	– 자동화재탐지설비 설치장소
유도등		– 축전지설비	– 유도등설비 설치장소
비상조명등		– 자가발전설비 – 축전지설비	– 내부에 예비전원을 내장하지 않은 경우
제연		– 자가발전설비 – 축전지설비	– 제연설비 설치장소
연결송수관		– 자가발전설비 – 축전지설비	– 높이 70[m] 이상의 특정소방대상물
비상콘센트		– 자가발전설비 – 비상전원수전설비	– 지하층을 제외한 층수가 7층 이상으로서 연면적이 2,000[m²] 이상인 특정소방대상물 – 지하층 바닥면적 합계가 3,000[m²] 이상인 특정소방대상물
무선통신보조설비		– 축전지설비	– 증폭기 및 무선이동중계기 설치장소

제32장 도로터널의 화재안전기준(NFSC 603)

[시행 2017.7.26] [소방청고시 제2017-1호, 2017.7.26, 타법개정]

제1조(목적)

이 기준은 「화재예방, 소방시설 설치·유지 및 안전관리에 관한 법률」 제9조제1항에 따라 소방청장에게 위임한 사항 중 도로터널에 설치하여야 하는 소방시설 등의 설치기준과 유지 및 안전관리에 관하여 필요한 사항을 규정함을 목적으로 한다. 〈개정 2015.10.28, 2017.7.26〉

제2조(적용범위)

「화재예방, 소방시설 설치·유지 및 안전관리에 관한 법률 시행령」(이하 "영"이라 한다) 제15조에 의한 도로터널에 설치하는 소방시설 등은 이 기준에서 정하는 규정에 따라 설비를 설치하고 유지·관리하여야 한다. 〈개정 2012.8.20, 2015.10.28, 2017.7.26〉

제3조(정의)

이 기준에서 사용하는 용어의 정의는 다음과 같다.
1. "도로터널"이라 함은 「도로법」 제11조에서 규정한 도로의 일부로서 자동차의 통행을 위해 지붕이 있는 지하 구조물을 말한다.
2. "설계화재강도"라 함은 터널 화재시 소화설비 및 제연설비 등의 용량산정을 위해 적용하는 차종별 최대열방출률(MW)을 말한다.
3. "종류환기방식"이라 함은 터널 안의 배기가스와 연기 등을 배출하는 환기설비로서 기류를 종방향(출입구 방향)으로 흐르게 하여 환기하는 방식을 말한다.
4. "횡류환기방식"이라 함은 터널 안의 배기가스와 연기 등을 배출하는 환기설비로서 기류를 횡방향(바닥에서 천장)으로 흐르게 하여 환기하는 방식을 말한다.
5. "반횡류환기방식"이라 함은 터널 안의 배기가스와 연기 등을 배출하는 환기설비로서 터널에 수직배기구를 설치해서 횡방향과 종방향으로 기류를 흐르게 하여 환기하는 방식을 말한다.
6. "양방향터널"이라 함은 하나의 터널 안에서 차량의 흐름이 서로 마주보게 되는 터널을 말한다.
7. "일방향터널"이라 함은 하나의 터널 안에서 차량의 흐름이 하나의 방향으로만 진행되는 터널을 말한다.
8. "연기발생률"이라 함은 일정한 설계화재강도의 차량에서 단위 시간당 발생하는 연기량

을 말한다.

9. "피난연결통로"라 함은 본선터널과 병설된 상대터널이나 본선터널과 평행한 피난통로를 연결하기 위한 연결통로를 말한다.

10. "배기구"라 함은 터널 안의 오염공기를 배출하거나 화재발생시 연기를 배출하기 위한 개구부를 말한다.

제4조(소화기)

소화기는 다음 각호의 기준에 따라 설치하여야 한다.

1. 소화기의 능력단위(「소화기구의 화재안전기준(NFSC 101)」 제3조제6호에 따른 수치를 말한다. 이하 같다)는 A급 화재에 3단위 이상, B급 화재에 5단위 이상 및 C급 화재에 적응성이 있는 것으로 할 것

2. 소화기의 총중량은 사용 및 운반이 편리성을 고려하여 7kg 이하로 할 것

3. 소화기는 주행차로의 우측 측벽에 50m 이내의 간격으로 2개 이상을 설치하며, 편도2차선 이상의 양방향 터널과 4차로 이상의 일방향 터널의 경우에는 양쪽 측벽에 각각 50m 이내의 간격으로 엇갈리게 2개 이상을 설치할 것

4. 바닥면(차로 또는 보행로를 말한다. 이하 같다)으로부터 1.5m 이하의 높이에 설치할 것

5. 소화기구함의 상부에 "소화기"라고 조명식 또는 반사식의 표지판을 부착하여 사용자가 쉽게 인지할 수 있도록 할 것

제5조(옥내소화전설비)

옥내소화전설비는 다음 각호의 기준에 따라 설치하여야 한다.

1. 소화전함과 방수구는 주행차로 우측 측벽을 따라 50m 이내의 간격으로 설치하며, 편도 2차선 이상의 양방향 터널이나 4차로 이상의 일방향 터널의 경우에는 양쪽 측벽에 각각 50m 이내의 간격으로 엇갈리게 설치할 것

2. 수원은 그 저수량이 옥내소화전의 설치개수 2개(4차로 이상의 터널의 경우 3개)를 동시에 40분 이상 사용할 수 있는 충분한 양 이상을 확보할 것

3. 가압송수장치는 옥내소화전 2개(4차로 이상의 터널인 경우 3개)를 동시에 사용할 경우 각 옥내소화전의 노즐선단에서의 방수압력은 0.35MPa 이상이고 방수량은 190L/min 이상이 되는 성능의 것으로 할 것. 다만, 하나의 옥내소화전을 사용하는 노즐선단에서의 방수압력이 0.7MPa을 초과할 경우에는 호스접결구의 인입측에 감압장치를 설치하여야 한다.

4. 압력수조나 고가수조가 아닌 전동기 및 내연기관에 의한 펌프를 이용하는 가압송수장치는 주펌프와 동등 이상인 별도의 예비펌프를 설치할 것

5. 방수구는 40mm 구경의 단구형을 옥내소화전이 설치된 벽면의 바닥면으로부터 1.5m

이하의 높이에 설치할 것
　6. 소화전함에는 옥내소화전 방수구 1개, 15m 이상의 소방호스 3본 이상 및 방수노즐을
　　비치할 것
　7. 옥내소화전설비의 비상전원은 40분 이상 작동할 수 있을 것

제5조의2(물분무소화설비)
물분무소화설비는 다음 각호의 기준에 따라 설치하여 한다.
　1. 물분무 헤드는 도로면에 1m²당 6L/min 이상의 수량을 균일하게 방수할 수 있도록 할 것
　2. 물분무설비의 하나의 방수구역은 25m 이상으로 하며, 3개 방수구역을 동시에 40분 이
　　상 방수할 수 있는 수량을 확보할 것
　3. 물분무설비의 비상전원은 40분 이상 기능을 유지할 수 있도록 할 것

제6조(비상경보설비)
비상경보설비는 다음 각호의 기준에 따라 설치하여야 한다.
　1. 발신기는 주행차로 한쪽 측벽에 50m 이내의 간격으로 설치하며, 편도 2차선 이상의 양방향
　　터널이나 4차로 이상의 일방향 터널의 경우에는 양쪽의 측벽에 각각 50m 이내의 간격으로
　　엇갈리게 설치할 것
　2. 발신기는 바닥면으로부터 0.8m 이상 1.5m 이하의 높이에 설치할 것
　3. 음향장치는 발신기 설치위치와 동일하게 설치할 것. 다만, 비상방송설비의 화재안전기
　　준(NFSC 202)에 적합하게 설치된 방송설비를 비상경보설비와 연동하여 작동하도록
　　설치한 경우에는 비상경보설비의 지구음향장치를 설치하지 아니할 수 있다.
　4. 음향장치의 음량은 부착된 음향장치의 중심으로부터 1m 떨어진 위치에서 90dB 이상
　　이 되도록 할 것
　5. 음향장치는 터널내부 전체에 동시에 경보를 발하도록 설치할 것
　6. 시각경보기는 주행차로 한쪽 측벽에 50m 이내의 간격으로 비상경보설비 상부 직근에
　　설치하고, 전체 시각경보기는 동기방식에 의해 작동될 수 있도록 할 것

제7조(자동화재탐지설비)
① 터널에 설치할 수 있는 감지기의 종류는 다음 각호의 1과 같다.
　1. 차동식분포형감지기
　2. 정온식감지선형감지기(아날로그식에 한한다. 이하 같다)
　3. 중앙기술심의위원회의 심의를 거쳐 터널화재에 적응성이 있다고 인정된 감지기
② 하나의 경계구역의 길이는 100m 이하로 하여야 한다.
③ 제1항의 규정에 의한 감지기의 설치기준은 다음 각호와 같다. 다만, 중앙기술심의위원회

의 심의를 거쳐 제조사 시방서에 따른 설치방법이 터널화재에 적합하다고 인정되는 경우에는 다음 각호의 기준에 의하지 아니하고 심의결과에 의한 제조사 시방서에 따라 실치할 수 있다.

1. 감지기의 감열부(열을 감지하는 기능을 갖는 부분을 말한다. 이하 같다)와 감열부 사이의 이격거리는 10m 이하로, 감지기와 터널 좌·우측 벽면과의 이격거리는 6.5m 이하로 설치할 것

2. 제1호의 규정에 불구하고 터널 천장의 구조가 아치형의 터널에 감지기를 터널 진행방향으로 설치하고자 하는 경우에는 감열부와 감열부 사이의 이격거리를 10m 이하로 하여 아치형 천장의 중앙 최상부에 1열로 감지기를 설치하여야 하며, 감지기를 2열 이상으로 설치하고자 하는 경우에는 감열부와 감열부 사이의 이격거리는 10m 이하로 감지기 간의 이격거리는 6.5m 이하로 설치할 것

3. 감지기를 천장면(터널 안 도로 등에 면한 부분 또는 상층의 바닥 하부면을 말한다. 이하 같다)에 설치하는 경우에는 감기기가 천장면에 밀착되지 않도록 고정금구 등을 사용하여 설치할 것

4. 형식승인 내용에 설치방법이 규정된 경우에는 형식승인 내용에 따라 설치할 것. 다만, 감지기와 천장면과의 이격거리에 대해 제조사의 시방서에 규정되어 있는 경우에는 시방서의 규정에 따라 설치할 수 있다.

④ 제2항의 규정에도 불구하고 감지기의 작동에 의하여 다른 소방시설 등이 연동되는 경우로서 해당 소방시설 등의 작동을 위한 정확한 발화위치를 확인할 필요가 있는 경우에는 경계구역의 길이가 해당 설비의 방호구역 등에 포함되도록 설치하여야 한다.

⑤ 발신기 및 지구음향장치는 제6조의 규정을 준용하여 설치하여야 한다.

제8조(비상조명등)

비상조명등은 다음 각호의 기준에 따라 설치하여야 한다.

1. 상시 조명이 소등된 상태에서 비상조명등이 점등되는 경우 터널안의 차도 및 보도의 바닥면의 조도는 10lx 이상, 그 외 모든 지점의 조도는 1lx 이상이 될 수 있도록 설치할 것

2. 비상조명등은 상용전원이 차단되는 경우 자동으로 비상전원으로 60분 이상 점등되도록 설치할 것

3. 비상조명등에 내장된 예비전원이나 축전지설비는 상용전원의 공급에 의하여 상시 충전상태를 유지할 수 있도록 설치할 것

제9조(제연설비)

① 제연설비는 다음 사양을 만족하도록 설계하여야 한다.

1. 설계화재강도 20MW를 기준으로 하고, 이 때 연기발생률은 80m³/s로 하며, 배출량은

발생된 연기와 혼합된 공기를 충분히 배출할 수 있는 용량 이상을 확보할 것
　2. 제1호의 규정에도 불구하고 화재강도가 설계화재강도보다 높을 것으로 예상될 경우 위험도분석을 통하여 설계화재강도를 설정하도록 할 것
② 제연설비는 다음 각호의 기준에 따라 설치하여야 한다.
　1. 종류환기방식의 경우 제트팬의 소손을 고려하여 예비용 제트팬을 설치하도록 할 것
　2. 횡류환기방식(또는 반횡류환기방식) 및 대배기구 방식의 배연용 팬은 덕트의 길이에 따라서 노출온도가 달라질 수 있으므로 수치해석 등을 통해서 내열온도 등을 검토한 후에 적용하도록 할 것
　3. 대배기구의 개폐용 전동모터는 정전 등 전원이 차단되는 경우에도 조작상태를 유지할 수 있도록 할 것
　4. 화재에 노출이 우려되는 제연설비와 전원공급선 및 제트팬 사이의 전원공급장치 등은 250℃의 온도에서 60분 이상 운전상태를 유지할 수 있도록 할 것
③ 제연설비의 기동은 다음 각호의 1에 의하여 자동 또는 수동으로 기동될 수 있도록 하여야 한다.
　1. 화재감지기가 동작되는 경우
　2. 발신기의 스위치 조작 또는 자동소화설비의 기동장치를 동작시키는 경우
　3. 화재수신기 또는 감시제어반의 수동조작스위치를 동작시키는 경우
④ 비상전원은 60분 이상 작동할 수 있도록 하여야 한다.

제10조(연결송수관설비)

연결송수관설비는 다음 각호의 기준에 따라 설치하여야 한다.
　1. 방수압력은 0.35MPa 이상, 방수량은 400L/min 이상을 유지할 수 있도록 할 것
　2. 방수구는 50m 이내의 간격으로 옥내소화전함에 병설하거나 독립적으로 터널출입구 부근과 피난연결통로에 설치할 것
　3. 방수기구함은 50m 이내의 간격으로 옥내소화전함 안에 설치하거나 독립적으로 설치하고, 하나의 방수기구함에는 65mm 방수노즐 1개와 15m 이상의 호스 3본을 설치하도록 할 것

제11조(무선통신보조설비)

① 무선통신보조설비의 무전기접속단자는 방재실과 터널의 입구 및 출구, 피난연결통로에 설치하여야 한다.
② 라디오 재방송설비가 설치되는 터널의 경우에는 무선통신보조설비와 겸용으로 설치할 수 있다.

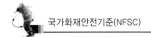

제12조(비상콘센트설비)

비상콘센트설비는 다음 각호의 기준에 따라 설치하여야 한다.

1. 비상콘센트설비의 전원회로는 단상교류 220V인 것으로서 그 공급용량은 1.5kVA 이상인 것으로 할 것 〈개정 2013.9.3〉
2. 전원회로는 주배전반에서 전용회로로 할 것. 다만, 다른 설비의 회로의 사고에 따른 영향을 받지 아니하도록 되어 있는 것에 있어서는 그러하지 아니하다.
3. 콘센트마다 배선용 차단기(KS C 8321)를 설치하여야 하며, 충전부가 노출되지 아니하도록 할 것
4. 주행차로의 우측 측벽에 50m 이내의 간격으로 바닥으로부터 0.8m 이상 1.5m 이하의 높이에 설치할 것

제13조(다른 화재안전기준과의 관계)

터널에 설치하는 소방시설 등의 설치 기준 중 이 기준에서 규정하지 아니한 소방시설 등의 설치기준은 개별 화재안전기준에 따라 설치하여야 한다.

제14조(재검토 기한)

소방청장은 「훈령·예규 등의 발령 및 관리에 관한 규정」에 따라 이 고시에 대하여 2016년 1월 1일을 기준으로 매3년이 되는 시점(매 3년째의 12월 31일까지를 말한다)마다 그 타당성을 검토하여 개선 등의 조치를 하여야 한다. 〈전문개정 2015.10.28. 2017.7.26〉

부칙 〈제2017-1호, 2017.7.26〉

- **제1조(시행일)**
  이 고시는 발령한 날부터 시행한다.
- **제2조(경과조치)**
  이 고시 시행당시 건축허가 등의 동의 또는 착공신고가 완료된 특정소방대상물에 대하여는 종전의 기준에 따른다.

제33장 고층건축물의 화재안전기준(NFSC 604)

[시행 2017.7.26] [소방청고시 제2017-1호, 2017.7.26, 타법개정]

제1조(목적)

이 기준은 「화재예방, 소방시설 설치·유지 및 안전관리에 관한 법률」 제9조제1항에 따라 소방청장에게 위임한 사항 중 고층건축물에 설치하여야 하는 소방시설 등의 설치·유지 및 안전관리에 관하여 필요한 사항을 규정함을 목적으로 한다. 〈개정 2015.10.28, 2016.7.13, 2017.7.26〉

제2조(적용범위)

고층건축물에 설치하는 소방시설과 「초고층 및 지하연계 복합건축물 재난관리에 관한 특별법 시행령」 제14조제2항에 따라 피난안전구역에 설치하는 소방시설은 이 기준에서 정하는 규정에 적합하게 설비를 설치하고 유지·관리하여야 한다.

제3조(정의)

① 이 기준에서 사용하는 용어의 정의는 다음과 같다.
   1. "고층건축물"이란 「건축법」 제2조제1항제19호 규정에 따른 건축물을 말한다.
   2. "급수배관"이란 수원 및 옥외송수구로부터 옥내소화전 방수구 또는 스프링클러헤드, 연결송수관 방수구에 급수하는 배관을 말한다.
② 이 기준에서 사용하는 용어는 제1항에서 규정한 것을 제외하고는 관계법령 및 개별 화재안전기준에서 정하는 바에 따른다.

제4조(다른 화재안전기준과의 관계)

고층건축물에 설치하는 소방시설 등의 설치기준 중 이 기준에서 규정하지 아니한 설치기준은 개별 화재안전기준에 따라 설치하여야 한다.

제5조(옥내소화전설비)

① 수원은 그 저수량이 옥내소화전의 설치 개수가 가장 많은 층의 설치 개수(5개 이상 설치된 경우에는 5개)에 5.2m³(호스릴옥내소화전설비를 포함한다)를 곱한 양 이상이 되도록 하여야 한다. 다만, 층수가 50층 이상인 건축물의 경우에는 7.8m³를 곱한 양 이상이 되도록 하여야 한다.

② 수원은 제1호에 따라 산출된 유효수량 외에 유효수량의 3분의 1 이상을 옥상(옥내소화전설비가 설치된 건축물의 주된 옥상을 말한다. 이하 같다)에 설치하여야 한다. 다만, 「옥내소화전설비의 화재안전기준(NFSC 102)」 제4조제2항제3호 또는 제4호에 해당하는 경우에는 그러하지 아니하다.

③ 전동기 또는 내연기관을 이용한 펌프방식의 가압송수장치는 옥내소화전설비 전용으로 설치하여야 하며, 옥내소화전설비 주펌프 이외에 동등 이상인 별도의 예비펌프를 설치하여야 한다.

④ 급수배관은 전용으로 하여야 한다. 다만, 옥내소화전설비의 성능에 지장이 없는 경우에는 연결송수관설비의 배관과 겸용할 수 있다.

⑤ 50층 이상인 건축물의 옥내소화전 주배관 중 수직배관은 2개 이상(주배관 성능을 갖는 동일 호칭배관)으로 설치하여야 하며, 하나의 수직배관의 파손 등 작동 불능 시에도 다른 수직배관으로부터 소화용수가 공급되도록 구성하여야 한다.

⑥ 비상전원은 자가발전설비 또는 축전지설비(내연기관에 따른 펌프를 사용하는 경우에는 내연기관의 기동 및 제어용 축전지를 말한다) 또는 전기저장장치로서 옥내소화전설비를 40분 이상 작동할 수 있을 것.(다만, 50층 이상인 건축물의 경우에는 60분 이상 작동할 수 있어야 한다.)

제6조(스프링클러설비)

스프링클러설비는 다음 각 항의 기준에 따라 설치하여야 한다.

① 수원은 스프링클러설비 설치장소별 스프링클러헤드의 기준 개수에 3.2m³를 곱한 양 이상이 되도록 하여야 한다. 다만, 50층 이상인 건축물의 경우에는 4.8m³를 곱한 양 이상이 되도록 하여야 한다.

② 스프링클러설비의 수원은 제1호에 따라 산출된 유효수량 외에 유효수량의 3분의 1 이상을 옥상(스프링클러설비가 설치된 건축물의 주된 옥상을 말한다. 이하 같다)에 설치하여야 한다. 다만, 「스프링클러설비의 화재안전기준(NFSC103)」 제4조제2항제3호 또는 제4호에 해당하는 경우에는 그러하지 아니하다.

③ 전동기 또는 내연기관을 이용한 펌프방식의 가압송수장치는 스프링클러설비 전용으로 설치하여야 하며, 스프링클러설비 주펌프 이외에 동등 이상인 별도의 예비펌프를 설치하여야 한다.

④ 급수배관은 전용으로 설치하여야 한다.

⑤ 50층 이상인 건축물의 스프링클러설비 주배관 중 수직배관은 2개 이상(주배관 성능을 갖는 동일 호칭배관)으로 설치하고, 하나의 수직배관이 파손 등 작동 불능 시에도 다른 수직배관으로부터 소화용수가 공급되도록 구성하여야 하며, 각 각의 수직배관에 유수검지장치를 설치하여야 한다.

⑥ 50층 이상인 건축물의 스프링클러 헤드에는 2개 이상의 가지배관 양방향에서 소화용수가

공급되도록 하고, 수리계산에 의한 설계를 하여야 한다.
⑦ 스프링클러설비의 음향장치는 「스프링클러설비의 화재안전기준(NFSC 103)」 제9조에 따라 설치하되, 다음 각 호의 기준에 따라 경보를 발할 수 있도록 하여야 한다.
  1. 2층 이상의 층에서 발화한 때에는 발화층 및 그 직상 4개층에 경보를 발할 것
  2. 1층에서 발화한 때에는 발화층·그 직상 4개층 및 지하층에 경보를 발할 것
  3. 지하층에서 발화한 때에는 발화층·그 직상층 및 기타의 지하층에 경보를 발할 것
⑧ 비상전원을 설치할 경우 자가발전설비, 축전지설비(내연기관에 따른 펌프를 사용하는 경우에는 내연기관의 기동 및 제어용 축전지를 말한다) 또는 전기저장장치(외부 전기에너지를 저장해 두었다가 필요한 때 전기를 공급하는 장치)로서 스프링클러설비를 40분 이상 작동할 수 있을 것. 다만, 50층 이상인 건축물의 경우에는 60분 이상 작동할 수 있어야 한다. 〈개정 2016.7.13〉

제7조(비상방송설비)

① 비상방송설비의 음향장치는 다음 각 호의 기준에 따라 경보를 발할 수 있도록 하여야 한다.
  1. 2층 이상의 층에서 발화한 때에는 발화층 및 그 직상 4개층에 경보를 발할 것
  2. 1층에서 발화한 때에는 발화층·그 직상 4개층 및 지하층에 경보를 발할 것
  3. 지하층에서 발화한 때에는 발화층·그 직상층 및 기타의 지하층에 경보를 발할 것
② 비상방송설비에는 그 설비에 대한 감시상태를 60분간 지속한 후 유효하게 30분 이상 경보할 수 있는 축전지설비(수신기에 내장하는 경우를 포함한다) 또는 전기저장장치(외부 전기에너지를 저장해 두었다가 필요한 때 전기를 공급하는 장치)를 설치할 것 〈개정 2016.7.13〉

제8조(자동화재탐지설비)

① 감지기는 아날로그방식의 감지기로서 감지기의 작동 및 설치지점을 수신기에서 확인할 수 있는 것으로 설치하여야 한다. 다만, 공동주택의 경우에는 감지기별로 작동 및 설치지점을 수신기에서 확인할 수 있는 아날로그방식 외의 감지기로 설치할 수 있다.
② 자동화재탐지설비의 음향장치는 다음 각 호의 기준에 따라 경보를 발할 수 있도록 하여야 한다.
  1. 2층 이상의 층에서 발화한 때에는 발화층 및 그 직상 4개층에 경보를 발할 것
  2. 1층에서 발화한 때에는 발화층·그 직상 4개층 및 지하층에 경보를 발할 것
  3. 지하층에서 발화한 때에는 발화층·그 직상층 및 기타의 지하층에 경보를 발할 것
③ 50층 이상인 건축물에 설치하는 통신·신호배선은 이중배선을 설치하도록 하고 단선(斷線) 시에도 고장표시가 되며 정상 작동할 수 있는 성능을 갖도록 설비를 하여야 한다.
  1. 수신기와 수신기 사이의 통신배선
  2. 수신기와 중계기 사이의 신호배선
  3. 수신기와 감지기 사이의 신호배선

④ 자동화재탐지설비에는 그 설비에 대한 감시상태를 60분간 지속한 후 유효하게 30분 이상 경보할 수 있는 축전지설비(수신기에 내장하는 경우를 포함한다) 또는 전기저장장치(외부 전기에너지를 저장해 두었다가 필요한 때 전기를 공급하는 장치)를 설치하여야 한다. 다만, 상용전원이 축전지설비인 경우에는 그러하지 아니하다. 〈개정 2016.7.13〉

제9조(특별피난계단의 계단실 및 부속실 제연설비)

특별피난계단의 계단실 및 그 부속실 「제연설비의 화재안전기준(NFSC 501A)」에 따라 설치하되, 비상전원은 자가발전설비 등으로 하고 제연설비를 유효하게 40분 이상 작동할 수 있도록 할 것. 다만, 50층 이상인 건축물의 경우에는 60분 이상 작동할 수 있어야 한다.

제10조(피난안전구역의 소방시설)

「초고층 및 지하연계 복합건축물 재난관리에 관한 특별법 시행령」 제14조제2항에 따라 피난안전구역에 설치하는 소방시설은 별표 1과 같이 설치하여야 하며, 이 기준에서 정하지 아니한 것은 개별 화재안전기준에 따라 설치하여야 한다.

제11조(연결송수관설비)

① 연결송수관설비의 배관은 전용으로 한다. 다만, 주배관의 구경이 100mm 이상인 옥내소화전설비와 겸용할 수 있다.

② 연결송수관설비의 비상전원은 자가발전설비, 축전지설비(내연기관에 따른 펌프를 사용하는 경우에는 내연기관의 기동 및 제어용 축전지를 말한다) 또는 전기저장장치(외부 전기에너지를 저장해 두었다가 필요한 때 전기를 공급하는 장치)로서 연결송수관설비를 유효하게 40분 이상 작동할 수 있어야 할 것. 다만, 50층 이상인 건축물의 경우에는 60분 이상 작동할 수 있어야 한다. 〈개정 2016.7.13〉

제12조(재검토 기한)

소방청장은 「훈령·예규 등의 발령 및 관리에 관한 규정」에 따라 이 고시에 대하여 2016년 1월 1일을 기준으로 매3년이 되는 시점(매 3년째의 12월 31일까지를 말한다)마다 그 타당성을 검토하여 개선 등의 조치를 하여야 한다. 〈전문개정 2015.10.28, 2017.7.26〉

부칙 〈제2017-1호, 2017.7.26〉

- **제1조(시행일)**
  이 고시는 발령한 날부터 시행한다.
- **제2조(경과조치)**
  이 고시 시행당시 건축허가 등의 동의 또는 착공신고가 완료된 특정소방대상물에 대하여는 종전의 기준에 따른다.

[별표 1]

피난안전구역에 설치하는 소방시설 설치기준(제10조관련)

구 분	설치기준
1. 제연설비	피난안전구역과 비 제연구역간의 차압은 50Pa(옥내에 스프링클러설비가 설치된 경우에는 12.5Pa) 이상으로 하여야 한다. 다만 피난안전구역의 한 쪽 면 이상이 외기에 개방된 구조의 경우에는 설치하지 아니할 수 있다.
2. 피난유도선	피난유도선은 다음 각호의 기준에 따라 설치하여야 한다. 가. 피난안전구역이 설치된 층의 계단실 출입구에서 피난안전구역 주 출입구 또는 비상구까지 설치할 것 나. 계단실에 설치하는 경우 계단 및 계단참에 설치할 것 다. 피난유도 표시부의 너비는 최소 25mm 이상으로 설치할 것 라. 광원점등방식(전류에 의하여 빛을 내는 방식)으로 설치하되, 60분 이상 유효하게 작동할 것
3. 비상조명등	피난안전구역의 비상조명등은 상시 조명이 소등된 상태에서 그 비상조명등이 점등되는 경우 각 부분의 바닥에서 조도는 10lx 이상이 될 수 있도록 설치할 것
4. 휴대용비상조명등	가. 피난안전구역에는 휴대용비상조명등을 다음 각호의 기준에 따라 설치하여야 한다. 1) 초고층 건축물에 설치된 피난안전구역 : 피난안전구역 위층의 재실자수(「건축물의 피난·방화구조 등의 기준에 관한 규칙」 별표 1의2에 따라 산정된 재실자 수를 말한다)의 10분의 1 이상 2) 지하연계 복합건축물에 설치된 피난안전구역 : 피난안전구역이 설치된 층의 수용인원(영 별표 2에 따라 산정된 수용인원을 말한다)의 10분의 1 이상 나. 건전지 및 충전식 건전지의 용량은 40분 이상 유효하게 사용할 수 있는 것으로 한다. 다만, 피난안전구역이 50층 이상에 설치되어 있을 경우의 용량은 60분 이상으로 할 것
5. 인명구조기구	가. 방열복, 인공소생기를 각 2개 이상 비치할 것 나. 45분 이상 사용할 수 있는 성능의 공기호흡기(보조마스크를 포함한다)를 2개 이상 비치하여야 한다. 다만, 피난안전구역이 50층 이상에 설치되어 있을 경우에는 동일한 성능의 예비용기를 10개 이상 비치할 것 다. 화재시 쉽게 반출할 수 있는 곳에 비치할 것 라. 인명구조기구가 설치된 장소의 보기 쉬운 곳에 "인명구조기구"라는 표지판 등을 설치할 것

제34장 지하구의 화재안전기준(NFSC 605)

[시행 2021.1.15] [소방청고시 제2021-11호, 2021.1.15, 전부개정]

제1조(목적)

이 기준은 「화재예방, 소방시설 설치·유지 및 안전관리에 관한 법률」 제9조제1항에 따라 소방청장에게 위임한 사항 중 지하구에 설치하여야 하는 소방시설 등의 설치·유지 및 안전관리에 관하여 필요한 사항을 규정함을 목적으로 한다.

제2조(적용범위)

「화재예방, 소방시설 설치·유지 및 안전관리에 관한 법률 시행령」(이하 "영"이라 한다) 제15조에 의한 지하구에 설치하는 소방시설 등은 이 기준에서 정하는 규정에 따라 설비를 설치하고 유지·관리하여야 한다.

제3조(정의)

이 기준에서 사용하는 용어의 정의는 다음과 같다.

1. "지하구"란 영 [별표2] 제28호에서 규정한 지하구를 말한다.
2. "제어반"이란 설비, 장치 등의 조작과 확인을 위해 제어용 계기류, 스위치 등을 금속제 외함에 수납한 것을 말한다.
3. "분전반"이란 분기개폐기·분기과전류차단기 그밖에 배선용기기 및 배선을 금속제 외함에 수납한 것을 말한다.
4. "방화벽"이란 화재 시 발생한 열, 연기 등의 확산을 방지하기 위하여 설치하는 벽을 말한다.
5. "분기구"란 전기, 통신, 상하수도, 난방 등의 공급시설의 일부를 분기하기 위하여 지하구의 단면 또는 형태를 변화시키는 부분을 말한다.
6. "환기구"란 지하구의 온도, 습도의 조절 및 유해가스를 배출하기 위해 설치되는 것으로 자연환기구와 강제환기구로 구분된다.
7. "작업구"란 지하구의 유지관리를 위하여 자재, 기계기구의 반·출입 및 작업자의 출입을 위하여 만들어진 출입구를 말한다.
8. "케이블접속부"란 케이블이 지하구 내에 포설되면서 발생하는 직선 접속 부분을 전용의 접속재로 접속한 부분을 말한다.

9. "특고압 케이블"이란 사용전압이 7,000V를 초과하는 전로에 사용하는 케이블을 말한다.

제4조(소화기구 및 자동소화장치)

① 소화기구는 다음 각 호의 기준에 따라 설치하여야 한다.
　　1. 소화기의 능력단위(「소화기구 및 자동소화장치의 화재안전기준(NFSC 101)」 제3조제
　　　6호에 따른 수치를 말한다. 이하 같다)는 A급 화재는 개당 3단위 이상, B급 화재는
　　　개당 5단위 이상 및 C급 화재에 적응성이 있는 것으로 할 것
　　2. 소화기 한대의 총중량은 사용 및 운반의 편리성을 고려하여 7kg 이하로 할 것
　　3. 소화기는 사람이 출입할 수 있는 출입구(환기구, 작업구를 포함한다) 부근에 5개 이상
　　　설치할 것
　　4. 소화기는 바닥면으로부터 1.5m 이하의 높이에 설치할 것
　　5. 소화기의 상부에 "소화기"라고 표시한 조명식 또는 반사식의 표지판을 부착하여 사용
　　　자가 쉽게 인지할 수 있도록 할 것
② 지하구 내 발전실·변전실·송전실·변압기실·배전반실·통신기기실·전산기기실·기
　타 이와 유사한 시설이 있는 장소 중 바닥면적이 300m² 미만인 곳에는 유효설치 방호체적
　이내의 가스·분말·고체에어로졸·캐비닛형 자동소화장치를 설치하여야 한다. 다만 해
　당 장소에 물분무등소화설비를 설치한 경우에는 설치하지 않을 수 있다.
③ 제어반 또는 분전반마다 가스·분말·고체에어로졸 자동소화장치 또는 유효설치 방호체
　적 이내의 소공간용 소화용구를 설치하여야 한다.
④ 케이블접속부(절연유를 포함한 접속부에 한한다)마다 다음 각 호의 자동소화장치를 설치
　하되 소화성능이 확보될 수 있도록 방호공간을 구획하는 등 유효한 조치를 하여야 한다.
　　1. 가스·분말·고체에어로졸 자동소화장치
　　2. 중앙소방기술심의위원회의 심의를 거쳐 소방청장이 인정하는 자동소화장치

제5조(자동화재탐지설비)

① 감지기는 다음 각 호에 따라 설치하여야 한다.
　　1. 「자동화재탐지설비 및 시각경보장치의 화재안전기준(NFSC 203)」 제7조제1항 각 호
　　　의 감지기 중 먼지·습기 등의 영향을 받지 아니하고 발화지점(1m 단위)과 온도를 확
　　　인할 수 있는 것을 설치할 것
　　2. 지하구 천장의 중심부에 설치하되 감지기와 천장 중심부 하단과의 수직거리는 30cm
　　　이내로 할 것. 다만, 형식승인 내용에 설치방법이 규정되어 있거나, 중앙기술심의위원
　　　회의 심의를 거쳐 제조사 시방서에 따른 설치방법이 지하구 화재에 적합하다고 인정
　　　되는 경우에는 형식승인 내용 또는 심의결과에 의한 제조사 시방서에 따라 설치할 수
　　　있다.

3. 발화지점이 지하구의 실제거리와 일치하도록 수신기 등에 표시할 것
4. 공동구 내부에 상수도용 또는 냉·난방용 설비만 존재하는 부분은 감지기를 설치하지 않을 수 있다.
② 발신기, 지구음향장치 및 시각경보기는 설치하지 않을 수 있다.

제6조(유도등)

사람이 출입할 수 있는 출입구(환기구, 작업구를 포함한다)에는 해당 지하구 환경에 적합한 크기의 피난구유도등을 설치하여야 한다.

제7조(연소방지설비)

① 연소방지설비의 배관은 다음 각 호의 기준에 따라 설치하여야 한다.
   1. 배관용 탄소강관(KS D 3507) 또는 압력배관용 탄소강관(KS D 3562)이나 이와 동등 이상의 강도·내식성 및 내열성을 가진 것으로 하여야 한다.
   2. 급수배관(송수구로부터 연소방지설비 헤드에 급수하는 배관을 말한다. 이하 같다)은 전용으로 하여야 한다.
   3. 배관의 구경은 다음 각 목의 기준에 적합한 것이어야 한다.
      가. 연소방지설비전용헤드를 사용하는 경우에는 다음 표에 따른 구경 이상으로 할 것

하나의 배관에 부착하는 살수헤드의 개수	1개	2개	3개	4개 또는 5개	6개 이상
배관의 구경(mm)	32	40	50	65	80

      나. 개방형 스프링클러헤드를 사용하는 경우에는 「스프링클러설비의 화재안전기준(NFSC 103)」[별표 1]의 기준에 따를 것
   4. 교차배관은 가지배관과 수평으로 설치하거나 또는 가지배관 밑에 설치하고, 그 구경은 제3호에 따르되, 최소구경이 40mm 이상이 되도록 할 것
   5. 배관에 설치되는 행가는 다음 각 목의 기준에 따라 설치하여야 한다.
      가. 가지배관에는 헤드의 설치지점 사이마다 1개 이상의 행가를 설치하되, 헤드간의 거리가 3.5m을 초과하는 경우에는 3.5m 이내마다 1개 이상 설치할 것. 이 경우 상향식헤드와 행가 사이에는 8cm 이상의 간격을 두어야 한다.
      나. 교차배관에는 가지배관과 가지배관 사이마다 1개 이상의 행가를 설치하되, 가지배관 사이의 거리가 4.5m를 초과하는 경우에는 4.5m 이내마다 1개 이상 설치할 것
      다. 제1호와 제2호의 수평주행배관에는 4.5m 이내마다 1개 이상 설치할 것
   6. 분기배관을 사용할 경우에는 「분기배관의 성능인증 및 제품검사의 기술기준」에 적합한 것으로 설치하여야 한다.

② 연소방지설비의 헤드는 다음 각 호의 기준에 따라 설치하여야 한다.
  1. 천장 또는 벽면에 설치할 것
  2. 헤드간의 수평거리는 연소방지설비 전용헤드의 경우에는 2m 이하, 스프링클러헤드의 경우에는 1.5m 이하로 할 것
  3. 소방대원의 출입이 가능한 환기구·작업구마다 지하구의 양쪽방향으로 살수헤드를 설정하되, 한쪽 방향의 살수구역의 길이는 3m 이상으로 할 것. 다만, 환기구 사이의 간격이 700m를 초과할 경우에는 700m 이내마다 살수구역을 설정하되, 지하구의 구조를 고려하여 방화벽을 설치한 경우에는 그러하지 아니하다.
  4. 연소방지설비 전용헤드를 설치할 경우에는 「소화설비용헤드의 성능인증 및 제품검사 기술기준」에 적합한 '살수헤드'를 설치할 것
③ 송수구는 다음 각 호의 기준에 따라 설치하여야 한다.
  1. 소방차가 쉽게 접근할 수 있는 노출된 장소에 설치하되, 눈에 띄기 쉬운 보도 또는 차도에 설치할 것
  2. 송수구는 구경 65mm의 쌍구형으로 할 것
  3. 송수구로부터 1m 이내에 살수구역 안내표지를 설치할 것
  4. 지면으로부터 높이가 0.5m 이상 1m 이하의 위치에 설치할 것
  5. 송수구의 가까운 부분에 자동배수밸브(또는 직경 5mm의 배수공)를 설치할 것. 이 경우 자동배수밸브는 배관안의 물이 잘 빠질 수 있는 위치에 설치하되, 배수로 인하여 다른 물건 또는 장소에 피해를 주지 아니하여야 한다.
  6. 송수구로부터 주배관에 이르는 연결배관에는 개폐밸브를 설치하지 아니할 것
  7. 송수구에는 이물질을 막기 위한 마개를 씌어야 한다.

제8조(연소방지재)

지하구 내에 설치하는 케이블·전선 등에는 다음 각 호의 기준에 따라 연소방지재를 설치하여야 한다. 다만, 케이블·전선 등을 다음 제1호의 난연성능 이상을 충족하는 것으로 설치한 경우에는 연소방지재를 설치하지 않을 수 있다.
  1. 연소방지재는 한국산업표준(KS C IEC 60332-3-24)에서 정한 난연성능 이상의 제품을 사용하되 다음 각 목의 기준을 충족하여야 한다.
    가. 시험에 사용되는 연소방지재는 시료(케이블 등)의 아래쪽(점화원으로부터 가까운 쪽)으로부터 30cm 지점부터 부착 또는 설치되어야 한다.
    나. 시험에 사용되는 시료(케이블 등)의 단면적은 325mm²로 한다.
    다. 시험성적서의 유효기간은 발급 후 3년으로 한다.
  2. 연소방지재는 다음 각 목에 해당하는 부분에 제1호와 관련된 시험성적서에 명시된 방식으로 시험성적서에 명시된 길이 이상으로 설치하되, 연소방지재 간의 설치 간격은 350m를 넘지 않도록 하여야 한다.

가. 분기구

나. 지하구의 인입부 또는 인출부

다. 절연유 순환펌프 등이 설치된 부분

라. 기타 화재발생 위험이 우려되는 부분

제9조(방화벽)

방화벽은 다음 각 호에 따라 설치하고 항상 닫힌 상태를 유지하거나 자동폐쇄장치에 의하여
화재 신호를 받으면 자동으로 닫히는 구조로 하여야 한다.

1. 내화구조로서 홀로 설 수 있는 구조일 것

2. 방화벽의 출입문은 갑종방화문으로 설치할 것

3. 방화벽을 관통하는 케이블·전선 등에는 국토교통부 고시(내화구조의 인정 및 관리기
준)에 따라 내화충전 구조로 마감할 것

4. 방화벽은 분기구 및 국사·변전소 등의 건축물과 지하구가 연결되는 부위(건축물로부
터 20m 이내)에 설치할 것

5. 자동폐쇄장치를 사용하는 경우에는 「자동폐쇄장치의 성능인증 및 제품검사의 기술기
준」에 적합한 것으로 설치할 것

제10조(무선통신보조설비)

무선통신보조설비의 무전기접속단자는 방재실과 공동구의 입구 및 연소방지설비 송수구가
설치된 장소(지상)에 설치하여야 한다.

제11조(통합감시시설)

통합감시시설은 다음 각 호의 기준에 따라 설치한다.

1. 소방관서와 지하구의 통제실 간에 화재 등 소방활동과 관련된 정보를 상시 교환할 수
있는 정보통신망을 구축할 것

2. 제1호의 정보통신망(무선통신망을 포함한다)은 광케이블 또는 이와 유사한 성능을 가
진 선로일 것

3. 수신기는 지하구의 통제실에 설치하되 화재신호, 경보, 발화지점 등 수신기에 표시되
는 정보가 [별표1]에 적합한 방식으로 119상황실이 있는 관할 소방관서의 정보통신장
치에 표시되도록 할 것

제12조(다른 화재안전기준과의 관계)

지하구에 설치하는 소방시설 등의 설치기준 중 이 기준에서 규정하지 아니한 소방시설 등의
설치기준은 개별 화재안전기준에 따라 설치하여야 한다.

제13조(기존 지하구에 대한 특례)

「화재예방, 소방시설 설치·유지 및 안전관리에 관한 법률」제11조에 따라 기존 지하구에 설치하는 소방시설 등에 대해 강화된 기준을 적용하는 경우에는 다음 각 호의 설치·유지 관련 특례를 적용한다.

1. 특고압 케이블이 포설된 송·배전 전용의 지하구(공동구를 제외한다)에는 온도 확인 기능 없이 최대 700m의 경계구역을 설정하여 발화지점(1m 단위)을 확인할 수 있는 감지기를 설치할 수 있다.

2. 소방본부장 또는 소방서장은 이 기준이 정하는 기준에 따라 해당 건축물에 설치하여야 할 소방시설 등의 공사가 현저하게 곤란하다고 인정되는 경우에는 해당 설비의 기능 및 사용에 지장이 없는 범위 안에서 소방시설 등의 설치·유지기준의 일부를 적용하지 아니할 수 있다.

제14조(재검토기한)

소방청장은 「훈령·예규 등의 발령 및 관리에 관한 규정」에 따라 이 고시에 대하여 2021년 1월 1일을 기준으로 매 3년이 되는 시점(매 3년째의 12월 31일까지를 말한다)마다 그 타당성을 검토하여 개선 등의 조치를 하여야 한다.

부칙 〈제2021-11호, 2021.1.15〉

- **제1조(시행일)**
이 고시는 발령한 날부터 시행한다.
- **제2조(다른 고시의 폐지)**
「연소방지설비의 화재안전기준(NFSC 506)」을 폐지하고 「지하구의 화재안전기준(NFSC 605)」으로 전부 개정한다.
- **제3조(다른 고시의 개정)**
① 「소화기구 및 자동소화장치의 화재안전기준(NFSC 101)」 일부를 다음과 같이 개정한다.
제4조제1항제4호가목 중 단서 조항을 "다만, 가연성물질이 없는 작업장의 경우에는 작업장의 실정에 맞게 보행거리를 완화하여 배치할 수 있다."로 개정한다.
[별표 4] 부속용도별로 추가하여야 할 소화기구 및 자동소화장치 중 용도별 제1호라목을 삭제하고 소화기구의 능력단위 제1호 단서 조항 "다만, 지하구의 제어반 또는 분전반의 경우에는 제어반 또는 분전반마다 그 내부에 가스·분말·고체에어로졸자동소화장치를 설치하여야 한다."를 삭제한다.
② 「미분무소화설비의 화재안전기준(NFSC 104A)」 일부를 다음과 같이 개정한다.
제10조제3호 중 "지하구"를 삭제한다.
③ 「비상경보설비 및 단독경보형감지기의 화재안전기준(NFSC 201)」 일부를 다음과 같이 개정한다.
제4조제5항 중 단서 조항 "다만, 지하구의 경우에는 발신기를 설치하지 아니할 수 있다."를 삭제한다.
④ 「자동화재탐지설비 및 시각경보장치의 화재안전기준(NFSC 203)」 일부를 다음과 같이 개정한다.
제4조제1항제4호 "지하구의 경우 하나의 경계구역의 길이는 700m 이하로 할 것"을 삭제한다.
제7조제3항제12호바목 중 "지하구나"를 삭제한다.
제7조제6항을 삭제한다.
제9조제1항 중 단서 조항 "다만, 지하구의 경우에는 발신기를 설치하지 아니할 수 있다."를 삭제한다.

제35장 임시소방시설의 화재안전기준(NFSC 606)

[시행 2017.7.26] [소방청고시 제2017-1호, 2017.7.26, 타법개정]

제1조(목적)

이 기준은 「화재예방, 소방시설 설치·유지 및 안전관리에 관한 법률」 제10조의2제4항에서 소방청장에게 위임한 임시소방시설의 설치 및 유지·관리 기준과 「소방시설 설치·유지 및 안전관리에 관한 법률 시행령」 제15조의4제2항 별표5의2 제1호에서 소방청장에게 위임한 임시소방시설의 성능을 정함을 목적으로 한다. 〈개정 2016.7.13, 2017.7.26〉

제2조(정의)

이 기준에서 사용하는 용어의 정의는 다음과 같다.
1. "소화기"란 「소화기구의 화재안전기준(NFSC101)」 제3조제2호에서 정의하는 소화기를 말한다.
2. "간이소화장치"란 공사현장에서 화재위험작업 시 신속한 화재 진압이 가능하도록 물을 방수하는 이동식 또는 고정식 형태의 소화장치를 말한다.
3. "비상경보장치"란 화재위험작업 공간 등에서 수동조작에 의해서 화재경보상황을 알려줄 수 있는 설비(비상벨, 사이렌, 휴대용확성기 등)를 말한다.
4. "간이피난유도선"이란 화재위험작업 시 작업자의 피난을 유도할 수 있는 케이블형태의 장치를 말한다.

제3조(다른 화재안전기준과의 관계)

임시소방시설 설치와 관련하여 이 기준에서 정하지 아니한 사항은 개별 화재안전기준 따른다.

제4조(소화기의 성능 및 설치기준)

소화기의 성능 및 설치기준은 다음 각 호와 같다.
1. 소화기의 소화약제는 「소화기구의 화재안전기준(NFSC101)」의 별표 1에 따른 적응성이 있는 것을 설치하여야 한다.
2. 소화기는 각층마다 능력단위 3단위 이상인 소화기 2개 이상을 설치하고, 「화재예방, 소방시설 설치·유지 및 안전관리에 관한 법률 시행령」(이하 "영"이라 한다) 제15조의4 제1항에 해당하는 경우 작업종료 시까지 작업지점으로부터 5m 이내 쉽게 보이는 장소에 능력단위 3단위 이상인 소화기 2개 이상과 대형소화기 1개를 추가 배치하여야 한다.

제5조(간이소화장치 성능 및 설치기준)

간이소화장치의 성능 및 설치기준은 다음 각 호와 같다.

1. 수원은 20분 이상의 소화수를 공급할 수 있는 양을 확보하여야 하며, 소화수의 방수압력은 최소 0.1MPa 이상, 방수량은 65L/min이상이어야 한다.
2. 영 제15조의4제1항에 해당하는 작업을 하는 경우 작업종료 시까지 작업지점으로부터 25m 이내에 설치 또는 배치하여 상시 사용이 가능하여야 하며 동결방지조치를 하여야 한다.〈개정 2016.7.18〉
3. 넘어질 우려가 없어야 하고 손쉽게 사용할 수 있어야 하며, 식별이 용이하도록 "간이소화장치" 표시를 하여야 한다.

제6조(비상경보장치의 성능 및 설치기준)

비상경보장치의 성능 및 설치기준은 다음 각 호와 같다.

1. 비상경보장치는 영 제15조의4제1항에 해당하는 작업을 하는 경우 작업종료 시까지 작업지점으로부터 5m 이내에 설치 또는 배치하여 상시 사용이 가능하여야 한다.〈개정 2016.7.18〉
2. 비상경보장치는 화재사실 통보 및 대피를 해당 작업장의 모든 사람이 알 수 있을 정도의 음량을 확보하여야 한다.

제7조(간이피난유도선의 성능 및 설치기준)

간이피난유도선의 성능 및 설치기준은 다음 각 호와 같다.

1. 간이피난유도선은 광원점등방식으로 공사장의 출입구까지 설치하고 공사의 작업 중에는 상시 점등되어야 한다.
2. 설치위치는 바닥으로부터 높이 1m 이하로 하며, 작업장의 어느 위치에서도 출입구로의 피난방향을 알 수 있는 표시를 하여야 한다.

제8조(간이소화장치 설치제외)

영 제15조의4제3항 별표5의2 제3호가목의 "소방청장이 정하여 고시하는 기준에 맞는 소화기"란 "대형소화기를 작업지점으로부터 25m 이내 쉽게 보이는 장소에 6개 이상을 배치한 경우"를 말한다.〈개정 2016.7.18, 2017.7.26〉

제9조(설치 · 유지기준의 특례)

소방본부장 또는 소방서장은 기존건축물의 증축 · 개축 · 대수선이나 용도변경으로 인해 이 기준에 따른 임시소방시설의 설치가 현저하게 곤란하다고 인정되는 경우에는 해당 임시소방

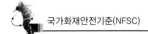

시설의 기능 및 사용에 지장이 없는 범위 안에서 이 기준의 일부를 적용하지 아니 할 수 있다.

제10조(재검토 기한)

소방청장은 「훈령·예규 등의 발령 및 관리에 관한 규정」에 따라 이 고시에 대하여 2017년 1월 1일 기준으로 매3년이 되는 시점(매 3년째의 12월 31일까지를 말한다)마다 그 타당성을 검토하여 개선 등의 조치를 하여야 한다. 〈전문개정 2016.7.18, 2017.7.26〉

부칙 〈제2017-1호, 2017.7.26〉

- **제1조(시행일)**
  이 고시는 발령한 날로부터 시행한다.
- **제2조(경과조치)**
  이 고시 시행 당시 건축허가 등의 동의 또는 착공신고가 완료된 특정소방대상물에 대하여는 종전의 기준을 따른다.

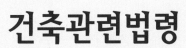

부 록 1
건축관련법령

제1장 건축법

[시행 2019.8.20] [법률 제16485호, 2019.8.20, 일부개정]

❶ 총 칙

1. "대지(垈地)"란 「공간정보의 구축 및 관리 등에 관한 법률」에 따라 각 필지(筆地)로 나눈 토지를 말한다. 다만, 대통령령으로 정하는 토지는 둘 이상의 필지를 하나의 대지로 하거나 하나 이상의 필지의 일부를 하나의 대지로 할 수 있다. 〈개정 2016.2.3〉
2. "건축물"이란 토지에 정착(定着)하는 공작물 중 지붕과 기둥 또는 벽이 있는 것과 이에 딸린 시설물, 지하나 고가(高架)의 공작물에 설치하는 사무소·공연장·점포·차고·창고, 그 밖에 대통령령으로 정하는 것을 말한다.
3. "건축물의 용도"란 건축물의 종류를 유사한 구조, 이용 목적 및 형태별로 묶어 분류한 것을 말한다.
4. "건축설비"란 건축물에 설치하는 전기·전화 설비, 초고속 정보통신 설비, 지능형 홈네트워크 설비, 가스·급수·배수(配水)·배수(排水)·환기·난방·냉방·소화(消火)·배연(排煙) 및 오물처리의 설비, 굴뚝, 승강기, 피뢰침, 국기 게양대, 공동시청 안테나, 유선방송 수신시설, 우편함, 저수조(貯水槽), 방범시설, 그 밖에 국토교통부령으로 정하는 설비를 말한다.
5. "지하층"이란 건축물의 바닥이 지표면 아래에 있는 층으로서 바닥에서 지표면까지 평균높이가 해당 층 높이의 2분의 1 이상인 것을 말한다.
6. "거실"이란 건축물 안에서 거주, 집무, 작업, 집회, 오락, 그 밖에 이와 유사한 목적을 위하여 사용되는 방을 말한다.
7. "주요구조부"란 내력벽(耐力壁), 기둥, 바닥, 보, 지붕틀 및 주계단(主階段)을 말한다. 다만, 사이 기둥, 최하층 바닥, 작은 보, 차양, 옥외 계단, 그 밖에 이와 유사한 것으로 건축물의 구조상 중요하지 아니한 부분은 제외한다.
8. "건축"이란 건축물을 신축·증축·개축·재축(再築)하거나 건축물을 이전하는 것을 말한다.
9. "대수선"이란 건축물의 기둥, 보, 내력벽, 주계단 등의 구조나 외부 형태를 수선·변경하거나 증설하는 것으로서 대통령령으로 정하는 것을 말한다.

(대수선의 범위) 법 제2조제1항제9호에서 "대통령령으로 정하는 것"이란 다음 가 호의 어느 하나에 해당하는 것으로서 증축·개축 또는 재축에 해당하지 아니하는 것을 말한다.〈개정 2010.2.18., 2014.11.28.〉

1. 내력벽을 증설 또는 해체하거나 그 벽면적을 30m² 이상 수선 또는 변경하는 것
2. 기둥을 증설 또는 해체하거나 세 개 이상 수선 또는 변경하는 것
3. 보를 증설 또는 해체하거나 세 개 이상 수선 또는 변경하는 것
4. 지붕틀(한옥의 경우에는 지붕틀의 범위에서 서까래는 제외한다)을 증설 또는 해체하거나 세 개 이상 수선 또는 변경하는 것
5. 방화벽 또는 방화구획을 위한 바닥 또는 벽을 증설 또는 해체하거나 수선 또는 변경하는 것
6. 주계단·피난계단 또는 특별피난계단을 증설 또는 해체하거나 수선 또는 변경하는 것
7. 미관지구에서 건축물의 외부형태(담장을 포함한다)를 변경하는 것
8. 다가구주택의 가구 간 경계벽 또는 다세대주택의 세대 간 경계벽을 증설 또는 해체하거나 수선 또는 변경하는 것
9. 건축물의 외벽에 사용하는 마감재료(법 제52조제2항에 따른 마감재료를 말한다)를 증설 또는 해체하거나 벽면적 30제곱미터 이상 수선 또는 변경하는 것

[전문개정 208.10.29]

10. "리모델링"이란 건축물의 노후화를 억제하거나 기능 향상 등을 위하여 대수선하거나 일부 증축하는 행위를 말한다.
11. "도로"란 보행과 자동차 통행이 가능한 너비 4m 이상의 도로(지형적으로 자동차 통행이 불가능한 경우와 막다른 도로의 경우에는 대통령령으로 정하는 구조와 너비의 도로)로서 다음 각 목의 어느 하나에 해당하는 도로나 그 예정도로를 말한다.
　가. 「국토의 계획 및 이용에 관한 법률」, 「도로법」, 「사도법」, 그 밖의 관계 법령에 따라 신설 또는 변경에 관한 고시가 된 도로
　나. 건축허가 또는 신고 시에 특별시장·광역시장·특별자치시장·도지사·특별자치도지사(이하 "시·도지사"라 한다) 또는 시장·군수·구청장(자치구의 구청장을 말한다. 이하 같다)이 위치를 지정하여 공고한 도로
12. "건축주"란 건축물의 건축·대수선·용도변경, 건축설비의 설치 또는 공작물의 축조(이하 "건축물의 건축등"이라 한다)에 관한 공사를 발주하거나 현장 관리인을 두어 스스로 그 공사를 하는 자를 말한다.
12의2. "제조업자"란 건축물의 건축·대수선·용도변경, 건축설비의 설치 또는 공작물의 축조 등에 필요한 건축자재를 제조하는 사람을 말한다.

12의3. "유통업자"란 건축물의 건축·대수선·용도변경, 건축설비의 설치 또는 공작물의 축조에 필요한 건축자재를 판매하거나 공사현장에 납품하는 사람을 말한다.

13. "설계자"란 자기의 책임(보조자의 도움을 받는 경우를 포함한다)으로 설계도서를 작성하고 그 설계도서에서 의도하는 바를 해설하며, 지도하고 자문에 응하는 자를 말한다.

14. "설계도서"란 건축물의 건축등에 관한 공사용 도면, 구조 계산서, 시방서(示方書), 그 밖에 국토교통부령으로 정하는 공사에 필요한 서류를 말한다.

15. "공사감리자"란 자기의 책임(보조자의 도움을 받는 경우를 포함한다)으로 이 법으로 정하는 바에 따라 건축물, 건축설비 또는 공작물이 설계도서의 내용대로 시공되는지를 확인하고, 품질관리·공사관리·안전관리 등에 대하여 지도·감독하는 자를 말한다.

16. "공사시공자"란 「건설산업기본법」 제2조제4호에 따른 건설공사를 하는 자를 말한다.

16의2. "건축물의 유지·관리"란 건축물의 소유자나 관리자가 사용 승인된 건축물의 대지·구조·설비 및 용도 등을 지속적으로 유지하기 위하여 건축물이 멸실될 때까지 관리하는 행위를 말한다.

17. "관계전문기술자"란 건축물의 구조·설비 등 건축물과 관련된 전문기술자격을 보유하고 설계와 공사감리에 참여하여 설계자 및 공사감리자와 협력하는 자를 말한다.

18. "특별건축구역"이란 조화롭고 창의적인 건축물의 건축을 통하여 도시경관의 창출, 건설기술 수준향상 및 건축 관련 제도개선을 도모하기 위하여 이 법 또는 관계 법령에 따라 일부 규정을 적용하지 아니하거나 완화 또는 통합하여 적용할 수 있도록 특별히 지정하는 구역을 말한다.

19. "고층건축물"이란 층수가 30층 이상이거나 높이가 120m 이상인 건축물을 말한다.

20. "실내건축"이란 건축물의 실내를 안전하고 쾌적하며 효율적으로 사용하기 위하여 내부공간을 칸막이로 구획하거나 벽지, 천장재, 바닥재, 유리 등 대통령령으로 정하는 재료 또는 장식물을 설치하는 것을 말한다.

21. "부속구조물"이란 건축물의 안전·기능·환경 등을 향상시키기 위하여 건축물에 추가적으로 설치하는 환기시설물 등 대통령령으로 정하는 구조물을 말한다.

❷ 건축물의 구조 및 재료 등

1. 건축물의 내화구조와 방화벽

① 문화 및 집회시설, 의료시설, 공동주택 등 대통령령으로 정하는 건축물은 국토교통부령으로 정하는 기준에 따라 주요구조부와 지붕을 내화(耐火)구조로 하여야 한다. 다만, 막구조 등 대통령령으로 정하는 구조는 주요구조부에만 내화구조로 할 수 있다. 〈개정 2013.3.23., 2018.8.14.〉

② 대통령령으로 정하는 용도 및 규모의 건축물은 국토교통부령으로 정하는 기준에 따라 방화벽으로 구획하여야 한다. 〈개정 2013.3.23.〉

2. 고층건축물의 피난 및 안전관리

① 고층건축물에는 대통령령으로 정하는 바에 따라 피난안전구역을 설치하거나 대피공간을 확보한 계단을 설치하여야 한다. 이 경우 피난안전구역의 설치 기준, 계단의 설치 기준과 구조 등에 관하여 필요한 사항은 국토교통부령으로 정한다. 〈개정 2013.3.23.〉
② 고층건축물에 설치된 피난안전구역 · 피난시설 또는 대피공간에는 국토교통부령으로 정하는 바에 따라 화재 등의 경우에 피난 용도로 사용되는 것임을 표시하여야 한다. 〈신설 2015.1.6.〉
③ 고층건축물의 화재예방 및 피해경감을 위하여 국토교통부령으로 정하는 바에 따라 제48조부터 제50조까지의 기준을 강화하여 적용할 수 있다. 〈개정 2018.4.17.〉

3. 방화지구 안의 건축물

① 「국토의 계획 및 이용에 관한 법률」 제37조제1항제3호에 따른 방화지구(이하 "방화지구"라 한다) 안에서는 건축물의 주요구조부와 지붕 · 외벽을 내화구조로 하여야 한다. 다만, 대통령령으로 정하는 경우에는 그러하지 아니하다. 〈개정 2018.8.14.〉
② 방화지구 안의 공작물로서 간판, 광고탑, 그 밖에 대통령령으로 정하는 공작물 중 건축물의 지붕 위에 설치하는 공작물이나 높이 3미터 이상의 공작물은 주요부를 불연(不燃)재료로 하여야 한다.
③ 방화지구 안의 지붕 · 방화문 및 인접 대지 경계선에 접하는 외벽은 국토교통부령으로 정하는 구조 및 재료로 하여야 한다. 〈개정 2013.3.23.〉

❸ 건축설비

1. 승강기

① 건축주는 6층 이상으로서 연면적이 2천제곱미터 이상인 건축물(대통령령으로 정하는 건축물은 제외한다)을 건축하려면 승강기를 설치하여야 한다. 이 경우 승강기의 규모 및 구조는 국토교통부령으로 정한다. 〈개정 2013.3.23〉

② 높이 31미터를 초과하는 건축물에는 대통령령으로 정하는 바에 따라 제1항에 따른 승강기뿐만 아니라 비상용승강기를 추가로 설치하여야 한다. 다만, 국토교통부령으로 정하는 건축물의 경우에는 그러하지 아니하다. 〈개정 2013.3.23〉

③ 고층건축물에는 제1항에 따라 건축물에 설치하는 승용승강기 중 1대 이상을 대통령령으로 정하는 바에 따라 피난용승강기로 설치하여야 한다. 〈신설 2018.4.17.〉

제2장 건축법 시행령

[시행 2019.10.24] [대통령령 제30145호, 2019.10.22, 일부개정]

❶ 총 칙

1. "신축"이란 건축물이 없는 대지(기존 건축물이 철거되거나 멸실된 대지를 포함한다)에 새로 건축물을 축조(築造)하는 것[부속건축물만 있는 대지에 새로 주된 건축물을 축조하는 것을 포함하되, 개축(改築) 또는 재축(再築)하는 것은 제외한다]을 말한다. 〈개정 2016.1.19〉

2. "증축"이란 기존 건축물이 있는 대지에서 건축물의 건축면적, 연면적, 층수 또는 높이를 늘리는 것을 말한다.

3. "개축"이란 기존 건축물의 전부 또는 일부[내력벽·기둥·보·지붕틀(제16호에 따른 한옥의 경우에는 지붕틀의 범위에서 서까래는 제외한다) 중 셋 이상이 포함되는 경우를 말한다]를 철거하고 그 대지에 종전과 같은 규모의 범위에서 건축물을 다시 축조하는 것을 말한다.

4. "재축"이란 건축물이 천재지변이나 그 밖의 재해(災害)로 멸실된 경우 그 대지에 다음 각 목의 요건을 모두 갖추어 다시 축조하는 것을 말한다.

   가. 연면적 합계는 종전 규모 이하로 할 것

   나. 동(棟)수, 층수 및 높이는 다음의 어느 하나에 해당할 것

   1) 동수, 층수 및 높이가 모두 종전 규모 이하일 것

   2) 동수, 층수 또는 높이의 어느 하나가 종전 규모를 초과하는 경우에는 해당 동수, 층수 및 높이가 「건축법」(이하 "법"이라 한다), 이 영 또는 건축조례(이하 "법령 등"이라 한다)에 모두 적합할 것

5. "이전"이란 건축물의 주요구조부를 해체하지 아니하고 같은 대지의 다른 위치로 옮기는 것을 말한다.

6. "내수재료(耐水材料)"란 인조석·콘크리트 등 내수성을 가진 재료로서 국토교통부령으로 정하는 재료를 말한다.

7. "내화구조(耐火構造)"란 화재에 견딜 수 있는 성능을 가진 구조로서 국토교통부령으로 정하는 기준에 적합한 구조를 말한다.

8. "방화구조(防火構造)"란 화염의 확산을 막을 수 있는 성능을 가진 구조로서 국토교통부령으로 정하는 기준에 적합한 구조를 말한다.

9. "난연재료(難燃材料)"란 불에 잘 타지 아니하는 성능을 가진 재료로서 국토교통부령으로 정하는 기준에 적합한 재료를 말한다.

10. "불연재료(不燃材料)"란 불에 타지 아니하는 성질을 가진 재료로서 국토교통부령으로 정하는 기준에 적합한 재료를 말한다.

11. "준불연재료"란 불연재료에 준하는 성질을 가진 재료로서 국토교통부령으로 정하는 기준에 적합한 재료를 말한다.

12. "부속건축물"이란 같은 대지에서 주된 건축물과 분리된 부속용도의 건축물로서 주된 건축물을 이용 또는 관리하는 데에 필요한 건축물을 말한다.

13. "부속용도"란 건축물의 주된 용도의 기능에 필수적인 용도로서 다음 각 목의 어느 하나에 해당하는 용도를 말한다.

  가. 건축물의 설비, 대피, 위생, 그 밖에 이와 비슷한 시설의 용도

  나. 사무, 작업, 집회, 물품저장, 주차, 그 밖에 이와 비슷한 시설의 용도

  다. 구내식당·직장어린이집·구내운동시설 등 종업원 후생복리시설, 구내소각시설, 그 밖에 이와 비슷한 시설의 용도. 이 경우 다음의 요건을 모두 갖춘 휴게음식점(별표 1 제3호의 제1종 근린생활시설 중 같은 호 나목에 따른 휴게음식점을 말한다)은 구내식당에 포함되는 것으로 본다.

    1) 구내식당 내부에 설치할 것

    2) 설치면적이 구내식당 전체 면적의 3분의 1 이하로서 50제곱미터 이하일 것

    3) 다류(茶類)를 조리·판매하는 휴게음식점일 것

  라. 관계 법령에서 주된 용도의 부수시설로 설치할 수 있게 규정하고 있는 시설의 용도, 그 밖에 국토교통부장관이 이와 유사하다고 인정하여 고시하는 시설의 용도

14. "발코니"란 건축물의 내부와 외부를 연결하는 완충공간으로서 전망이나 휴식 등의 목적으로 건축물 외벽에 접하여 부가적(附加的)으로 설치되는 공간을 말한다. 이 경우 주택에 설치되는 발코니로서 국토교통부장관이 정하는 기준에 적합한 발코니는 필요에 따라 거실·침실·창고 등의 용도로 사용할 수 있다.

15. "초고층 건축물"이란 층수가 50층 이상이거나 높이가 200m 이상인 건축물을 말한다.

15의2. "준초고층 건축물"이란 고층건축물 중 초고층 건축물이 아닌 것을 말한다.

16. "한옥"이란 주요구조가 기둥·보 및 한식지붕틀로 된 목구조로서 우리나라 전통양식이 반영된 건축물 및 그 부속건축물을 말한다.

17. "다중이용 건축물"이란 불특정한 다수의 사람들이 이용하는 건축물로서 다음 각 목의 어느 하나에 해당하는 건축물을 말한다.

  가. 다음의 어느 하나에 해당하는 용도로 쓰는 바닥면적의 합계가 5천제곱미터 이상인 건축물

    1) 문화 및 집회시설(전시장 및 동물원·식물원은 제외한다)

    2) 종교시설

    3) 판매시설

    4) 운수시설 중 여객용 시설

    5) 의료시설 중 종합병원

    6) 숙박시설 중 관광숙박시설

  나. 16층 이상인 건축물

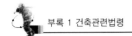

17의2. "준다중이용 건축물"이란 다중이용 건축물 외의 건축물로서 다음 각 목의 어느 하나에 해당하는 용도로 쓰는 바닥면적의 합계가 1천제곱미터 이상인 건축물을 말한다.

   가. 문화 및 집회시설(동물원 및 식물원은 제외한다)

   나. 종교시설

   다. 판매시설

   라. 운수시설 중 여객용 시설

   마. 의료시설 중 종합병원

   바. 교육연구시설

   사. 노유자시설

   아. 운동시설

   자. 숙박시설 중 관광숙박시설

   차. 위락시설

   카. 관광 휴게시설

   타. 장례시설

18. "특수구조 건축물"이란 다음 각 목의 어느 하나에 해당하는 건축물을 말한다.

   가. 한쪽 끝은 고정되고 다른 끝은 지지(支持)되지 아니한 구조로 된 보·차양 등이 외벽의 중심선으로부터 3미터 이상 돌출된 건축물

   나. 기둥과 기둥 사이의 거리(기둥의 중심선 사이의 거리를 말하며, 기둥이 없는 경우에는 내력벽과 내력벽의 중심선 사이의 거리를 말한다. 이하 같다)가 20미터 이상인 건축물

   다. 특수한 설계·시공·공법 등이 필요한 건축물로서 국토교통부장관이 정하여 고시하는 구조로 된 건축물

19. 법 제2조제1항제21호에서 "환기시설물 등 대통령령으로 정하는 구조물"이란 급기(給氣) 및 배기(排氣)를 위한 건축 구조물의 개구부(開口部)인 환기구를 말한다.

❷ 건축물의 구조 및 재료

1. 직통계단의 설치

   ① 건축물의 피난층(직접 지상으로 통하는 출입구가 있는 층 및 제3항과 제4항에 따른 피난안전구역을 말한다. 이하 같다) 외의 층에서는 피난층 또는 지상으로 통하는 직통계단(경사로를 포함한다. 이하 같다)을 거실의 각 부분으로부터 계단(거실로부터 가장 가까운 거리에 있는 계단을 말한다)에 이르는 보행거리가 30미터 이하가 되도록 설치하여야 한다. 다만, 건축물(지하층에 설치하는 것으로서 바닥면적의 합계가 300

제곱미터 이상인 공연장·집회장·관람장 및 전시장은 제외한다)의 주요구조부가 내화구조 또는 불연재료로 된 건축물은 그 보행거리가 50미터(층수가 16층 이상인 공동주택은 40미터) 이하가 되도록 설치할 수 있으며, 자동화 생산시설에 스프링클러 등 자동식 소화설비를 설치한 공장으로서 국토교통부령으로 정하는 공장인 경우에는 그 보행거리가 75미터(무인화 공장인 경우에는 100미터) 이하가 되도록 설치할 수 있다. 〈개정 2009.7.16, 2010.2.18, 2011.12.30, 2013.3.23〉

② 법 제49조제1항에 따라 피난층 외의 층이 다음 각 호의 어느 하나에 해당하는 용도 및 규모의 건축물에는 국토교통부령으로 정하는 기준에 따라 피난층 또는 지상으로 통하는 직통계단을 2개소 이상 설치하여야 한다. 〈개정 2009.7.16, 2013.3.23, 2015.9.22, 2017.2.3〉

1. 제2종 근린생활시설 중 공연장·종교집회장, 문화 및 집회시설(전시장 및 동·식물원은 제외한다), 종교시설, 위락시설 중 주점영업 또는 장례시설의 용도로 쓰는 층으로서 그 층에서 해당 용도로 쓰는 바닥면적의 합계가 200제곱미터(제2종 근린생활시설 중 공연장·종교집회장은 각각 300제곱미터) 이상인 것

2. 단독주택 중 다중주택·다가구주택, 제1종 근린생활시설 중 정신과의원(입원실이 있는 경우로 한정한다), 제2종 근린생활시설 중 인터넷컴퓨터게임시설제공업소(해당 용도로 쓰는 바닥면적의 합계가 300제곱미터 이상인 경우만 해당한다)·학원·독서실, 판매시설, 운수시설(여객용 시설만 해당한다), 의료시설(입원실이 없는 치과병원은 제외한다), 교육연구시설 중 학원, 노유자시설 중 아동 관련 시설·노인복지시설·장애인 거주시설(「장애인복지법」 제58조제1항제1호에 따른 장애인 거주시설 중 국토교통부령으로 정하는 시설을 말한다. 이하 같다) 및 「장애인복지법」 제58조제1항제4호에 따른 장애인 의료재활시설(이하 "장애인 의료재활시설"이라 한다), 수련시설 중 유스호스텔 또는 숙박시설의 용도로 쓰는 3층 이상의 층으로서 그 층의 해당 용도로 쓰는 거실의 바닥면적의 합계가 200제곱미터 이상인 것

3. 공동주택(층당 4세대 이하인 것은 제외한다) 또는 업무시설 중 오피스텔의 용도로 쓰는 층으로서 그 층의 해당 용도로 쓰는 거실의 바닥면적의 합계가 300제곱미터 이상인 것

4. 제1호부터 제3호까지의 용도로 쓰지 아니하는 3층 이상의 층으로서 그 층 거실의 바닥면적의 합계가 400제곱미터 이상인 것

5. 지하층으로서 그 층 거실의 바닥면적의 합계가 200제곱미터 이상인 것

③ 초고층 건축물에는 피난층 또는 지상으로 통하는 직통계단과 직접 연결되는 피난안전구역(건축물의 피난·안전을 위하여 건축물 중간층에 설치하는 대피공간을 말한다. 이하 같다)을 지상층으로부터 최대 30개 층마다 1개소 이상 설치하여야 한다. 〈신설 2009.7.16, 2011.12.30〉

④ 준초고층 건축물에는 피난층 또는 지상으로 통하는 직통계단과 직접 연결되는 피난안전구역을 해당 건축물 전체 층수의 2분의 1에 해당하는 층으로부터 상하 5개층 이내

에 1개소 이상 설치하여야 한다. 다만, 국토교통부령으로 정하는 기준에 따라 피난층 또는 지상으로 통하는 직통계단을 설치하는 경우에는 그러하지 아니하다. 〈신설 2011. 12.30, 2013.3.23〉

⑤ 제3항 및 제4항에 따른 피난안전구역의 규모와 설치기준은 국토교통부령으로 정한다. 〈신설 2009.7.16, 2011.12.30, 2013.3.23〉

2. 피난계단의 설치

① 법 제49조제1항에 따라 5층 이상 또는 지하 2층 이하인 층에 설치하는 직통계단은 국토교통부령으로 정하는 기준에 따라 피난계단 또는 특별피난계단으로 설치하여야 한다. 다만, 건축물의 주요구조부가 내화구조 또는 불연재료로 되어 있는 경우로서 다음 각 호의 어느 하나에 해당하는 경우에는 그러하지 아니하다. 〈개정 2008.10.29, 2013. 3.23〉

1. 5층 이상인 층의 바닥면적의 합계가 200제곱미터 이하인 경우
2. 5층 이상인 층의 바닥면적 200제곱미터 이내마다 방화구획이 되어 있는 경우

② 건축물(갓복도식 공동주택은 제외한다)의 11층(공동주택의 경우에는 16층) 이상인 층(바닥면적이 400제곱미터 미만인 층은 제외한다) 또는 지하 3층 이하인 층(바닥면적이 400제곱미터미만인 층은 제외한다)으로부터 피난층 또는 지상으로 통하는 직통계단은 제1항에도 불구하고 특별피난계단으로 설치하여야 한다. 〈개정 2008.10.29〉

③ 제1항에서 판매시설의 용도로 쓰는 층으로부터의 직통계단은 그중 1개소 이상을 특별피난계단으로 설치하여야 한다. 〈개정 2008.10.29〉

④ 삭제〈1995.12.30〉

⑤ 건축물의 5층 이상인 층으로서 문화 및 집회시설 중 전시장 또는 동·식물원, 판매시설, 운수시설, 운동시설, 위락시설, 관광휴게시설(다중이 이용하는 시설만 해당한다) 또는 수련시설 중 생활권 수련시설의 용도로 쓰는 층에는 제34조에 따른 직통계단 외에 그 층의 해당 용도로 쓰는 바닥면적의 합계가 2천 제곱미터를 넘는 경우에는 그 넘는 2천 제곱미터 이내마다 1개소의 피난계단 또는 특별피난계단(4층 이하의 층에는 쓰지 아니하는 피난계단 또는 특별피난계단만 해당한다)을 설치하여야 한다. 〈개정 2009.7.16〉

3. 옥외 피난계단의 설치

건축물의 3층 이상인 층(피난층은 제외한다)으로서 다음 각 호의 어느 하나에 해당하는 용도로 쓰는 층에는 제34조에 따른 직통계단 외에 그 층으로부터 지상으로 통하는 옥외 피난계단을 따로 설치하여야 한다. 〈개정 2014.3.24〉

1. 제2종 근린생활시설 중 공연장(해당 용도로 쓰는 바닥면적의 합계가 300제곱미터 이상인 경우만 해당한다), 문화 및 집회시설 중 공연장이나 위락시설 중 주점영업의 용도로 쓰는 층으로서 그 층 거실의 바닥면적의 합계가 300제곱미터 이상인 것

2. 문화 및 집회시설 중 집회장의 용도로 쓰는 층으로서 그 층 거실의 바닥면적의 합계가 1천 제곱미터 이상인 것

4. 지하층과 피난층 사이의 개방공간 설치

바닥면적의 합계가 3천 제곱미터 이상인 공연장·집회장·관람장 또는 전시장을 지하층에 설치하는 경우에는 각 실에 있는 자가 지하층 각 층에서 건축물 밖으로 피난하여 옥외계단 또는 경사로 등을 이용하여 피난층으로 대피할 수 있도록 천장이 개방된 외부 공간을 설치하여야 한다.

5. 옥상광장 등의 설치

① 옥상광장 또는 2층 이상인 층에 있는 노대등[노대(露臺)나 그 밖에 이와 비슷한 것을 말한다. 이하 같다]의 주위에는 높이 1.2미터 이상의 난간을 설치하여야 한다. 다만, 그 노대 등에 출입할 수 없는 구조인 경우에는 그러하지 아니하다. 〈개정 2018.9.4〉

② 5층 이상인 층이 제2종 근린생활시설 중 공연장·종교집회장·인터넷컴퓨터게임시설제공업소(해당 용도로 쓰는 바닥면적의 합계가 각각 300제곱미터 이상인 경우만 해당한다), 문화 및 집회시설(전시장 및 동·식물원은 제외한다), 종교시설, 판매시설, 위락시설 중 주점영업 또는 장례시설의 용도로 쓰는 경우에는 피난 용도로 쓸 수 있는 광장을 옥상에 설치하여야 한다. 〈개정 2017.2.3〉

③ 층수가 11층 이상인 건축물로서 11층 이상인 층의 바닥면적의 합계가 1만 제곱미터 이상인 건축물의 옥상에는 다음 각 호의 구분에 따른 공간을 확보하여야 한다.〈개정 209.7.16, 2011.12.30〉

1. 건축물의 지붕을 평지붕으로 하는 경우 : 헬리포트를 설치하거나 헬리콥터를 통하여 인명 등을 구조할 수 있는 공간
2. 건축물의 지붕을 경사지붕으로 하는 경우 : 경사지붕 아래에 설치하는 대피공간

④ 제3항에 따른 헬리포트를 설치하거나 헬리콥터를 통하여 인명 등을 구조할 수 있는 공간 및 경사지붕 아래에 설치하는 대피공간의 설치기준은 국토교통부령으로 정한다.〈신설 2011.12.30, 2013.3.23〉

6. 대지 안의 피난 및 소화에 필요한 통로 설치

① 건축물의 대지 안에는 그 건축물 바깥쪽으로 통하는 주된 출구와 지상으로 통하는 피난계단 및 특별피난계단으로부터 도로 또는 공지(공원, 광장, 그 밖에 이와 비슷한 것으로서 피난 및 소화를 위하여 해당 대지의 출입에 지장이 없는 것을 말한다. 이하 이 조에서 같다)로 통하는 통로를 다음 각 호의 기준에 따라 설치하여야 한다. 〈개정 2010. 12.13, 2015.9.22, 2017.2.3〉

　　1. 통로의 너비는 다음 각 목의 구분에 따른 기준에 따라 확보할 것

　　　가. 단독주택 : 유효 너비 0.9미터 이상

　　　나. 바닥면적의 합계가 500제곱미터 이상인 문화 및 집회시설, 종교시설, 의료시설, 위락시설 또는 장례시설 : 유효 너비 3미터 이상

　　　다. 그 밖의 용도로 쓰는 건축물 : 유효 너비 1.5미터 이상

　　2. 필로티 내 통로의 길이가 2미터 이상인 경우에는 피난 및 소화활동에 장애가 발생하지 아니하도록 자동차 진입억제용 말뚝 등 통로 보호시설을 설치하거나 통로에 단차(段差)를 둘 것

② 제1항에도 불구하고 다중이용 건축물, 준다중이용 건축물 또는 층수가 11층 이상인 건축물이 건축되는 대지에는 그 안의 모든 다중이용 건축물, 준다중이용 건축물 또는 층수가 11층 이상인 건축물에 「소방기본법」 제21조에 따른 소방자동차(이하 "소방자동차"라 한다)의 접근이 가능한 통로를 설치하여야 한다. 다만, 모든 다중이용 건축물, 준다중이용 건축물 또는 층수가 11층 이상인 건축물이 소방자동차의 접근이 가능한 도로 또는 공지에 직접 접하여 건축되는 경우로서 소방자동차가 도로 또는 공지에서 직접 소방활동이 가능한 경우에는 그러하지 아니하다. 〈신설 2010.12.13, 2011.12.30, 2015.9.22〉

7. 피난 규정의 적용례

건축물이 창문, 출입구, 그 밖의 개구부(개구부)(이하 "창문등"이라 한다)가 없는 내화구조의 바닥 또는 벽으로 구획되어 있는 경우에는 그 구획된 각 부분을 각각 별개의 건축물로 보아 제34조부터 제41조까지 및 제48조를 적용한다. 〈개정 2018.9.4〉

[전문개정 2008.10.29]

8. 방화구획의 설치

① 법 제49조제2항에 따라 주요구조부가 내화구조 또는 불연재료로 된 건축물로서 연면적이 1천 제곱미터를 넘는 것은 국토교통부령으로 정하는 기준에 따라 내화구조로 된 바닥·벽 및 제64조에 따른 갑종 방화문(국토교통부장관이 정하는 기준에 적합한 자동방화셔터를 포함한다. 이하 이 조에서 같다)으로 구획(이하 "방화구획"이라 한다)하여야 한다. 다만, 「원자력안전법」 제2조에 따른 원자로 및 관계시설은 「원자력안전법」에서 정하는 바에 따른다. 〈개정 2011.10.25, 2013.3.23〉

② 다음 각 호의 어느 하나에 해당하는 건축물의 부분에는 제1항을 적용하지 아니하거나 그 사용에 지장이 없는 범위에서 제1항을 완화하여 적용할 수 있다. 〈개정 2017.2.3〉

　　1. 문화 및 집회시설(동·식물원은 제외한다), 종교시설, 운동시설 또는 장례시설의 용도로 쓰는 거실로서 시선 및 활동공간의 확보를 위하여 불가피한 부분

　　2. 물품의 제조·가공·보관 및 운반 등에 필요한 고정식 대형기기 설비의 설치를 위하여 불가피한 부분. 다만, 지하층인 경우에는 지하층의 외벽 한쪽 면(지하층의 바

닥면에서 지상층 바닥 아래면까지의 외벽 면적 중 4분의 1 이상이 되는 면을 말한다) 전체가 건물 밖으로 개방되어 보행과 자동차의 진입·출입이 가능한 경우에 한정한다.

3. 계단실부분·복도 또는 승강기의 승강로 부분(해당 승강기의 승강을 위한 승강로비 부분을 포함한다)으로서 그 건축물의 다른 부분과 방화구획으로 구획된 부분

4. 건축물의 최상층 또는 피난층으로서 대규모 회의장·강당·스카이라운지·로비 또는 피난안전구역 등의 용도로 쓰는 부분으로서 그 용도로 사용하기 위하여 불가피한 부분

5. 복층형 공동주택의 세대별 층간 바닥 부분

6. 주요구조부가 내화구조 또는 불연재료로 된 주차장

7. 단독주택, 동물 및 식물 관련 시설 또는 교정 및 군사시설 중 군사시설(집회, 체육, 창고 등의 용도로 사용되는 시설만 해당한다)로 쓰는 건축물

③ 건축물 일부의 주요구조부를 내화구조로 하거나 제2항에 따라 건축물의 일부에 제1항을 완화하여 적용한 경우에는 내화구조로 한 부분 또는 제1항을 완화하여 적용한 부분과 그 밖의 부분을 방화구획으로 구획하여야 한다. 〈개정 2018.9.4.〉

④ 공동주택 중 아파트로서 4층 이상인 층의 각 세대가 2개 이상의 직통계단을 사용할 수 없는 경우에는 발코니에 인접 세대와 공동으로 또는 각 세대별로 다음 각 호의 요건을 모두 갖춘 대피공간을 하나 이상 설치하여야 한다. 이 경우 인접 세대와 공동으로 설치하는 대피공간은 인접 세대를 통하여 2개 이상의 직통계단을 쓸 수 있는 위치에 우선 설치되어야 한다. 〈개정 2013.3.23〉

1. 대피공간은 바깥의 공기와 접할 것

2. 대피공간은 실내의 다른 부분과 방화구획으로 구획될 것

3. 대피공간의 바닥면적은 인접 세대와 공동으로 설치하는 경우에는 3제곱미터 이상, 각 세대별로 설치하는 경우에는 2제곱미터 이상일 것

4. 국토교통부장관이 정하는 기준에 적합할 것

⑤ 제4항에도 불구하고 아파트의 4층 이상인 층에서 발코니에 다음 각 호의 어느 하나에 해당하는 구조 또는 시설을 설치한 경우에는 대피공간을 설치하지 아니할 수 있다. 〈개정 2010.2.18, 2013.3.23, 2014.8.27, 2018.9.4〉

1. 인접 세대와의 경계벽이 파괴하기 쉬운 경량구조 등인 경우

2. 경계벽에 피난구를 설치한 경우

3. 발코니의 바닥에 국토교통부령으로 정하는 하향식 피난구를 설치한 경우

4. 국토교통부장관이 중앙건축위원회의 심의를 거쳐 제4항에 따른 대피공간과 동일하거나 그 이상의 성능이 있다고 인정하여 고시하는 구조 또는 시설을 설치한 경우

⑥ 요양병원, 정신병원, 노인요양시설(이하 "노인요양시설"이라 한다), 장애인 거주시설 및 장애인 의료재활시설의 피난층 외의 층에는 다음 각 호의 어느 하나에 해당하는 시설을 설치하여야 한다. 〈신설 2015.9.22, 2018.9.4〉

1. 각 층마다 별도로 방화구획된 대피공간
2. 거실에 식접 접속하여 바깥 공기에 개방된 피난용 발코니
3. 계단을 이용하지 아니하고 건물 외부의 지상으로 통하는 경사로 또는 인접 건축물로 피난할 수 있도록 설치하는 연결복도 또는 연결통로

9. 방화에 장애가 되는 용도의 제한

① 법 제49조제2항에 따라 의료시설, 노유자시설(아동 관련 시설 및 노인복지시설만 해당한다), 공동주택, 장례시설 또는 제1종 근린생활시설(산후조리원만 해당한다)과 위락시설, 위험물저장 및 처리시설, 공장 또는 자동차 관련 시설(정비공장만 해당한다)은 같은 건축물에 함께 설치할 수 없다. 다만, 다음 각 호의 어느 하나에 해당하는 경우로서 국토교통부령으로 정하는 경우에는 그러하지 아니하다. 〈개정 2017.2.3., 2018.2.9.〉
1. 공동주택(기숙사만 해당한다)과 공장이 같은 건축물에 있는 경우
2. 중심상업지역·일반상업지역 또는 근린상업지역에서 「도시 및 주거환경정비법」에 따른 재개발사업을 시행하는 경우
3. 공동주택과 위락시설이 같은 초고층 건축물에 있는 경우. 다만, 사생활을 보호하고 방범·방화 등 주거 안전을 보장하며 소음·악취 등으로부터 주거환경을 보호할 수 있도록 주택의 출입구·계단 및 승강기 등을 주택 외의 시설과 분리된 구조로 하여야 한다.
4. 「산업집적활성화 및 공장설립에 관한 법률」 제2조제13호에 따른 지식산업센터와 「영유아보육법」 제10조제4호에 따른 직장어린이집이 같은 건축물에 있는 경우
② 법 제49조제2항에 따라 다음 각 호의 어느 하나에 해당하는 용도의 시설은 같은 건축물에 함께 설치할 수 없다. 〈개정 2009.7.16, 2010.8.17, 2012.12.12, 2014.3.24〉
1. 노유자시설 중 아동 관련 시설 또는 노인복지시설과 판매시설 중 도매시장 또는 소매시장
2. 단독주택(다중주택, 다가구주택에 한정한다), 공동주택, 제1종 근린생활시설 중 조산원 또는 산후조리원과 제2종 근린생활시설 중 다중생활시설 [전문개정 2008.10.29]

10. 건축물의 내화구조

① 법 제50조제1항에 따라 다음 각 호의 어느 하나에 해당하는 건축물(제5호에 해당하는 건축물로서 2층 이하인 건축물은 지하층 부분만 해당한다)의 주요구조부는 내화구조로 하여야 한다. 다만, 연면적이 50제곱미터 이하인 단층의 부속건축물로서 외벽 및 처마 밑면을 방화구조로 한 것과 무대의 바닥은 그러하지 아니하다. 〈개정 2017.2.3〉
1. 제2종 근린생활시설 중 공연장·종교집회장(해당 용도로 쓰는 바닥면적의 합계가 각각 300제곱미터 이상인 경우만 해당한다), 문화 및 집회시설(전시장 및 동·식물원은 제외한다), 종교시설, 위락시설 중 주점영업 및 장례시설의 용도로 쓰는 건축

물로서 관람석 또는 집회실의 바닥면적의 합계가 200제곱미터(옥외관람석의 경우에는 1천 제곱미터) 이상인 건축물

2. 문화 및 집회시설 중 전시장 또는 동·식물원, 판매시설, 운수시설, 교육연구시설에 설치하는 체육관·강당, 수련시설, 운동시설 중 체육관·운동장, 위락시설(주점영업의 용도로 쓰는 것은 제외한다), 창고시설, 위험물저장 및 처리시설, 자동차 관련 시설, 방송통신시설 중 방송국·전신전화국·촬영소, 묘지 관련 시설 중 화장시설·동물화장시설 또는 관광휴게시설의 용도로 쓰는 건축물로서 그 용도로 쓰는 바닥면적의 합계가 500제곱미터 이상인 건축물

3. 공장의 용도로 쓰는 건축물로서 그 용도로 쓰는 바닥면적의 합계가 2천 제곱미터 이상인 건축물. 다만, 화재의 위험이 적은 공장으로서 국토교통부령으로 정하는 공장은 제외한다.

4. 건축물의 2층이 단독주택 중 다중주택 및 다가구주택, 공동주택, 제1종 근린생활시설(의료의 용도로 쓰는 시설만 해당한다), 2종 근린생활시설 중 다중생활시설, 의료시설, 노유자시설 중 아동 관련 시설 및 노인복지시설, 수련시설 중 유스호스텔, 업무시설 중 오피스텔, 숙박시설 또는 장례식장의 용도로 쓰는 건축물로서 그 용도로 쓰는 바닥면적의 합계가 400제곱미터 이상인 건축물

5. 3층 이상인 건축물 및 지하층이 있는 건축물. 다만, 단독주택(다중주택 및 다가구주택은 제외한다), 동물 및 식물 관련 시설, 발전시설(발전소의 부속용도로 쓰는 시설은 제외한다), 교도소·감화원 또는 묘지 관련 시설(화장시설 및 동물 화장시설 제외한다)의 용도로 쓰는 건축물과 철강 관련 업종의 공장 중 제어실로 사용하기 위하여 연면적 50제곱미터 이하로 증축하는 부분은 제외한다.

② 제1항제1호 및 제2호에 해당하는 용도로 쓰지 아니하는 건축물로서 그 지붕틀을 불연재료로 한 경우에는 그 지붕틀을 내화구조로 아니할 수 있다.
[전문개정 2008.10.29]

11. 대규모 건축물의 방화벽 등

① 법 제50조제2항에 따라 연면적 1천 제곱미터 이상인 건축물은 방화벽으로 구획하되, 각 구획된 바닥면적의 합계는 1천 제곱미터 미만이어야 한다. 다만, 주요구조부가 내화구조이거나 불연재료인 건축물과 제56조제1항제5호 단서에 따른 건축물 또는 내부설비의 구조상 방화벽으로 구획할 수 없는 창고시설의 경우에는 그러하지 아니하다.

② 제1항에 따른 방화벽의 구조에 관하여 필요한 사항은 국토교통부령으로 정한다. 〈개정 2013.3.23〉

③ 연면적 1천 제곱미터 이상인 목조 건축물의 구조는 국토교통부령으로 정하는 바에 따라 방화구조로 하거나 불연재료로 하여야 한다. 〈개정 2013.3.23〉

12. 방화지구의 건축물

법 제51조제1항에 따라 그 주요구조부 및 외벽을 내화구조로 하지 아니할 수 있는 건축물
은 다음 각 호와 같다.
 1. 연면적 30제곱미터 미만인 단층 부속건축물로서 외벽 및 처마면이 내화구조 또는 불연
   재료로 된 것
 2. 도매시장의 용도로 쓰는 건축물로서 그 주요구조부가 불연재료로 된 것
   [전문개정 2008.10.29]

13. 건축물의 내부 마감재료

① 법 제52조제1항에서 "대통령령으로 정하는 용도 및 규모의 건축물"이란 다음 각 호의
  어느 하나에 해당하는 건축물을 말한다. 다만, 그 주요구조부가 내화구조 또는 불연재
  료로 되어 있고 그 거실의 바닥면적(스프링클러나 그 밖에 이와 비슷한 자동식 소화
  설비를 설치한 바닥면적을 뺀 면적으로 한다. 이하 이 조에서 같다) 200제곱미터 이내
  마다 방화구획이 되어 있는 건축물은 제외한다. 〈개정 2009.7.16, 2010.2.18, 2010.12.13,
  2013.3.23, 2014.10.14, 2015.9.22, 2017.2.3〉
  1. 단독주택 중 다중주택·다가구주택
  1의2. 공동주택
  2. 제2종 근린생활시설 중 공연장·종교집회장·인터넷컴퓨터게임시설제공업소·학
    원·독서실·당구장·다중생활시설의 용도로 쓰는 건축물
  3. 위험물저장 및 처리시설(자가난방과 자가발전 등의 용도로 쓰는 시설을 포함한다),
    자동차 관련 시설, 방송통신시설 중 방송국·촬영소 또는 발전시설의 용도로 쓰는
    건축물
  4. 공장의 용도로 쓰는 건축물. 다만, 건축물이 1층 이하이고, 연면적 1천 제곱미터 미
    만으로서 다음 각 목의 요건을 모두 갖춘 경우는 제외한다.
     가. 국토교통부령으로 정하는 화재위험이 적은 공장용도로 쓸 것
     나. 화재 시 대피가 가능한 국토교통부령으로 정하는 출구를 갖출 것
     다. 복합자재[불연성인 재료와 불연성이 아닌 재료가 복합된 자재로서 외부의 양
        면(철판, 알루미늄, 콘크리트박판, 그 밖에 이와 유사한 재료로 이루어진 것을
        말한다)과 심재(心材)로 구성된 것을 말한다]를 내부 마감재료로 사용하는
        경우에는 국토교통부령으로 정하는 품질기준에 적합할 것
  5. 5층 이상인 층 거실의 바닥면적의 합계가 500제곱미터 이상인 건축물
  6. 문화 및 집회시설, 종교시설, 판매시설, 운수시설, 의료시설, 교육연구시설 중 학교
    (초등학교만 해당한다)·학원, 노유자시설, 수련시설, 업무시설 중 오피스텔, 숙박
    시설, 위락시설(단란주점 및 유흥주점은 제외한다), 장례시설, 「다중이용업소의 안
    전관리에 관한 특별법 시행령」 제2조에 따른 다중이용업(단란주점영업 및 유흥주
    점영업은 제외한다)의 용도로 쓰는 건축물

7. 창고로 쓰이는 바닥면적 600제곱미터(스프링클러나 그 밖에 이와 비슷한 자동식 소화설비를 설치한 경우에는 1천200제곱미터) 이상인 건축물. 다만, 벽 및 지붕을 국토교통부장관이 정하여 고시하는 화재 확산 방지구조 기준에 적합하게 설치한 건축물은 제외한다.

② 법 제52조제2항에서 "대통령령으로 정하는 건축물"이란 다음 각 호의 어느 하나에 해당하는 것을 말한다. 〈신설 2010.12.13, 2011.12.30, 2013.3.23, 2015.9.22〉

1. 상업지역(근린상업지역은 제외한다)의 건축물로서 다음 각 목의 어느 하나에 해당하는 것

　가. 제1종 근린생활시설, 제2종 근린생활시설, 문화 및 집회시설, 종교시설, 판매시설, 의료시설, 교육연구시설, 노유자시설, 운동시설 및 위락시설의 용도로 쓰는 건축물로서 그 용도로 쓰는 바닥면적의 합계가 2천제곱미터 이상인 건축물

　나. 공장(국토교통부령으로 정하는 화재 위험이 적은 공장은 제외한다)의 용도로 쓰는 건축물로부터 6미터 이내에 위치한 건축물

2. 6층 이상 또는 높이 22미터 이상인 건축물 [제목개정 2010.12.13]

14. 방화문의 구조

방화문은 갑종 방화문 및 을종 방화문으로 구분하되, 그 기준은 국토교통부령으로 정한다. 〈개정 2013.3.23〉

❸ 건축물의 설비 등

1. 비상용 승강기의 설치

① 법 제64조제2항에 따라 높이 31미터를 넘는 건축물에는 다음 각 호의 기준에 따른 대수 이상의 비상용 승강기(비상용 승강기의 승강장 및 승강로를 포함한다. 이하 이 조에서 같다)를 설치하여야 한다. 다만, 법 제64조제1항에 따라 설치되는 승강기를 비상용 승강기의 구조로 하는 경우에는 그러하지 아니하다.

1. 높이 31미터를 넘는 각 층의 바닥면적 중 최대 바닥면적이 1천500제곱미터 이하인 건축물 : 1대 이상

2. 높이 31미터를 넘는 각 층의 바닥면적 중 최대 바닥면적이 1천500제곱미터를 넘는 건축물 : 1대에 1천500제곱미터를 넘는 3천 제곱미터 이내마다 1대씩 더한 대수 이상

② 제1항에 따라 2대 이상의 비상용 승강기를 설치하는 경우에는 화재가 났을 때 소화에 지장이 없도록 일정한 간격을 두고 설치하여야 한다.

③ 건축물에 설치하는 비상용 승강기의 구조 등에 관하여 필요한 사항은 국토교통부령으로 정한다. 〈개정 2013.3.23〉

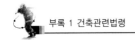

2. 피난용 승강기의 설치

피난용 승강기(피난용 승강기의 승강장 및 승강로를 포함한다. 이하 이 조에서 같다)는 다음 각 호의 기준에 맞게 설치하여야 한다.
1. 승강장의 바닥면적은 승강기 1대당 6제곱미터 이상으로 할 것
2. 각 층으로부터 피난층까지 이르는 승강로를 단일구조로 연결하여 설치할 것
3. 예비전원으로 작동하는 조명설비를 설치할 것
4. 승강장의 출입구 부근의 잘 보이는 곳에 해당 승강기가 피난용 승강기임을 알리는 표지를 설치할 것
5. 그 밖에 화재예방 및 피해경감을 위하여 국토교통부령으로 정하는 구조 및 설비 등의 기준에 맞을 것
[본조신설 2018.10.16.]

4 보 칙

1. 면적 등의 산정방법

① 법 제84조에 따라 건축물의 면적·높이 및 층수 등은 다음 각 호의 방법에 따라 산정한다. 〈개정 2009.6.30, 2009.7.16, 2010.2.18, 2011.4.4, 2011.6.29, 2011.12.8, 2011.12.30, 2012.4.10, 2012.12.12, 2013.3.23, 2013.11.20, 2015.4.24, 2016.1.19, 2017.6.27〉

1. 대지면적 : 대지의 수평투영면적으로 한다. 다만, 다음 각 목의 어느 하나에 해당하는 면적은 제외한다.
   가. 법 제46조제1항 단서에 따라 대지에 건축선이 정하여진 경우 : 그 건축선과 도로 사이의 대지면적
   나. 대지에 도시·군계획시설인 도로·공원 등이 있는 경우 : 그 도시·군계획시설에 포함되는 대지(「국토의 계획 및 이용에 관한 법률」 제47조제7항에 따라 건축물 또는 공작물을 설치하는 도시·군계획시설의 부지는 제외한다)면적
2. 건축면적 : 건축물의 외벽(외벽이 없는 경우에는 외곽 부분의 기둥을 말한다. 이하 이 호에서 같다)의 중심선으로 둘러싸인 부분의 수평투영면적으로 한다. 다만, 다음 각 목의 어느 하나에 해당하는 경우에는 해당 각 목에서 정하는 기준에 따라 산정한다.
   가. 처마, 차양, 부연(附椽), 그 밖에 이와 비슷한 것으로서 그 외벽의 중심선으로부터 수평거리 1미터 이상 돌출된 부분이 있는 건축물의 건축면적은 그 돌출된 끝부분으로부터 다음의 구분에 따른 수평거리를 후퇴한 선으로 둘러싸인 부분의 수평투영면적으로 한다.

1) 「전통사찰의 보존 및 지원에 관한 법률」 제2조제1호에 따른 전통사찰 : 4미터 이하의 범위에서 외벽의 중심선까지의 거리
2) 사료 투여, 가축 이동 및 가축 분뇨 유출 방지 등을 위하여 상부에 한쪽 끝은 고정되고 다른 쪽 끝은 지지되지 아니한 구조로 된 돌출차양이 설치된 축사 : 3미터 이하의 범위에서 외벽의 중심선까지의 거리
3) 한옥 : 2미터 이하의 범위에서 외벽의 중심선까지의 거리
4) 「환경친화적자동차의 개발 및 보급 촉진에 관한 법률」 시행령에 따른 충전시설의 설치를 목적으로 처마, 차양, 부연, 그 밖에 이와 비슷한 것이 설치된 공동주택 : 2미터 이하의 범위에서 외벽의 중심선까지의 거리
5) 그 밖의 건축물 : 1미터

나. 다음의 건축물의 건축면적은 국토교통부령으로 정하는 바에 따라 산정한다.
1) 태양열을 주된 에너지원으로 이용하는 주택
2) 창고 중 물품을 입출고하는 부위의 상부에 한쪽 끝은 고정되고 다른 쪽 끝은 지지되지 아니한 구조로 설치된 돌출차양
3) 단열재를 구조체의 외기측에 설치하는 단열공법으로 건축된 건축물

다. 다음의 경우에는 건축면적에 산입하지 아니한다.
1) 지표면으로부터 1미터 이하에 있는 부분(창고 중 물품을 입출고하기 위하여 차량을 접안시키는 부분의 경우에는 지표면으로부터 1.5미터 이하에 있는 부분)
2) 「다중이용업소의 안전관리에 관한 특별법 시행령」 제9조에 따라 기존의 다중이용업소(2004년 5월 29일 이전의 것만 해당한다)의 비상구에 연결하여 설치하는 폭 2미터 이하의 옥외 피난계단(기존 건축물에 옥외 피난계단을 설치함으로써 법 제55조에 따른 건폐율의 기준에 적합하지 아니하게 된 경우만 해당한다)
3) 건축물 지상층에 일반인이나 차량이 통행할 수 있도록 설치한 보행통로나 차량통로
4) 지하주차장의 경사로
5) 건축물 지하층의 출입구 상부(출입구 너비에 상당하는 규모의 부분을 말한다)
6) 생활폐기물 보관함(음식물쓰레기, 의류 등의 수거함을 말한다. 이하 같다)
7) 「영유아보육법」 제15조에 따른 어린이집(2005년 1월 29일 이전에 설치된 것만 해당한다)의 비상구에 연결하여 설치하는 폭 2미터 이하의 영유아용 대피용 미끄럼대 또는 비상계단(기존 건축물에 영유아용 대피용 미끄럼대 또는 비상계단을 설치함으로써 법 제55조에 따른 건폐율 기준에 적합하지 아니하게 된 경우만 해당한다)

8) 「장애인·노인·임산부 등의 편의증진 보장에 관한 법률 시행령」 별표 2 제3호가목(6)에 따른 장애인용 승강기, 상애인용 에스컬레이터, 휠체어리 프트, 경사로 또는 승강장

9) 「가축전염병 예방법」 제17조제1항제1호에 따른 소독설비를 갖추기 위하여 같은 호에 따른 가축사육시설(2015년 4월 27일 전에 건축되거나 설치된 가 축사육시설로 한정한다)에서 설치하는 시설

10) 「매장문화재 보호 및 조사에 관한 법률 시행령」 제14조제1항제1호 및 제2 호에 따른 현지보존 및 이전보존을 위하여 매장문화재 보호 및 전시에 전 용되는 부분

11) 「가축분뇨의 관리 및 이용에 관한 법률」 제12조제1항에 따른 처리시설 (법률 제12516호 가축분뇨의 관리 및 이용에 관한 법률 일부개정법률 부 칙 제9조에 해당하는 배출시설의 처리시설로 한정한다)

3. 바닥면적 : 건축물의 각 층 또는 그 일부로서 벽, 기둥, 그 밖에 이와 비슷한 구획의 중심선으로 둘러싸인 부분의 수평투영면적으로 한다. 다만, 다음 각 목의 어느 하 나에 해당하는 경우에는 각 목에서 정하는 바에 따른다.

가. 벽·기둥의 구획이 없는 건축물은 그 지붕 끝부분으로부터 수평거리 1미터를 후퇴한 선으로 둘러싸인 수평투영면적으로 한다.

나. 주택의 발코니 등 건축물의 노대나 그 밖에 이와 비슷한 것(이하 "노대등"이 라 한다)의 바닥은 난간 등의 설치 여부에 관계없이 노대등의 면적(외벽의 중심선으로부터 노대등의 끝부분까지의 면적을 말한다)에서 노대등이 접한 가장 긴 외벽에 접한 길이에 1.5미터를 곱한 값을 뺀 면적을 바닥면적에 산입 한다.

다. 필로티나 그 밖에 이와 비슷한 구조(벽면적의 2분의 1 이상이 그 층의 바닥면 에서 위층 바닥 아래면까지 공간으로 된 것만 해당한다)의 부분은 그 부분이 공중의 통행이나 차량의 통행 또는 주차에 전용되는 경우와 공동주택의 경우 에는 바닥면적에 산입하지 아니한다.

라. 승강기탑(옥상 출입용 승강장을 포함한다), 계단탑, 장식탑, 다락[층고(層高)가 1.5미터(경사진 형태의 지붕인 경우에는 1.8미터) 이하인 것만 해당한다], 건 축물의 외부 또는 내부에 설치하는 굴뚝, 더스트슈트, 설비덕트, 그 밖에 이와 비슷한 것과 옥상·옥외 또는 지하에 설치하는 물탱크, 기름탱크, 냉각탑, 정 화조, 도시가스 정압기, 그 밖에 이와 비슷한 것을 설치하기 위한 구조물과 건 축물 간에 화물의 이동에 이용되는 컨베이어벨트만을 설치하기 위한 구조물 은 바닥면적에 산입하지 아니한다.

마. 공동주택으로서 지상층에 설치한 기계실, 전기실, 어린이놀이터, 조경시설 및 생활폐기물 보관함의 면적은 바닥면적에 산입하지 아니한다.

바. 「다중이용업소의 안전관리에 관한 특별법 시행령」 제9조에 따라 기존의 다중이용업소(2004년 5월 29일 이전의 것만 해당한다)의 비상구에 연결하여 설치하는 폭 1.5미터 이하의 옥외 피난계단(기존 건축물에 옥외 피난계단을 설치함으로써 법 제56조에 따른 용적률에 적합하지 아니하게 된 경우만 해당한다)은 바닥면적에 산입하지 아니한다.

사. 제6조제1항제6호에 따른 건축물을 리모델링하는 경우로서 미관 향상, 열의 손실 방지 등을 위하여 외벽에 부가하여 마감재 등을 설치하는 부분은 바닥면적에 산입하지 아니 한다.

아. 제1항제2호나목3)의 건축물의 경우에는 단열재가 설치된 외벽 중 내측 내력벽의 중심선을 기준으로 산정한 면적을 바닥면적으로 한다.

자. 「영유아보육법」 제15조에 따른 어린이집(2005년 1월 29일 이전에 설치된 것만 해당한다)의 비상구에 연결하여 설치하는 폭 2미터 이하의 영유아용 대피용 미끄럼대 또는 비상계단의 면적은 바닥면적(기존 건축물에 영유아용 대피용 미끄럼대 또는 비상계단을 설치함으로써 법 제56조에 따른 용적률 기준에 적합하지 아니하게 된 경우만 해당한다)에 산입하지 아니한다.

차. 「장애인·노인·임산부 등의 편의증진 보장에 관한 법률 시행령」 별표 2 제3호가목(6) 및 같은 표 제4호가목(6)에 따른 장애인용 승강기, 장애인용 에스컬레이터, 휠체어리프트, 경사로 또는 승강장은 바닥면적에 산입하지 아니한다.

카. 「가축전염병 예방법」 제17조제1항제1호에 따른 소독설비를 갖추기 위하여 같은 호에 따른 가축사육시설(2015년 4월 27일 전에 건축되거나 설치된 가축사육시설로 한정한다)에서 설치하는 시설은 바닥면적에 산입하지 아니한다.

타. 「매장문화재 보호 및 조사에 관한 법률 시행령」 제14조제1항제1호 및 제2호에 따른 현지보존 및 이전보존을 위하여 매장문화재 보호 및 전시에 전용되는 부분은 바닥면적에 산입하지 아니한다.

4. 연면적 : 하나의 건축물 각 층의 바닥면적의 합계로 하되, 용적률을 산정할 때에는 다음 각 목에 해당하는 면적은 제외한다.

가. 지하층의 면적

나. 지상층의 주차용(해당 건축물의 부속용도인 경우만 해당한다)으로 쓰는 면적

다. 삭제〈2012.12.12〉

라. 삭제〈2012.12.12〉

마. 제34조제3항 및 제4항에 따라 초고층 건축물과 준초고층 건축물에 설치하는 피난안전구역의 면적

바. 제40조제3항제2호에 따라 건축물의 경사지붕 아래에 설치하는 대피공간의 면적

5. 건축물의 높이 : 지표면으로부터 그 건축물의 상단까지의 높이[건축물의 1층 전체에 필로티(건축물을 사용하기 위한 경비실, 계단실, 승강기실, 그 밖에 이와 비슷한 것을 포함한다)가 설치되어 있는 경우에는 법 제60조 및 법 제61조제2항을 적

용할 때 필로티의 층고를 제외한 높이]로 한다. 다만, 다음 각 목의 어느 하나에
해낭하는 경우에는 각 목에서 성하는 바에 따른다.

가. 법 제60조에 따른 건축물의 높이는 전면도로의 중심선으로부터의 높이로 산정
한다. 다만, 전면도로가 다음의 어느 하나에 해당하는 경우에는 그에 따라 산
정한다.

  1) 건축물의 대지에 접하는 전면도로의 노면에 고지차가 있는 경우에는 그 건축물이
     접하는 범위의 전면도로부분의 수평거리에 따라 가중평균한 높이의 수평
     면을 전면도로면으로 본다.

  2) 건축물의 대지의 지표면이 전면도로보다 높은 경우에는 그 고저차의 2분
     의 1의 높이만큼 올라온 위치에 그 전면도로의 면이 있는 것으로 본다.

나. 법 제61조에 따른 건축물 높이를 산정할 때 건축물 대지의 지표면과 인접 대
지의 지표면 간에 고저차가 있는 경우에는 그 지표면의 평균 수평면을 지표면
(법 제61조제2항에 따른 높이를 산정할 때 해당 대지가 인접 대지의 높이보다
낮은 경우에는 그 대지의 지표면을 말한다)으로 본다. 다만, 전용주거지역 및
일반주거지역을 제외한 지역에서 공동주택을 다른 용도와 복합하여 건축하는
경우에는 공동주택의 가장 낮은 부분을 그 건축물의 지표면으로 본다.

다. 건축물의 옥상에 설치되는 승강기탑·계단탑·망루·장식탑·옥탑 등으로서
그 수평투영면적의 합계가 해당 건축물 건축면적의 8분의 1(「주택법」 제16조
제1항에 따른 사업계획승인 대상인 공동주택 중 세대별 전용면적이 85제곱미
터 이하인 경우에는 6분의 1) 이하인 경우로서 그 부분의 높이가 12미터를 넘
는 경우에는 그 넘는 부분만 해당 건축물의 높이에 산입한다.

라. 지붕마루장식·굴뚝·방화벽의 옥상돌출부나 그 밖에 이와 비슷한 옥상돌출
물과 난간벽(그 벽면적의 2분의 1 이상이 공간으로 되어 있는 것만 해당한다)
은 그 건축물의 높이에 산입하지 아니한다.

6. 처마높이 : 지표면으로부터 건축물의 지붕틀 또는 이와 비슷한 수평재를 지지하는
벽·깔도리 또는 기둥의 상단까지의 높이로 한다.

7. 반자높이 : 방의 바닥면으로부터 반자까지의 높이로 한다. 다만, 한 방에서 반자높
이가 다른 부분이 있는 경우에는 그 각 부분의 반자면적에 따라 가중평균한 높이
로 한다.

8. 층고 : 방의 바닥구조체 윗면으로부터 위층 바닥구조체의 윗면까지의 높이로 한다.
다만, 한 방에서 층의 높이가 다른 부분이 있는 경우에는 그 각 부분 높이에 따른
면적에 따라 가중평균한 높이로 한다.

9. 층수 : 승강기탑(옥상 출입용 승강장을 포함한다), 계단탑, 망루, 장식탑, 옥탑, 그
밖에 이와 비슷한 건축물의 옥상 부분으로서 그 수평투영면적의 합계가 해당 건축
물 건축면적의 8분의 1(「주택법」 제16조제1항에 따른 사업계획승인 대상인 공동
주택 중 세대별 전용면적이 85제곱미터 이하인 경우에는 6분의 1) 이하인 것과 지

하층은 건축물의 층수에 산입하지 아니하고, 층의 구분이 명확하지 아니한 건축물은 그 건축물의 높이 4미터마다 하나의 층으로 보고 그 층수를 산정하며, 건축물이 부분에 따라 그 층수가 다른 경우에는 그 중 가장 많은 층수를 그 건축물의 층수로 본다.

10. 지하층의 지표면 : 법 제2조제1항제5호에 따른 지하층의 지표면은 각 층의 주위가 접하는 각 지표면 부분의 높이를 그 지표면 부분의 수평거리에 따라 가중평균한 높이의 수평면을 지표면으로 산정한다.

② 제1항 각 호(제10호는 제외한다)에 따른 기준에 따라 건축물의 면적·높이 및 층수 등을 산정할 때 지표면에 고저차가 있는 경우에는 건축물의 주위가 접하는 각 지표면 부분의 높이를 그 지표면 부분의 수평거리에 따라 가중평균한 높이의 수평면을 지표면으로 본다. 이 경우 그 고저차가 3미터를 넘는 경우에는 그 고저차 3미터 이내의 부분마다 그 지표면을 정한다.

③ 제1항제5호다목 또는 제1항제9호에 따른 수평투영면적의 산정은 제1항제2호에 따른 건축면적의 산정방법에 따른다.

[전문개정 2008.10.29]

제3장 건축물의 피난 · 방화구조 등의 기준에 관한 규칙

[시행 2019.8.6] [국토교통부령 제641호, 2019.8.6. 일부개정]

1. 내화구조

영 제2조제7호에서 "국토교통부령으로 정하는 기준에 적합한 구조"란 다음 각 호의 어느 하나에 해당하는 것을 말한다. 〈개정 2000.6.3, 2005.7.22, 2006.6.29, 2008.3.14, 2008.7.21, 2010.4.7, 2013.3.23〉

1. 벽의 경우에는 다음 각목의 어느 하나에 해당하는 것
   가. 철근콘크리트조 또는 철골철근콘크리트조로서 두께가 10센티미터 이상인 것
   나. 골구를 철골조로 하고 그 양면을 두께 4센티미터 이상의 철망모르타르(그 바름바탕을 불연재료로 한 것에 한정한다. 이하 이 조에서 같다) 또는 두께 5센티미터 이상의 콘크리트블록 · 벽돌 또는 석재로 덮은 것
   다. 철재로 보강된 콘크리트블록조 · 벽돌조 또는 석조로서 철재에 덮은 콘크리트블록 등의 두께가 5센티미터 이상인 것
   라. 벽돌조로서 두께가 19센티미터 이상인 것
   마. 고온 · 고압의 증기로 양생된 경량기포 콘크리트패널 또는 경량기포 콘크리트블록조로서 두께가 10센티미터 이상인 것
2. 외벽 중 비내력벽의 경우에는 제1호에도 불구하고 다음 각목의 어느 하나에 해당하는 것
   가. 철근콘크리트조 또는 철골철근콘크리트조로서 두께가 7센티미터 이상인 것
   나. 골구를 철골조로 하고 그 양면을 두께 3센티미터 이상의 철망모르타르 또는 두께 4센티미터 이상의 콘크리트블록 · 벽돌 또는 석재로 덮은 것
   다. 철재로 보강된 콘크리트블록조 · 벽돌조 또는 석조로서 철재에 덮은 콘크리트블록 등의 두께가 4센티미터 이상인 것
   라. 무근콘크리트조 · 콘크리트블록조 · 벽돌조 또는 석조로서 그 두께가 7센티미터 이상인 것
3. 기둥의 경우에는 그 작은 지름이 25센티미터 이상인 것으로서 다음 각목의 어느 하나에 해당하는 것. 다만, 고강도 콘크리트(설계기준강도가 50MPa 이상인 콘크리트를 말한다. 이하 이 조에서 같다)를 사용하는 경우에는 국토해양부장관이 정하여 고시하는 고강도 콘크리트 내화성능 관리기준에 적합해야 한다.
   가. 철근콘크리트조 또는 철골철근콘크리트조
   나. 철골을 두께 6센티미터(경량골재를 사용하는 경우에는 5센티미터)이상의 철망모르타르 또는 두께 7센티미터 이상의 콘크리트블록 · 벽돌 또는 석재로 덮은 것
   다. 철골을 두께 5센티미터 이상의 콘크리트로 덮은 것
4. 바닥의 경우에는 다음 각목의 어느 하나에 해당하는 것

가. 철근콘크리트조 또는 철골철근콘크리트조로서 두께가 10센티미터 이상인 것

　나. 철재로 보강된 콘크리트블록조·벽돌조 또는 석조로서 철재에 덮은 콘크리트블록
　　등의 두께가 5센티미터 이상인 것

　다. 철재의 양면을 두께 5센티미터 이상의 철망모르타르 또는 콘크리트로 덮은 것

5. 보(지붕틀을 포함한다)의 경우에는 다음 각목의 어느 하나에 해당하는 것. 다만, 고강
　도 콘크리트를 사용하는 경우에는 국토해양부장관이 정하여 고시하는 고강도 콘크리
　트내화성능 관리기준에 적합하여야 한다.

　가. 철근콘크리트조 또는 철골철근콘크리트조

　나. 철골을 두께 6센티미터(경량골재를 사용하는 경우에는 5센티미터)이상의 철망모
　　르타르 또는 두께 5센티미터 이상의 콘크리트로 덮은 것

　다. 철골조의 지붕틀(바닥으로부터 그 아랫부분까지의 높이가 4미터 이상인 것에 한
　　한다)로서 바로 아래에 반자가 없거나 불연재료로 된 반자가 있는 것

6. 지붕의 경우에는 다음 각목의 어느 하나에 해당하는 것

　가. 철근콘크리트조 또는 철골철근콘크리트조

　나. 철재로 보강된 콘크리트블록조·벽돌조 또는 석조

　다. 철재로 보강된 유리블록 또는 망입유리로 된 것

7. 계단의 경우에는 다음 각목의 어느 하나에 해당하는 것

　가. 철근콘크리트조 또는 철골철근콘크리트조

　나. 무근콘크리트조·콘크리트블록조·벽돌조 또는 석조

　다. 철재로 보강된 콘크리트블록조·벽돌조 또는 석조

　라. 철골조

8. 「과학기술분야 정부출연연구기관 등의 설립·운영 및 육성에 관한 법률」 제8조에 따
　라 설립된 한국건설기술연구원의 장(이하 "한국건설기술연구원장"이라 한다)이 해당
　내화구조에 대하여 다음 각 목의 사항을 모두 인정하는 것. 다만, 「산업표준화법」에
　따른 한국산업표준으로 내화성능이 인정된 구조로 된 것은 나목에 따른 품질시험을
　생략할 수 있다.

　가. 생산공장의 품질 관리 상태를 확인한 결과 국토해양부장관이 정하여 고시하는 기
　　준에 적합할 것

　나. 가목에 따라 적합성이 인정된 제품에 대하여 품질시험을 실시한 결과 별표 1에 따
　　른 성능기준에 적합할 것

9. 다음 각 목의 어느 하나에 해당하는 것으로서 한국건설기술연구원장이 국토교통부장
　관으로부터 승인받은 기준에 적합한 것으로 인정하는 것

　가. 한국건설기술연구원장이 인정한 내화구조 표준으로 된 것

　나. 한국건설기술연구원장이 인정한 성능설계에 따라 내화구조의 성능을 검증할 수
　　있는 구조로 된 것

10. 한국건설기술연구원장이 제27조제1항에 따라 정한 인정기준에 따라 인정하는 것

2. 방화구조

영 제2조제8호에서 "국토교통부령으로 정하는 기준에 적합한 구조"란 다음 각 호의 어느 하나에 해당하는 것을 말한다. 〈개정 2005.7.22, 2008.3.14, 2010.4.7, 2013.3.23〉

1. 철망모르타르로서 그 바름두께가 2센티미터 이상인 것
2. 석면시멘트판 또는 석고판 위에 시멘트모르타르 또는 회반죽을 바른 것으로서 그 두께의 합계가 2.5센티미터 이상인 것
3. 시멘트모르타르 위에 타일을 붙인 것으로서 그 두께의 합계가 2.5센티미터 이상인 것
4. 삭제〈2010.4.7〉
5. 삭제〈2010.4.7〉
6. 심벽에 흙으로 맞벽치기한 것
7. 「산업표준화법」에 의한 한국산업규격이 정하는 바에 의하여 시험한 결과 방화 2급 이상에 해당하는 것

3. 난연재료

영 제2조제9호에서 "국토교통부령으로 정하는 기준에 적합한 재료"라 함은 「산업표준화법」에 따른 한국산업규격에 따라 시험한 결과 가스 유해성, 열방출량 등이 국토교통부장관이 정하여 고시하는 난연재료의 성능기준을 충족하는 것을 말한다. 〈개정 2005.7.22, 2006.6.29, 2008.3.14, 2013.3.23〉

4. 불연재료

영 제2조제10호에서 "국토교통부령으로 정하는 기준에 적합한 재료"라 함은 다음 각 호의 어느 하나에 해당하는 것을 말한다. 〈개정 2000.6.3, 2004.10.4, 2005.7.22, 2006.6.29, 2008.3.14, 2013.3.23, 2014.5.22〉

1. 콘크리트·석재·벽돌·기와·철강·알루미늄·유리·시멘트모르타르 및 회. 이 경우 시멘트모르타르 또는 회 등 미장재료를 사용하는 경우에는 「건설기술진흥법」 제44조제1항제2호에 따라 제정된 건축공사표준시방서에서 정한 두께 이상인 것에 한한다.
2. 「산업표준화법」에 따른 한국산업규격에서 정하는 바에 따라 시험한 결과 질량감소율 등이 국토교통부장관이 정하여 고시하는 불연재료의 성능기준을 충족하는 것
3. 그 밖에 제1호와 유사한 불연성의 재료로서 국토교통부장관이 인정하는 재료. 다만, 제1호의 재료와 불연성재료가 아닌 재료가 복합으로 구성된 경우를 제외한다.

5. 준불연재료

영 제2조제11호에서 "국토교통부령으로 정하는 기준에 적합한 재료"란 「산업표준화법」에 따른 한국산업규격에 따라 시험한 결과 가스 유해성, 열방출량 등이 국토교통부장관이 정하여

고시하는 준불연재료의 성능기준을 충족하는 것을 말한다. 〈개정 2005.7.22, 2006.6.29, 2008.3.14, 2013.3.23〉

6. 직통계단의 설치기준

① 영 제34조제1항 단서에서 "국토교통부령으로 정하는 공장"이란 반도체 및 디스플레이 패널을 제조하는 공장을 말한다. 〈신설 2010.4.7., 2013.3.23., 2019.8.6.〉
② 영 제34조제2항에 따라 2개소 이상의 직통계단을 설치하는 경우 다음 각 호의 기준에 적합해야 한다. 〈개정 2019.8.6.〉
  1. 가장 멀리 위치한 직통계단 2개소의 출입구 간의 가장 가까운 직선거리(직통계단 간을 연결하는 복도가 건축물의 다른 부분과 방화구획으로 구획된 경우 출입구 간의 가장 가까운 보행거리를 말한다)는 건축물 평면의 최대 대각선 거리의 2분의 1 이상으로 할 것. 다만, 스프링클러 또는 그 밖에 이와 비슷한 자동식 소화설비를 설치한 경우에는 3분의 1 이상으로 한다.
  2. 각 직통계단 간에는 각각 거실과 연결된 복도 등 통로를 설치할 것

7. 피난안전구역의 설치기준

① 영 제34조제3항 및 제4항에 따라 설치하는 피난안전구역(이하 "피난안전구역"이라 한다)은 해당 건축물의 1개층을 대피공간으로 하며, 대피에 장애가 되지 아니하는 범위에서 기계실, 보일러실, 전기실 등 건축설비를 설치하기 위한 공간과 같은 층에 설치할 수 있다. 이 경우 피난안전구역은 건축설비가 설치되는 공간과 내화구조로 구획하여야 한다. 〈개정 2012.1.6〉
② 피난안전구역에 연결되는 특별피난계단은 피난안전구역을 거쳐서 상·하층으로 갈 수 있는 구조로 설치하여야 한다.
③ 피난안전구역의 구조 및 설비는 다음 각 호의 기준에 적합하여야 한다. 〈개정 2019.8.6〉
  1. 피난안전구역의 바로 아래층 및 위층은 「녹색건축물 조성 지원법」 제15조제1항에 따라 국토교통부장관이 정하여 고시한 기준에 적합한 단열재를 설치할 것. 이 경우 아래층은 최상층에 있는 거실의 반자 또는 지붕 기준을 준용하고, 윗층은 최하층에 있는 거실의 바닥 기준을 준용할 것
  2. 피난안전구역의 내부마감재료는 불연재료로 설치할 것
  3. 건축물의 내부에서 피난안전구역으로 통하는 계단은 특별피난계단의 구조로 설치할 것
  4. 비상용 승강기는 피난안전구역에서 승하차할 수 있는 구조로 설치할 것
  5. 피난안전구역에는 식수공급을 위한 급수전을 1개소 이상 설치하고 예비전원에 의한 조명설비를 설치할 것
  6. 관리사무소 또는 방재센터 등과 긴급연락이 가능한 경보 및 통신시설을 설치할 것

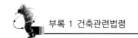

7. 별표 1의2에서 정하는 기준에 따라 산정한 면적 이상일 것
8. 피난안전구역의 높이는 2.1미터 이상일 것
9. 「건축물의 설비기준 등에 관한 규칙」 제14조에 따른 배연설비를 설치할 것
10. 그 밖에 소방방재청장이 정하는 소방 등 재난관리를 위한 설비를 갖출 것
   [본조신설 2010.4.7]

배연설비(건축물의 설비기준 등에 관한 규칙 제14조)

① 배연설비의 설치기준(다만, 피난층인 경우에는 그러하지 아니하다.)〈개정 2010.11.5〉

　1. 영 제46조제1항의 규정에 의하여 건축물에 방화구획이 설치된 경우에는 그 구획마다 1개소 이상의 배연창을 설치하되, 배연창의 상변과 천장 또는 반자로부터 수직거리가 0.9미터 이내일 것. 다만, 반자높이가 바닥으로부터 3미터 이상인 경우에는 배연창의 하변이 바닥으로부터 2.1미터 이상의 위치에 놓이도록 설치하여야 한다.

　2. 배연창의 유효면적은 별표 2의 산정기준에 의하여 산정된 면적이 1제곱미터 이상으로서 그 면적의 합계가 당해 건축물의 바닥면적(영 제46조제1항 또는 제3항의 규정에 의하여 방화구획이 설치된 경우에는 그 구획된 부분의 바닥면적을 말한다)의 100분의 1이상일 것. 이 경우 바닥면적의 산정에 있어서 거실바닥면적의 20분의 1 이상으로 환기창을 설치한 거실의 면적은 이에 산입하지 아니한다.

　3. 배연구는 연기감지기 또는 열감지기에 의하여 자동으로 열 수 있는 구조로 하되, 손으로도 열고 닫을 수 있도록 할 것

　4. 배연구는 예비전원에 의하여 열 수 있도록 할 것

　5. 기계식 배연설비를 하는 경우에는 제1호 내지 제4호의 규정에 불구하고 소방관계법령의 규정에 적합하도록 할 것

② 특별피난계단 및 비상용승강기의 승강장에 설치하는 배연설비의 구조 기준〈개정 1999.5.11〉

　1. 배연구 및 배연풍도는 불연재료로 하고, 화재가 발생한 경우 원활하게 배연시킬 수 있는 규모로서 외기 또는 평상시에 사용하지 아니하는 굴뚝에 연결할 것

　2. 배연구에 설치하는 수동개방장치 또는 자동개방장치(열감지기 또는 연기감지기에 의한 것을 말한다)는 손으로도 열고 닫을 수 있도록 할 것

　3. 배연구는 평상시에는 닫힌 상태를 유지하고, 연 경우에는 배연에 의한 기류로 인하여 닫히지 아니하도록 할 것

　4. 배연구가 외기에 접하지 아니하는 경우에는 배연기를 설치할 것

　5. 배연기는 배연구의 열림에 따라 자동적으로 작동하고, 충분한 공기배출 또는 가압능력이 있을 것

　6. 배연기에는 예비전원을 설치할 것

　7. 공기유입방식을 급기가압방식 또는 급·배기방식으로 하는 경우에는 제1호 내지 제6호의 규정에 불구하고 소방관계법령의 규정에 적합하게 할 것

---

8. 피난계단 및 특별피난계단의 구조

① 영 제35조제1항 각호외에 부분 본문에 따라 건축물의 5층 이상 또는 지하 2층 이하의 층으로부터 피난층 또는 지상으로 통하는 직통계단(지하 1층인 건축물의 경우에는 5층 이상의 층으로부터 피난층 또는 지상으로 통하는 직통계단과 직접 연결된 지하 1층의 계단을 포함한다)은 피난계단 또는 특별피난계단으로 설치해야 한다.

② 제1항의 규정에 의한 피난계단 및 특별피난계단의 구조는 다음 각호의 기준에 적합해야 한다. 〈개정 2000.6.3, 2003.1.6, 2005.7.22, 2010.4.7, 2012.1.6, 2019.8.6〉

1. 건축물의 내부에 설치하는 피난계단의 구조

가. 계단실은 창문·출입구 기타 개구부(이하 "창문등"이라 한다)를 제외한 당해 건축물의 다른 부분과 내화구조의 벽으로 구획할 것

나. 계단실의 실내에 접하는 부분(바닥 및 반자 등 실내에 면한 모든 부분을 말한다)의 마감(마감을 위한 바탕을 포함한다)은 불연재료로 할 것

다. 계단실에는 예비전원에 의한 조명설비를 할 것

라. 계단실의 바깥쪽과 접하는 창문등(망이 들어 있는 유리의 붙박이창으로서 그 면적이 각각 1제곱미터 이하인 것을 제외한다)은 당해 건축물의 다른 부분에 설치하는 창문등으로부터 2미터 이상의 거리를 두고 설치할 것

마. 건축물의 내부와 접하는 계단실의 창문등(출입구를 제외한다)은 망이 들어 있는 유리의 붙박이창으로서 그 면적을 각각 1제곱미터 이하로 할 것

바. 건축물의 내부에서 계단실로 통하는 출입구의 유효너비는 0.9미터 이상으로 하고, 그 출입구에는 피난의 방향으로 열 수 있는 것으로서 언제나 닫힌 상태를 유지하거나 화재로 인한 연기 또는 불꽃을 감지하여 자동적으로 닫히는 구조로 된 제26조의 규정에 의한 갑종방화문을 설치할 것. 다만, 연기 또는 불꽃을 감지하여 자동적으로 닫히는 구조로 할 수 없는 경우에는 온도를 감지하여 자동적으로 닫히는 구조로 할 수 있다.

사. 계단은 내화구조로 하고 피난층 또는 지상까지 직접 연결되도록 할 것

2. 건축물의 바깥쪽에 설치하는 피난계단의 구조

가. 계단은 그 계단으로 통하는 출입구외의 창문등(망이 들어 있는 유리의 붙박이창으로서 그 면적이 각각 1제곱미터 이하인 것을 제외한다)으로부터 2미터 이상의 거리를 두고 설치할 것

나. 건축물의 내부에서 계단으로 통하는 출입구에는 제26조의 규정에 의한 갑종방화문을 설치할 것

다. 계단의 유효너비는 0.9미터 이상으로 할 것

라. 계단은 내화구조로 하고 지상까지 직접 연결되도록 할 것

3. 특별피난계단의 구조

가. 건축물의 내부와 계단실은 노대를 통하여 연결하거나 외부를 향하여 열 수 있는 면적 1제곱미터 이상인 창문(바닥으로부터 1미터 이상의 높이에 설치한 것

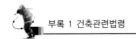

에 한한다) 또는 「건축물의 설비기준 등에 관한 규칙」 제14조의 규정에 적합한 구조의 배연설비가 있는 부속실을 통하여 연결할 것

나. 계단실·노대 및 부속실(「건축물의 설비기준 등에 관한 규칙」 제10조제2호 가목의 규정에 의하여 비상용승강기의 승강장을 겸용하는 부속실을 포함한다)은 창문등을 제외하고는 내화구조의 벽으로 각각 구획할 것

다. 계단실 및 부속실의 실내에 접하는 부분(바닥 및 반자 등 실내에 면한 모든 부분을 말한다)의 마감(마감을 위한 바탕을 포함한다)은 불연재료로 할 것

라. 계단실에는 예비전원에 의한 조명설비를 할 것

마. 계단실·노대 또는 부속실에 설치하는 건축물의 바깥쪽에 접하는 창문등(망이 들어 있는 유리의 붙박이창으로서 그 면적이 각각 1제곱미터이하인 것을 제외한다)은 계단실·노대 또는 부속실외의 당해 건축물의 다른 부분에 설치하는 창문등으로부터 2미터 이상의 거리를 두고 설치할 것

바. 계단실에는 노대 또는 부속실에 접하는 부분 외에는 건축물의 내부와 접하는 창문등을 설치하지 아니할 것

사. 계단실의 노대 또는 부속실에 접하는 창문등(출입구를 제외한다)은 망이 들어 있는 유리의 붙박이창으로서 그 면적을 각각 1제곱미터 이하로 할 것

아. 노대 및 부속실에는 계단실외의 건축물의 내부와 접하는 창문등(출입구를 제외한다)을 설치하지 아니할 것

자. 건축물의 내부에서 노대 또는 부속실로 통하는 출입구에는 제26조 규정에 의한 갑종방화문을 설치하고, 노대 또는 부속실로부터 계단실로 통하는 출입구에는 제26조의 규정에 의한 갑종방화문 또는 을종방화문을 설치할 것. 이 경우 갑종방화문 또는 을종방화문은 언제나 닫힌 상태를 유지하거나 화재로 인한 연기 또는 불꽃을 감지하여 자동적으로 닫히는 구조로 해야 하고, 연기 또는 불꽃으로 감지하여 자동적으로 닫히는 구조로 할 수 없는 경우에는 온도를 감지하여 자동적으로 닫히는 구조로 할 수 있다.

차. 계단은 내화구조로 하되, 피난층 또는 지상까지 직접 연결되도록 할 것

카. 출입구의 유효너비는 0.9미터 이상으로 하고 피난의 방향으로 열 수 있을 것

③ 영 제35조제1항 각호 외의 부분 본문에 따른 피난계단 또는 특별피난계단은 돌음계단으로 해서는 아니되며, 영 제40조제2항의 규정에 의하여 옥상광장을 설치해야 하는 건축물의 피난계단 또는 특별피난계단은 당해 건축물의 옥상으로 통하도록 설치해야 한다. 이 경우 옥상으로 통하는 출입문은 피난방향으로 열리는 구조로서 피난 시 이용에 장애가 없어야 한다. 〈개정 2010.4.7, 2019.8.6〉

④ 영 제35조제2항에서 "갓복도식 공동주택"이라 함은 각 층의 계단실 및 승강기에서 각 세대로 통하는 복도의 한쪽 면이 외기(외기)에 개방된 구조의 공동주택을 말한다. 〈신설 2006.6.29〉

9. 관람실 등으로부터의 출구의 설치기준

① 영 제38조 각호의 어느 하나에 해당하는 건축물의 관람실 또는 집회실로부터 바깥쪽으로의 출구로 쓰이는 문은 안여닫이로 해서는 안 된다. 〈개정 2019.8.6〉

② 영 제38조에 따라 문화 및 집회시설 중 공연장의 개별 관람실(바닥면적이 300제곱미터 이상인 것만 해당한다)의 출구는 다음 각 호의 기준에 적합하게 설치해야 한다. 〈개정 2019.8.6〉

1. 관람실별로 2개소 이상 설치할 것
2. 각 출구의 유효너비는 1.5미터 이상일 것
3. 개별 관람실 출구의 유효너비의 합계는 개별 관람실의 바닥면적 100제곱미터마다 0.6미터의 비율로 산정한 너비 이상으로 할 것

10. 건축물의 바깥쪽으로의 출구의 설치기준

① 영 제39조제1항의 규정에 의하여 건축물의 바깥쪽으로 나가는 출구를 설치하는 경우 피난층의 계단으로부터 건축물의 바깥쪽으로의 출구에 이르는 보행거리(가장 가까운 출구와의 보행거리를 말한다. 이하 같다)는 영 제34조제1항의 규정에 의한 거리이하로 하여야 하며, 거실(피난에 지장이 없는 출입구가 있는 것을 제외한다)의 각 부분으로부터 건축물의 바깥쪽으로의 출구에 이르는 보행거리는 영 제34조제1항의 규정에 의한 거리의 2배 이하로 하여야 한다.

② 영 제39조제1항에 따라 건축물의 바깥쪽으로 나가는 출구를 설치하는 건축물 중 문화 및 집회시설(전시장 및 동·식물원을 제외한다), 종교시설, 장례식장 또는 위락시설의 용도에 쓰이는 건축물의 바깥쪽으로의 출구로 쓰이는 문은 안여닫이로 하여서는 아니된다. 〈개정 2010.4.7〉

③ 영 제39조제1항에 따라 건축물의 바깥쪽으로 나가는 출구를 설치하는 경우 관람실의 바닥면적의 합계가 300제곱미터 이상인 집회장 또는 공연장은 주된 출구 외에 보조출구 또는 비상구를 2개소 이상 설치해야 한다. 〈개정 2019.8.6〉

④ 판매시설의 용도에 쓰이는 피난층에 설치하는 건축물의 바깥쪽으로의 출구의 유효너비의 합계는 해당 용도에 쓰이는 바닥면적이 최대인 층에 있어서의 해당 용도의 바닥면적 100제곱미터마다 0.6미터의 비율로 산정한 너비 이상으로 하여야 한다. 〈개정 2010.4.7〉

⑤ 다음 각 호의 어느 하나에 해당하는 건축물의 피난층 또는 피난층의 승강장으로부터 건축물의 바깥쪽에 이르는 통로에는 제15조제5항에 따른 경사로를 설치하여야 한다. 〈개정 2010.4.7〉

1. 제1종 근린생활시설 중 지역자치센터·파출소·지구대·소방서·우체국·방송국·보건소·공공도서관·지역의료보험조합 기타 이와 유사한 것으로서 동일한 건축물안에서 당해 용도에 쓰이는 바닥면적의 합계가 1천제곱미터 미만인 것
2. 제1종 근린생활시설 중 마을공회당·마을공동작업소·마을공동구판장·변전소·

양수장·정수장·대피소·공중화장실 기타 이와 유사한 것
3. 연면적이 5천제곱미터 이상인 판매시설·운수시설
4. 교육연구시설 중 학교
5. 업무시설 중 국가 또는 지방자치단체의 청사와 외국공관의 건축물로서 제1종 근린
   생활시설에 해당하지 아니하는 것
6. 승강기를 설치하여야 하는 건축물
⑥ 법 제39조제1항에 따라 영 제39조제1항 각 호의 어느 하나에 해당하는 건축물의 바깥
   쪽으로 나가는 출입문에 유리를 사용하는 경우에는 안전유리를 사용하여야 한다. 〈신
   설 2006.6.29, 2015.7.9〉

11. 회전문의 설치기준

영 제39조제2항의 규정에 의하여 건축물의 출입구에 설치하는 회전문은 다음 각 호의 기
준에 적합하여야 한다. 〈개정 2005.7.22〉
1. 계단이나 에스컬레이터로부터 2미터 이상의 거리를 둘 것
2. 회전문과 문틀사이 및 바닥사이는 다음 각 목에서 정하는 간격을 확보하고 틈 사이를
   고무와 고무펠트의 조합체 등을 사용하여 신체나 물건 등에 손상이 없도록 할 것
   가. 회전문과 문틀 사이는 5센티미터 이상
   나. 회전문과 바닥 사이는 3센티미터 이하
3. 출입에 지장이 없도록 일정한 방향으로 회전하는 구조로 할 것
4. 회전문의 중심축에서 회전문과 문틀 사이의 간격을 포함한 회전문날개 끝부분까지의
   길이는 140센티미터 이상이 되도록 할 것
5. 회전문의 회전속도는 분당회전수가 8회를 넘지 아니하도록 할 것
6. 자동회전문은 충격이 가하여지거나 사용자가 위험한 위치에 있는 경우에는 전자감지
   장치 등을 사용하여 정지하는 구조로 할 것

12. 헬리포트 및 구조공간 설치기준

① 영 제40조제3항제1호에 따라 건축물에 설치하는 헬리포트는 다음 각호의 기준에 적합
   하여야 한다. 〈개정 2003.1.6, 2010.4.7, 2012.1.6〉
1. 헬리포트의 길이와 너비는 각각 22미터 이상으로 할 것. 다만, 건축물의 옥상바닥의
   길이와 너비가 각각 22미터 이하인 경우에는 헬리포트의 길이와 너비를 각각 15미
   터까지 감축할 수 있다.
2. 헬리포트의 중심으로부터 반경 12미터 이내에는 헬리콥터의 이·착륙에 장애가 되
   는 건축물, 공작물, 조경시설 또는 난간 등을 설치하지 아니할 것
3. 헬리포트의 주위한계선은 백색으로 하되, 그 선의 너비는 36센티미터로 할 것
4. 헬리포트의 중앙부분에는 지름 8미터의 "Ⓗ"표지를 백색으로 하되, "H"표지의 선
   의 너비는 38센티미터로, "○"표지의 선의 너비는 60센티미터로 할 것

374

② 영 제40조제3항제1호에 따라 옥상에 헬리콥터를 통하여 인명 등을 구조할 수 있는 공간을 설치하는 경우에는 직경 10미터 이상의 구조공간을 확보하여야 하며, 구조공간에는 구조활동에 장애가 되는 건축물, 공작물 또는 난간 등을 설치해서는 안 된다. 이 경우 구조공간의 표시기준 등에 관하여는 제1항제3호 및 제4호를 준용한다. 〈신설 2010.4.7, 2012.1.6〉

③ 영 제40조제3항제2호에 따라 설치하는 대피공간은 다음 각 호의 기준에 적합하여야 한다. 〈신설 2012.1.6〉

1. 대피공간의 면적은 지붕 수평투명면적의 10분의 1 이상일 것
2. 특별피난계단 또는 피난계단과 연결되도록 할 것
3. 출입구·창문을 제외한 부분은 해당 건축물의 다른 부분과 내화구조의 바닥 및 벽으로 구획할 것
4. 출입구는 유효너비 0.9미터 이상으로 하고, 그 출입구에는 갑종방화문을 설치할 것
5. 내부마감재료는 불연재료로 할 것
6. 예비전원으로 작동하는 조명설비를 설치할 것
7. 관리사무소 등과 긴급 연락이 가능한 통신시설을 설치할 것[제목개정 2010.4.7]

13. 방화구획의 설치기준

① 영 제46조제1항 본문에 따라 건축물에 설치하는 방화구획은 다음 각호의 기준에 적합해야 한다. 〈개정 2010.4.7, 2019.8.6〉

1. 10층 이하의 층은 바닥면적 1천제곱미터(스프링클러 기타 이와 유사한 자동식 소화설비를 설치한 경우에는 바닥면적 3천제곱미터)이내마다 구획할 것
2. 매 층마다 구획할 것. 다만, 지하 1층에서 지상으로 직접 연결하는 경사로 부위는 제외한다.
3. 11층 이상의 층은 바닥면적 200제곱미터(스프링클러 기타 이와 유사한 자동식 소화설비를 설치한 경우에는 600제곱미터)이내마다 구획할 것. 다만, 벽 및 반자의 실내에 접하는 부분의 마감을 불연재료로 한 경우에는 바닥면적 500제곱미터(스프링클러 기타 이와 유사한 자동식 소화설비를 설치한 경우에는 1천500제곱미터)이내마다 구획하여야 한다.
4. 필로티나 그 밖에 이와 비슷한 구조(벽면적의 2분의 1 이상이 그 층의 바닥면에서 위층 바닥 아래면까지 공간으로 된 것만 해당한다)의 부분을 주차장으로 사용하는 경우 그 부분은 건축물의 다른 부분과 구획할 것

② 제1항에 따른 방화구획은 다음 각 호의 기준에 적합하게 설치해야 한다. 〈개정 2003.1.6, 2005.7.22, 2006.6.29, 2008.3.14, 2010.4.7, 2012.1.6, 2013.3.23, 2019.8.6〉

1. 영 제46조에 따른 방화구획으로 사용하는 제26조에 따른 갑종방화문은 언제나 닫힌 상태를 유지하거나 화재로 인한 연기 또는 불꽃을 감지하여 자동적으로 닫히는 구조로 할 것. 다만, 연기 또는 불꽃을 감지하여 자동적으로 닫히는 구조로 할 수 없는

경우에는 온도를 감지하여 자동적으로 닫히는 구조로 할 수 있다.

2. 외벽과 바닥 사이에 틈이 생긴 때나 급수관·배전관 그 밖의 관이 방화구획으로 되어 있는 부분을 관통하는 경우 그로 인하여 방화구획에 틈이 생긴 때에는 그 틈을 다음 각 목의 어느 하나에 해당하는 것으로 메울 것

　　가. 「산업표준화법」에 따른 한국산업표준에서 내화충전성능을 인정한 구조로 된 것
　　나. 한국건설기술연구원장이 국토교통부장관이 정하여 고시하는 기준에 따라 내화충전성능을 인정한 구조로 된 것

3. 환기·난방 또는 냉방시설의 풍도가 방화구획을 관통하는 경우에는 그 관통부분 또는 이에 근접한 부분에 다음 각 목의 기준에 적합한 댐퍼를 설치할 것. 다만, 반도체 공장건축물로서 방화구획을 관통하는 풍도의 주위에 스프링클러헤드를 설치하는 경우에는 그렇지 않다.

　　가. 화재로 인한 연기 또는 불꽃을 감지하여 자동적으로 닫히는 구조로 할 것. 다만, 주방 등 연기가 항상 발생하는 부분에는 온도를 감지하여 자동적으로 닫히는 구조로 할 수 있다.
　　나. 국토교통부장관이 정하여 고시하는 비차열(非遮熱) 성능 및 방연성능 등의 기준에 적합할 것
　　다. 삭제
　　라. 삭제

③ 영 제46조제1항에서 "국토교통부령으로 정하는 기준에 적합한 것"이란 한국건설기술연구원장이 국토교통부장관이 정하여 고시하는 바에 따라 다음 각 호의 사항을 모두 인정한 것을 말한다. 〈신설 2010.4.7., 2019.8.6.〉

1. 생산공장의 품질 관리 상태를 확인한 결과 국토교통부장관이 정하여 고시하는 기준에 적합할 것
2. 해당 제품의 품질시험을 실시한 결과 비차열 1시간 이상의 내화성능을 확보하였을 것

④ 영 제46조제5항제3호에 따른 하향식 피난구(덮개, 사다리, 경보시스템을 포함한다)의 구조는 다음 각 호의 기준에 적합하게 설치해야 한다.

1. 피난구의 덮개는 제26조에 따른 비차열 1시간 이상의 내화성능을 가져야 하며, 피난구의 유효 개구부 규격은 직경 60센티미터 이상일 것
2. 상층·하층 간 피난구의 설치위치는 수직방향 간격을 15센티미터 이상 띄어서 설치할 것
3. 아래층에서는 바로 위층의 피난구를 열 수 없는 구조일 것
4. 사다리는 바로 아래층의 바닥면으로부터 50센티미터 이하까지 내려오는 길이로 할 것
5. 덮개가 개방될 경우에는 건축물관리시스템 등을 통하여 경보음이 울리는 구조일 것
6. 피난구가 있는 곳에는 예비전원에 의한 조명설비를 설치할 것

⑤ 제2항제2호에 따른 건축물의 외벽과 바닥 사이의 내화충전방법에 필요한 사항은 국토교통부장관이 정하여 고시한다.

[시행일 : 2019.11.7.] 제14조제1항제2호 본문, 제14조제1항제4호, 제14조제2항제1호

14. 복합건축물의 피난시설 등

영 제47조제1항 단서의 규정에 의하여 같은 건축물안에 공동주택·의료시설·아동관련시설 또는 노인복지시설(이하 이 조에서 "공동주택등"이라 한다) 중 하나 이상과 위락시설·위험물저장 및 처리시설·공장 또는 자동차정비공장(이하 이 조에서 "위락시설등"이라 한다)중 하나 이상을 함께 설치하고자 하는 경우에는 다음 각 호의 기준에 적합하여야 한다. 〈개정 2005.7.22〉

1. 공동주택등의 출입구와 위락시설등의 출입구는 서로 그 보행거리가 30미터 이상이 되도록 설치할 것
2. 공동주택등(당해 공동주택등에 출입하는 통로를 포함한다)과 위락시설등(당해 위락시설 등에 출입하는 통로를 포함한다)은 내화구조로 된 바닥 및 벽으로 구획하여 서로 차단할 것
3. 공동주택등과 위락시설등은 서로 이웃하지 아니하도록 배치할 것
4. 건축물의 주요 구조부를 내화구조로 할 것
5. 거실의 벽 및 반자가 실내에 면하는 부분(반자돌림대·창대 그 밖에 이와 유사한 것을 제외한다. 이하 이 조에서 같다)의 마감은 불연재료·준불연재료 또는 난연재료로 하고, 그 거실로부터 지상으로 통하는 주된 복도·계단 그밖에 통로의 벽 및 반자가 실내에 면하는 부분의 마감은 불연재료 또는 준불연재료로 할 것

15. 계단의 설치기준

① 영 제48조의 규정에 의하여 건축물에 설치하는 계단은 다음 각호의 기준에 적합하여야 한다. 〈개정 2010.4.7, 2015.4.6〉

1. 높이가 3미터를 넘는 계단에는 높이 3미터이내마다 유효너비 120센티미터 이상의 계단참을 설치할 것
2. 높이가 1미터를 넘는 계단 및 계단참의 양옆에는 난간(벽 또는 이에 대치되는 것을 포함한다)을 설치할 것
3. 너비가 3미터를 넘는 계단에는 계단의 중간에 너비 3미터 이내마다 난간을 설치할 것. 다만, 계단의 단높이가 15센티미터 이하이고, 계단의 단너비가 30센티미터 이상인 경우에는 그러하지 아니하다.
4. 계단의 유효 높이(계단의 바닥 마감면부터 상부 구조체의 하부 마감면까지의 연직 방향의 높이를 말한다)는 2.1미터 이상으로 할 것

② 제1항에 따라 계단을 설치하는 경우 계단 및 계단참의 너비(옥내계단에 한정한다),

계단의 단높이 및 단너비의 칫수는 다음 각 호의 기준에 적합해야 한다. 이 경우 돌음
계단의 단너비는 그 좁은 너비의 끝부분으로부터 30센티미터의 위치에서 측정한다.
〈개정 2003.1.6, 2005.7.22, 2010.4.7〉

1. 초등학교의 계단인 경우에는 계단 및 계단참의 너비는 150센티미터 이상, 단높이는
   16센티미터 이하, 단너비는 26센티미터 이상으로 할 것
2. 중·고등학교의 계단인 경우에는 계단 및 계단참의 너비는 150센티미터 이상, 단높
   이는 18센티미터 이하, 단너비는 26센티미터 이상으로 할 것
3. 문화 및 집회시설(공연장·집회장 및 관람장에 한한다)·판매시설 기타 이와 유사
   한 용도에 쓰이는 건축물의 계단인 경우에는 계단 및 계단참의 너비를 120센티미터
   이상으로 할 것
4. 제1호부터 제3호까지의 건축물 외의 건축물의 계단으로서 다음 각 목의 어느 하나
   에 해당하는 층의 계단인 경우에는 계단 및 계단참은 유효너비를 120센티미터 이상
   으로 할 것
   가. 계단을 설치하려는 층이 지상층인 경우: 해당 층의 바로 위층부터 최상층(상부
       층 중 피난층이 있는 경우에는 그 아래층을 말한다)까지의 거실 바닥면적의 합
       계가 200제곱미터 이상인 경우
   나. 계단을 설치하려는 층이 지하층인 경우: 지하층 거실 바닥면적의 합계가 100제
       곱미터 이상인 경우
5. 기타의 계단인 경우에는 계단 및 계단참의 너비를 60센티미터 이상으로 할 것
6. 「산업안전보건법」에 의한 작업장에 설치하는 계단인 경우에는 「산업안전 기준에
   관한 규칙」에서 정한 구조로 할 것

③ 공동주택(기숙사를 제외한다)·제1종 근린생활시설·제2종 근린생활시설·문화 및
집회시설·종교시설·판매시설·운수시설·의료시설·노유자시설·업무시설·숙박
시설·위락시설 또는 관광휴게시설의 용도에 쓰이는 건축물의 주계단·피난계단 또
는 특별피난계단에 설치하는 난간 및 바닥은 아동의 이용에 안전하고 노약자 및 신체
장애인의 이용에 편리한 구조로 하여야 하며, 양쪽에 벽등이 있어 난간이 없는 경우에
는 손잡이를 설치하여야 한다. 〈개정 2010.4.7〉

④ 제3항의 규정에 의한 난간·벽 등의 손잡이와 바닥마감은 다음 각호의 기준에 적합하
게 설치하여야 한다.

1. 손잡이는 최대지름이 3.2센티미터 이상 3.8센티미터 이하인 원형 또는 타원형의 단
   면으로 할 것
2. 손잡이는 벽등으로부터 5센티미터 이상 떨어지도록 하고, 계단으로부터의 높이는
   85센티미터가 되도록 할 것
3. 계단이 끝나는 수평부분에서의 손잡이는 바깥쪽으로 30센티미터 이상 나오도록 설
   치할 것

⑤ 계단을 대체하여 설치하는 경사로는 다음 각호의 기준에 적합하게 설치하여야 한다. 〈개정 2010.4.7〉

1. 경사도는 1 : 8을 넘지 아니할 것
2. 표면을 거친 면으로 하거나 미끄러지지 아니하는 재료로 마감할 것
3. 경사로의 직선 및 굴절부분의 유효너비는 「장애인·노인·임산부등의 편의증진보장에 관한 법률」이 정하는 기준에 적합할 것

⑥ 제1항 각호의 규정은 제5항의 규정에 의한 경사로의 설치기준에 관하여 이를 준용한다.

⑦ 제1항 및 제2항에도 불구하고 영 제34조제4항 후단에 따라 피난층 또는 지상으로 통하는 직통계단을 설치하는 경우 계단 및 계단참의 유효너비는 다음 각 호의 구분에 따른 기준에 적합하여야 한다. 〈신설 2012.1.6, 2015.4.6〉

1. 공동주택 : 120센티미터 이상
2. 공동주택이 아닌 건축물 : 150센티미터 이상

⑧ 승강기계실용 계단, 망루용 계단 등 특수한 용도에만 쓰이는 계단에 대해서는 제1항부터 제7항까지의 규정을 적용하지 아니한다. 〈개정 2012.1.6〉

16. 복도의 너비 및 설치기준

① 영 제48조의 규정에 의하여 건축물에 설치하는 복도의 유효너비는 다음 표와 같이 하여야 한다.

구분	양옆에 거실이 있는 복도	기타의 복도
유치원·초등학교·중학교·고등학교	2.4미터 이상	1.8미터 이상
공동주택·오피스텔	1.8미터 이상	1.2미터 이상
당해 층 거실의 바닥면적 합계가 200제곱미터 이상인 경우	1.5미터 이상 (의료시설의 복도는 1.8미터 이상)	1.2미터 이상

② 문화 및 집회시설(공연장·집회장·관람장·전시장에 한정한다), 종교시설 중 종교집회장, 노유자시설 중 아동 관련 시설·노인복지시설, 수련시설 중 생활권수련시설, 위락시설 중 유흥주점 및 장례식장의 관람실 또는 집회실과 접하는 복도의 유효너비는 제1항에도 불구하고 다음 각 호에서 정하는 너비로 해야 한다. 〈개정 2019.8.6〉

1. 해당 층에서 해당 용도로 쓰는 바닥면적의 합계가 500제곱미터 미만인 경우 1.5미터 이상
2. 해당 층에서 해당 용도로 쓰는 바닥면적의 합계가 500제곱미터 이상 1천제곱미터 미만인 경우 1.8미터 이상
3. 해당 층에서 해당 용도로 쓰는 바닥면적의 합계가 1천제곱미터 이상인 경우 2.4미터 이상

③ 문화 및 집회시설 중 공연장에 설치하는 복도는 다음 각 호의 기준에 적합해야 한다. 〈개정 2019.8.6.〉

1. 공연장의 개별 관람실(바닥면적이 300제곱미터 이상인 경우에 한정한다)의 바깥쪽 에는 그 양쪽 및 뒤쪽에 각각 복도를 설치할 것

2. 하나의 층에 개별 관람실(바닥면적이 300제곱미터 미만인 경우에 한정한다)을 2개 소 이상 연속하여 설치하는 경우에는 그 관람실의 바깥쪽의 앞쪽과 뒤쪽에 각각 복 도를 설치할 것[본조신설 2005.7.22]

17. 소방관 진입창의 기준

법 제49조제3항에서 "국토교통부령으로 정하는 기준"이란 다음 각 호의 요건을 모두 충 족하는 것을 말한다.〈신설 2019.8.6.〉

1. 2층 이상 11층 이하인 층에 각각 1개소 이상 설치할 것. 이 경우 소방관이 진입할 수 있는 창의 가운데에서 벽면 끝까지의 수평거리가 40미터 이상인 경우에는 40미터 이 내마다 소방관이 진입할 수 있는 창을 추가로 설치해야 한다.

2. 소방차 진입로 또는 소방차 진입이 가능한 공터에 면할 것

3. 창문의 가운데에 지름 20센티미터 이상의 역삼각형을 야간에도 알아볼 수 있도록 빛 반사 등으로 붉은색으로 표시할 것

4. 창문의 한쪽 모서리에 타격지점을 지름 3센티미터 이상의 원형으로 표시할 것

5. 창문의 크기는 폭 90센티미터 이상, 높이 1.2미터 이상으로 하고, 실내 바닥면으로부터 창의 아랫부분까지의 높이는 80센티미터 이내로 할 것

6. 다음 각 목의 어느 하나에 해당하는 유리를 사용할 것

   가. 플로트판유리로서 그 두께가 6밀리미터 이하인 것

   나. 강화유리 또는 배강도유리로서 그 두께가 5밀리미터 이하인 것

   다. 가목 또는 나목에 해당하는 유리로 구성된 이중 유리로서 그 두께가 24밀리미터 이하인 것

[본조신설 2019.8.6.]

18. 경계벽 등의 구조

① 법 제49조제4항에 따라 건축물에 설치하는 경계벽은 내화구조로 하고, 지붕밑 또는 바로 위 층의 바닥판까지 닿게 해야 한다. 〈개정 2014.11.28, 2019.8.6〉

② 제1항에 따른 경계벽은 소리를 차단하는데 장애가 되는 부분이 없도록 다음 각 호의 어느 하나에 해당하는 구조로 하여야 한다. 다만, 다가구주택 및 공동주택의 세대간의 경계벽인 경우에는 「주택건설기준 등에 관한 규정」 제14조에 따른다. 〈개정 2005.7.22, 2008.3.14, 2010.4.7, 2013.3.23, 2014.11.28〉

1. 철근콘크리트조ㆍ철골철근콘크리트조로서 두께가 10센티미터 이상인 것

2. 무근콘크리트조 또는 석조로서 두께가 10센티미터(시멘트모르타르ㆍ회반죽 또는

석고플라스터의 바름두께를 포함한다) 이상인 것

3. 콘크리트블록조 또는 벽돌조로서 두께가 19센티미터 이상인 것

4. 제1호 내지 제3호의 것 외에 국토교통부장관이 정하여 고시하는 기준에 따라 국토교통부장관이 지정하는 자 또는 한국건설기술연구원장이 실시하는 품질시험에서 그 성능이 확인된 것

5. 한국건설기술연구원장이 제27조제1항에 따라 정한 인정기준에 따라 인정하는 것

③ 법 제49조제3항에 따른 가구·세대 등 간 소음방지를 위한 바닥은 경량충격음(비교적 가볍고 딱딱한 충격에 의한 바닥충격음을 말한다)과 중량충격음(무겁고 부드러운 충격에 의한 바닥충격음을 말한다)을 차단할 수 있는 구조로 하여야 한다. 〈신설 2014.11.28〉

④ 제3항에 따른 가구·세대 등 간 소음방지를 위한 바닥의 세부 기준은 국토교통부장관이 정하여 고시한다. 〈신설 2014.11.28〉

19. 건축물에 설치하는 굴뚝

영 제54조에 따라 건축물에 설치하는 굴뚝은 다음 각호의 기준에 적합하여야 한다. 〈개정 2010.4.7〉

1. 굴뚝의 옥상 돌출부는 지붕면으로부터의 수직거리를 1미터 이상으로 할 것. 다만, 용마루·계단탑·옥탑 등이 있는 건축물에 있어서 굴뚝의 주위에 연기의 배출을 방해하는 장애물이 있는 경우에는 그 굴뚝의 상단을 용마루·계단탑·옥탑등보다 높게 하여야 한다.

2. 굴뚝의 상단으로부터 수평거리 1미터 이내에 다른 건축물이 있는 경우에는 그 건축물의 처마보다 1미터 이상 높게 할 것

3. 금속제 또는 석면제 굴뚝으로서 건축물의 지붕속·반자위 및 가장 아랫바닥밑에 있는 굴뚝의 부분은 금속 외의 불연재료로 덮을 것

4. 금속제 또는 석면제 굴뚝은 목재 기타 가연재료로부터 15센티미터 이상 떨어져서 설치할 것. 다만, 두께 10센티미터 이상인 금속 외의 불연재료로 덮은 경우에는 그러하지 아니하다.

20. 방화벽의 구조

① 영 제57조제2항에 따라 건축물에 설치하는 방화벽은 다음 각호의 기준에 적합하여야 한다. 〈개정 2010.4.7〉

1. 내화구조로서 홀로 설 수 있는 구조일 것

2. 방화벽의 양쪽 끝과 위쪽 끝을 건축물의 외벽면 및 지붕면으로부터 0.5미터 이상 튀어 나오게 할 것

3. 방화벽에 설치하는 출입문의 너비 및 높이는 각각 2.5미터 이하로 하고, 당해 출입문에는 제26조에 따른 갑종방화문을 설치할 것

② 제14조제2항의 규정은 제1항의 규정에 의한 방화벽의 구조에 관하여 이를 준용한다.

21. 대규모 목조건축물의 외벽 등

① 영 제57조제3항의 규정에 의하여 연면적이 1천제곱미터 이상인 목조의 건축물은 그 외벽 및 처마 밑의 연소할 우려가 있는 부분을 방화구조로 하되, 그 지붕은 불연재료로 하여야 한다.

② 제1항에서 "연소할 우려가 있는 부분"이라 함은 인접대지경계선·도로중심선 또는 동일한 대지안에 있는 2동 이상의 건축물(연면적의 합계가 500제곱미터 이하인 건축물은 이를 하나의 건축물로 본다) 상호의 외벽간의 중심선으로부터 1층에 있어서는 3미터 이내, 2층 이상에 있어서는 5미터 이내의 거리에 있는 건축물의 각 부분을 말한다. 다만, 공원·광장·하천의 공지나 수면 또는 내화구조의 벽 기타 이와 유사한 것에 접하는 부분을 제외한다.

22. 고층건축물 피난안전구역 등의 피난 용도 표시

법 제50조의2제2항에 따라 고층건축물에 설치된 피난안전구역, 피난시설 또는 대피공간에는 다음 각 호에서 정하는 바에 따라 화재 등의 경우에 피난 용도로 사용되는 것임을 표시하여야 한다.

    1. 피난안전구역

        가. 출입구 상부 벽 또는 측벽의 눈에 잘 띄는 곳에 "피난안전구역" 문자를 적은 표시판을 설치할 것

        나. 출입구 측벽의 눈에 잘 띄는 곳에 해당 공간의 목적과 용도, 다른 용도로 사용하지 아니할 것을 안내하는 내용을 적은 표시판을 설치할 것

    2. 특별피난계단의 계단실 및 그 부속실, 피난계단의 계단실 및 피난용 승강기 승강장

        가. 출입구 측벽의 눈에 잘 띄는 곳에 해당 공간의 목적과 용도, 다른 용도로 사용하지 아니할 것을 안내하는 내용을 적은 표시판을 설치할 것

        나. 해당 건축물에 피난안전구역이 있는 경우 가목에 따른 표시판에 피난안전구역이 있는 층을 적을 것

    3. 대피공간 : 출입문에 해당 공간이 화재 등의 경우 대피장소이므로 물건적치 등 다른 용도로 사용하지 아니할 것을 안내하는 내용을 적은 표시판을 설치할 것
    [본조신설 2015.7.9]

23. 방화지구안의 지붕·방화문 및 외벽등

① 법 제51조제3항에 따라 방화지구 내 건축물의 지붕으로서 내화구조가 아닌 것은 불연재료로 하여야 한다. 〈개정 2005.7.22, 2010.12.30, 2015.7.9〉

② 법 제51조제3항에 따라 방화지구 내 건축물의 인접대지경계선에 접하는 외벽에 설치하는 창문등으로서 제22조제2항에 따른 연소할 우려가 있는 부분에는 다음 각 호의 방화문 기타 방화설비를 하여야 한다. 〈개정 2005.7.22, 2010.4.7, 2010.12.30〉

1. 제26조의 규정에 의한 갑종방화문
2. 소방법령이 정하는 기준에 적합하게 창문 등에 설치하는 드렌처
3. 당해 창문등과 연소할 우려가 있는 다른 건축물의 부분을 차단하는 내화구조나 불연재료로 된 벽·담장 기타 이와 유사한 방화설비
4. 환기구멍에 설치하는 불연재료로 된 방화커버 또는 그물눈이 2밀리미터 이하인 금속망

24. 건축물의 마감재료

① 법 제52조제1항에 따라 영 제61조제1항 각 호의 건축물에 대하여는 그 거실의 벽 및 반자의 실내에 접하는 부분(반자돌림대·창대 기타 이와 유사한 것을 제외한다. 이하 이 조에서 같다)의 마감은 불연재료·준불연재료 또는 난연재료로 하여야 하며, 그 거실에서 지상으로 통하는 주된 복도·계단 기타 통로의 벽 및 반자의 실내에 접하는 부분의 마감은 불연재료 또는 준불연재료로 하여야 한다. 〈개정 2005.7.22, 2010.4.7, 2010.12.30〉

② 영 제61조제1항 각 호의 건축물 중 다음 각 호의 어느 하나에 해당하는 거실의 벽 및 반자의 실내에 접하는 부분의 마감은 제1항에도 불구하고 불연재료 또는 준불연재료로 하여야 한다. 〈개정 2003.1.6, 2005.7.22, 2006.6.29, 2010.4.7, 2010.12.30〉

1. 영 제61조제1항 각 호에 따른 용도에 쓰이는 거실 등을 지하층 또는 지하의 공작물에 설치한 경우의 그 거실(출입문 및 문틀을 포함한다)
2. 영 제61조제1항제6호에 따른 용도에 쓰이는 건축물의 거실

③ 법 제52조제1항에서 "내부마감재료"란 건축물 내부의 천장·반자·벽(경계벽 포함)·기둥 등에 부착되는 마감재료를 말한다. 다만, 「다중이용업소의 안전관리에 관한 특별법 시행령」 제3조에 따른 실내장식물을 제외한다. 〈신설 2003.1.6, 2005.7.22, 2010.4.7, 2010.12.30, 2014.11.28〉

④ 영 제61조제1항제2호에 따른 공동주택에는 「다중이용시설 등의 실내공기질관리법」 제11조제1항 및 같은 법 시행규칙 제10조에 따라 환경부장관이 고시한 오염물질방출 건축자재를 사용하여서는 아니 된다. 〈신설 2006.6.29, 2010.12.30〉

⑤ 영 제61조제2항제1호부터 제3호까지의 규정에 해당하는 건축물의 외벽에는 법 제52조제2항 후단에 따라 불연재료 또는 준불연재료를 마감재료(단열재, 도장 등 코팅재료 및 그 밖에 마감재료를 구성하는 모든 재료를 포함한다. 이하 이 조와 같다)로 사용하여야 한다. 다만, 다음 각 호의 어느 하나에 해당하는 경우 난연재료(제2호의 경우 단열재만 해당한다)를 사용할 수 있다. 〈개정 2019.8.6.〉

1. 국토교통부장관이 정하여 고시하는 화재 확산 방지구조 기준에 적합하게 설치하는 경우
2. 마감재료를 구성하는 재료 전체를 하나로 보아 국토교통부장관이 고시하는 기준에 따라 난연성능을 시험한 결과 불연재료 또는 준불연재료에 해당하는 경우

⑥ 제5항에도 불구하고 영 제61조제2항제1호 및 제3호에 해당하는 건축물로서 5층 이하이면서 높이 22미터 미만인 건축물의 경우 난연재료를 마감재료로 할 수 있다. 다만, 건축물의 외벽을 국토교통부장관이 정하여 고시하는 화재 확산 방지구조 기준에 적합하게 설치하는 경우에는 난연성능이 없는 재료를 마감재료로 사용할 수 있다. 〈개정 2019.8.6.〉

⑦ 영 제61조제2항제4호에 해당하는 건축물의 외벽[필로티 구조의 외기(外氣)에 면하는 천장 및 벽체를 포함한다] 중 1층과 2층 부분에는 불연재료 또는 준불연재료를 마감재료로 해야 한다. 다만, 마감재료를 구성하는 재료 전체를 하나로 보아 국토교통부장관이 고시하는 기준에 따라 난연성능을 시험한 결과 불연재료 또는 준불연재료에 해당하는 경우 난연재료를 단열재로 사용할 수 있다. 〈신설 2019.8.6.〉

[제목개정 2010.12.30.]

25. 지하층의 구조

① 법 제53조에 따라 건축물에 설치하는 지하층의 구조 및 설비는 다음 각 호의 기준에 적합하여야 한다. 〈개정 2003.1.6, 2005.7.22, 2006.6.29, 2010.4.7, 2010.12.30〉

1. 거실의 바닥면적이 50제곱미터 이상인 층에는 직통계단 외에 피난층 또는 지상으로 통하는 비상탈출구 및 환기통을 설치할 것. 다만, 직통계단이 2개소 이상 설치되어 있는 경우에는 그러하지 아니하다.

1의2. 제2종근린생활시설 중 공연장·단란주점·당구장·노래연습장, 문화 및 집회시설중 예식장·공연장, 수련시설 중 생활권수련시설·자연권수련시설, 숙박시설중 여관·여인숙, 위락시설 중 단란주점·유흥주점 또는 「다중이용업소의 안전관리에 관한 특별법 시행령」 제2조에 따른 다중이용업의 용도에 쓰이는 층으로서 그 층의 거실의 바닥면적의 합계가 50제곱미터 이상인 건축물에는 직통계단을 2개소 이상 설치할 것

2. 바닥면적이 1천제곱미터 이상인 층에는 피난층 또는 지상으로 통하는 직통계단을 영 제46조의 규정에 의한 방화구획으로 구획되는 각 부분마다 1개소 이상 설치하되, 이를 피난계단 또는 특별피난계단의 구조로 할 것

3. 거실의 바닥면적의 합계가 1천제곱미터 이상인 층에는 환기설비를 설치할 것

4. 지하층의 바닥면적이 300제곱미터 이상인 층에는 식수공급을 위한 급수전을 1개소 이상 설치할 것

② 제1항제1호에 따른 지하층의 비상탈출구는 다음 각호의 기준에 적합하여야 한다. 다만, 주택의 경우에는 그러하지 아니하다. 〈개정 2000.6.3, 2010.4.7〉

1. 비상탈출구의 유효너비는 0.75미터 이상으로 하고, 유효높이는 1.5미터 이상으로 할 것

2. 비상탈출구의 문은 피난방향으로 열리도록 하고, 실내에서 항상 열 수 있는 구조로 하여야 하며, 내부 및 외부에는 비상탈출구의 표시를 할 것

3. 비상탈출구는 출입구로부터 3미터 이상 떨어진 곳에 설치할 것

4. 지하층의 바닥으로부터 비상탈출구의 아랫부분까지의 높이가 1.2미터 이상이 되는 경우에는 벽체에 발판의 너비가 20센티미터 이상인 사다리를 설치할 것

5. 비상탈출구는 피난층 또는 지상으로 통하는 복도나 직통계단에 직접 접하거나 통로 등으로 연결될 수 있도록 설치하여야 하며, 피난층 또는 지상으로 통하는 복도나 직통계단까지 이르는 피난통로의 유효너비는 0.75미터 이상으로 하고, 피난통로의 실내에 접하는 부분의 마감과 그 바탕은 불연재료로 할 것

6. 비상타출구의 진입부분 및 피난통로에는 통행에 지장이 있는 물건을 방치하거나 시설물을 설치하지 아니할 셧

7. 비상탈출구의 유도등과 피난통로의 비상조명등의 설치는 소방법령이 정하는 바에 의할 것

26. 방화문의 구조

영 제64조에 따른 갑종방화문 및 을종방화문은 한국건설기술연구원장이 국토교통부장관이 정하여 고시하는 바에 따라 다음 각 호의 구분에 따른 기준에 적합하다고 인정한 것을 말한다.

1. 생산공장의 품질 관리 상태를 확인한 결과 국토교통부장관이 정하여 고시하는 기준에 적합할 것

2. 품질시험을 실시한 결과 다음 각 목의 구분에 따른 기준에 따른 성능을 확보할 것
   가. 갑종방화문 : 다음 각 목의 성능을 모두 확보할 것
      1) 비차열(非遮熱) 1시간이상
      2) 차열(遮熱) 30분이상 (아파트의 발코니에 설치하는 대피공간의 갑종방화문만 해당)
   나. 을종방화문 : 비차열 30분 이상의 성능을 확보할 것

[전문개정 2019.8.6]

자동방화셔터 및 방화문의 기준

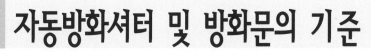

제1장 자동방화셔터 및 방화문의 기준

[시행 2019.10.28.] [국토교통부고시 제2019-592호, 2019.10.28, 일부개정]

제1조(기준의 목적)

이 기준은 「건축법시행령」 제46조의 규정에 의한 자동방화셔터(이하 "셔터"라 한다)의 설치위치, 구성요소 및 성능기준 등과 「건축물의 피난·방화구조 등의 기준에 관한 규칙」 제26조의 규정에 의한 방화문의 시험방법 등을 정함을 목적으로 한다.

제2조(용어의 뜻)

이 기준에서 사용하는 용어의 뜻은 다음과 같다. 〈개정 2010.8.3〉
① "방화문"이라 함은 「건축물의 피난·방화구조 등의 기준에 관한 규칙」 제26조의 규정 및 이 기준에서 정하는 성능을 확보한 문을 말한다.
② "셔터"라 함은 방화구획의 용도로 화재시 연기 및 열을 감지하여 자동 폐쇄되는 것으로서, 공항·체육관 등 넓은 공간에 부득이하게 내화구조로 된 벽을 설치하지 못하는 경우에 사용하는 방화셔터를 말한다.
③ "일체형 자동방화셔터"(이하 "일체형 셔터"라 한다)라 함은 방화셔터의 일부에 피난을 위한 출입구가 설치된 셔터를 말한다.
④ "하향식 피난구"란 「건축물의 피난·방화구조 등의 기준에 관한 규칙」 제14조제3항의 구조로서 발코니 바닥에 설치하는 수평 피난설비를 말한다. 〈신설 2010.8.3〉

제3조(설치위치)

① 셔터는 「건축법 시행령」 제46조제1항에서 규정하는 피난상 유효한 갑종방화문으로부터 3미터 이내에 별도로 설치되어야 한다. 다만, 일체형 셔터의 경우에는 갑종방화문을 설치하지 아니할 수 있다.
② 일체형 셔터는 시장·군수·구청장이 정하는 기준에 따라 별도의 방화문을 설치할 수 없는 부득이한 경우에 한하여 설치할 수 있으며, 일체형 셔터의 출입구는 다음의 기준을 따라야 한다.
  1. 안전행정부장관이 정하는 기준에 적합한 비상구유도등 또는 비상구유도표지를 하여야 한다.
  2. 출입구 부분은 셔터의 다른 부분과 색상을 달리하여 쉽게 구분되도록 하여야 한다.
  3. 출입구의 유효너비는 0.9미터 이상, 유효높이는 2미터 이상이어야 한다.

제4조(셔터의 구성)

① 셔터는 전동 또는 수동에 의해서 개폐할 수 있는 장치와 연기감지기·열감지기 등을 갖추고, 화재발생시 연기 및 열에 의하여 자동 폐쇄되는 장치 일체로서 주요구성부재·장치·규모 등은 KS F 4510(중량셔터)에 적합하여야 한다. 다만, 강재셔터가 아닌 경우에는 KS F 4510(중량셔터)에 준하는 구성조건이어야 한다.

② 셔터는 화재발생시 연기감지기에 의한 일부폐쇄와 열감지기에 의한 완전폐쇄가 이루어질 수 있는 구조를 가진 것이어야 한다.

③ 셔터의 상부는 상층 바닥에 직접 닿도록 하여야 하며, 부득이하게 발생한 바닥과의 틈새는 화재시 연기와 열의 이동통로가 되지 않도록 방화구획에 준하는 처리를 하여야 한다.

제5조(성능기준)

① 셔터(일체형 셔터를 포함한다)는 다음의 성능을 확보하여야 한다.
  1. KS F 2268-1(방화문의 내화시험방법)에 따른 내화시험 결과 비차열 1시간 성능
  2. KS F 4510(중량셔터)에서 규정한 차연성능
  3. KS F 4510(중량셔터)에서 규정한 개폐성능
  4. 일체형 셔터의 피난 출입문을 여는 데 필요한 힘(바닥으로부터 86cm에서 122cm 사이, 개폐부 끝단에서 10cm 이내에서 측정한다)은 문을 열 때 133N 이하, 완전 개방한 때 67N 이하

② 방화문은 KS F 3109(문세트)에 따른 비틀림강도·연직하중강도·개폐력·개폐반복성 및 내충격성 외에 다음의 성능을 추가로 확보하여야 한다. 다만, 미닫이 방화문은 비틀림강도·연직하중강도 성능을 확보하지 않을 수 있다.
  1. KS F 2268-1(방화문의 내화시험방법)에 따른 내화시험 결과 「건축물의 피난·방화구조 등의 기준에 관한 규칙」 제26조의 규정에 의한 비차열성능
  2. KS F 2846(방화문의 차연성시험방법)에 따른 차연성시험 결과 KS F 3109(문세트)에서 규정한 차연성능
  3. 방화문의 상부 또는 측면으로부터 50센티미터 이내에 설치되는 방화문인접창은 KS F 2845(유리 구획부분의 내화시험 방법)에 따라 시험한 결과 해당 비차열 성능
  4. 도어클로저가 부착된 상태에서 방화문을 작동하는 데 필요한 힘은 문을 열 때 133N 이하, 완전 개방한 때 67N 이하

③ 승강기문을 방화문으로 사용하는 경우에는 승강장에 면한 부분에 대하여 KS F 2268-1(방화문의 내화시험 방법)에 따라 시험한 결과 비차열 1시간 이상의 성능이 확보되어야 한다. 〈개정 2010.8.3〉

④ 현관 등에 설치하는 디지털 도어록은 KS C 9806(디지털도어록)에 적합한 것으로서 화재시 대비방법 및 내화형 조건에 적합하여야 한다.

⑤ 하향식 피난구는 다음 각 호의 성능을 확보하여야 한다. 〈신설 2010.8.3〉

1. KS F 2257-1(건축부재의 내화시험방법-일반요구사항)에 적합한 수평가열로에서 시험한 결과 KS F 2268-1(방화문의 내화시험방법)에서 정한 비차열 1시간 이상의 내화성능이 있을 것
2. 사다리는 「소방시설 설치·유지 및 안전관리에 관한 법률 시행령」 제37조에 따른 '피난사다리의 형식승인 및 검정기술기준'의 재료기준 및 작동시험기준에 적합할 것
3. 덮개는 장변 중앙부에 637N/0.2m²의 등분포하중을 가했을 때 중앙부 처짐량이 15밀리미터 이하일 것

제6조(시험기관)

성능시험은 다음 각 호의 시험기관에서 할 수 있다.
1. 「건설기술관리법」 제25조에 의한 품질검사전문기관
2. 한국산업규격(KS A 17025) 또는 ISO/IEC 17025에 적합한 것으로 인정받은 국내공인 시험기관
3. 한국건설기술연구원

제7조(성능시험 신청)

① 신청자가 성능확인을 받고자 하는 경우에는 [붙임 1]에서 정한 도서를 첨부하여 시험기관에 성능시험을 신청하여야 한다. 또한 시험기관에서 서류보완을 요청할 경우에는 신청자는 보완자료를 제공하여야 한다.
② 제1항의 규정에 의한 신청자는 성능 확인 제품의 생산·제조업자이어야 하고, 이를 증명할 수 있는 자료를 제출하여야 한다.

제8조(시험방법 및 시험성적서 등)

① 성능시험은 다음의 기준을 따라야 한다.
1. 시험체는 가이드레일, 케이스, 각종 부속품 등을 포함하여 실제의 것과 동일한 구성·재료 및 크기의 것으로 하되, 실제의 크기가 3미터 곱하기 3미터의 가열로 크기보다 큰 경우에는 시험체 크기를 가열로에 설치할 수 있는 최대크기로 한다. 다만, 도어클러저를 제외한 도어록과 경첩 등 부속품은 실제의 것과 동일한 재질의 경우 형태와 크기에 관계없이 동일한 시험체로 볼 수 있다.
2. 내화시험 및 차연성시험은 시험체 양면에 대하여 각 1회씩 실시한다.
3. 차연성능 시험체와 내화성능 시험체는 동일한 구성·재료 및 크기로 제작되어야 한다.
4. 도어클로저는 기존에 성능이 확인된 경우 성능시험을 생략할 수 있다.
② 시험기관은 제7조에 의해 의뢰인이 제시한 시험시료의 치수, 재질, 주요부품 및 구성도면 등에 대해 확인하여 시험성적서에 명기하여야 하며, 시험의뢰인은 필요한 자료를 제공하여야 한다.

③ 시험성적서는 2년간 유효하며, 시험성적서와 동일한 구성 및 재질이지만 크기가 작은 것
일 경우에는 이미 발급된 성적서로 그 성능을 갈음할 수 있다.

제9조(건축자재 품질관리정보 구축기관 지정)

건축사법 제31조에 따라 설립된 건축사협회는 제5조의 성능을 만족하는 방화문, 셔터, 규칙
제14조의 기준에 적합한 댐퍼의 품질관리에 필요한 정보를 홈페이지 등에 게시하여 일반인
이 알 수 있도록 하여야 한다.

제10조(재검토기한)

국토교통부장관은 「훈령·예규 등의 발령 및 관리에 관한 규정」에 따라 이 고시에 대하여
2016년 7월 1일 기준으로 매 3년이 되는 시점(매 3년째의 6월 30일까지를 말한다)마다 그
타당성을 검토하여 개선 등의 조치를 하여야 한다.

부칙 〈제2019-592호, 2019.10.28.〉
　　　이 고시는 발령한 날부터 시행한다.

[붙임 1]
〈성능시험 신청시 첨부서류〉

서류명	기재 사항
1. 제품 설명서	• 구조설명도 및 상세도면(시험체의 입면도, 수직단면도, 수평단면도, 부분상세도 등) • 제품 및 구성재료의 확인 자료 　- 제품 구성 목록표 　- 시험체에 부착된 제품의 확인 서류(도어클로저, 경첩 및 힌지, 도어록, 디지털도어락 등) 　- 시험체에 부착된 구성재료의 확인 서류(연기차단재(가스켓), 유리 등) • 수입 자재는 수입근거자료(관세서류 등) • 시방서(시공방법 등) • 시공관리 및 기타 필요한 사항
2. 신청자의 사업개요	법인등기부등본, 사업자등록증, 공장등록증 등
3. 기타 자료	• 제품의 특성을 검토한 설명서(필요시) • 기타 필요한 사항

제2장 중량셔터

[KS F 4510 : 2005]

1. 적용 범위

이 규격은 건축물 및 공작물에 사용하는 내측의 폭 8.0m, 내측의 높이 4.0m 이하의 중량 셔터 구성 부재(1) (이하, 구성 부재라 한다)에 대하여 규정한다. 다만, 옆으로 끄는 것 또는 수평으로 끄는 것을 제외한다.

> 주(1) 아직 제품으로 조립되지 않은 상태인 것. 또한 제품으로 조립된 중량셔터를 셔터라 한다.

2. 인용 규격

부표 1에 나타내는 규격은 이 규격에 인용됨으로써 이 규격의 규정 일부를 구성한다. 이러한 인용 규격은 그 최신판을 적용한다.

3. 구성 부재의 명칭

구성 부재의 명칭은 다음에 따른다.([참고 그림 1] 참조)
a) 슬랫(slat)
b) 하단 마감재(연기 차단재를 포함한다)
c) 감기 샤프트
d) 베어링부
e) 가이드 레일(연기 차단재를 포함한다)
f) 상부 마감재(연기 차단재를 포함한다)
g) 케이스
h) 개폐기
i) 샤프트 롤러 체인, 샤프트 스프로킷
j) 전장품(제어반, 누름버튼 스위치, 리밋스위치)
k) 수동 폐쇄장치
l) 연동 폐쇄기구(열 및 연기 감지기, 연동제어기, 자동폐쇄장치, 예비전원)
m) 온도퓨즈 장치
n) 장애물 감지 장치
※ 비고
　　a)의 슬랫과 b)의 하단 마감재를 조립한 것을 셔터 커튼이라 한다.

4. 종류

4.1 용도에 의한 구분 : 용도에 따른 종류는 〈표 1〉에 따른다.

〈표 1〉 셔터의 종류

종류	구분	용도	부대 조건
일반 중량셔터	• 강도에 의한 구분	외벽 개구부	–
외벽용 방화셔터	• 강도에 의한 구분 • 구조에 의한 구분 • 방화등급에 의한 구분		
옥내용 방화셔터	• 구조에 의한 구분 • 방화등급에 의한 구분	방화구획	• 수시 수동에 의해 폐쇄할 수 있다. • 연기 및 열에 의해 자동 폐쇄할 수 있다.

[비고] 어떤 종류든지 조작 방법에 전동식 또는 수동식의 형식이 있다.

4.2 강도에 의한 구분 : 강도에 의한 구분은 다음과 같다.
- 1,200 : 풍압 1,200Pa에 견디는 것
- 800 : 풍압 800Pa에 견디는 것
- 500 : 풍압 500Pa에 견디는 것

4.3 구조에 의한 구분 : 구조에 의한 구분은 〈표 2〉와 같다.

〈표 2〉 구조에 의한 구분

구분	구조
갑종	철제로 철판의 두께가 1.5mm 이상인 것
을종	철제로 철판의 두께가 1.0mm 초과 1.5mm 미만인 것

4.4 방화등급에 의한 구분 : 방화등급에 의한 구분은 〈표 3〉에 따른다.

〈표 3〉 방화등급에 의한 구분

구분	가열시험의 등급
2H	2시간 가열
1H	1시간 가열
0.5H	30분 가열

[비고]
1. 가열시험은 KS F 2268-1에 따른다.
2. 시험은 2회로 하고, 시험 결과의 판정은 KS F 2268-1의 8.(성능 기준)에 따른 비차열 성능 이상의 것을 합격으로 한다.
3. 가열등급의 선정은 인수·인도 당사자 사이의 협의에 따른다.

5. 품질 및 성능

5.1 겉모양 : 겉모양은 다음과 같다.

  a) 셔터의 겉모양은 사용상 해로운 휨 또는 녹 등의 결점이 없어야 한다.

  b) 방화셔터는 방화상 해로운 구멍 및 틈새가 없어야 한다.

5.2 슬랫 : 슬랫은 11.5에 규정하는 처짐 시험을 하고, 〈표 4〉의 규정에 합격하여야 한다.

〈표 4〉 슬랫의 처짐량

강도에 의한 구분	처짐량	
	측정 하중(N)	처짐(cm)
500	37.5×P	0.31×P 이하
800	60.0×P	0.47×P 이하
1,200	90.0×P	0.69×P 이하

[비고]

1. P는 슬랫의 피치(cm)
2. 각 내측 폭에 적용하는 경우는 허용응력[$\sigma = 23.5kN/cm^2$] 안에서 각 내측 폭에 적합한 슬랫을 선택한다.
3. 측정 하중에는 슬랫의 무게를 포함시킨다.

5.3 감기 샤프트 : 감기 샤프트는 셔터 커튼에 의한 하중에 충분히 견딜 수 있는 강도를 가져야 하며, 슬랫을 원활히 감을 수 있는 것이어야 한다.

5.4 베어링부 : 베어링 부근 감기 샤프트, 셔터 커튼에 의한 하중에 충분히 견디며 또한 원활한 회전을 유지할 수 있는 것이어야 한다.

5.5 수동 폐쇄장치 : 방화셔터에 사용하는 수동 폐쇄장치는 11.6 h)에 규정하는 폐쇄 시험을 하여 셔터가 임의 위치에 정지하고, 또 확실히 완전 폐쇄되어야 한다.

5.6 연동 폐쇄기구 : 방화셔터에 사용하는 연동 폐쇄기구는 11.6 i)에 의해 시험을 하여, 셔터가 확실히 완전 폐쇄되어야 한다. 그 자중 강하에 있어서의 평균 속도는 〈표 5〉에 따른다.

5.7 온도퓨즈 장치 : 방화셔터에 사용하는 온도퓨즈 장치는 11.5에 규정하는 작동 및 부작동 시험을 하여야 한다.

5.8 셔터의 성능 : 셔터의 성능은 다음에 따른다.

  5.8.1 방화 성능 : 방화셔터는 11.2에 의한 방화시험에 합격하여야 한다.

  5.8.2 차연 성능 : 방화셔터는 11.3에 따른 차연시험을 하고 성능은 시험체 양 면에서의 차압이 25Pa일 때의 공기 누설량이 $0.9m^3/min \cdot m^2$를 초과하지 않아야 한다.

  5.8.3 전동식 셔터의 개폐기능 : 전동식 셔터의 개폐기능은 11.6a)에 의한 시험을 하여 다음 규정에 적합하여야 한다.

    a) 셔터의 개폐는 원활하게 작동하여야 한다.

    b) 셔터 개폐 시의 평균 속도는 〈표 5〉에 따른다.

<표 5> 평균 속도

개폐 기능	내측의 높이	
	2m 미만	2m 이상 4m 이하
전동 개폐	2~6m/min(10~30s/m)	2.5~6.5m/min(9.2~24s/m)
자중 강하	2~6m/min(10~30s/m)	3~7m/min(8.6~20s/m)

c) 셔터를 개폐할 때 상부끝 및 하부끝에서 자동으로 정지해야 한다.

d) 셔터는 강하 중에 임의의 위치에서 확실하게 정지할 수 있어야 한다.

e) 장애물 감지장치 부착 셔터는 누름버튼 스위치 등의 신호에 의한 강하 중에 장애물 감지장치가 작동할 때 자동으로 정지하든가, 아니면 일단 정지한 후에 반전 상승하여 정지한다.

f) 장애물 감지장치가 장애물을 감지하기 위해 필요로 하는 힘은 11.6 b)에 의한 시험을 하여 200N 이하로 한다.

g) 장애물 감지 장치 부착 셔터는 11.6 c)에 의한 시험을 하여, 하중계에 전달되는 하중이 1.4kN 이하로 한다. 다만, 충격 하중은 제외한다.

h) 장애물 감지장치가 작동한 상태에서 셔터가 정지한 경우에는 누름버튼 스위치 등에 의해 재강하의 신호를 받아도 셔터는 강하해서는 안 된다.

i) 장애물 감지장치가 작동한 상태에서 셔터가 정지한 경우에는 누름버튼 스위치 등에 의한 열림 신호를 받았을 때, 셔터는 열림 동작을 하여야 한다.

j) 장애물 감지장치가 작동하고, 셔터가 일단 정지한 후에 반전 상승하여 정지한 경우에는 누름버튼 스위치 등에 의한 재강하의 신호를 받아 닫힘 동작을 할 때, 장애물 감지 장치가 작동하여야 한다.

5.8.4 수동식 셔터의 개폐기능 : 수동식 셔터의 개폐기능은 11.6 g)에 의한 시험을 하여 다음 규정에 적합하여야 한다.

a) 셔터의 개폐는 원활하여야 한다.

b) 개폐기의 핸들 회전에 필요한 힘은 50N 이하, 체인 등에 의해 끌어내리는 데 필요한 힘은 150N 이하이다.

c) 셔터 자중 강하 시의 평균 속도는 <표 5>에 따른다.

d) 셔터는 강하 중에 임의 위치에서 확실하게 정지할 수 있어야 한다.

6. 구조

6.1 슬랫 : 슬랫의 조립 형태는 인터로킹 형식 또는 오버래핑 형식으로 한다([참고 그림 2]에 따른다). 슬랫 조립에 있어 탈선 방지는 슬랫 끝부분을 굽히는 가공 방식 또는 탈선 방지를 위한 부자재를 부착한다([참고 그림 4]에 따른다).

6.2 베어링부 : 베어링부 앵커 볼트의 단면적은 〈표 6〉에 따른다.

〈표 6〉 단면적

한쪽의 베어링부에 걸리는 무게(N)	한쪽의 볼트 총 단면적(cm²)
2,000 이하	1.0 이상
2,000 초과 3,000 이하	1.5 이상
3,000 초과 4,000 이하	2.0 이상
4,000 초과 6,000 이하	3.0 이상
6,000 초과 10,000 이하	3.5 이상

6.3 가이드 레일 및 상부 마감재
 a) 가이드 레일과 슬랫의 맞물림 길이는 셔터의 내측 폭에 의해 구분하고 〈표 7〉에 따른다.

〈표 7〉 맞물림 길이

셔터의 내측 폭(m)	좌우 맞물림 길이의 합계(mm)
3.0 이하	90 이상
3.0 초과 5.0 이하	100 이상
5.0 초과 8.0 이하	120 이상

[비고] 맞물림 길이의 합계는 부자재를 부착시킬 경우에는 부자재 치수를 포함한다.

 b) 방화 셔터의 가이드 레일, 상부 및 하부 마감재에 연기 차단재를 사용하는 경우, 연기 차단재는 셔터를 폐쇄했을 때 연기가 새는 것을 억제하는 구조로 불연 재료, 준불연 재료 또는 자기 소화성을 갖는 난연 재료로 한다([참고 그림 3] 참조).
 c) 가이드 레일 및 상부 마감재의 앵커볼트 또는 봉강의 설치는 현장 시공으로 하고, 그의 고정 피치는 600mm 이하로 한다.
 d) 가이드 레일의 앵커볼트 또는 봉강의 단면적은 0.63cm² 이상, 일반 중량셔터와 을종방화셔터에서는 0.5cm² 이상으로 한다.
6.4 케이스 : 방화셔터에 사용하는 케이스는 슬랫을 감아 올리는 구멍 및 건물의 내화구조의 보, 벽 또는 바닥 등에 방화상 유효하게 씌우는 부분을 제외하고 그 모든 주위를 강판 또는 이와 동등 이상의 방화성능이 있는 재료로 둘러싸는 것으로 한다.
6.5 개폐기 : 개폐기는 전동식 또는 수동식으로서 구조는 다음과 같다.
 a) 전동식의 경우에도 수동식에 의해 개폐를 할 수 있어야 한다.
 b) 자동 폐쇄장치 또는 수동 폐쇄장치를 설치한 경우, 자중 강하에 의해 셔터를 폐쇄할 수 있어야 한다.

c) 전동식의 경우, 전동기의 용량 및 전원은 〈표 8〉에 따른다.

〈표 8〉 용량 및 전원

용량	0.2~0.75kW
전원	3상 220V 또는 380V

[비고] 단상 220V의 개폐기에 대해서는 당사자 사이의 협의에 따른다.

6.6 샤프트 롤러 체인·샤프트 스프로킷 : 개폐기와 감기 샤프트를 연결하는 샤프트 롤러 체인은 KS B 1407, 샤프트 스프로킷은 KS B 1408에 따른다.

6.7 전장품 : 전동식 셔터에서 전장품은 다음과 같다.

 a) 제어반은 누름버튼 스위치 또는 리밋스위치로부터의 동작 신호에 의해 셔터의 열 림·닫힘·멈춤의 동작을 제어할 수 있는 것으로 하고, 개폐 조작 중에 누름버튼 스위치를 역방향으로 조작하여도 역방향으로 작동하지 않는 회로로 한다.

 b) 누름버튼 스위치는 누름버튼 조작(열림·닫힘·멈춤)에 의해 제어반으로 동작신호를 보내며, 열림·닫힘·멈춤 동작을 조작할 수 있는 것으로 한다.

 c) 리밋스위치는 셔터의 개방 또는 폐쇄 동작을 셔터의 상부끝 또는 하부끝의 위치에서 자동으로 정지할 수 있는 것으로 한다.

6.8 수동 폐쇄기구 : 방화셔터에 사용하는 수동 폐쇄장치는 비상시에 수동으로 수시 폐쇄할 수 있고, 또 도중에 정지할 수 있는 것으로 한다.

6.9 연동 폐쇄기구 : 방화셔터에 사용하는 연동 폐쇄기구의 구조는 다음과 같다.

 a) 열감지기는 「소방시설 설치·유지 및 안전관리에 관한 법률」 제36조의 규정에 의한 형식승인에 합격한 보상식 또는 정온식의 것으로서, 정온점 또는 특종의 공칭 작동 온도가 각각 60~70℃인 것 또는 국토교통부장관이 이것과 동등 이상의 기능을 갖는다고 인정한 것이어야 한다.

 b) 연기감지기는 「소방시설 설치·유지 및 안전관리에 관한 법률」 제36조의 규정에 의한 형식승인에 합격한 것 또는 국토교통부장관이 이것과 동등 이상의 성능을 갖는다고 인정한 것이어야 한다.

 c) 연동제어기는 감지기 등으로부터 신호를 받은 경우에 자동 폐쇄장치에 기동신호를 부여하는 것으로서, 수시 제어하고 있는 것의 감시를 할 수 있는 것이어야 한다. 또 유지관리를 쉽게 할 수 있는 것이어야 한다.

 d) 자동 폐쇄장치는 연동 폐쇄장치로부터 기동신호를 받은 경우에 셔터를 자동으로 폐쇄시키는 것이어야 한다.

 e) 예비전원은 충전을 하지 않고 30분간 계속하여 셔터를 개폐시킬 수 있어야 한다.

6.10 장애물 감지장치 : 전동식 셔터에 사용하는 장애물 감지장치의 구조는 다음과 같다.

 a) 셔터의 전동 강하 시에 장애물을 감지하고 셔터를 자동으로 정지할 수 있는 것으로 한다.

　b) 방화셔터의 수동 폐쇄장치 또는 연동 폐쇄기구에 의한 자동 강하 중에는 장애물
　감지장치가 장애물을 감지하여도 셔터는 자중 강하의 상태를 유지한다.

7. 치수

슬랫, 가이드 레일, 하단 마감재, 감기 샤프트 및 케이스의 치수 허용차는 〈표 9〉에 따른다.

〈표 9〉 치수 허용차

구성 부재	치수 허용차(mm)			참고도
슬랫	길이	L	±4	
	높이	h	±1	
가이드 레일	깊이	a	±2	
	두께	b	±2	
하단 마감재, 감기 샤프트, 케이스	길이	L	±4	

[비고] L, h, a, b는 인수ㆍ인도 당사자 사이의 협의에 따른다.

8. 재료

8.1 주요 재료 : 슬랫, 하단 마감재, 감기 샤프트, 베어링부, 가이드 레일, 상부 마감재 및
　케이스에 사용하는 주요 재료는 〈표 10〉에 표시한 것 또는 이것과 동등 이상의 품질
　인 것으로 한다.

〈표 10〉 주요 재료

규격	구성 부재의 명칭						
	슬랫	하단 마감재	감기 샤프트	베어링부	가이드 레일	상부 마감재	케이스
KS B 2023				○			
KS B 2046				○			
KS D 3501	○	○		○	○	○	○
KS D 3503		○	○		○	○	○
KS D 3506	○	○			○	○	○
KS D 3507			○				

규격								
KS D 3512	○	○				○	○	○
KS D 3528	○	○		○		○	○	○
KS D 3530							○	○
KS D 3561			○					
KS D 3566			○				○	
KS D 3568							○	○
KS D 3698	○	○				○	○	○
KS D 3752			○					
KS D 4301			○	○				
KS D 4302				○				

8.2 구성 부재 : 셔터의 구성 부재에 사용하는 재료의 두께는 〈표 11〉에 따른다.

〈표 11〉 재료의 두께 (단위 : mm)

규격	슬랫, 하단 마감재, 상부 마감재, 케이스	가이드 레일
갑종	1.5 이상	1.5 이상
을종	1.0 이상 1.5 미만	

[비고] 하단 마감재에 사용되는 강판의 두께는 슬랫 두께 이상으로 한다.

9. 가공 및 조립

a) 가공 : 강재는 가공 전에 제품에 해로운 변형을 제거한 상태로서 모양·치수를 정확하게 가공하여 부재의 접합을 강하고 견고하게 제작하고, 아크 용접 또는 스폿 용접에 의해 견고하게 접합한다.

b) 조립 : 마무리 치수, 조립 연결 등을 정확하게 하는 한편 용접·볼트 조임, 그 밖의 방법에 의해 견고하게 조립해야 한다.

10. 밑바탕 녹방지 처리 및 녹방지 도장

10.1 밑바탕 녹방지 처리 : 밑바탕 녹방지 처리는 다음과 같다.
- Zn2 : 용융 아연도금 처리한 것(KS D 3506에 규정하는 강판 및 강대)
- Zn1 : 전기 아연도금 처리한 것(KS D 8304에 규정하는 2종 3급 이상의 처리를 실시한 것)
- Zn0 전기 아연도금 처리한 것(KS D 3528에 규정하는 강판 및 강대)
- P : 인산염 처리한 것
- R : 녹방지 페인트 도장한 것

10.2 녹방지 도장

10.2.1 녹방지 페인트 : 녹방지 페인트는 KS M 6030의 1종, 2종, 5종에 따른다.

10.2.2 도장 방법 : 녹방지 도장 방법은 다음과 같다.

a) 들뜬 흑피, 먼지, 더러움 등의 표면 부착물을 깨끗하게 제거한 후 녹방지 도료를 전면에 동일하게 도장한다. 다만, 10.1의 밑바탕 녹방지 처리를 한 구분 Zn2 및 Znl의 아연에 의해 표면 처리를 실시한 강판을 사용한 경우는 제외한다.

b) 조립 후 도장이 곤란한 부분은 조립하기 전에 녹방지 도장을 해야 한다.

c) 가공 때문에 철 바탕이 노출된 부분 및 열화된 부분에는 적당한 방법에 의해 녹방지 도장을 하여야 한다.

11. 시험 방법

11.1 수치의 환산 : 수치의 끝맺음은 유효 숫자 3자리로 한다. 또한 하중을 종래 단위계의 시험기 또는 계측기를 이용하여 재하 또는 계측하는 경우는 다음에 따른다.

a) 재하하는 경우 : $1N = 1.02 \times 10^{-1} kgf$로 환산하여 재하한다.

b) 계측하는 경우 : $1kgf = 9.80N$으로 환산하여 계측값으로 한다.

11.2 셔터의 방화시험 : 방화시험은 KS F 2268-1에 따른다.

11.3 셔터의 차연시험 : 차연시험은 KS F 2846에 따른다.

11.4 온도퓨즈 시험 : 온도퓨즈와 연동하여 자동으로 폐쇄하는 구조인 경우의 온도퓨즈 장치는 50℃에서 5분 이내에 작동하지 아니하고, 90℃에서 1분 이내에 작동하여야 한다.

11.5 슬랫의 처짐 시험 : 시험체는 동일 조건에서 제조된 것 중에서 샘플링한 3매의 슬랫을 [부도 1]과 같이 옆으로 맞물려 연결한 것을 사용한다.

시험체의 양 끝은 견고한 받침대 위에 설치한 가이드 레일 속에 넣어 실제 상태와 같이 조립시켜야 한다. 시험체 위쪽에 〈표 4〉에 표시하는 측정 하중을 [부도 2]의 번호 순서로 일정 하중(9.8~19.6N)을 부여하는 모래주머니를 시험체에 등분포 상태로 10분 이상 적재시키고, 스팬 중앙점 시험체의 처짐을 곧은 자로 측정한다.

11.6 셔터의 개폐 시험 : 셔터의 종류 및 개폐기의 형식에 따라 다음 시험을 한다.

a) 전동식 셔터의 개폐기능 시험은 임의의 위치에 정지하고 또 상부 끝, 하부 끝의 리밋스위치에 의한 설정 위치에 자동으로 정지할 수 있는지를 조사하여 확인한다. 또, 전동에 의해 개폐 시의 평균 속도를 측정한다.

b) 전동식 셔터에서 누름스위치 등의 신호에 의해 강하 중에 장애물 감지장치를 작동시켜 셔터가 정지하든가 또는 일단 정지한 후에 반전 상승하여 정지할 수 있는가를 확인한다.

c) 장애물 감지장치가 작동한 상태에서 정지하는 셔터에 대해서는 장애물 감지장치가 작동한 상태를 유지한 상태에서 다음을 확인한다.

1) 누름버튼 스위치 등에 의한 재강하의 신호를 보내 셔터가 닫힘동작이 없을 것

       2) 누름버튼 스위치 등에 의한 얼림소삭의 신호를 보내 셔터가 열림동작을 한다.

d) 장애물 감지장치가 작동할 때 일단 정지한 후에 반전 상승하여 정지하는 셔터에 대해서는 반전 상승하여 장애물 감지장치가 작동 상태를 해제하여 정지한 상태에서 누름버튼 스위치 등에 의해 재강하의 신호를 받아 강하한 경우, 장애물 감지장치가 다시 작동하는가를 확인한다.

e) 장애물 감지장치가 감지하기 위해 요구되는 힘은 장애물 감지장치의 감지부분을 용수철 저울을 사용하여 가만히 눌러 감지한 때의 용수철 저울에 나타내는 값을 측정한다. 측정점은 셔터 중앙부 및 양 끝에서 300mm의 위치로 한다.

f) 장애물 감지장치의 압박하중은 [부도 3]에 표시한 것과 같은 장치를 셔터의 강하위치에 두고 셔터를 누름버튼 스위치 등으로 강하시켜 장애물 감지장치가 작동하여 셔터가 정지한 때의 하중계에 전달되는 하중을 측정한다. 측정점은 셔터의 중앙부 및 양 끝에서 300mm의 위치로 한다.

g) 수동식 셔터의 개폐기능 시험에 대해 개폐기 핸들 회전에 필요한 도는 체인 등에 의해 끌어내리는 데 필요한 힘의 측정은 셔터의 바닥면에서 200mm의 위치에 정지시키고 한다. 개폐기의 브레이크 해방장치를 조작하여 자중 강하시켜, 임의의 위치에서 확실하게 정지하는 것을 조사한다. 또, 자중 강하에서의 평균 속도를 측정한다.

h) 방화셔터의 수동 폐쇄장치 시험은 수동 폐쇄장치를 조작함에 의해 셔터를 강하시켜 임의의 위치에서 수동 폐쇄장치에 의해 정지하는 것을 확인한 후, 수동 폐쇄장치에 의해 폐쇄시킨다.

i) 방화셔터의 연동 폐쇄기구 시험은 감지기 등을 작동시킴으로써 비록 장애물 감지장치가 작동하여도 셔터가 도중에서 정지하지 않고 완전히 닫히는가를 확인한다. 또, 그때의 자중 강하에서의 평균 속도를 측정한다.

12. 검사

구성 부재의 품질, 기능, 구조 및 치수는 합리적인 샘플링에 의하여 하고, 5. 및 7.의 규정에 적합하여야 한다.

13. 제품 호칭방법

제품의 호칭방법은 다음 보기에 따른다.

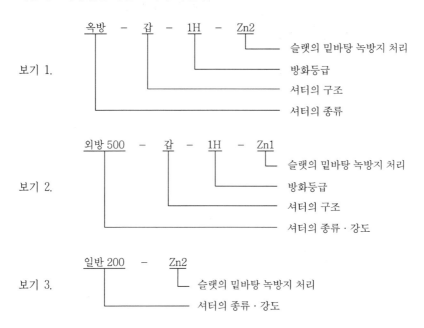

14. 표시

셔터에는 다음 사항을 표시해야 한다.
a) 제품의 호칭방법
b) 제조자명 또는 그 약호
c) 제조연월 또는 제조번호
d) 조작방법의 주의사항

15. 취급 및 유지 관리상의 주의사항

셔터에는 다음에 표시하는 취급 및 유지 관리상의 주의사항을 첨부해야 한다.
a) 조작, 취급에 관한 주의사항
b) 유지 관리상의 주의사항 및 세척방법
c) 셔터는 건축물 및 공작물에 설치 후에도 품질 및 성능을 유지하기 위해 정기적인 보수 점검을 하는 것이 요망된다. 검사는 KS F 2129에 따른다.

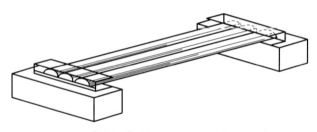

[부도 1] 슬랫의 처짐 시험체

단위 : mm

모래 주머니

4 2 3 1 5 | 5 1 3 2 4

2500

수평 실(絲)   곧은 자

균등 분포 하중   슬랫

가이드 레일

$\frac{L}{2}$ $\frac{L}{2}$

맞물림 길이
45 이상

받침대

L(내측의 폭 2500)

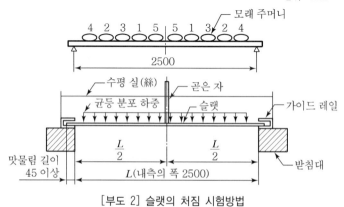

[부도 2] 슬랫의 처짐 시험방법

단위 : mm

폴리스틸렌폼(100×100×17)

하중계

강판(500×500×9)

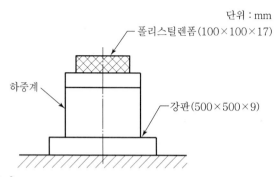

[비고]
1. 하중계는 저항선식 압축하중계 등으로 한다.
2. 폴리스틸렌폼은 밀도 15kg/m³ 이상의 폴리스틸렌폼 판을 사용한다.

[부도 3] 장애물 감지장치의 압축하중 측정방법

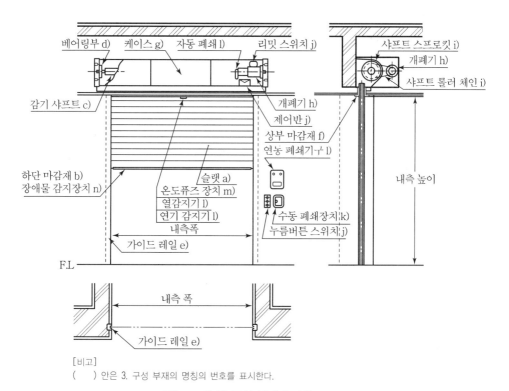

베어링부 d)　케이스 g)　자동 폐쇄 l)　리밋 스위치 j)

샤프트 스프로킷 i)

개폐기 h)

샤프트 롤러 체인 i)

감기 샤프트 c)

개폐기 h)

제어반 j)

상부 마감재 f)

연동 폐쇄기 l)

하단 마감재 b)
장애물 감지장치 n)

슬랫 a)

온도퓨즈 장치 m)

열감지기 l)

연기 감지기 l)

내측폭

수동 폐쇄장치 k)

누름버튼 스위치 j)

가이드 레일 e)

내측 높이

F.L

내측 폭

가이드 레일 e)

[비고]
(　　) 안은 3. 구성 부재의 명칭의 번호를 표시한다.

[참고 그림 1] 구성 부재의 명칭

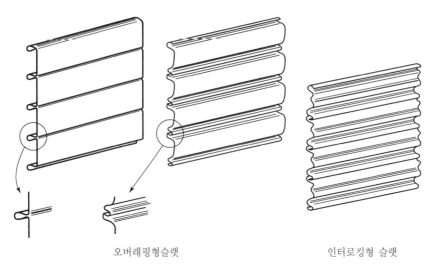

오버래핑형슬랫   인터로킹형 슬랫

[참고 그림 2] 슬랫의 종류

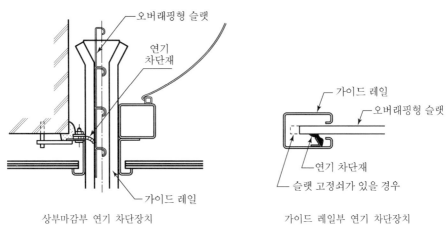

상부마감부 연기 차단장치   가이드 레일부 연기 차단장치

[참고 그림 3] 연기 차단재 설치 예

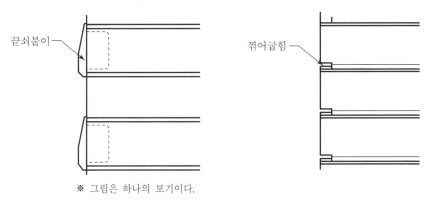

끝쇠붙이

꺾어굽힘

※ 그림은 하나의 보기이다.

[참고 그림 4] 슬랫의 탈선방지 방법

건축관련법령 수록
국가화재안전기준

발행일 | 2011. 3. 10   초판 발행
2012. 4. 20   개정 1판1쇄
2013. 1. 10   개정 2판1쇄
2014. 1. 15   개정 3판1쇄
2014. 8. 10   개정 4판1쇄
2015. 1. 15   개정 5판1쇄
2015. 4. 17   개정 6판1쇄
2015. 12. 2   개정 7판1쇄
2016. 4. 10   개정 8판1쇄
2017. 1. 10   개정 9판1쇄
2017. 3. 10   개정10판1쇄
2018. 1. 20   개정11판1쇄
2019. 3. 10   개정12판1쇄
2020. 1. 20   개정13판1쇄
2021. 3. 20   개정14판1쇄

저 자 | 정은재
발행인 | 정용수
발행처 | 예문사

주 소 | 경기도 파주시 직지길 460(출판도시) 도서출판 예문사
T E L | 031) 955-0550
F A X | 031) 955-0660
등록번호 | 11-76호

정가 : 12,000원

ISBN 978-89-274-3975-2 13540